普通高等教育“十一五”国家级规划教材
高等学校电子信息类精品教材

DSP芯片的原理与开发应用

（第6版）

张雄伟　杨吉斌　曹铁勇
吴其前　贾　冲　邹　霞　李　莉　编著

電子工業出版社
Publishing House of Electronics Industry
北京 · BEIJING

内 容 简 介

可编程 DSP 芯片是一种特别适合于进行数字信号处理且应用非常广泛的微处理器。本书按照“基础知识—开发环境—软件开发—硬件开发—综合开发”的顺序，由浅入深、全面系统地介绍了 DSP 芯片的基本原理、开发过程和应用方法。首先，介绍了 DSP 系统的设计、DSP 芯片的特点、DSP 芯片的软硬件开发环境及定点数据处理的运算基础；其次，在介绍 DSP 芯片存储资源管理的基础上，重点介绍了基于 C 语言和汇编语言的软件开发方法；接着，介绍了 DSP 系统的硬件设计和开发方法；最后，介绍了 DSP 多任务系统的开发方法，并通过实例介绍了 DSP 综合系统的开发过程和开发方法。

本书的目的是使读者了解DSP芯片的基本原理和常用DSP芯片的应用，熟悉DSP芯片开发工具及使用方法，掌握DSP系统的软硬件设计和应用系统开发方法，具备从事DSP芯片软硬件设计和DSP系统开发的能力。为方便教学，本书提供 PPT 课件。

本书结构清晰、内容全面、举例丰富、实用性强，可作为电子信息类研究生和相关专业高年级大学生的教材，也可作为 DSP 芯片应用人员的培训教材，对于从事 DSP 芯片应用开发的科技人员和高校教师也具较高的参考价值。

图书在版编目(CIP)数据

DSP 芯片的原理与开发应用 / 张雄伟等编著. —6 版. —北京：电子工业出版社，2022.3
ISBN 978-7-121-41870-9

Ⅰ. ①D… Ⅱ. ①张… Ⅲ. ①数字信号处理－高等学校－教材 Ⅳ. ①TN911.72

中国版本图书馆 CIP 数据核字(2021)第 169152 号

责任编辑：竺南直
印　　刷：北京七彩京通数码快印有限公司
装　　订：北京七彩京通数码快印有限公司
出版发行：电子工业出版社
　　　　　北京市海淀区万寿路 173 信箱　邮编：100036
开　　本：787×1092　1/16　印张：23　字数：588 千字
版　　次：1997 年 8 月第 1 版
　　　　　2022 年 3 月第 6 版
印　　次：2025 年 2 月第 5 次印刷
定　　价：59.00 元

凡所购买电子工业出版社图书有缺损问题，请向购买书店调换。若书店售缺，请与本社发行部联系，联系及邮购电话：(010)88254888，88258888。

质量投诉请发邮件至 zlts@phei.com.cn，盗版侵权举报请发邮件至 dbqq@phei.com.cn。

本书咨询联系方式：davidzhu@phei.com.cn。

前　言

DSP 芯片，也称数字信号处理器，是一种具有特殊结构的微处理器，特别适合于进行快速数字信号处理运算。DSP 芯片具有专门的快速硬件乘法器，广泛采用流水线操作，提供特殊的 DSP 指令，可以用来快速实现各种数字信号处理算法。

自 20 世纪 80 年代初 DSP 芯片诞生以来，DSP 芯片在近 40 年的时间里得到了飞速的发展，DSP 芯片的性能不断提高，价格显著降低，开发手段越来越完善。DSP 芯片已经在通信与信息系统、信号与信息处理、自动控制、航空航天、雷达、军事、医疗、家用电器等众多领域得到越来越广泛的应用。

DSP 芯片可分为通用型和专用型两大类。通用型 DSP 芯片是一种软件可编程的 DSP 芯片，可适用于各种 DSP 应用；专用型 DSP 芯片则将 DSP 算法集成到 DSP 芯片内部，一般适用于某些专用的场合。

本书主要讨论通用型可编程 DSP 芯片。

目前，国内广泛应用的 DSP 芯片主要来自于美国的德州仪器公司（TI）和模拟器件公司（ADI）。其中，TI 公司的 DSP 芯片占 DSP 芯片市场近 50%，因此，本书主要以 TI 公司的 DSP 芯片为例进行介绍。

全书共 13 章，可分为五个部分。

第一部分是基础知识，包括第 1、2 章。第 1 章概述了 DSP 系统的特点、设计和开发方法以及 DSP 芯片的特点、发展、分类、选择和应用，简要介绍了 TI 公司和 ADI 公司的常用 DSP 芯片；第 2 章介绍 DSP 芯片的基本结构、主要特征以及存储单元、集成外设和中断等。

第二部分是开发环境，对应第 3 章。主要介绍 DSP 芯片的软硬件开发环境，比较详细地介绍了 TI 公司的集成开发环境——CCS 的基本原理和使用方法。

第三部分是软件开发，包括第 4、5、6、7、8 章。第 4 章介绍 DSP 的数值运算基础，包括定点 DSP 中的定标、定点化数据处理的有关问题；第 5 章介绍 DSP 芯片的存储资源管理，重点介绍了广泛采用的公共目标文件格式（COFF）和编程方法；第 6 章和第 7 章分别介绍基于 C 和汇编语言的 DSP 软件开发；第 8 章通过实例介绍了 DSP 算法软件开发的一般过程。

第四部分是硬件开发，包括第 9、10、11 章。第 9 章介绍了 DSP 系统的硬件设计过程和设计方法；第 10 章介绍了基于 CSL 的外设程序和典型控制程序的开发方法；第 11 章介绍了 DSP 脱机系统的设计和开发实例。

第五部分是综合开发与应用实例，包括第 12、13 章。第 12 章介绍 DSP 多任务系统开发的基本方法，第 13 章通过实例系统地介绍了 DSP 系统的综合开发方法和开发过程。

为方便教学，本书配套有 PPT 课件和部分实例代码，可登录华信教育资源网（http://www.hxedu.com.cn）免费注册索取。

本书由张雄伟、杨吉斌策划。张雄伟编著了第 1、2、4、5 章及附录 A、B、G、H；杨吉斌编著了第 10、11、12、13 章及附录 D、E；曹铁勇编著了第 3 章及附录 F；吴其前编著了第 6、7 章及附录 C；贾冲编著了第 9 章；邹霞编著了第 8 章；李莉参与了部分章节的编写。在重新修订出版本书时，根据 DSP 芯片的发展以及教学和培训需要，我们对本书的内容做了适当的调整，增加了 DSP 多任务系统的开发方法的介绍，删除了一些已淘汰的 DSP 芯片和浮点计算的相关介绍。全书由张雄伟、杨吉斌进行统稿和校对。

本书第 1 版（1997 年）、第 2 版（2000 年）、第 3 版（2003 年）、第 4 版（2009 年）、第 5 版（2016 年）深得广大读者的厚爱，受到了广泛的欢迎，很多高校将本书作为 DSP 相关课程的教材，广大 DSP 开发人员将本书作为 DSP 应用开发的参考书。2001 年，本书第 2 版获得全国优秀畅销书奖；2006 年，本书被列入普通高等教育"十一五"国家级规划教材；2007 年，本书作者被评为电子工业出版社优秀作者；2016 年，本书第 5 版被中国电子教育学会评为全国电子信息类优秀教材一等奖。对于广大读者对本书的热情支持，作者表示深深的谢意。

由于 DSP 芯片的技术发展十分迅速，加上作者水平所限，书中错误之处在所难免，恳请读者在使用本书过程中提出宝贵的意见和建议，以便在今后修订时参考。

本书是陆军工程大学智能语音处理课题组长期从事"DSP 芯片原理与应用"教学和相关科研工作的总结。

编著者

2021 年 3 月于陆军工程大学，南京

目　录

第1章 概　　述

1.1 引　　言

数字信号处理（DSP）是一个涉及多门学科且在众多领域得到广泛应用的学科专业领域。

20 世纪 60 年代以来，随着电子信息技术的飞速发展，DSP 技术应运而生，并得到迅速的发展。目前，DSP 技术已经在通信、自动控制、航空航天、军事、仪器仪表、智能终端、家用电器等众多领域得到越来越广泛的应用，DSP 已经来到了我们每个人的身边。

DSP 是指利用计算机、微处理器或专用处理设备，以数字形式对信号进行采集、变换、滤波、估值、增强、压缩、识别等处理，以得到符合应用需要的信号形式。

DSP 是围绕着 DSP 的理论、技术、算法、实现、应用等几个方面发展起来的。DSP 在理论和技术上的进步推动了 DSP 应用的发展；反过来，越来越广泛的 DSP 应用又促进了 DSP 理论和技术的发展；DSP 的算法及实现则是理论、技术和工程应用之间的桥梁。

DSP 以众多学科的理论为基础，它所涉及的范围极其广泛。例如，数学领域的微积分、概率统计、随机过程、数值分析等都是 DSP 的基本工具，与网络理论、信号与系统、控制论、通信理论、故障诊断等也密切相关。一些新兴的学科，如机器学习、人工智能、模式识别、神经网络等，都与 DSP 密不可分。因此，DSP 将许多经典的理论体系作为自身的理论基础，同时又使自身成为一系列新兴学科的理论基础。

虽然 DSP 的理论发展迅速，但在 20 世纪 80 年代以前，由于工程实现方法的限制，DSP 的理论和技术还得不到广泛的应用。直到 20 世纪 80 年代初世界上第一片可编程 DSP 芯片的诞生，才将理论研究成果广泛应用到低成本的实际系统中，并且推动了新的理论和应用领域的发展。

因此，可以毫不夸张地说，DSP 芯片的诞生及发展对 30 多年来通信、自动控制、计算机应用等领域的发展起到十分重要的作用。

DSP 的工程实现一般有以下几种方法：

（1）在通用的计算机（如 PC）上用软件（如 C 语言）实现。

（2）在通用计算机系统中加上专用的加速处理机实现。

（3）基于通用的单片机（如 STM32、MSP430 系列等）实现。

（4）基于通用的可编程 DSP 芯片实现。与单片机相比，DSP 芯片具有更加适合于 DSP 的软件和硬件资源，可用于复杂的 DSP 算法。

（5）基于通用的可编程逻辑器件（如 FPGA 等）实现。由于可编程逻辑器件具有较好的并行处理能力，因此这种方法可以适应一些速度要求极高的场合。

（6）基于专用的 DSP 芯片实现。在一些特殊的应用场合，DSP 算法特殊，且要求的信号处理速度很高，采用通用 DSP 芯片难以实现，例如专用于 FFT、数字滤波、卷积、相关等算法的 DSP 芯片，这种芯片将相应的信号处理算法在芯片内部用专用硬件或软件实现，用户应用时无须再进行编程。

上述几种方法中：第 1 种方法的优点是实现比较方便，缺点是运行速度较慢，一般可用于 DSP 算法的模拟与仿真。第 2 种和第 6 种方法专用性强，优点是对特定应用处理能力强，缺点是应用受到比较大的限制，第 2 种方法也不便于 DSP 系统的独立运行。第 3 种方法的优点是成本和功耗较低，缺点是处理能力有限，适用于实现简单的 DSP 算法。第 5 种方法的优点是处理能力强，特别是其并行能力适合于多通道大数据吞吐量的信号处理，缺点是成本高、功耗大，对开发人员的编程能力要求较高。第 4 种方法具有通用性、高效性等特点，为 DSP 的工程应用奠定了实现的基础，也为 DSP 的推广应用提供了良好的工具和平台。

学习掌握 DSP 芯片的开发应用对于实现各种 DSP 的应用系统具有十分重要的实际意义。本书将介绍如何使用可编程 DSP 芯片来实现 DSP 应用系统。

1.2 DSP 系统

1.2.1 DSP 系统的基本构成

图 1-1 所示为一个典型的 DSP 系统。DSP 系统以 DSP 芯片为核心，专门用于处理某种特定的 DSP 处理任务。系统中的输入信号可以有各种各样的形式，例如，可以是麦克风采集的语音信号、摄像机采集的视频信号等。如果该系统还要完成人机交互、网络连接、系统管理等任务，通常会采用微控制器（Microcontroller Unit，MCU）（例如 ARM 等）作为接口控制处理器，如图 1-1 中的虚线框中部分所示，而 DSP 芯片则作为核心计算处理器。有的新型 DSP 芯片在单芯片上集成了 ARM、DSP 不同的内核，则系统的构成就更加简单、功能和性能更为强大。

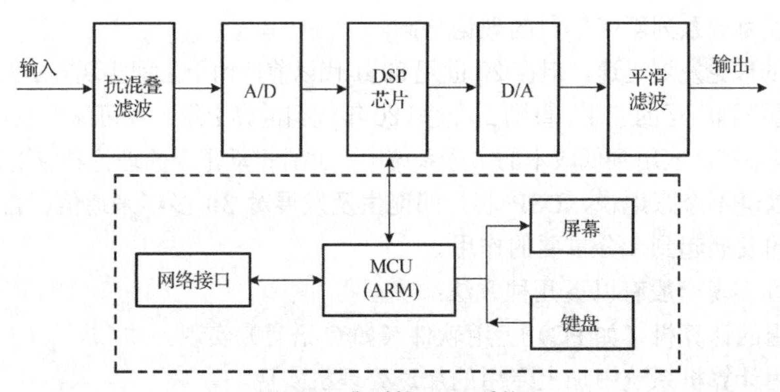

图 1-1　典型的 DSP 系统

一般地，输入信号首先进行带限滤波和采样，然后进行模/数（A/D：Analog to Digital）转换将模拟信号转换成数字比特流。根据奈奎斯特采样定理，对低通模拟信号，为保持信息的不丢失，采样频率至少必须是输入信号最高频率的 2 倍。

DSP 芯片的输入是 A/D 转换后得到的以样值形式表示的数字信号，DSP 芯片对输入的数字信号进行某种形式的处理。数字处理是 DSP 的关键，这与其他系统（如电话交换系统）有很大的不同，在交换系统中，处理器的作用是进行路由选择，它并不对输入数据进行修改。最后，经过处理后的数字样值再经数/模（Digital to Analog，D/A）转换将数字信号转换为模拟样值，并进行内插和平滑滤波后，就可得到连续的模拟波形。

必须指出的是，图 1-1 给出的只是一个典型的 DSP 系统，但并不是所有的 DSP 系统都必须包括图 1-1 中的所有部分。例如，语音识别系统在输出端并不是连续的波形而是识别结果，如数字、文字等。有些输入信号本身就是数字信号，因此就不必进行 A/D 转换了。

 1.2.2 DSP 系统的特点

DSP 系统以数字信号处理为基础，因此具有数字处理的全部优点：

（1）接口方便。DSP 系统与其他以现代数字技术为基础的系统或设备都是相互兼容的。与这样的系统接口以实现某种功能要比模拟系统与这些系统接口要容易的多。

（2）编程方便。DSP 系统中的可编程 DSP 芯片可使设计人员在开发过程中灵活方便地对软件进行修改和升级。

（3）稳定性好。DSP 系统以数字处理为基础，受环境温度以及噪声的影响较小，系统的可靠性高。

（4）数值精度高。16 位的数字系统可以达到 10^{-5} 的数值精度。

（5）可重复性好。模拟系统的性能受元器件参数性能变化的影响比较大，而数字系统基本不受影响，因此数字系统便于测试、调试和大规模生产。

（6）集成方便。DSP 系统中的数字部件有高度的规范性，便于大规模系统集成。

当然，DSP 也存在一定的缺点。DSP 基于数字处理，首先需要对模拟信号进行采样、量化和编码，这就必然会引入量化噪声，如何保证数值的精度是系统设计必须考虑的问题；对于简单的信号处理任务，如与模拟交换线的控制接口，若采用 DSP 则可能会使成本和系统功耗增加；此外，DSP 系统中的高速时钟可能会带来高频干扰和电磁泄漏等问题。

虽然 DSP 系统存在着一些缺点，但其突出的优点已经使之在工业控制、通信、语音、图像、雷达、生物医学、仪器仪表等许多领域得到越来越多的应用。

 1.2.3 DSP 系统的设计与开发

图 1-2 是 DSP 系统设计与开发的一般流程。

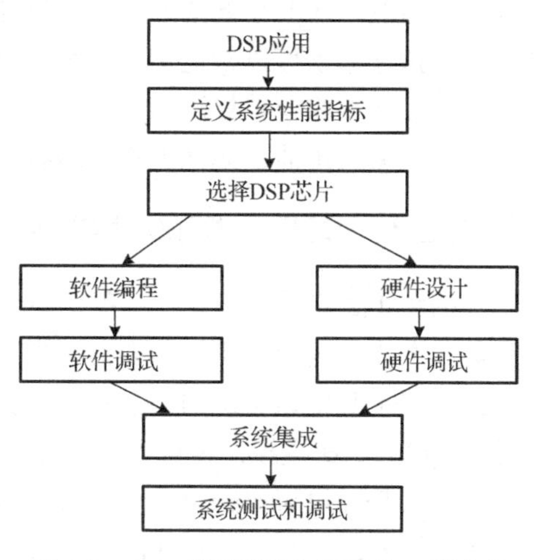

图 1-2 DSP 系统设计与开发的一般流程

1. 定义系统性能指标

在设计 DSP 系统之前，首先必须根据应用系统的目标确定系统的性能指标、信号处理的要求，通常可用数据流程图、数学运算序列、正式的符号或自然语言来描述。

2. 采用高级语言进行性能模拟

一般来说，为了实现系统的最终目标，需要对输入的信号进行恰当的处理，而处理方法的不同会导致不同的系统性能，要得到最佳的系统性能必须在这一步确定最佳的处理方法，即 DSP 的算法，因此，这一步也称算法模拟或仿真阶段。

例如，语音压缩编码算法就是要在确定的压缩比条件下，获得最佳的合成语音。语音压缩编码算法模拟时所用的语音信号就是实际采集而获得并存储为计算机文件形式的语音数据文件。有些算法模拟时所用的输入数据并不一定是实际采集的信号数据，只要能够验证算法的可行性，输入假设的数据也是可以的。

3．设计 DSP 系统

DSP 系统的设计包括硬件设计和软件设计两个方面。

硬件设计首先要根据系统功能、运算量、运算精度、成本以及体积、功耗等诸多要求选择合适的 DSP 芯片；然后，围绕 DSP 芯片，设计其外围电路及其他电路。

软件设计和编程主要根据系统要求和所选的 DSP 芯片编写相应的 DSP 程序，可用高级语言（如 C 语言）或芯片的汇编语言编程。一般地，高级语言并不是完全针对 DSP 应用设计的，基于芯片结构设计的汇编语言实现的代码效率更高，因此在实际应用系统中常常采用高级语言和汇编语言的混合编程方法，即在算法运算量大的地方，采用汇编语言，而运算量不大的地方则采用高级语言。采用这种方法，既可缩短软件开发的周期，提高程序的可读性和可移植性，又能满足系统实时运算的要求。

4．借助开发工具进行软硬件调试

软件的调试需要借助于 DSP 开发工具，如软件模拟器、DSP 开发系统或仿真器等。调试 DSP 算法时一般采用比较 DSP 实现结果与模拟仿真结果的方法，如果 DSP 程序和模拟程序的输入相同，则两者的输出应该一致。

应用系统的其他软件可以根据实际情况进行调试。

硬件调试一般采用硬件仿真器进行调试，如果没有相应的硬件仿真器，且硬件系统不是十分复杂，也可以借助于一般的工具进行调试。

5．系统集成与独立系统运行

DSP 系统的软件和硬件分别调试完成后，就可以将软件脱离开发系统而直接在应用系统上运行。当然，DSP 系统的开发，特别是软件开发是一个需要反复优化进行的过程，虽然通过算法模拟基本上可以知道实时系统的性能，但实际上模拟环境不可能做到与实时系统环境完全一致，而且将模拟算法移植到实时系统时必须考虑算法是否能够实时运行的问题。如果算法运算量太大不能在芯片上实时运行，则必须重新修改或优化算法。

 1.2.4 DSP 系统的开发工具

根据图 1-2 的设计与开发流程，要开发一个完整的 DSP 系统，需要借助于诸多软硬件开发工具，表 1-1 列出了可能需要的开发工具。当然，有些工具也不一定是必备的，如逻辑分析仪；有些工具则是可选的，如算法模拟时可以用 C 语言，也可以用 MATLAB 语言，或者先进行 MATLAB 模拟，再进行 C 语言模拟，还可以用其他程序语言。在采用美国得克萨斯仪器公司（Texas Instruments，TI）的 DSP 芯片（以下简称 TI-DSP 芯片）进行系统开发时，一般需采用 CCS（Code Composer Studio）工具软件，这是一个集成开发环境，包括了编辑、编译、汇编、链接、软件模拟、调试等几乎所有需要的软件。此外，如果 DSP 系统中还有其他微处理器，当然还必须有相应的开发工具支持。

表 1-1　DSP 系统的开发工具

开发步骤	开发内容	开发工具	
		硬　件	软　件
1	算法模拟	计算机	C 集成开发环境、MATLAB 等
2	DSP 软件编程	计算机	编辑器（如 UltraEdit、CCS 等）
3	DSP 软件调试	计算机、DSP 仿真器等	DSP 代码生成工具（包括 C 编译器、汇编器、链接器等） DSP 软件模拟器 Simulator、CCS 等
4	DSP 硬件设计	计算机	电路设计软件（如 Protel、Altium 等）、其他相关软件（如 EDA 软件等）
5	DSP 硬件调试	计算机、DSP 仿真器、示波器、信号发生器、逻辑分析仪等	相关支持软件
6	系统集成	计算机、DSP 仿真器、编程器、示波器、信号发生器、逻辑分析仪等	相关支持软件

1.2.5　实时 DSP 系统

实时性能是衡量 DSP 系统的一项重要指标。根据 DSP 实现方式，可以将 DSP 系统分为实时 DSP 系统和非实时 DSP 系统。在介绍实时和非实时 DSP 系统之前，先来看一看 DSP 算法的概念。

1. DSP 算法

通常，我们将一个 DSP 系统所承担的特定数字信号处理方法称为 DSP 算法。程序员根据 DSP 系统所实现的目标设计 DSP 算法，例如，需要实现一个语音识别系统，那么程序员首先必须研究并设计一个语音识别算法，然后将该算法转换成 DSP 代码，交给 DSP 系统来实现。

2. 实时与非实时 DSP 系统

DSP 系统实现 DSP 算法通常具有周期重复性的特点，也就是说，对于连续的输入信号，DSP 系统需要重复完成相同的 DSP 算法，只不过对于不同的输入信号，得到不同的输出结果。

图 1-3 给出了 DSP 系统的一般处理过程。

（1）实时 DSP 系统

如果 DSP 系统在下一个任务到来之前完成当前的 DSP 算法处理，表明该系统能够在连续两个任务的时间间隔内完成 DSP 算法，该系统就是一个实时 DSP 系统。实时 DSP 系统的一个特点是处理任务通常是周期性定时到来的，并且这个周期时长不随 DSP 处理时间的长短而改变。

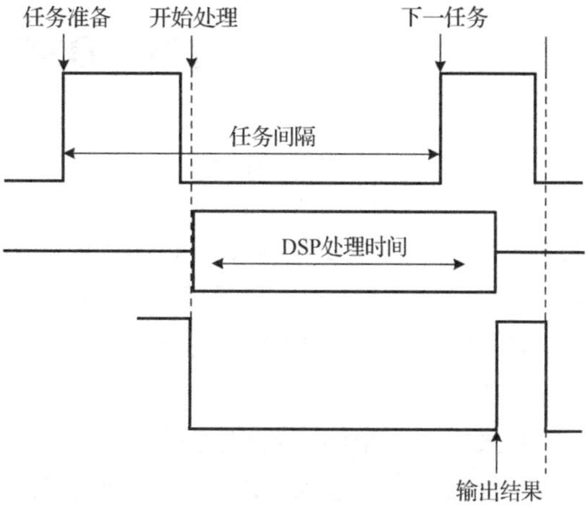

图 1-3　DSP 系统的一般处理过程

（2）非实时 DSP 系统

如果 DSP 系统处理方式是完成当前处理任务（不论处理当前任务需要多少时间）之后，再去取下一个任务，这个系统就是一个非实时 DSP 系统。

3. DSP的两种处理方式

（1）按样点处理

如果DSP算法对每一个输入样点循环一次，即DSP算法每隔一个采样间隔就循环一次，这种处理方式就是按样点处理。例如，在数字滤波器中，通常需要对每一个输入样点计算一次。

（2）按帧处理

有些数字信号处理算法不是每个输入样点循环一次，而是每隔一定的时间间隔（通常称为帧）循环一次，DSP算法的对象是一帧信号而不是一个样点，这种处理方式就是按帧处理。例如，低速语音编码算法通常以20ms为一帧，每隔20ms语音编码算法循环一次，对于8kHz的采样，20ms相当于160个样点。

图1-4所示是两种处理方式的示意图。

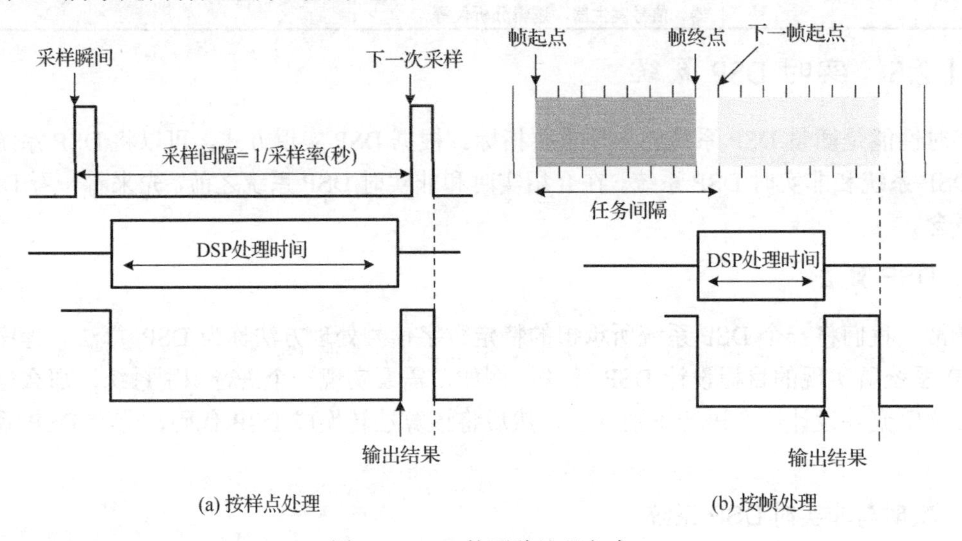

图1-4　DSP的两种处理方式

1.3　DSP芯片概述

1.3.1　DSP芯片的定义

DSP芯片，即数字信号处理芯片（或称数字信号处理器），是一种特别适合于进行DSP的微处理器，其主要应用是实时快速地实现各种DSP算法。

根据DSP的要求，DSP芯片一般具有如下一些优点：

（1）在一个指令周期内完成一次乘法和一次加法；

（2）采用程序空间和数据空间分开的结构，可以同时访问指令和数据；

（3）片内具有快速RAM，通常可通过独立的数据总线在两块RAM中同时访问；

（4）硬件支持低开销或无开销程序循环及跳转；

（5）支持快速的中断处理和硬件I/O；

（6）具有在单周期内操作的多个硬件地址产生器；

（7）提供并行指令，可以并行执行多个操作；

（8）支持流水线操作，使取指、译码和执行等操作可以并行执行。

早期的DSP芯片侧重于信号处理的运算能力，因此，与通用的微处理器相比，其接口等功能相对较弱一些。但是，近年来新推出的DSP芯片的功能和性能已大大提升，有些芯片已经将通用微处理器的一些功能集成在芯片中，有些芯片将多种常用的外设集成在芯片中，有些芯片甚至将微处理器与 DSP核集成在一个芯片中，各自完成其擅长的功能。

1.3.2 DSP芯片的特点

为了快速地实现DSP运算，DSP芯片一般都采用特殊的软硬件结构和指令系统。下面以TI-DSP芯片为例介绍其主要特点。

TI-DSP芯片的主要特点包括：（1）采用哈佛结构实现内部总线；（2）采用流水线操作方式实现指令操作；（3）采用专用的硬件乘法器实现乘法运算；（4）具有高效的DSP指令。这些特点使得DSP芯片可以实现快速的DSP运算，并使大部分运算（如乘累加操作）能够在一个指令周期内完成。由于 TI-DSP 芯片是软件可编程器件，因此具有通用微处理器方便灵活的特点。

1．哈佛结构

哈佛结构的主要特点是将程序和数据存储在不同的存储空间中，即程序存储器和数据存储器是两个相互独立的存储器，每个存储器独立编址、独立访问。与两个存储器相对应的是系统中设置了程序总线和数据总线两条总线，从而使数据的吞吐率提高了一倍。

2．流水线操作

与哈佛结构相关，DSP芯片广泛采用流水线以减少指令执行时间，从而增强了处理能力。采用流水线操作，处理器可以并行处理多条指令，每条指令处于流水线上的不同阶段。

3．专用的硬件乘法器

乘法是DSP运算的重要组成部分。例如，在一般形式的FIR滤波器中，对每个滤波器抽头，必须做一次乘法和一次加法。乘法速度越快，DSP芯片的性能就越高。在早期的通用微处理器中，乘法指令由一系列加法来实现，故需要许多个指令周期来完成。相比而言，由于DSP芯片具有专用的硬件乘法器，乘法可在一个指令周期内完成。

4．高效的DSP指令

DSP芯片的另一个特征是采用高效的指令。例如，TI公司的TMS320VC5416，采用RPT和MACD指令，可以将滤波器每个抽头的运算降为1条指令：

```
RPT  #255        ; 重复执行下条指令 256 次
MACD             ; 可完成数据装载、数据移动、乘法、累加功能
```

哈佛结构、流水线操作、专用的硬件乘法器、高效的DSP指令再加上集成电路的优化设计可使DSP芯片的指令周期从最早的400ns降到现在的10ns以下。快速的指令执行时间使得DSP芯片能够实时实现许多DSP应用。

1.3.3 DSP 芯片的发展

世界上第一片单片 DSP 芯片应当是 1978 年 AMI 公司推出的 S2811，1979 年美国 Intel 公司推出的商用可编程器件 2920 是 DSP 芯片的一个主要里程碑。但这两种芯片内部都没有现代 DSP 芯片所必须具有的单周期乘法器。1980 年，日本 NEC 公司推出的 uPD7720 是第一片具有乘法器的商用 DSP 芯片。

第一个采用 CMOS 工艺生产浮点 DSP 芯片的公司是日本的 Hitachi 公司，该公司于 1982 年推出了浮点 DSP 芯片。1983 年，日本 Fujitsu 公司推出 MB8764，其指令周期为 120ns，且具有双内部总线，从而使处理的吞吐量发生了一个大的飞跃。而第一片高性能的浮点 DSP 芯片应是 AT&T 公司于 1984 年推出的 DSP32。与其他公司相比，Motorola 公司在推出 DSP 芯片方面相对较晚。1986 年，该公司推出了定点芯片 MC56001。1990 年，推出了与 IEEE 浮点格式兼容的浮点 DSP 芯片 MC96002。

至今为止，最成功的 DSP 芯片生产商是美国的 TI 公司，该公司在 1982 年成功推出其第一代 DSP 芯片 TMS32010 及其系列产品 TMS32011、TMS320C10/C14/C15/C16/C17 等，之后相继推出了第二代 DSP 芯片 TMS32020、TMS320C25/C26/C28，第三代 DSP 芯片 TMS320C30/C31/C32/VC33，第四代 DSP 芯片 TMS320C40/C44，第五代 DSP 芯片 TMS320C5x/C54x/C55x，第二代 DSP 芯片的改进型 TMS320C2xx，集多片 DSP 芯片于一体的高性能 DSP 芯片 TMS320C8x 以及目前速度最快的 TMS320C62x/C64x/C67x 等。目前，TI 公司的 DSP 系列芯片主要包括 C5000 系列、C6000 系列、KeyStone 系列等。

美国模拟器件公司（Analog Devices Inc.，ADI 公司）在 DSP 芯片市场上也占有较大的份额，该公司相继推出了一系列具有显著特点的 DSP 芯片。目前，ADI 公司有 Blackfin、SHARC、Sigma、TigerSHARC 和 21xx 等 5 个系列的 DSP 芯片，可供选择的 DSP 芯片有百余种，种类和数量多，可选余地大。

自 1980 年以来，DSP 芯片得到了突飞猛进的发展，DSP 芯片的应用越来越广泛。下面从几个方面来看看 DSP 芯片的发展。

（1）运算速度：芯片的乘累加（MAC）运算时间已经从 20 世纪 80 年代初的 400 ns（如 TMS32010）降低到 10 ns 以下（如 TMS320C54x/C55x），运算能力提高了几十倍，甚至上百倍。

（2）片内资源：越来越丰富，内部集成 RAM、ROM、McBSP 串行接口、定时器、I^2C 接口、USB 接口、并行接口、A/D、通用 I/O 等。

（3）制造工艺：1980 年采用 4μm 的 N 沟道 MOS（NMOS）工艺，而现在则普遍采用亚微米 CMOS 工艺。

（4）引脚数量：从 1980 年的最多 64 个增加到现在的 200 个以上。引脚数量的增加，增强了芯片的功能，提高了芯片外部接口的灵活性，如外部存储器的扩展和处理器间的通信等。

（5）芯片封装：从早期的双列直插封装（DIP），到现在普遍使用的方形扁平封装（QFP）和球形栅格阵列封装（BGA）。虽然功能与引脚数量明显增加，但芯片体积却变小了。

（6）芯片种类：品种越来越多，定点、浮点，单核、双核、多核，……总能找到一款适合特定应用的芯片。

（7）芯片价格：同等性能条件下，价格显著下降，芯片的性能价格比显著上升。

1.3.4 DSP 芯片的分类

DSP 芯片分类有多种方式，下面按照数据格式、芯片用途、芯片内含 DSP 核数量、芯片内含 CPU 类型等四种方式来分类。

1. 按数据格式分

根据 DSP 芯片处理的数据格式来分类，通常可分为定点 DSP 芯片和浮点 DSP 芯片。

（1）定点 DSP 芯片

数据以整型数方式处理的称为定点 DSP 芯片，如 TI 公司早期的 TMS320C1x/C2x、TMS320C2xx/C5x，现在广泛应用的 TMS320C54x/C55x、TMS320C64x/C62x，ADI 公司的 ADSP-Blackfin 系列，Motorola 公司的 DSP56000，Lucent 公司的 DSP1600 等。

定点 DSP 芯片的一个重要指标是数据的字长，一般的数据字长为 16 位（也有 24 位、32 位）。对于 16 位定点 DSP 芯片，指令集中支持运算的数据多数是 16 位的整型数，少数指令可能也支持 32 位，但运算量会增加。

读者肯定会问，我写的算法程序中很多数据都是带小数点的，不是整型数，那还能不能用定点 DSP 芯片进行处理呢？答案当然是可以的，否则定点 DSP 芯片的用途将十分有限。

关于如何将小数转换为整型数以及定点数据处理方法，读者可参阅本书第 4 章。

（2）浮点 DSP 芯片

数据以浮点数方式处理称为浮点 DSP 芯片，如 TI 公司早期生产的 TMS320C3x/C4x，现在广泛应用的 TMS320C67x，ADI 公司的 SHARP DSP 系列，Lucent 公司的 DSP32/32C，Motorola 公司的 DSP96002 等。

不同浮点 DSP 芯片所采用的浮点格式不完全一样，有的 DSP 芯片采用自定义的浮点格式，如 TMS320C3x，而有的 DSP 芯片则采用 IEEE 的标准浮点格式，如 Motorola 公司的 DSP96002、FUJITSI 公司的 MB86232 和 ZORAN 公司的 ZR35325 等。

2. 按芯片用途分

按照 DSP 芯片的用途来分类，可分为通用型 DSP 芯片和专用型 DSP 芯片。

通用型 DSP 芯片是用户可编程的，也称可编程 DSP 芯片，适合普通的 DSP 应用，如 TI-DSP 芯片都属于通用型 DSP 芯片。本书主要讨论这种通用型 DSP 芯片。

专用 DSP 芯片是为特定的 DSP 算法而设计制造，适合特殊的运算和应用，如数字滤波、FFT、语音编码、语音合成、调制解调等，这类芯片是用户不可编程的。

3. 按内含 DSP 核的数量来分

按照 DSP 芯片内含的 DSP 核的数量来分类，可分为单核型 DSP 芯片和多核型 DSP 芯片。

单核型 DSP 芯片内部仅有一个 DSP 核，如 TMS320VC5509、TMS320VC5416、TMS320C6424 等。

多核型 DSP 芯片一般内含 2 个或 2 个以上的 DSP 核，如 TMS320C6474 内含 3 个 TMS320C64x 的 DSP 核。

4. 按内含 CPU 类型来分

按照 DSP 芯片内含的 CPU 核类型来分类，可分为单纯型 DSP 芯片和混合型 DSP 芯片。

单纯型 DSP 芯片内含的 CPU 不论数量多少，均为 DSP 核。

混合型 DSP 芯片内部除了 DSP 核以外，还有其他类型的 CPU，一般为 ARM 核，形成 DSP+ ARM 的混合形式。

1.3.5 DSP 芯片的选择

设计一个 DSP 系统，选择 DSP 芯片是其中最重要的环节。只有选定了 DSP 芯片才能进一步设计其外围电路及系统的其他电路。早期由于 DSP 芯片的种类很少，几乎没有可以选择的余地，只能根据一种或几种 DSP 芯片来设计应用系统。由于 DSP 发展速度很快，现在 DSP 芯片的选择余地很大。总的来说，现在完全可以根据实际应用系统的需要来选择 DSP 芯片，以达到系统的最优化设计。不同的 DSP 系统由于应用场合、应用目的等不尽相同，对 DSP 芯片的选择也是不同的。

选择 DSP 芯片时应综合考虑 DSP 芯片的运算速度、软硬件资源、开发工具等诸多因素，如图 1-5 所示。

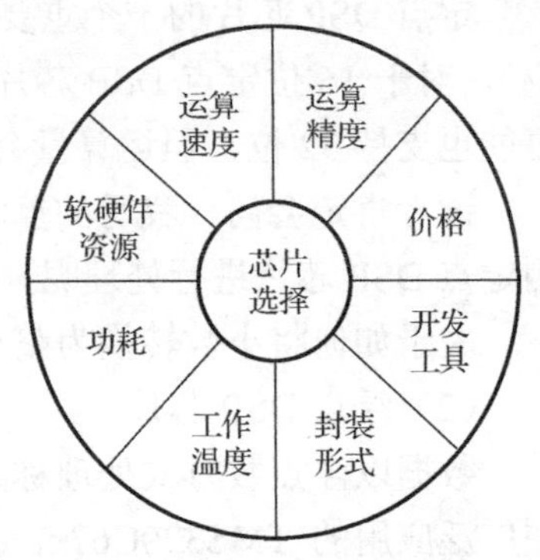

图 1-5 选择 DSP 芯片的考虑因素

1. 运算速度

运算速度是 DSP 芯片的一个最重要的性能指标，也是选择 DSP 芯片时所需要考虑的一个主要因素。DSP 芯片的运算速度可以用以下几种性能指标来衡量。

（1）指令周期

执行一条指令所需的时间，通常以 ns（纳秒）为单位。如 TMS320VC5509A 在时钟频率主频为 100MHz 时的指令周期为：1/100(μs)=10ns。

（2）MIPS

MIPS 是 Million Instructions Per Second 的缩写，即每秒执行百万条指令的数量。1MIPS=每秒可执行一百万条指令。如 TMS320VC5509A 的运算能力为：

若时钟频率为 100MHz，则指令周期=10ns，运算能力为 1/10ns=100MIPS，即每秒最多可执行 1 亿条指令；若时钟频率为 200MHz，则指令周期=5ns，运算能力为 1/5ns=200MIPS，即每秒最多可执行 2 亿条指令。

（3）MMACS

MAC 是 Multiply and Accumulate 的缩写，即一次乘法和一次加法。MMACS 是 Million MACs Per Second 的缩写，即每秒执行百万条 MAC 指令的数量。DSP 芯片的特殊硬件结构使得其可以在一个指令周期内同时完成一次乘法和加法操作，这是 DSP 芯片的一个显著特征。例如，当 TMS320VC5509A 工作在最高的 200MHz 时钟频率时，其一次 MAC 时间是 5ns，即在 5ns 时间内可以做一次乘法和一次加法。该芯片的运算能力为 200MMACS。

（4）MOPS

MOPS 是 Million Operations Per Second 的缩写，即每秒执行百万次操作的数量。如 TMS320C40 的运算能力为 275MOPS。

（5）MFLOPS

MFLOPS 是 Million Floating-point Operations Per Second 的缩写，即每秒执行百万次浮点

操作的数量。如 TMS320C31 在主频为 40MHz 时的处理能力为 40MFLOPS。

（6）FFT 执行时间

即运行一个 N 点 FFT 程序所需的时间。由于 FFT 运算涉及的运算在数字信号处理中很有代表性，因此 FFT 运算时间常作为衡量 DSP 芯片运算能力的一个指标。

2. 运算精度

运算精度主要取决于 DSP 芯片的数据字长，数据字长越长，可以表示的数据的精度就越高。

定点 DSP 芯片的字长一般是 16 位，也有的是 24 位、32 位。对于 16 位字长，可以表示的精度为：2^{-15}（对有符号数）、2^{-16}（对无符号数）。

浮点 DSP 芯片一般用 32 位来表示浮点数。

3. 硬件资源

重点是关注芯片内部的存储器容量（主要是 RAM）和集成外设的种类和数量。不同的 DSP 芯片所提供的硬件资源是不相同的，如片内 RAM、ROM 的数量，外部可扩展的程序和数据空间，总线接口、I/O 接口等。即使是同一系列的 DSP 芯片（如 TI 的 TMS320VC55x 系列），系列中不同 DSP 芯片也具有不同的内部硬件资源，可以适应不同的需要。

4. 价格

DSP 芯片的价格也是选择 DSP 芯片所需考虑的一个重要因素。如果采用价格昂贵的 DSP 芯片，即使性能再高，其应用范围肯定会受到一定的限制，尤其是民用产品。因此，根据实际系统的应用情况，需确定一个价格适中的 DSP 芯片。当然，由于 DSP 芯片发展迅速，DSP 芯片的价格往往下降较快，因此在开发阶段选用某种价格稍贵的 DSP 芯片，等到系统开发完毕，其价格可能已经下降不少。

5. 功耗

在某些 DSP 应用场合，功耗也是一个需要特别注意的问题。如便携式的 DSP 设备、野外应用的 DSP 设备，特别是需要电池供电的手持设备等对功耗都有特殊的要求。

为了降低功耗，目前 DSP 芯片的供电普遍采用 DSP 核和 I/O 分开供电的方式。消耗大部分功耗的 DSP 核，其供电普遍采用较低的电压，如 1.8V、1.6V、1.35V、1.2V 甚至更低，而 I/O 电压普遍采用 3.3V 或 1.8V 供电，低电压供电显著降低了 DSP 芯片的功耗。

6. 工作温度范围

DSP 芯片的工作温度范围主要分为四个类别，如表 1-2 所示。

如果设计的 DSP 系统要求达到工业级或汽车级标准，在选择时就需要注意所选的芯片是否有工业级或汽车级的同类产品。

表 1-2　DSP 芯片的工作温度范围

芯 片 级 别	工作温度范围
商用级	0℃～+70℃
工业级	–40℃～+85℃
汽车级	–40℃～+125℃
军用级	–55℃～+125℃

7. 封装形式

不同的 DSP 芯片有不同的芯片封装形式，早期有 DIP、PGA、PLCC 等，现在普遍采用 QFP 和 BGA 的封装形式。QFP 封装的基材有塑料、陶瓷、金属等三种，以塑料做基材的封装居多，可根据芯片封装本体的厚度分为 QFP（2.0～3.6mm）、LQFP（1.4mm）、TQFP（1.0mm）等。BGA 封装也有塑料基板 BGA（PBGA）、陶瓷基板 BGA（CBGA）等多种类型。

图 1-6 所示是 TMS320VC5509A 的两种封装的示意图，详细的引脚说明见附录 B。

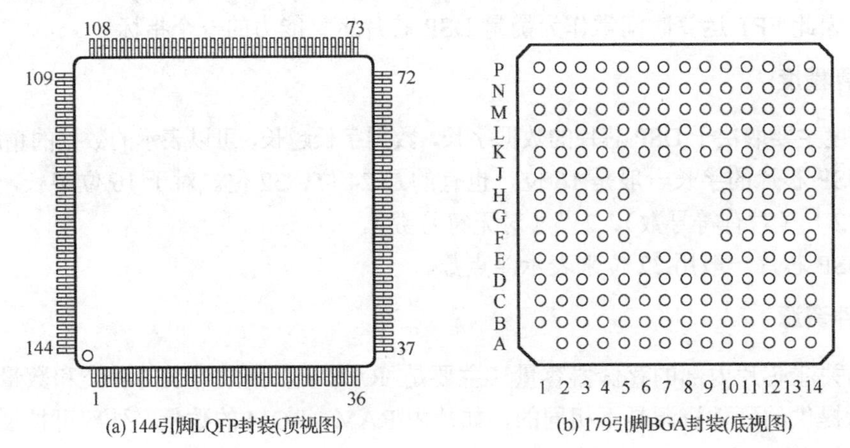

图 1-6　TMS320VC5509A 的两种封装

图 1-6(a)是该芯片 LQFP 封装的引脚图，引脚分布在芯片的四周，共 144 个引脚，芯片高度约 1.4mm，不含引脚的尺寸为 20mm×20mm，包含四周引脚的尺寸为 22mm×22mm，相邻 2 个引脚中心的间距为 0.5mm。

图 1-6(b)是该芯片 BGA 封装的底视图，引脚分布在芯片的底部，每个引脚呈球形，共 179 个，芯片尺寸为 12mm×12mm，芯片高度约 1.3mm，相邻 2 个球形引脚中心的间距为 0.8mm。

8．开发工具

在 DSP 系统的开发过程中，开发工具是必不可少的。如果没有开发工具的支持，要想开发一个复杂的 DSP 系统几乎是不可能的。如果有功能强大的开发工具的支持，如 C 语言编译器支持，则开发的时间就会大大缩短。所以，在选择 DSP 芯片的同时必须注意其开发工具的支持情况，包括软件和硬件的开发工具。

TI-DSP 芯片的开发工具主要包括软件开发工具和硬件开发工具。

（1）软件开发工具

TI 公司提供了 CCS 集成开发环境，可运行在 Windows 操作系统下，可以不需要硬件支持在计算机环境下模拟运行程序。

（2）硬件开发工具

如初学者开发套件 DSK、硬件仿真器、开发板等。

除了上述因素外，选择 DSP 芯片还应考虑到芯片的供货情况、生命周期等。如果所设计的 DSP 系统不仅仅是一个实验系统，而是需要批量生产并可能有几年甚至十年的生命周期，那么需要考虑所选的 DSP 芯片供货情况如何，是否也有同样甚至更长的生命周期等。

在上述诸多因素中，一般而言，定点 DSP 芯片的价格较为便宜、功耗也相对较低，但程序需要程序员进行精心的设计，以达到运算精度与运算速度的最佳平衡。而浮点 DSP 芯片的优点是程序编写和调试方便，运算精度高，但价格稍贵，功耗也较大。例如，TI 的

TMS320VC55x 系列属于定点 DSP 芯片，低功耗和低成本是其主要的特点；而 TMS320C67x 属于浮点 DSP 芯片，运算精度高，用 C 语言编程方便，开发周期短，但同时其价格和功耗也相对较高。表 1-3 是两种类型芯片的比较。

表 1-3　定点芯片与浮点芯片的比较

芯 片 类 型	定点 DSP 芯片	浮点 DSP 芯片
数据字长	一般是 16 位	32 位
运算精度	需要精心设计	高
芯片价格	较低	较高
芯片功耗	较小	较大
程序编写与调试	较难	较易
开发周期	较长	较短
适用场合	低成本、低功耗场合	成本与功耗不敏感场合

1.3.6　DSP 系统的运算量

一个实时 DSP 系统必须在下一个任务到来之前完成当前的 DSP 算法处理任务，也就是说 DSP 系统处理算法的时间必须小于两个相邻任务之间的时间间隔。因此，估计 DSP 系统的运算量就显得非常重要了。

（1）按样点处理的运算量估计

如果 DSP 算法是按样点处理的，则在选择 DSP 芯片时，需要比较相邻两个样点时间间隔内 DSP 芯片的运算能力和 DSP 算法的运算量。

例如，一个采用 LMS 算法的 256 抽头的自适应 FIR 滤波器，假定每个抽头的计算需要 3 个 MAC 周期，则 256 抽头计算需要 256×3=768 个 MAC 周期。如果 DSP 芯片的 MAC 周期为 200ns，则 768 个 MAC 周期需要 153.6μs 的时间。语音信号的采样频率为 8kHz，即样点之间的间隔为 125μs，显然无法实时处理，需要选用速度更高的 DSP 芯片。

表 1-4 所示是两种信号带宽对三种 DSP 芯片的处理要求，三种 DSP 芯片的 MAC 周期分别为 200ns、50ns 和 10ns。从表中可以看出，对语音应用，后两种 DSP 芯片可以实时实现，对音频应用，只有第三种 DSP 芯片能够实时处理。当然，在这个例子中，没有考虑其他的运算量。

表 1-4　用 DSP 芯片实现数字滤波

应用领域	采样率（kHz）	采样周期（μs）	256 抽头 LMS 滤波运算量（MAC 数）	每采样周期允许 MAC 指令数		
				200ns	50ns	10ns
语音	8	125	768	625	2500	12500
音频	44.1	22.7	768	113	453	2268

（2）按帧处理时的运算量估计

如果 DSP 算法是按帧处理的，则选择 DSP 芯片时应该比较一帧时间内 DSP 芯片的运算能力和 DSP 算法的运算量。

假设 DSP 芯片的指令周期为 p(ns)，一帧的时间为$\Delta\tau$ (ns)，则该 DSP 芯片在一帧内所能提供的最大运算量为：$\Delta\tau/p$ 条指令。

例如，假设 TMS320VC5509A 的时钟频率是 200MHz，则：

指令周期 = 1/200MHz = 0.005μs = 5ns，

设帧长为 20ms，则一帧内 TMS320VC5509A 所能提供的最大运算量为：

20ms/5ns = 400 万。

因此，只要 DSP 算法 20ms 内的运算量不超过 400 万条指令，就可以在 TMS320VC5509A 上实时运行。

1.3.7 DSP 芯片的应用

自从 20 世纪 80 年代初 DSP 芯片诞生以来，DSP 芯片得到了飞速的发展。DSP 芯片的高速发展，一方面得益于集成电路技术的快速发展，另一方面也得益于巨大应用市场的大力推动。在三十多年时间里，DSP 芯片已经在信号处理、自动控制、电信、雷达、音视频、汽车、医疗、家电等许多领域得到广泛的应用。目前，DSP 芯片的价格越来越低，功能越来越强大，性能价格比日益提高，应用潜力巨大。

DSP 芯片的主要应用如表 1-5 所示。

表 1-5 DSP 芯片的典型应用

通用信号处理	数字滤波、自适应滤波、快速傅里叶变换、相关运算、谱分析、卷积、模式匹配、波形产生
自动控制	工业控制、发动机控制、声控、自动驾驶、机器人控制、磁盘控制
电信	移动电话、调制解调器、自适应均衡、数据加密、数据压缩、回波抵消、多路复用、传真、扩频通信、纠错编码
语音	声码器、语音合成、语音识别、语音增强、说话人辨认、说话人确认、语音存储、文/语转换
图形/图像/视频	二维和三维图形处理、图像压缩与传输、图像增强、动画制作、机器人视觉、数字地图、视频会议、视频监视
军事	保密通信、雷达处理、声纳处理、导航、导弹制导
汽车	引擎控制、振动分析、防抱死刹车、自动排挡控制、导航定位、语音命令
仪器	频谱分析、函数发生、锁相环、地震处理
医疗	数字助听、超声设备、诊断工具、病人监护
家用电器	数字电视、高保真音响、音乐合成、音调控制、玩具与游戏

随着 DSP 芯片性能价格比的不断提高，DSP 芯片将会在更多的领域内得到更为广泛的应用。

1.4 常用的 DSP 芯片

1.4.1 TI 公司 DSP 芯片

TI 公司在 1982 年成功推出其第一代 DSP 芯片 TMS32010 及其系列产品，之后相继推出了以 TMS32020、TMS320C25、TMS320C30、TMS320C40、TMS320C50、TMS320C80 等为代表的多个系列芯片，这些芯片在不同的年代有力地推动了 DSP 技术的应用。目前，这些芯片由于技术性能已经落后，相继退出了历史舞台。30 多年来，TI 公司以其雄厚的技术实力引领着 DSP 芯片的快速发展，芯片的工艺水平越来越高，品种数量越来越多，运算速度越来越快，片内资源越来越丰富，性能价格比不断提升，应用领域越来越广泛。TI 公司的系列

DSP 产品已经成为当今世界上最有影响的 DSP 芯片。TI 公司已经成为世界上最大的 DSP 芯片供应商，其 DSP 市场占全世界份额的近 50%。

目前，TI-DSP 芯片可以归纳为以下五大系列：

- TMS320C2000 系列；
- TMS320C5000 系列；
- TMS320C6000 系列；
- Keystone 多核处理器；
- DaVinci 视频处理器。

1. TMS320C2000 系列

近年来，TI 公司逐渐将 TMS320C2000 系列芯片定位于面向实时控制领域，因此，该系列芯片现在也叫微控制器。在该公司的网站上，该系列芯片也归类到微控制器目录下面。本书从历史发展和完整性的角度考虑，仍将该系列归类到 DSP 芯片。

该系列芯片的主要特征包括：

（1）大部分 C2000 芯片为 32 位 C28x 核，单周期 32×32 位乘累加；有些芯片支持单精度 32 位浮点运算，定点与浮点软件全兼容。还有部分芯片为多核处理器，包含 ARM Cortex-M3 核或控制率加速器 CLA 核（Control Law Accelerators，独立的 32 位浮点数学处理器）。

（2）时钟频率范围 40MHz～300MHz，处理能力最高可达 925MIPS。

（3）集成有高精度的 PWM 和快速的 A/D 转换器，可简化系统设计，降低系统成本。

（4）提供多种通信接口，包括以太网和 USB 接口。

（5）具有快速的中断响应时间，适于实时控制应用；集成有实时调试，简化控制系统的开发。

（6）所有芯片符合 AEC Q-100 汽车标准应用。

（7）内部有一个 128 位长度口令保护的代码加密模块，保护软件代码。

表 1-6 列出了该系列芯片的分类和主要性能。

表 1-6　TMS320C2000 的分类和主要性能

类　型	CPU	典型芯片	典型特征	主要应用
C2000	C28x	F280x F281x F2823x	32 位 C28x DSP 核 定点运算 150MHz 128K ×16 Flash 多通道 12 位 A/D 12.5MSPS 采样 电机控制的外设 128 位安全密钥	实时控制 自动控制
	C28x	F2802x F2803x F2805x F2806x F2807x	低成本控制 32 位 C28x DSP 核 FPU 浮点运算单元 CLA 协处理器 120MHz/240MIPS 专用硬件加速器 模拟和控制外设	汽车电子 数字电力 电机控制 家用电器 照明电子

续表

类　型	CPU	典型芯片	典型特征	主要应用
C2000	C28x+CLA+ARM	F2833x F2834x F2837x F2838x	高性能控制 双 32 位 C28x DSP 核 FPU 浮点运算单元 CLA 协处理器 200MHz/800/925MIPS/ 专用硬件加速器 高精度模拟和控制外设 43.5MSPS 采样	高性能实时控制 数字电力 电机控制 汽车交通

2. TMS320C5000 系列

TMS320C5000 系列也是 16 位定点 DSP 芯片，主要面向通信、信息技术领域，目前主推 TMS320C54x 和 TMS320C55x 两大类。TMS320C54x 系列成员众多，可提供各种性能选择，最高速度可达 160MIPS。TMS320C55x 在 TMS320C54x 的基础上采用高性能的电源管理技术，成为目前功耗最低的一类 DSP 芯片，内含两个乘累加器，最高速度可达 600MIPS，特别适用于需要电池供电等的低功耗应用场合。

表 1-7 列出了该系列芯片的分类和主要性能。

表 1-7　C5000 DSP 芯片的分类和主要性能

类　型	分　支	典型芯片	典型特征	主要应用
C5000	C54x	VC5416 VC5409 VC5407 VC5402	C54xDSP 核 定点运算 160MHz/160MIPS 128K ×16 RAM 多种集成外设 -40℃～+100℃工作温度	语音和音频处理 调制解调器 无线数据通信
	C55x	VC5509A VC5510 C5535 C5517	C55xDSP 核 定点运算 双 MAC 300MHz/600MIPS 160K×16 RAM 多种集成外设 0.45mA/MHz 低功耗 -40℃～+85℃工作温度	微型个人和便携产品 手机终端等电信应用 语音和音频处理 生物识别 低功耗视觉分析应用

3. TMS320C6000 系列

TMS320C6000 系列是 TI-DSP 芯片的高端产品，性能优越，且便于高级语言编程，特别适用于需要高性能处理的场合，如多通道处理、图像和视频处理等。该系列芯片种类较多，有定点型芯片（TMS320C62x/C64x），有浮点型芯片（TMS320C67x），有多 DSP 核芯片（TMS320C647x），有 DSP 核与 ARM 核结合的混合型芯片（如 OMAP-L1xx、OMAP35xx）。该系列芯片为 32/64 位 DSP 内核，时钟速度高、运算能力强、接口丰富是该类型芯片的重要特点。

表 1-8 列出了该系列芯片的分类和主要性能。

表 1-8　C6000 DSP 芯片的分类和主要性能

类　型	CPU		分　支	典 型 芯 片	典 型 特 征	主 要 应 用
C6000	定点型		C62x	C6205、C6204 C6203、C6202 C6201	C62xDSP 核 200MHz/1600MIPS 32 位外部存储器接口 PCI 接口	高速运算处理 多通道应用 多功能应用
			C64x	C6424、C6421	C64x+DSP 核 1.2GHz/9600MIPS 64 位外部存储器接口 Viterbi 译码协处理器 Turbo 译码协处理器 1000M 以太网口	
	浮点/定点型		C674x 低功耗	C6748、C6747 C6746、C6745 C6743、C6742	C674xDSP 核 浮点/定点兼容 3648 MIPS/ 2746 MFLOPS 增强型 DMA LCD 控制器 两种外部存储器接口 多种多媒体接口	机器视觉 生物特征识别 货币识别
			C67x	C6727、C6726 C6722、C6720 C6713、C6712 C6711、C6701	C67x+DSP 核 浮点运算 350MHz 增强的存储系统 增强的存储接口 双数据移动加速	专业音响设备 医疗设备 生物特征识别
	DSP+ ARM 型	定点 DSP+ Cortex-A8	OMAP 35xx	OMAP3530 OMAP3525	C64x+DSP 核 DSP 定点运算 DSP 520MHz ARM 720MHz 视频硬件加速 图形加速 照相机图像信号处理器 显示子系统 媒体接口	便携式导航设备 便携式媒体播放器 数字照相机 便携式数据采集 智能家居控制 游戏
		浮点 DSP+ ARM9	OMAP- L1xx	OMAP-L138 OMAP-L137 OMAP-L132	C647xDSP 核 DSP 浮点/定点兼容 DSP3648MIPS DSP2746MFLOPS LCD 控制器 各种多媒体接口	移动无线电 工业自动化 机器视觉 生物特征识别
		浮点 DSP+ Cortex-A15	66AK2xx	66AK2G12 66AK2E05 66AK2L06 66AK2H14	C66x DSP 核 KeyStoneII 架构 与 C67x+和 C64x+核兼容 各种接口（工业子系统、显示子系统、网络子系统）	生物识别 航空电子和国防 通信 自动化控制 云基础设施
	多 DSP 核型		C647x	C6474 C6472	3 个 C64x+DSP 核 定点运算 3×1.2GHz 28800MIPS Viterbi 译码协处理器 Turbo 译码协处理器 1000Mbps 以太网口	医学图像 高端视频与图像 通信基础设施 高端工业 机器视觉 测试与自动化

4. KeyStone 多核处理器

该系列芯片应该是目前业界性能最高的一类定点/浮点 DSP 芯片。该系列芯片建立在 TI 公司的 KeyStone 多核架构基础之上，采用 C66x DSP 内核作为芯片的 CPU。

TI 的 KeyStone 处理器为集成 RISC、DSP 内核、专用协处理器和 I/O 提供了一种高性能软硬件架构。KeyStone 处理器能够提供充裕的内部带宽，实现对所有处理内核、外设、协处理器以及 I/O 的顺畅访问。该架构主要包括多核导航器、多核共享内存控制器、TeraNet 数据移动交换结构、HyperLink 芯片级互连等四大硬件元素。

多核导航器是一款基于包的创新管理器，可管理 8192 个队列。在把各种任务分配给这些队列时，多核导航器可提供硬件加速分发功能，将任务导向可用的适当硬件。这种基于数据包的片上系统可使用拥有 2Tbps 带宽的 TeraNet 来传输数据包。多核共享内存控制器允许处理内核直接访问共享内存，避免占用 TeraNet 的带宽，因此数据包传输就不会受到内存访问的限制。HyperLink 提供 40Gbaud 的芯片级互连，该互连让 SoC（System-on-Chip，片上系统）能够协同工作。HyperLink 支持低协议开销与高吞吐量，是芯片间互连的理想接口。通过与多核导航器协同工作，HyperLink 可将任务透明地分发给串联器件，而任务的执行就如同在本地资源上运行一样。

C66x DSP 内核子系统（corepac）对于定点运算具有四倍于 C64x+ 的乘累加能力，C66x 内核集成浮点功能。在 1.25GHz 工作频率下，每个 C66x 内核的定点处理能力为 40GMACS，浮点处理能力为 20GFLOPS。每个周期能够执行 8 个单精度浮点乘累加运算，并且可执行双精度和混合精度运算，并与 IEEE754 兼容。与 C64x+相比，C66x 内核集成有针对浮点和面向矢量数学运算处理的 90 条全新指令，显著提升了处理能力。C66x 内核与 TI 之前的 C6000 定点和浮点 DSP 内核向后代码兼容，从而确保了软件可移植性，并且缩短了将应用移植到更快硬件时所需的软件开发周期。

KeyStone 多核处理器可以分为单纯 DSP 核的多核处理器和 DSP+ARM 混合的多核处理器两大类。

单纯 DSP 核的多核处理器基于 KeyStone I 的多核架构，目前有 C665x 和 C667x 两个类别。C665x 内部集成有 1 个 C66x 的 DSP 核（C6655）或 2 个 C66x 的 DSP 核（C6657），C667x 内部集成多达 8 个 C66x 的 DSP 核（C6678）。

DSP+ARM 混合的多核处理器基于 KeyStone II 的多核架构，该架构在 KeyStone I 架构的基础上提升了 2 倍或 4 倍的性能。目前有 66AK2Ex 和 66AK2Hx 两个类别。

表 1-9 列出了 KeyStone 多核处理器的分类和主要性能。

表 1-9 KeyStone 多核处理器的分类和主要性能

类　型	CPU	分　支	典型芯片	典型特征	主要应用
KeyStone 多核处理器	多核 DSP（基于 KeyStone I 的多核架构）	C665x	C6657 C6655 C6654	1～2 个 C66x DSP Corepac 最高 2×1.25=2.5GHz 定点 40GMACS/Corepac 浮点 20GFLOPS/Corepac	工业自动化 机器视觉 高性能计算 视频基础设施 医疗图像 高端成像 媒体处理 网络应用
		C667x	C6678 C6674 C6672 C6671	1～8 个 C66x DSP Corepac 最高 8×1.4=11.2GHz 定点 44.8GMACS/Corepac 浮点 22.4 GFLOPS/Corepac	

续表

类 型	CPU	分 支	典型芯片	典型特征	主要应用
KeyStone 多核处理器	多核 DSP+ARM （基于 KeyStone II 的多核架构）	66AK2Ex	66AK2E05 66AK2E02	1 个 C66x DSP corepac 每个 DSP1.4GHz 1 或 4 个 ARM 核 Cortex-A15 每个 ARM1.4GHz	航空电子设备 工业自动化 服务器 企业网络 云基础设施
		66AK2Hx	66AK2H06	4 个 C66x DSP corepac 每个 DSP1.2GHz 2 个 ARM 核 Cortex-A15 每个 ARM1.4GHz	
			66AK2H14/12	8 个 C66x DSP corepac 每个 DSP1.2GHz 4 个 ARM 核 Cortex-A15 每个 ARM1.4GHz	

5. DaVinci 视频处理器

该系列芯片是针对视频处理各种应用需要而专门设计的。目前，该系列芯片可以分为单纯 DSP 核、DSP+ARM 和单纯 ARM 核等三大类。这里简要介绍一下带 DSP 核的前面两大类。

TMS320DM64x 芯片是一款高性能的数字媒体处理器，它采用 TMS320C64x+定点 DSP 核，最高时钟为 1.1GHz，每个指令周期可以执行 8 个 32 位 C64x+指令，最高运算速度达 8800 MIPS，具有 5 个可配置的视频接口。

TMS320DM81xx SoC 基于 DSP+ARM 的混合结构，采用 TMS320C674x 浮点 DSP 核和 Cortex-A8 ARM 核。DSP 核支持定点和浮点运算，最高时钟为 1.125GHz，最高运算速度达 9000 MIPS 和 6750MFLOPS。ARM 核的最高时钟为 1.35GHz。

TMS320DM37xx SoC 基于 DSP+ARM 的混合结构，采用 TMS320C64x+ 定点 DSP 核和 Cortex-A8 ARM 核。DSP 核的最高时钟为 800MHz，最高运算速度达 6400 MIPS。ARM 核的最高时钟为 1GHz，运算速度达 2000MIPS。

TMS320DM64xx SoC 基于 DSP+ARM 的混合结构，采用 TMS320C64x+定点 DSP 核和 ARM9 核。DSP 核的最高时钟为 1GHz，最高运算速度达 8000 MIPS。ARM 核的最高时钟为 500MHz，运算速度达 500MIPS。

表 1-10 列出了该系列芯片的分类和主要性能。

表 1-10 DaVinci 视频处理器的分类和主要性能

类 型	CPU	分 支	典型芯片	典型特征	主要应用
DaVinci 视频处理器	单 DSP	DM64x DSP （定点 C64x+）	DM648 DM647 DM643 DM642 DM641 DM640	C64x+DSP 核 DSP 定点运算 DSP 1100MHz DSP 8800 MIPS 64 通道增强型 DMA	视频与图像处理

续表

类　型	CPU		分　支	典型芯片	典 型 特 征	主要应用
DaVinci 视频处理器	DSP+ ARM	DSP+ Cortex-A8	DM81xx SOC （浮点/定点 C674x）	DM8168 DM8167 DM8165 DM8148 DM8147 DM8127	C674xDSP 核 DSP 浮点/定点兼容 DSP 1125MHz DSP 9000 MIPS DSP 6750MFLOPS ARM 1350MHz ARM 2700MIPS 视频/图形加速 音频/视频 codec	
			DM37xx SOC （定点 C64x+）	DM3730 DM3725	C64x+DSP 核 DSP 定点运算 DSP 800MHz DSP 6400MIPS ARM 1000MHz ARM 2000MIPS 视频处理子系统 视频图像协处理器	
		DSP+ ARM9	DM64xx SOC （定点 C64x+）	DM6467T DM6467 DM6446 DM6443 DM6441 DM6437 DM6435 DM6433 DM6431	C64x+DSP 核 DSP 定点运算 DSP 1000MHz DSP 8000MIPS ARM 500MHz ARM 500MIPS 视频处理子系统 视频图像协处理器	

1.4.2　ADI 公司 DSP 芯片

目前，ADI 公司有 Blackfin、SHARC、Sigma、TigerSHARC 和 21xx 等 5 个系列的 DSP 芯片，可供选择的 DSP 芯片有百余种，种类和数量多，选择余地大。

1. Blackfin 系列

Blackfin DSP 芯片是为满足嵌入式音频、视频和通信应用而设计的一类新型嵌入式 DSP 芯片，该系列芯片基于由 ADI 和 Intel 公司联合开发的微信号架构（MSA），将一个 32 位 RISC 型指令集和双 16 位乘累加器集成在一起，兼有 DSP 芯片强大的信号处理能力和通用型微控制器的易用性，极大地简化了系统的软硬件设计。Blackfin DSP 芯片包括：ADSP-BF56x、ADSP-BF54x、ADSP-BF53x、ADSP-BF52x、ADSP-BF51x、ADSP-BF50x、ADSP-BF59x 等。

2. SHARC 系列

SHARC DSP 芯片是一类 32 位浮点型 DSP 芯片，该系列 DSP 芯片基于超级哈佛（Super Harvard）架构，将高性能的内核、存储性能与出色的 I/O 吞吐能力有机地结合在一起。这种超级哈佛架构通过增加一个 I/O 处理器及其相关专用总线的方法，扩展了最初的程序与数据总线分离的概念。除了满足大多数计算密集型实时信号处理应用的需求外，SHARC DSP 芯片还集成了大量的存储器阵列和专用外设，从而可简化产品设计。SHARC DSP 芯片包括：ADSP-2106x、ADSP-2116x、ADSP-2126x、ADSP-2136x/7x、ADSP-2146x/7x/8x 等。

3. Sigma 系列

Sigma DSP 芯片专门为音频处理而设计，该系列芯片采用 28/56bit 高精度数字音频 DSP 内核，并将音频处理必需的资源（如 A/D、D/A 等）集成到芯片中，可采用 SigmaStudio 图形化工具软件进行编程，满足不同用户对音频处理的不同需要，可广泛应用于汽车、便携式应用等场合。典型的 Sigma DSP 芯片有：AD1940/AD1941、ADAU1442/1445/1446 、ADAU1701/ADAU1702。

4. TigerSHARC 系列

TigerSHARC DSP 芯片是从 SHARC DSP 芯片系列发展而来，具有比 SHARC DSP 芯片更强的浮点运算能力。该系列芯片是为了适应多片 DSP 芯片协同工作实现高速 DSP 处理而设计的，每个周期可执行 8 个 16 位的乘累加操作（40 位累加）或 2 个 32 位的乘累加操作（80 位累加），每个周期内也可执行 6 个单精度浮点操作或 24 个 16 位定点操作，并行机制允许每个周期内最多执行 4 个 32 位指令。目前有 ADSP-TS101、ADSP-TS201、ADSP-TS202 和 ADSP-TS203 等。

5. 21xx 系列

21xx DSP 芯片是 ADI 公司最早推出的 16 位定点 DSP 芯片，ADSP-2101 是 ADI 公司 1986 年推出的最早的一个 DSP 芯片。目前主要以 ADSP-218x 、ADSP-219x 为代表。

1.5 内容组织与常用术语

1.5.1 内容组织结构

本书按照基础知识、开发环境、软件开发、硬件开发、综合实例的顺序展开，如图 1-7 所示。

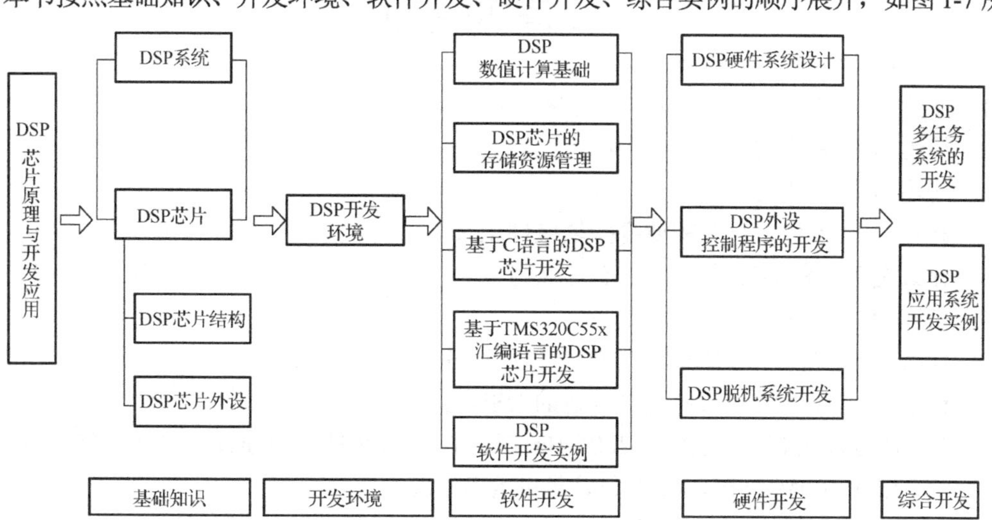

图 1-7 本书内容组织结构图

1.5.2 常用术语

DSP：是 Digital Signal Processing 或 Digital Signal Processor 的缩写词，DSP 在本书中一般指 Digital Signal Processing，即数字信号处理。

DSP 芯片：指数字信号处理器或数字信号处理芯片。

DSP 系统：指实现某种数字信号处理任务的软硬件系统。

DSP 算法：指 DSP 系统完成某种数字信号处理任务的具体实现方法。

DSP 软件：指运行在 DSP 系统的信号处理软件。

DSP 硬件：指实现 DSP 系统的各种硬件。

DSP 核：指 DSP 芯片内部的中央处理单元（CPU）。

TI-DSP 芯片：指 TI 公司的 DSP 芯片。

集成外设：指集成在 DSP 芯片内部的 CPU 外围设备，如定时器、各种串行通信接口、主机接口 HPI、DMA 控制器等，有时也称为片上外设或片内外设。

本章小结

本章介绍了 DSP 芯片的基本概念以及 DSP 系统的构成、特点、设计过程和开发方法，重点对 DSP 芯片的一些基础知识进行了阐述，学习掌握这些基础知识可以为后续知识的学习奠定基础。由于 DSP 芯片种类较多，在一本书内包罗万象不仅没有可能，而且也没有必要。实际上，各种 DSP 芯片的结构和开发方法基本类似，因此在开始学习 DSP 芯片时，可将某类 DSP 芯片作为重点。

本书的原理与方法适用于所有 DSP 芯片。在举例说明时，主要以 TMS320C5000 系列（TMS320C54x/TMS320C55x）的 DSP 芯片为主。为方便起见，以后在举例时将省略其前缀“TMS320”，如将 TMS320C5000 简称为 C5000，将 TMS320C55x 简称为 C55x。

习题与思考题

1．DSP 算法的工程实现方法主要有哪些？

2．简述 DSP 系统的典型构成和特点。

3．简述 DSP 系统的一般设计过程。

4．开发 DSP 系统，一般需要哪些软硬件工具？

5．什么是可编程 DSP 芯片？它有什么特点？

6．简述 DSP 芯片的发展历程。

7．什么是定点 DSP 芯片和浮点 DSP 芯片？各有什么优缺点？

8．设计 DSP 系统时，如何选择合适的 DSP 芯片？

9．TMS320VC5509A 工作在 200MHz 时的指令周期是多少 ns？它的运算速度是多少 MIPS？当工作在 100MHz 时，其指令周期和运算速度又是多少？

10．一个 DSP 系统的采样频率是 10kHz，采用的 DSP 芯片的指令周期是 10ns。如果某 DSP 算法是按样点处理的，请问算法实时运行的条件是什么？如果 DSP 算法是按帧处理的，且帧长是 10ms，则在一帧时间内最多可运行多少个指令周期？

11．写出以下缩写词的中英文全称：DSP、MMACS、MIPS、MOPS、MFLOPS。

第 2 章　DSP 芯片的基本结构和特征

2.1　引　　言

可编程 DSP 芯片是一种具有特殊结构的微处理器，为了达到快速进行数字信号处理的目的，DSP 芯片一般都具有程序和数据分开的总线结构、流水线操作功能、单周期完成乘法的硬件乘法器以及一套适合数字信号处理的指令集。

在 DSP 芯片应用中，许多特殊功能是与 DSP 芯片内部的特殊结构紧密相关的。因此，学习 DSP 芯片的结构和特征，对于深入理解 DSP 芯片的操作过程，掌握 DSP 芯片的开发和应用技术具有很重要的意义。

2.2　DSP 芯片的基本结构

2.2.1　概述

为了适应 DSP 应用的需要，DSP 芯片一般都采用了一些特殊的内部结构。下面我们以 TI-DSP 芯片为例介绍 DSP 芯片的基本结构。

DSP 芯片的基本结构大致可以分为 CPU、存储器、总线、集成外设和专用硬件电路等部分。

CPU： 主要包括算术逻辑单元（ALU）、累加器（ACC）、乘累加单元（MAC）、移位寄存器和寻址单元等。

存储器： 包括片内 ROM、Flash，单访问 RAM（SARAM），双访问 RAM（DARAM）等。

集成外设和专用硬件电路： 包括片内各种类型的串行接口、主机接口、定时器、时钟发生器、锁相环以及各种控制电路。

总线： 在 CPU 与存储器、集成外设和专用硬件电路等部分之间传送指令和数据，起到桥梁的作用。

图 2-1 给出了一个具有典型特点的 DSP 芯片结构框图。

TI-DSP 芯片的种类很多，不同系列芯片的硬件结构并不完全一致。但是，同一系列的不同型号 DSP 芯片之间，其 CPU 结构与功能基本相同，型号之间的差异主要体现在片内的存储器容量、集成外设、供电电压、速度以及封装上。当然，不同系列 DSP 芯片的最基本硬件操作单元仍是相同或相近的，如硬件乘法器、ALU 单元、桶形移位器等。

2.2.2　总线结构

一般微处理器的 CPU 都采用冯·诺伊曼结构设计，如图 2-2 所示。

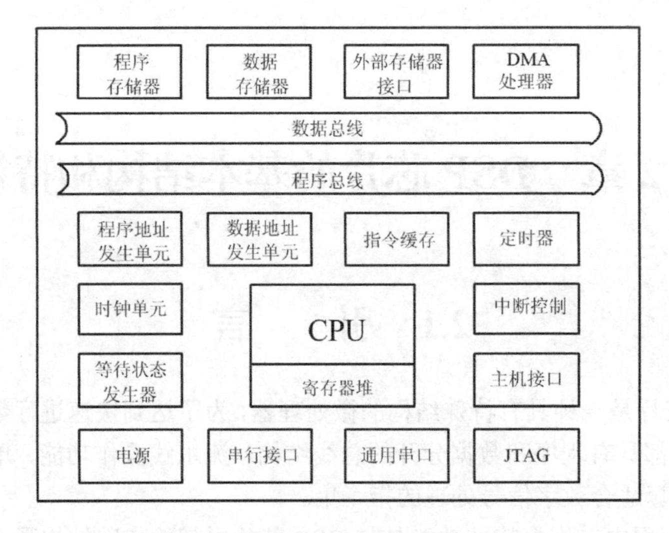

图 2-1　具有典型特点的 DSP 芯片结构

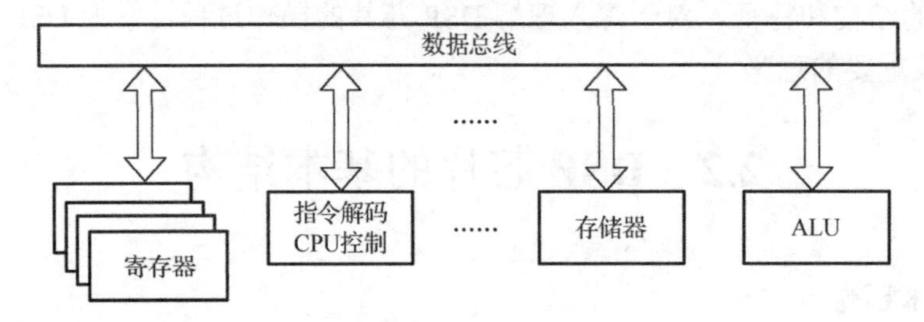

图 2-2　冯·诺伊曼结构

在这种结构中，程序指令与数据共享同一个存储空间，统一编址、依靠指令计数器提供的地址来区分是指令还是数据，采用同一条地址和数据总线进行访问。这种设计便于硬件实现和管理，但每次在读取指令后，还需通过同一条总线来取数，对于需要处理大量数据的 DSP 芯片来说，其数据传输效率不高。

大多数 DSP 芯片的 CPU 则采用哈佛结构，如图 2-3 所示。

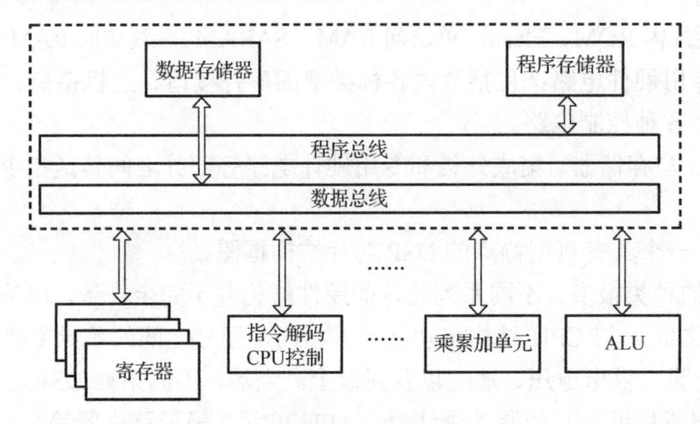

图 2-3　哈佛结构

哈佛结构是不同于传统的冯·诺伊曼结构的并行体系结构，其主要特点是将程序和数据存储在不同的存储空间中，即程序存储器和数据存储器是两个相互独立的存储器，每个存储器独立编址，独立访问。与两个存储器相对应的是系统中设置了程序总线和数据总线两条总线，从而使数据的吞吐率提高了一倍。

在哈佛结构中，由于程序和数据存储器在两个分开的空间中，因此，能同时进行取指和执行操作。为了进一步提高运行速度和灵活性，TI-DSP 芯片在基本哈佛结构的基础上作了改进，一是允许数据存放在程序存储器中，并被算术运算指令直接使用，增强了芯片的灵活性；二是指令存储在高速缓冲器（Cache）中，当执行此指令时，不需要再从存储器中读取指令，节约了取指时间。

2.2.3 流水线

与哈佛结构相关，DSP 芯片的指令操作广泛采用流水线以减少指令执行时间，从而增强了处理器的处理能力。

流水线处理的基本原理是：将指令的执行过程分为几个子操作，不同子操作由不同的单元完成。这样，每隔一个时钟周期，每个单元就可以进入一个新指令的子操作。因此在同一个时钟周期内，在不同的单元可以处理多条指令，相当于并行执行了多条指令。

不同系列的 DSP 芯片的流水线深度是不同的。TI 公司的第一代 DSP 芯片采用 2 级流水线，第二代采用 3 级流水线，第三代采用 4 级流水线，C54x 采用 6 级流水线，而 C55x、C6000 系列芯片的流水线深度更深。采用流水线操作，DSP 芯片可以并行处理多条指令，每条指令处于流水线上的不同阶段。

图 2-4 给出了一个三级流水线操作的例子。在三级流水线操作中，取指、译码和执行操作可以独立地处理，这可使不同指令的子操作能完全重叠。在每个指令周期内，三个不同的指令处于激活状态，每个指令处于不同的阶段。例如，在第 N 个指令取指时，前面一个即第 $N-1$ 个指令正在译码，而第 $N-2$ 个指令则正在执行。

一般来说，流水线对用户是透明的。

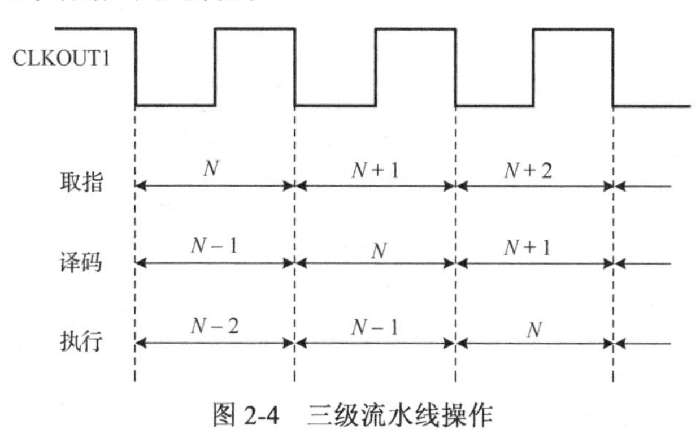

图 2-4 三级流水线操作

2.3 中央处理单元（CPU）

TI-DSP 芯片的 CPU 主要由以下几个部分组成：

- 指令解码部分；
- 运算与逻辑部分；
- 寻址部分。

其中，运算与逻辑部分一般包括以下单元：

- 算术逻辑单元（ALU）；
- 累加器 ACC；
- 桶形移位寄存器；
- 乘累加单元（MAC）。

不同系列的 DSP 芯片中，各组成部分的具体实现单元数量和具体功能会有所不同。下面介绍其中的算术逻辑单元、累加器、桶形移位寄存器、乘累加单元和寻址单元。

2.3.1 算术逻辑单元（ALU）

DSP 芯片的算术逻辑单元可以实现加/减法运算、逻辑运算等大部分算术和逻辑功能，且许多运算可以在 1 个周期内完成。ALU 的运算结果通常被送往累加器。

ALU 中一般还包括一个进位比特（C）。这个位的值受大多数 ALU 运算的影响，它的存在也为支持 ALU 进行更高精度的算术操作提供了可能。C 的值通常可以用指令直接进行设置，也可以利用这个位的值作为判断条件来进行一些操作，如跳转、调用子函数等。

许多 DSP 芯片的 ALU 还包含溢出保护单元。当 ALU 的计算结果溢出时，就相应地用正最大值或负最大值来替代计算结果。这种处理方式在滤波、状态确定等运算中特别有用。

以 C54x 系列定点 DSP 的 CPU 为例，其中的 ALU 为 40 位，有 2 个输入端和 1 个输出端。当 ALU 进行算术运算时，分为两个 16 位的 ALU 使用，此时来自数据存储器、累加器或 T 寄存器的数据分别进入两个 ALU。在这种情况下，1 个周期内将可以同时完成两个 16 位的操作。C54x 系列 DSP 芯片的 ALU 功能框图如图 2-5 所示。

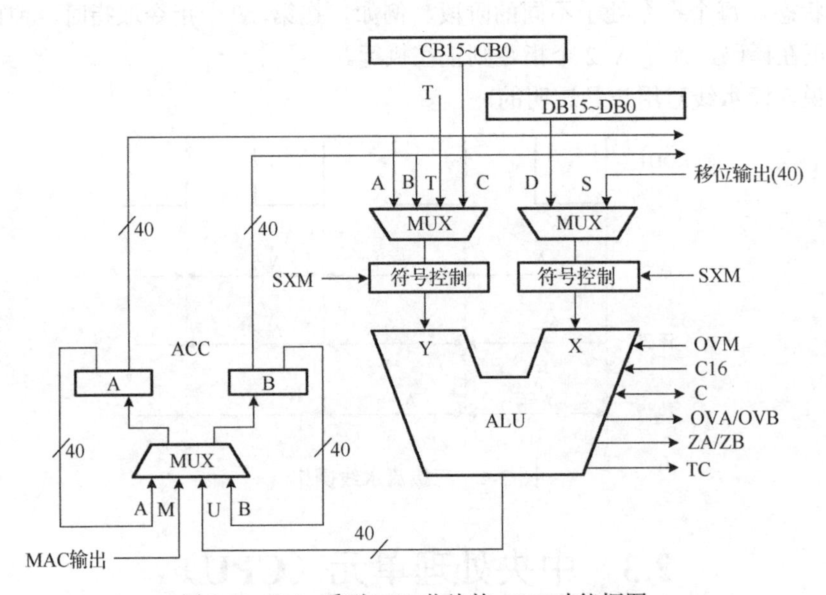

图 2-5　C54x 系列 DSP 芯片的 ALU 功能框图

图 2-5 中，数据 A 来自累加器 A，数据 B 来自累加器 B，数据 C 来自 CB 数据总线，数据 D 来自 DB 数据总线，数据 M 来自 MAC 单元，数据 S 来自桶形移位器，数据 T 来自 T 寄存器，数据 U 来自 ALU 单元。“/” 旁的数字表示总线位宽。以下各图表示方法相同。

C55x 系列定点 DSP 芯片则将 CPU 分为了 5 个功能单元：指令缓冲单元（I 单元）、程序流单元（P 单元）、地址数据流单元（A 单元）、数据计算单元（D 单元）和存储器接口单元（M 单元）。其中 D 单元是 CPU 中最主要的部分，负责数据处理，D 单元中包含与 C54x 类似的一个 40 位的 ALU 以及若干个寄存器。为了方便进行地址等运算，A 单元还有一个附加的 16 位 ALU 以及一组相关寄存器。其 CPU 结构框图如图 2-6 所示。

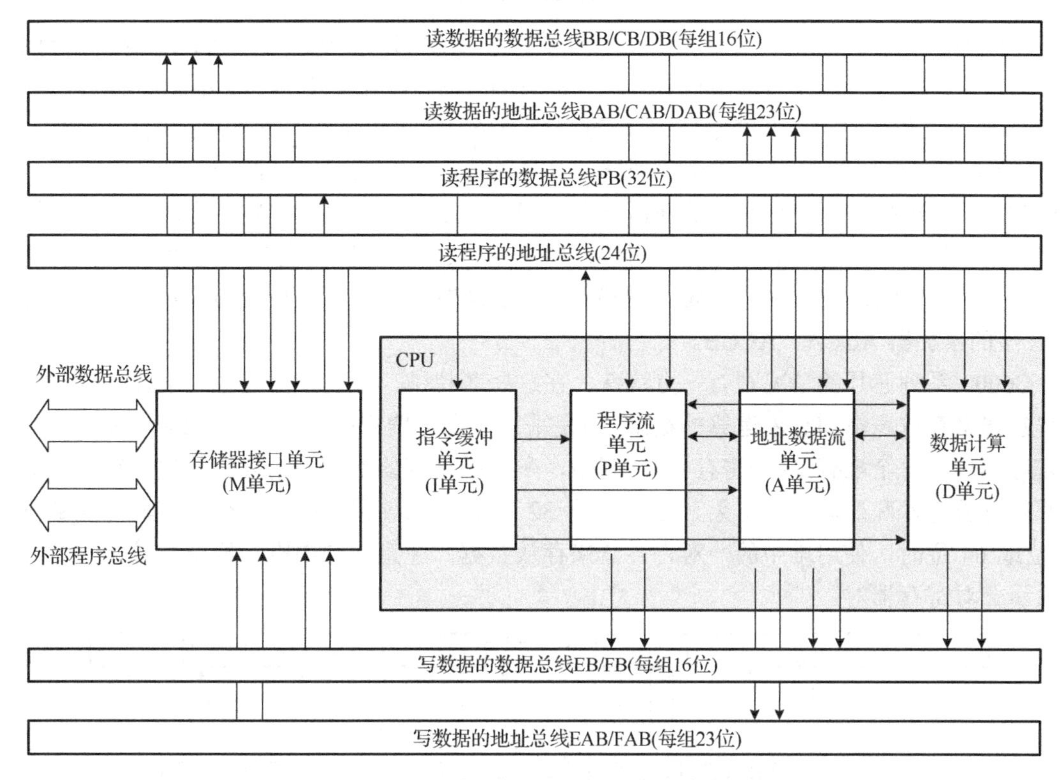

图 2-6　C55x 系列 DSP 芯片的 CPU 结构框图

浮点芯片中的 ALU 单元与上述的略有不同。为进行单周期的浮点加减法运算，单元中还需集成指数运算逻辑部分。

 2.3.2　累加器

DSP 芯片中需要设置一些特殊的寄存器，用于存放 ALU 或其他运算逻辑单元的运算结果，同时作为一些运算逻辑单元的输入，以提供一个中继的功能。一般我们称这种寄存器为累加器。

普通的寄存器与累加器之间存在着本质的区别。一般的寄存器用于存放运算操作的输入值，其位宽度通常与 DSP 的内部数据总线一样；而累加器则用于存放运算操作的结果，其位宽度一般远大于内部总线的位宽度。

C54x 芯片有 2 个独立的 40 位累加器 ACCA 和 ACCB，可以存放 ALU 或 MAC 单元的运算结果，也可以作为 ALU 的一个输入。每一个累加器分为 3 个部分：8 个保护位（AG 和 BG）、高 16 位字（AH 和 BH）与低 16 位字（AL 和 BL）。其中，保护位可以防止迭代运算中（比如自相关运算）产生的溢出。

C54x 累加器 ACCA 和 ACCB 结构如图 2-7(a)和图 2-7(b)所示。

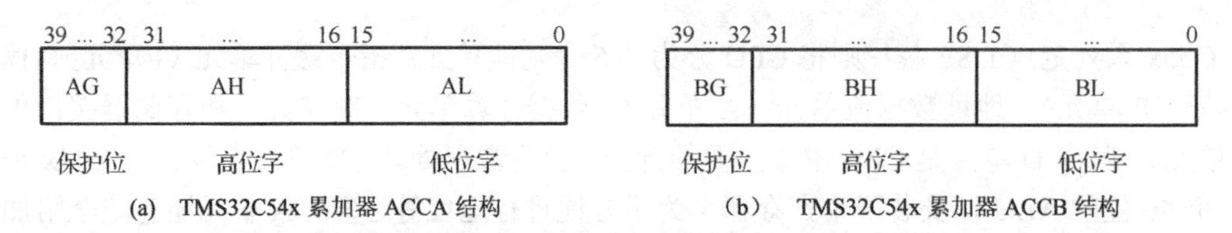

图 2-7 TMS32C54x 累加器结构

AG、BG、AH、BH、AL 和 BL 是存储器映射寄存器（Memory-Mapped Register，MMR），它们的值可以通过压入或弹出堆栈进行保存或恢复。此外，这些寄存器还可以用于寻址操作。ACCA 和 ACCB 的唯一差异在于 ACCA 的（31～16）位可以用作乘累加单元的一个输入。

C55x 芯片的 CPU 中包含 4 个累加器，其名称为 AC0～AC3。这四个累加器在功能上是等价的，可以根据需要使用其中的任何一个，但是需要注意的是，某些指令严格要求使用特定的成对累加器，例如 SWAP 指令，可以同时使用 AC0 和 AC2，或者 AC1 和 AC3，但是不能同时使用 AC0 和 AC1。在 C54x 兼容模式下（C54CM=1），累加器 AC0、AC1 分别对应于 C54x 中的累加器 ACCA、ACCB。

C6000 系列芯片的情况则有一点特殊。在这些芯片中，不是使用超过内部数据总线宽度的累加器来存放逻辑和算术运算的结果，而是采用了寄存器堆的方式，如图 2-8 所示为 C6000 的寄存器堆（每个堆有 16 个寄存器）。其中，所有的寄存器都能向运算单元提供输入数据，也都能存放算术和逻辑运算结果。当数据是 32 位时，只使用堆中的一个寄存器；当数据是 48 位或 64 位时，使用堆中的一对寄存器来存放数据。注意，图中寄存器堆里的每一个小方框表示一对寄存器对。

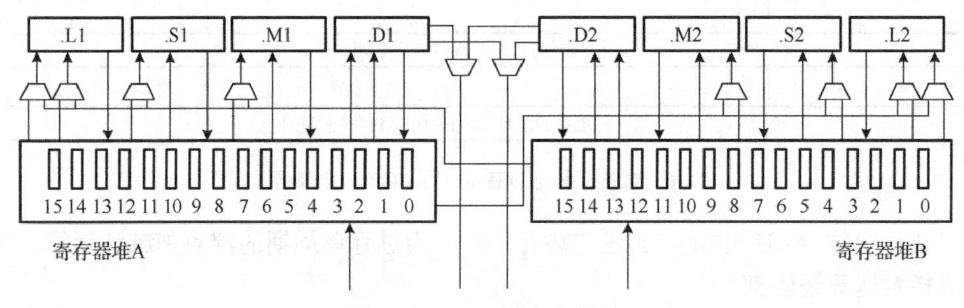

图 2-8 C6000 的寄存器堆

2.3.3 桶形移位寄存器

桶形移位寄存器主要用于累加器或数据区操作数的移位。不同 DSP 芯片的移位位数范围不同，如 C54x 系列 DSP 芯片的移位位数为–16～31，其中，移位位数为正则对应于向左移，移位位数为负则对应于向右移。40 位的输出结果可以送到 ALU 的输入端。而 C55x 系列芯片的移位位数为–32~31。

针对不同的汇编指令，移位值可以用立即数形式定义，或者存放于状态寄存器中，或者存放于特殊寄存器内。例如，在 C54x 中：

```
SFTL     A,  +2                  ; 累加器 A 中的值逻辑左移 2 位
ADD A,   ASM,  B                 ; 累加器 A 中的值移位（位数由 ASM 值确定）后与累加器 B
                                 ; 的值相加，结果放在累加器 B 中
NORM     A                       ; 归一化累加器 A 中的值（移位位数由 T 寄存器确定）
```

图 2-9 为 C54x 的移位寄存器功能框图。

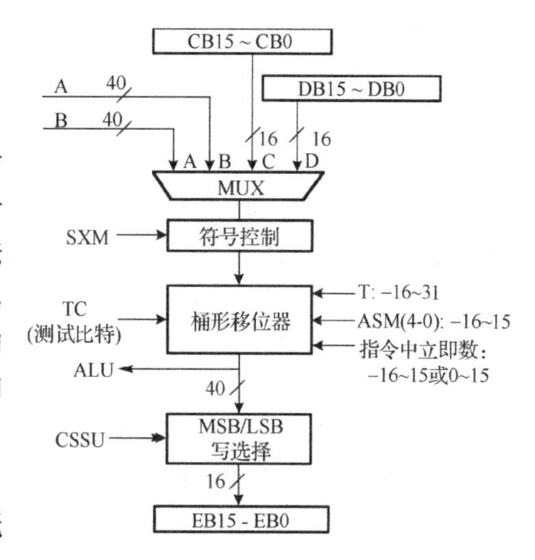

图 2-9 C54x 的移位寄存器功能框图

2.3.4 乘累加单元

乘累加（MAC）单元包括 1 个乘法器和 1 个专用加法器。MAC 单元具有强大的乘累加功能，在一个流水线周期内可以完成 1 次乘法运算和 1 次加法运算。在滤波以及自相关等运算中，充分利用乘累加指令可以显著提高运算速度。各系列 DSP 芯片的乘法器宽度和专用累加器的宽度不同。如 C54x 和 C55x 中的乘法器为 17×17 位，专用累加器为 40 位。

图 2-10 为 C54x 的乘累加单元功能框图。

在 MAC 单元中，乘法器能够进行有符号数、无符号数以及有符号数与无符号数的乘运算。如，C54x 系列 DSP 芯片中，依据不同情况作以下三种处理：

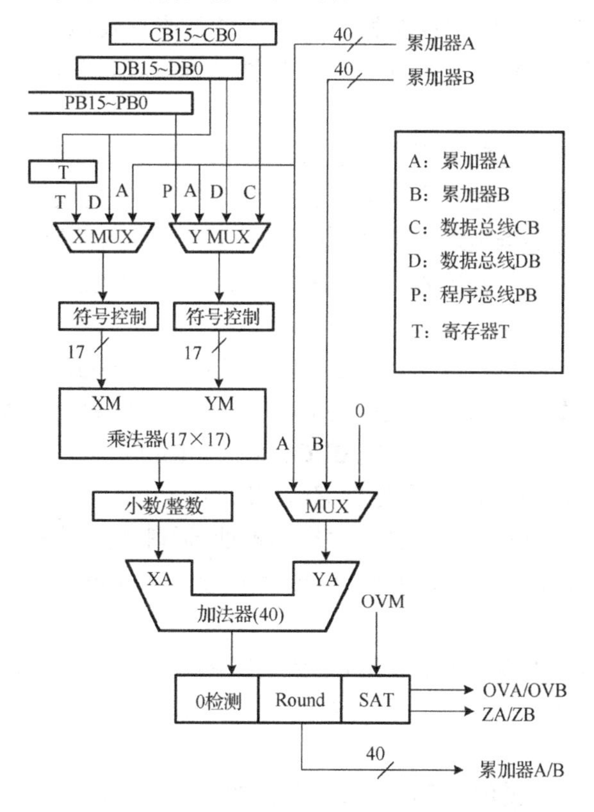

图 2-10 C54x 的乘累加单元功能框图

（1）如果是两个有符号数相乘，则 16 位的乘数与被乘数先进行符号扩展，在最高位前添加 1 个符号位（其值由最高位决定），扩展为 17 位有符号数后再相乘。

（2）如果是无符号数乘以无符号数，则在两个操作数的最高位前面添加“0”，扩展为 17 位的操作数再相乘。

（3）如果是有符号数与无符号数相乘，有符号数在最高位前添加 1 个符号位（其值由最高位决定），无符号数在最高位前面添加“0”，然后两个操作数相乘。

由于两个 16 位的二进制补码相乘会产生两个符号位，为了提高计算精度，在状态寄存器 ST1 中设置小数模式位 FRCT 为 1，乘法器结果就会自动左移 1 位而去掉 1 个多余的符号位。

在 MAC 单元中，加法器的输入一个来自乘法器的输出，另一个来自累加器 A 或 B 中的某一个输出。加法器的运算结果输出到累加器 A 或 B 中。此外，加法器还包含了舍入和饱和逻辑。舍入将目标累加器的值加上 2^{15}，然后将累加器的低 16 位清零。在汇编指令中，常常在乘累加（MAC）、乘累减（MAS）或乘法（MPY）等指令后加上后缀“R”，表示该指令要将累加器的低 16 位舍入。

C55x 系列 DSP 芯片中，共有两个 MAC 单元包含在 D 单元中。

需要指出的是，C6000 系列 DSP 芯片中，并没有乘累加单元，而是在 M 单元中提供了 16×16 位的乘法和移位功能。

2.3.5 寻址单元

DSP 芯片的程序和数据都是存储在存储器中的，为了迅速有效地访问这些存储器单元，必然涉及寻址问题。各种 DSP 芯片中都提供了多种寻址方式，以提高运算和指令执行效率。

按寻址对象区分，寻址方式主要包括程序寻址和数据寻址两大类。

程序寻址过程中的一个关键单元是程序计数器 PC。PC 中包含需要取指的下一条指令所在的程序存储器地址，一般在存储器地址中按顺序产生。当执行到子函数调用、中断时，将用相应的子函数入口地址或中断服务程序入口地址来加载 PC；当执行到跳转语句时，会使用相应的跳转地址来加载 PC。

程序地址一般由程序地址产生单元产生。如 C54x 系列芯片中，PAGEN（Program-Address GENeration logic）用于产生将要取指的指令或存放于程序空间的立即数、系数表等的入口地址。PAGEN 中包含 5 个寄存器，包括 PC、RC、BRC、RSA、REA，所产生的地址通过程序地址总线（Program Address Bus，PAB）与程序存储区相联系。

C55x 系列 DSP 芯片中，P 单元产生所有的程序空间地址，同时也控制指令流顺序。C6000 系列 DSP 芯片中，程序地址的产生由 PMC（Program Memory Controller）单元和 CPU 中的其他相关单元共同完成。

对于数据寻址，指令执行中所涉及的操作数地址一般由指令提供。为了加速数据寻址的速度，减少指令中为操作数地址所保留的比特位数，提高指令执行效率，一般 DSP 芯片都提供了多种的数据寻址方式。

例如，C54x 系列 DSP 芯片，提供了 7 种高效灵活的数据寻址方式：

- 立即数寻址：操作数为立即数，直接包含在指令中。
- 绝对地址寻址：指令中为固定地址。
- 累加器寻址：将累加器的内容作为地址去访问程序存储器的某个单元。
- 直接寻址：根据所在的存储器的页（DP 或 SP）和页内偏移量（7 比特），确定在数据存储器中的实际地址。
- 间接寻址：通过 8 个辅助寄存器（AR0～AR7）中的地址访问存储器。

- 存储器映射寄存器寻址：这种方式允许直接修改存储器映射寄存器中的值，而不影响当前的 DP 或 SP 的值。
- 堆栈寻址：负责数据在系统堆栈中的压入和弹出。

在执行直接寻址、间接寻址或存储器映射寄存器寻址过程中，通过 DAGEN（Data-Address Generation Unit，数据地址产生逻辑）来计算数据存储器中操作数的地址。

C55x 系列 DSP 芯片中，数据及 I/O 空间的地址产生由 A 单元完成，它可以接收来自 I 单元的立即数，也能与 P 单元寄存器、D 单元寄存器或者数据存储器进行数据通信。C6000 系列 DSP 芯片中，数据地址的产生由 DMC（Data Memory Controller）单元和 CPU 中的其他相关单元共同完成。

2.4 存 储 单 元

存储器主要用于存储程序、数据、变量等。从存储器的位置来区分，分为片内存储器和片外存储器两类。其中，片内存储器是 DSP 芯片本身所固有的，而片外存储器是根据 DSP 系统需要在 DSP 芯片外部扩展的。

2.4.1 片内存储器

片内存储器由 DSP 芯片内部所提供，主要有 ROM、RAM 和 Flash 等类型。

不同的 DSP 芯片所提供的片内存储器的类型和数量不同。例如，VC5409 片内有 16K 字的 ROM 和 32K 字的 RAM，VC5509A 片内有 64K 字节的 ROM 和 256K 字节的 RAM，而 F281x 片内提供 Flash 存储器，如 F2812 片内有 128K 字的 Flash 和 18K 字的 RAM。

用户可根据需要进行选择。

1. ROM

DSP 芯片中的 ROM 用于固化程序和数据。其作用有两个，一是存放芯片生产商的程序和数据，通常包括引导装载（Bootloader）程序、中断矢量表及厂商测试程序，有些芯片还有若干常用的数据表格，如正弦函数表、语音 PCM 编码用的 μ/A 律扩展数据表等，便于用户使用；二是可用于存放用户程序，有些芯片内部有较大空间的 ROM，用户可将测试通过的最终程序和数据以目标文件的格式提交给芯片生产公司，由公司将其转化为相应的代码并编程写入 ROM，一旦写入 ROM，则不能更改。

关于 Bootloader 程序的作用详见第 11 章。

2. RAM

DSP 芯片中的 RAM 可以分为 SARAM 和 DARAM 两种。

SARAM 称为单访问 RAM，即每个 SARAM 在 1 个机器周期内只能被访问 1 次，也就是说，每个机器周期只能进行 1 次读或写操作。

DARAM 称为双访问存储器，每个 DARAM 在 1 个机器周期内能被访问两次，因此在同一个周期内，CPU 和外设（如 HPI）可以同时对 DARAM 进行读和写操作。

RAM 可作为数据区或程序区使用。有些 DSP 芯片（如 VC5416）的内部 RAM，一部分是分开的，即要么作程序区，要么作数据区，另一部分 RAM 空间可同时映射到程序和数据空间，方便用户编写应用程序。近年来，DSP 芯片逐渐趋向于数据区与程序区统一编址，其内部 RAM 不再区分使用。

3．Flash

Flash 存储器是一类非易失存储器，将数据写入 Flash 存储器后，不加电的情况下也可以长久保存。由于片内 Flash 可用来提供永久程序或数据存储空间，并且又可以方便地多次编程，因此受到广泛的欢迎。

有些 DSP 芯片提供有较大空间的 Flash 存储器（如 F280x/F281x），便于用户直接将程序和固定数据写入到 Flash 中运行，无需再在外部扩展存储器用以存放用户程序。

一般带有 Flash 的 DSP 芯片还提供加密功能，加密后，外部不能读出 Flash 中内容，这对于保护知识产权非常有用。

Flash 存储器可以进行多次擦除和烧写，方便用户修改和升级程序。

2.4.2 存储器映射寄存器

DSP 芯片中，使用寄存器对于高速算法的好处很明显，基于寄存器，DSP 内核可以直接访问其中的数据，而不必执行多步的存取操作。DSP 芯片中的寄存器包括 CPU 寄存器和外设寄存器，一般都映射到片内的存储器中，这称为存储器映射寄存器。

C54x 系列 DSP 芯片中，数据空间的前 128（0～7Fh）个地址单元内包含有 CPU 和集成外设的映射寄存器。通过访问映射寄存器就可以实现对 CPU 和外设存储器的相应操作。如在调用或中断时，可以完成寄存器内容的保存以及返回时寄存器内容的恢复；还可以完成累加器和其他寄存器之间的数据传送。使用映射寄存器简化了 CPU 和集成外设存储器的访问方式。此外，在数据空间的前 128 个地址单元中，还有一个 32 字的 DARAM 块，地址为 60～7Fh。

C55x 系列 DSP 芯片采用统一的程序/数据空间，数据采用字地址寻址，程序采用字节地址寻址。前 96 个数据地址单元（0000h～005Fh）和前 192 个程序地址单元（0000h～00BFh）对应于 CPU 的映射寄存器，建议用户不要使用这些空间。

C55x 系列 DSP 芯片的部分外设寄存器被映射到 I/O 空间中。其中包括 BOOT 模式寄存器、时钟模式寄存器、DMA 控制寄存器、EMIF 寄存器、GPIO 寄存器、Idle 寄存器、指令 Cache 寄存器、McBSP 寄存器、定时寄存器等。

2.4.3 Cache

对于 DSP 应用来说，最好的实现方案就是所有程序代码和处理数据都放在片内存储器中，且片内存储器的存取速度与 CPU 相同，以达到最高的执行效率。但是，与 CPU 处理速度的不断提高相比，高速存储器的发展相对较慢，价格很高；同时当前许多应用对 DSP 空间的需求超过了片内存储器空间的增长，这就需要使用存取速度可能相对更慢的片外存储器。这些因素的存在将导致 CPU 的处理迟延，使得 DSP 芯片的处理效率无法得到全部发挥。

为克服这些问题，在一些高速 DSP 芯片中采用了分级存储体系和集成 Cache 技术，如图 2-11 所示，图中箭头方向表示数量增加。

在其中靠近 CPU 的地方放置一个容量较小但快速的存储器，以避免 CPU 的迟延；在相对较远的地方放置容量较大但速度相对较慢的存储器。速度较快的片内存储器就称为Cache，它由Cache控制器管理。通过这种分级存储体系和Cache技术，能够极大地节省数据存取时间，提高DSP芯片的执行效率。

目前，部分C62x系列、大部分C67x系列和所有C64x系列DSP芯片中都集成了两级Cache。在C55x系列的部分芯片中也集成了一级Cache。

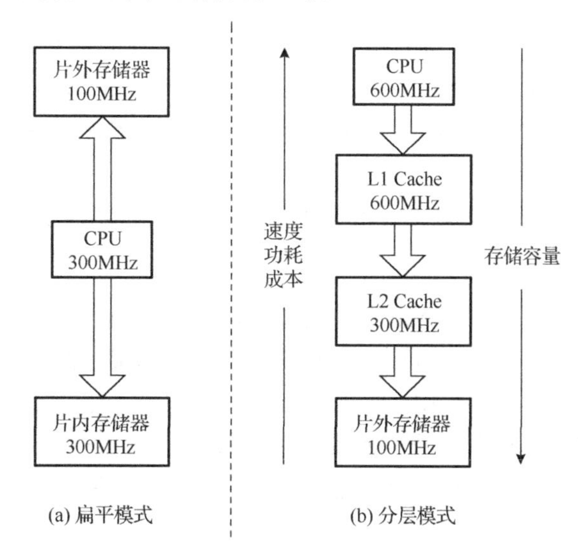

图2-11　DSP芯片的集成Cache

 2.4.4　外部扩展存储器

DSP系统一般在加电开机后由DSP芯片内部ROM中的Bootloader程序将存放在外部存储器中的用户程序和固定数据引导加载到片内RAM中高速运行。

片内没有Flash的DSP芯片，一般都提供外部扩展总线，便于用户扩展外部存储空间，用于存放用户程序或扩展存储空间。这为满足海量数据处理（如图像处理等场合）对数据空间的需求和复杂的处理算法对程序空间的需求提供了方便。

需要注意的是，即使外部存储器的存取速度与内部存储器相同，程序在片外的运行速度一般也比不上在片内的运行速度。因此，系统设计时应尽可能选择片内RAM较大的DSP芯片，并将程序和数据全部放在片内存储器。

2.5　集成外设与接口

不同的应用场合，对DSP芯片内部集成外设的需求也有所不同。DSP芯片的集成外设随芯片类型不同而有所变化。通常芯片中可能含有的集成外设与接口有：

- 通用类外设；
- 通信类外设；
- 存储类接口；
- DMA控制器；
- 专用硬件。

2.5.1 通用类外设

1. 通用 I/O 接口

大多数 DSP 芯片中都设置了通用 I/O 口（GPIO）。GPIO 与定时、中断和各种时序的有机结合，可以模拟出绝大多数的串口通信方式。

C5000 系列的大部分芯片中，都有一个 XF 引脚作为外部标志输出引脚，XF 的电平值由状态寄存器 ST1 中 XF 位决定，可以由专用指令设置。C54x 系列芯片的$\overline{\text{BIO}}$引脚是转移控制输入引脚，可用于监视外部器件的状态。在汇编指令中，有判断$\overline{\text{BIO}}$引脚状态并产生相应条件转移的指令。

现在大部分 DSP 芯片都有数量不等的专用或与其他功能复用的 GPIO 引脚。

2. 普通定时器

定时器的作用是定时和计数。DSP 芯片内的定时器通常是一个软件可编程的计数器，一般包括以下 3 个基本的寄存器：定时周期寄存器、定时控制寄存器和定时寄存器。通过设定定时周期寄存器、定时控制寄存器中的值可以改变定时间隔，完成定时和计数功能。

不同的芯片内部定时器数量不同。例如，VC5416 有一个 16 位的定时器，VC5509A 有 2 个 20 位的定时器，C6424 有 2 个 64 位的定时器，每个可配置为 2 个 32 位定时器。

3. 看门狗定时器

看门狗定时器一般可用于监视程序的运行，防止因为软件死循环而造成的系统死锁，也可以用于防止程序跑飞。如果要用看门狗定时器监视程序运行，一般可在系统运行后启动看门狗计数器，看门狗就开始自动计数，程序正常运行时，每隔一定时间清零看门狗计数器，如果程序运行不正常，那么看门狗计数器就会溢出，从而引起看门狗中断，造成系统复位。

VC5509A 内部有 1 个看门狗定时器，C6424 有 1 个 64 位的看门狗定时器。

4. 时钟产生器

时钟产生器主要用来为 CPU 提供时钟信号，由内部振荡器和锁相环（PLL）电路两部分组成。可通过内部的晶振或外部的时钟源驱动。

PLL 电路具有频率放大和信号整形的功能，利用 PLL 的特性，可以锁定时钟产生器的振荡频率，为芯片提供高稳定度的时钟频率。通过 PLL，可以将外部输入的一个低频信号乘以一个特定的系数，得到 CPU 需要的工作时钟。

5. 等待状态产生器

为克服 DSP 芯片内部总线的高速与外围设备数据传输速率低之间的矛盾，DSP 芯片内部集成了软件可编程等待状态产生器，通过设置相应的寄存器值，可将外部总线周期扩展到多个机器周期，以方便 DSP 芯片的内核与慢速的片外存储器和 I/O 器件接口。一些 DSP 芯片中还可以针对同一类存储器的不同块设置不同的等待周期。

6. 实时时钟 RTC

实时时钟用于提供精确的实时时间，或者为 DSP 系统提供精确的时间基准。通常外接一个 32.768kHz 的晶振，并以此为基准，产生秒、分、时、日等时间信息。

2.5.2 通信类外设

1. 同步串行通信

（1）McBSP

为了将 DSP 芯片与外围器件（如 A/D 转换器、编解码器等）通过串行口连接起来，大多数 DSP 芯片中都包含同步串行通信接口。

同步串行口的基本信号包括以下四种：数据时钟 CLK、帧同步 FS、数据接收 DR 和数据发送 DX。数据时钟信号用作串行数据位的移入或移出参考。帧同步用于指示一帧数据（如 8 位、16 位、32 位）的开始。数据接收和数据发送用于传送数据信号。

为适应内、外部接收时钟的不同，通常时钟信号会分为输入时钟 CLKR 和输出时钟 CLKX，两个时钟可以分别由外部器件提供，也可以分别由 DSP 芯片内部产生。同样，帧同步信号也可以分为接收帧同步 FSR 和发送帧同步 FSX，这两个信号也可以由外部提供或由 DSP 芯片自主产生。此时，同步串行接口扩展为 6 个信号。

同步串行口的接收和发送帧的比特位数、发送与接收时钟频率等可以通过控制寄存器来配置。串行口在接收或发送一个完整的数据帧以后，通过内部中断来通知 CPU 进行处理。一些 DSP 芯片内部集成了 DMA 处理器，可以在用户指定的存储器位置一次传送多个帧数据，这种方式可以有效降低 DSP 内核的处理开销。

缓冲串行口（BSP）是一种增强型的标准同步串行口，它由一个全双工双缓冲串行口和一个自动缓冲单元（ABU）组成。由于其中的串行口与标准串行口的功能相同，因此在标准模式下，缓冲串行口的操作与标准串行口的工作方式是一样的。在自动缓冲模式下，BSP 使用 ABU 内嵌式的地址产生器，串行口和缓冲区之间可以直接进行数据传输，缓冲区的起始地址和容量是软件编程控制的。ABU 可以使得在没有 CPU 控制的情况下直接对缓冲区进行读写，从而串行口收发数据的开销降至最低，能以最高速率全速传输数据。

McBSP 是 Multichannel Buffered Serial Port 的缩写，即多通道缓冲串行口。McBSP 支持多达 128 个通道的串行数据收发，极大地方便了与多路通信设备的无缝连接（如通信设备的 T1/E1 接口）。

（2）McASP

McASP 是 Multichannel Audio Serial Port 的缩写，即多通道音频串行口，是为满足多通道音频应用而设置的。McASP 可应用于 TDM 时分复用、I^2S 协议以及数字音频接口传输等场合。McASP 包括发送和接收两个模块，这两个模块既可以同步工作，也可以完全独立地工作，如可以采用不同的主时钟、位时钟、帧同步，可以采用不同的比特流协议和发送格式等。

采用 McASP，DSP 芯片可以与音频 A/D、音频 D /A、音频编解码器、数字音频接口等实现无缝连接，支持 I^2S 及类似的比特流协议。McASP 为各种数字音频的应用提供了方便的输入/输出接口。

（3）I^2C

部分 DSP 芯片支持 I^2C 协议的串行通信，通过串行数据线（SDA）和串行时钟线（SDL）两根线就可以实现 DSP 芯片与其他满足 I^2C 协议的串行通信设备进行通信，速率达 10～400kbps。采用 I^2C 协议通信的优点是硬件连接简单，且多个设备可以直接挂接在 I^2C 总线上实现通信。

2．异步串行通信

UART 是 Universal Asynchronous Receiver/Transmitter 的缩写，即通用的异步收/发器。DSP 芯片支持的 UART 与常用的 UART 协议一致，即通过数据起始位、数据位、奇偶校验位、停止位来实现数据通信。数据位的数量、奇偶校验位、停止位的数量等是软件可编程的，支持的数据传输速率可达 128kbps。

采用 UART 通信的优点是硬件连接简单，接口方便。但需注意的是，由于没有数据同步时钟，需要收/发双方的数据波特率一致，特别是当数据传输速率较高时，应尽可能地使收/发双方产生波特率的主时钟具有较高的频率精度，否则频率偏移到一定程度，有可能发生数据传输错误。

3．并行通信接口

为了便于与标准的微处理器总线连接，TI 公司的 C5000 和 C6000 系列 DSP 芯片提供了主机接口 HPI。通过 HPI 接口，外部主机可以并行数据的方式直接访问 DSP 芯片内部的程序/数据存储器。

HPI 接口通过 HPI 控制寄存器（HPIC）、地址寄存器（HPIA）、数据锁存器（HPID）和 HPI 内存块实现 DSP 芯片与主机间的并行数据通信。

HPI 的主要特点有：接口所需外围硬件很少；HPI 单元允许芯片直接利用一个或两个数据选通信号、一个独立或复用的地址总线、一个独立或复用的数据总线接到主机上；主机和 DSP 芯片可独立地对 HPI 接口操作；主机和 DSP 芯片握手可通过中断方式来完成。另外，主机还可以通过 HPI 接口装载 DSP 应用程序、接收运行结果或诊断运行状态。HPI 为 DSP 芯片的接口开发提供了一种极为方便的途径。

根据数据总线位宽度的不同，HPI 可以按照 HPI-8 和 HPI-16 等方式工作。

2.5.3 存储类接口

除了内部存储器外，一般 DSP 芯片还提供用于扩展外部存储器的并行接口 EMIF（External Memory Interface），即外部存储器接口。不同的芯片支持的外部存储器类型有所不同。有的只支持与异步存储器的接口，有的既可以与异步存储器接口，也可以与同步存储器接口。

例如，VC5509A 的 EMIF 可以支持多种并行外设，如异步存储器和同步存储器。异步存储器可以是静态随机存储器 SRAM、只读存储器 ROM、闪存 Flash 存储器等，在实际使用中还可以用异步的并行 A/D 采样器件、并行显示接口等外围设备。同步存储器可以是静态 RAM 或者是动态 RAM 等。在使用非标准设备时，需要根据相关的数据手册来增加一些外部逻辑来保证设备的正常使用。C6424 支持与 16 位异步 Flash 以及 32 位 DDR2 同步 RAM 的连接。

2.5.4 DMA 控制器

信号处理中经常需要进行大量的数据传输。利用 DSP 芯片的指令可以完成数据的搬移，但这需要 CPU 参与，会占用大量的 CPU 资源。为降低 CPU 的负荷，通常都在 DSP 芯片内设计多通道的直接存储器访问（DMA）控制器。

DMA 控制器是独立于 CPU 的设备，一旦正确初始化后，就能独立于 CPU 工作，在 CPU 进行其他操作的同时实现片内存储器、集成外设以及外部器件间的数据传输。

DMA 传送时，需要使用系统的地址和数据总线以及一些控制信号线，但这些总线一般都是由 CPU 控制的，因此为了能够实现 DMA，需要由硬件自动实现总线的控制权转移，为此一般的 DMA 控制器需要具有以下功能：

① 可以向 CPU 发出 HOLD 信号，请求 CPU 让出总线，即 CPU 连在这些总线上的引线处于高阻状态；

② CPU 让出总线后，可以接管对总线的控制；

③ 可以在总线上进行寻址和读写控制；

④ 可以决定传送的数据个数；

⑤ 可以启动数据的传送，可以判断数据传送是否结束并发出结束信号；

⑥ 可以在结束传送后自动交出总线控制权，恢复 CPU 正常工作状态。

DSP 芯片提供了丰富的 DMA 资源，如在 C54x 系列 DSP 芯片中，DMA 控制器包含有六个独立的可编程通道，可以支持六个不同内容的 DMA 传输。同时，HPI 接口也可以使用 DMA 总线进行传输。C6000 系列的 DMA 控制器具有四个独立编程的传输通道，允许进行四个不同内容的 DMA 传输，C6000 系列芯片还有 EDMA 模块，可用于数据传输。充分利用 DMA，可以更好地利用 DSP 的计算资源。

 2.5.5 专用外设与接口

为了适应不同应用场合的需要，除上述各种通用外设、通信接口和存储接口外，DSP 芯片可能还提供模拟/数字转换器（A/D）、脉冲宽度调制器（PWM）、USB、PCI、以太网等多种类型的外设和接口。读者可以根据需要查阅相关芯片的使用说明，这里不再一一赘述。

2.6 中　　断

中断，顾名思义就是打断正在进行的任务，转而执行另外一个任务。 DSP 芯片的中断通常由硬件或者软件驱动，中断信号使 DSP 芯片的 CPU 暂停它正在进行的工作并转入执行中断服务程序（Interrupt Service Routine，ISR）。当 ISR 程序执行完毕，CPU 从中断发生时它离开的地方继续执行后续程序，如图 2-12 所示。

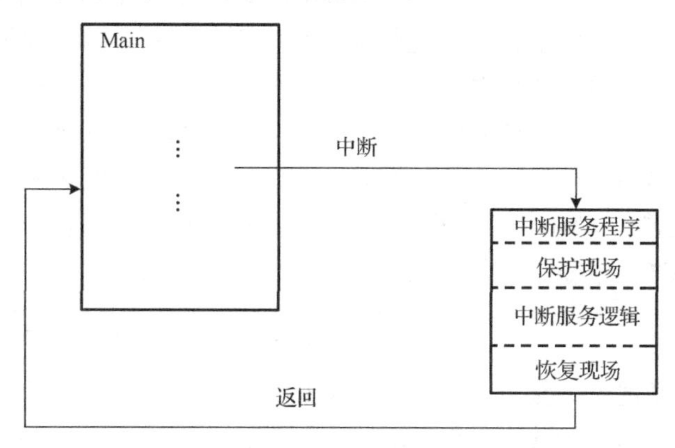

图 2-12　中断服务程序执行示意图

在DSP系统的应用中，常常需要系统能够对信号作出实时响应并能够对信号的变化作出实时性的控制。实时性的工作需要，要求DSP芯片能够对各种变化作出快速响应并及时处理，对此，只有靠中断技术才能够有效实现。因此绝大多数DSP芯片的集成外设都提供了中断控制机制。

2.6.1 中断源

引起中断的原因或者发出中断申请的来源，称为中断源。中断源可以是外部设备的输入/输出请求，也可以是芯片内部的外设接口发出的请求，或是CPU异常事件等内部原因。中断源可以从以下两个方面来区分。

1. 外部中断和内部中断

由DSP芯片外部发起的中断称为外部中断，如作用于芯片中断引脚上的外部信号引起的中断。由芯片内部发出的中断称为内部中断，如片内定时器发出的中断。

2. 硬件中断和软件中断

由硬件事件发生所产生的中断称为硬件中断，由软件产生的中断称为软件中断。现在大多数DSP芯片设有专用指令用来触发一个软件中断，软件中断对于错误捕获或者当实现一个需要执行多软件线程的实时操作系统时是有用的。

硬件中断可以分为外部设备中断、集成外设中断以及其他一些故障中断等多种类型。外部中断来自DSP芯片的外部条件，如I/O设备或者其他芯片，这些设备以完全随机的方式中断当前程序转入另一个处理程序。集成外设中断包括片内集成设备产生的定时中断、DMA中断、McBSP传输中断等。故障中断包括总线错误中断等，主要用于开发者调试过程中问题定位使用，在较早的DSP芯片中没有这类中断。

软件中断由程序指令产生，通常可分为三种情况：由中断指令引起的中断、由CPU的一些错误引起的中断、为调试程序设置的中断。其中当CPU执行一条中断指令后，会立即产生中断，并且调用系统中相应的中断处理程序来完成中断功能。中断类型由中断指令的操作数指出。

2.6.2 中断优先级

在实际的DSP系统中，常常设置有多个中断源，来自这些中断源的中断可能在任何时间发生。如果多个中断同时发生了，那么先处理哪个中断、后处理哪个中断呢？为了协调好中断处理顺序，区分轻重缓急，需要对中断源进行优先级别的划分，使得优先级高的先处理，优先级低的后处理。下面我们结合C5000来具体说明中断优先级的设置。

由于中断源信号的种类很多，为了能够让CPU根据重要程度区别处理，C5000系列的CPU为不同的中断设置了不同的优先级。其中，根据中断能否被屏蔽，可以将中断分为三种类型，即复位（RESET）中断、不可屏蔽中断和可屏蔽中断。

1. 复位中断

复位中断具有最高优先等级，其相应信号为RESET（$\overline{RS}$）信号，它可以停止CPU工作，并使之返回到一个默认的初始状态。RESET信号是低电平有效信号，要使DSP正确复位，RESET信号的低电平必须保持10个时钟脉冲。

2. 不可屏蔽中断

不可屏蔽中断为第二优先等级，相应信号为$\overline{\text{NMI}}$信号。它通常用来向 CPU 发出一系列硬件问题的警报。DSP 对这类中断总是响应的，并从主程序转移到中断服务程序。除$\overline{\text{NMI}}$之外，所有软件中断也是不可屏蔽中断，但其优先级比所有的硬件中断都低。

3. 可屏蔽中断

可屏蔽中断为第三优先等级。这些中断的优先级别比复位中断和$\overline{\text{NMI}}$中断低。$\overline{\text{NMI}}$中断可以中止当前一个可屏蔽中断执行过程，而可屏蔽中断无法中止一个$\overline{\text{NMI}}$的执行。

4. 中断优先级划分

C5000 系列 DSP 中，C54x 根据芯片型号不同，有 24～27 个软件和硬件中断，共分为 16 个中断优先级，可以实现多任务嵌套。C55x 根据芯片型号不同，有 32 个软件和硬件中断，共分为 27 个中断优先级。

表 2-1 列出了 VC5509A 的中断优先级。软件中断的优先级都低于硬件中断，可以根据需要进行优先级设置。

表 2-1 VC5509A 中断的地址和优先级

中断名称	矢量名	矢量地址（HEX）	优先级	功能描述
RESET	SINT0	0	0	复位（硬件和软件）
NMI	SINT1	8	1	不可屏蔽中断
BERR	SINT24	C0	2	总线错误中断
INT0	SINT2	10	3	外部中断 0
INT1	SINT16	80	4	外部中断 1
INT2	SINT3	18	5	外部中断 2
TINT0	SINT4	20	6	定时器 0 中断
RINT0	SINT5	28	7	McBSP0 接收中断
XINT0	SINT17	88	8	McBSP0 发送中断
RINT1	SINT6	30	9	McBSPl 接收中断
XINTl/MMCSD1	SINT7	38	10	McBSPl 发送中断，MMC/SD1 中断
USB	SINT8	40	11	USB 中断
DMAC0	SINT18	90	12	DMA 通道 0 中断
DMAC1	SINT9	48	13	DMA 通道 1 中断
DSPINT	SINT10	50	14	主机接口中断
INT3/WDTINT	SINT11	58	15	外部中断 3 或看门狗定时器中断
INT4/RTC	SINT19	98	16	外部中断 4 或 RTC 中断
RINT2	SINT12	60	17	McBSP2 接收中断
XINT2/MMCSD2	SINT13	68	18	McBSP2 发送中断，MMC/SD2 中断
DMAC2	SINT20	A0	19	DMA 通道 2 中断
DMAC3	SINT21	A8	20	DMA 通道 3 中断
DMAC4	SINT14	70	21	DMA 通道 4 中断
DMAC5	SINT15	78	22	DMA 通道 5 中断

续表

中断名称	矢量名	矢量地址（HEX）	优先级	功能描述
TINT1	SINT22	B0	23	定时器 1 中断
IIC	SINT23	B8	24	I²C 总线中断
DLOG	SINT25	CA	25	DataLog 中断
RTOS	SINT26	D0	26	实时操作系统中断
—	SINT27	D8	27	软件中断 27
—	SINT28	E0	28	软件中断 28
—	SINT29	E8	29	软件中断 29
—	SINT30	F0	30	软件中断 30
—	SINT31	F8	31	软件中断 31

2.6.3 中断处理过程

当 CPU 检测到有效的中断源信号后，CPU 会自动停止当前指令的执行，转而去处理和该中断源相关的任务——中断服务程序 ISR，这个过程也称为中断响应。

CPU 处理中断的过程如下：

首先，CPU 判断中断响应条件是否满足。一旦满足条件，CPU 即开始响应该中断请求，执行 ISR。在 ISR 中，通常要保护 CPU 内部寄存器的值（保护现场）。在中断服务程序执行完后，还要恢复 CPU 内部寄存器的值（恢复现场）。

CPU 在处理中断时需要用到中断控制寄存器，主要是中断标志寄存器（Interrupt Flag Register，IFR）和中断屏蔽寄存器（Interrupt Mask Register，IMR）。每个可屏蔽中断在 IFR 中都有一个对应的比特位，用于标志该中断已经被检测到。在 IMR 寄存器中，每个可屏蔽中断都有一个对应的比特位，用以控制是否屏蔽该中断。

除了 IMR 可以控制可屏蔽中断的响应之外，DSP 芯片还提供了一个全局中断使能比特位 INTM（C54x 芯片中 ST1 寄存器的第 11 位，C55x 芯片中 ST1_55 寄存器的第 11 位）。当 INTM＝0 时，所有没有被屏蔽的可屏蔽中断都被使能；当 INTM＝1 时，禁止所有的可屏蔽中断，CPU 不再响应这些中断。

图 2-13 是 CPU 响应中断请求的处理过程。

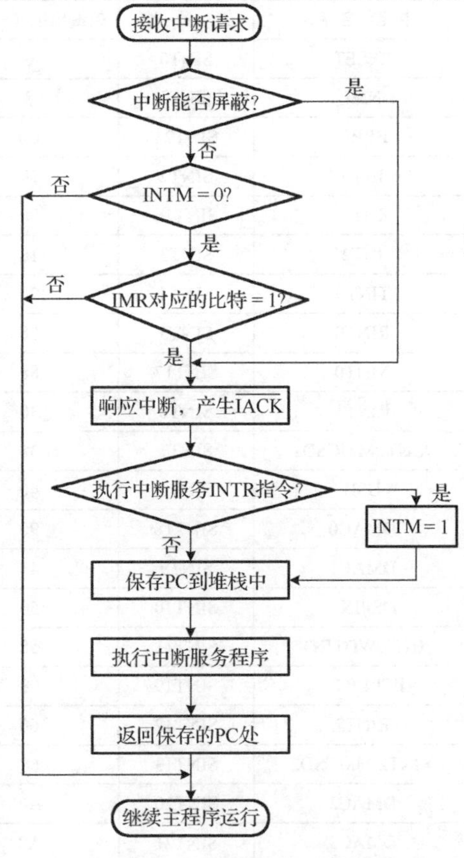

图 2-13　中断服务的处理流程

2.6.4 中断矢量表

DSP 芯片能够支持多种不同的中断，而每个中断都有自己的中断服务程序，代码长度不定。为了保证 CPU 能够及时调用中断服务程序，需要采用中断矢量来确定 CPU 响应中断时程序指针（PC）的跳转地址。

一般地，微处理器的中断矢量有两种实现方法：固定的中断矢量和软件可重定位的中断矢量。TI 公司的 C5000、C6000 等系列 DSP 芯片为了方便存储器的配置，都采用了软件可重定位中断矢量形式。下面以 C55x 为例进行说明。

C55x DSP 芯片有 32 个中断，每个中断有一个中断矢量名 SINTx（x 顺序编号为 0,1，…，31），它们构成了一个中断矢量表。中断矢量表为每个中断提供了 8 个字节的空间（用于存放跳转至中断服务程序的跳转指令）。其中，复位矢量的字节 0 包含设定堆栈模式的指令，而其余矢量的字节 0 被忽略。字节 1～3 对中断服务程序的 24 位字节地址进行编码，字节 4～7 则必须用 NOP 指令填充补齐为 8 个字节。中断矢量表共占用 256 个字节的空间。

在 C55x 复位后，中断矢量表默认首地址为 0xFFFF00，也可以根据用户的需要重新定位，此时矢量表的首地址可用中断矢量指针 IVPD 或主机中断矢量指针 IVPH 记录。IVPD 用于管理表 2-1 中矢量名为 SINT0～SINT15 和 SINT24～SINT31 的中断矢量，IVPH 用于管理表 2-1 中矢量名为 SINT16～SINT23 的中断矢量。

例如，假设中断矢量表放置于起始地址为 0x1000 的存储空间中，则 16 位的 IVPD 设置为 0x1000。INT0 的矢量地址为 0x10，此时其实际地址为 0x1000+0x10=0x1010。

中断发生后，程序指针首先根据 IVPD 或 IVPH 和对应中断的矢量地址跳转到中断矢量表的相应位置，然后再跳转到相应的中断服务程序的位置。图 2-14 给出了 C55x 发生 INT0 中断程序的跳转过程。

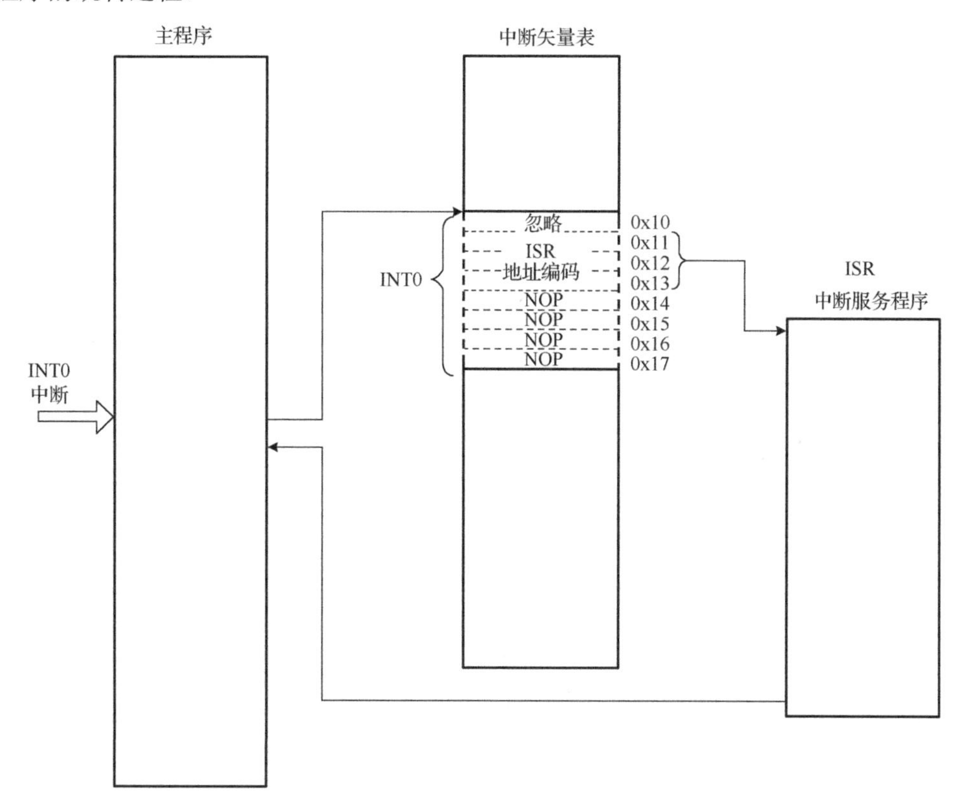

图 2-14　C55x INT0 中断程序的跳转过程

关于中断的具体编程使用方法，将在第 10 章中进行介绍。

本 章 小 结

本章介绍了 DSP 芯片的基本结构和特征，简要介绍了 DSP 芯片的 CPU、存储器、集成外设和接口，较为详细地介绍了 DSP 芯片的中断机制。了解 DSP 芯片的内部结构和硬件资源为开发应用 DSP 芯片奠定了基础。

习题与思考题

1．DSP 芯片的典型结构是怎样的？

2．什么是冯·诺伊曼结构和哈佛结构？两者有什么区别？

3．什么是流水线操作？简述其工作原理。

4．软件可编程等待状态产生器的作用是什么？

5．什么是 DMA 数据传输？有什么优点？

6．简述 DSP 芯片的中断矢量表及其工作机理。

第 3 章　DSP 芯片的开发环境

3.1 引　　言

DSP 系统的开发过程就是在选定的 DSP 芯片上实现 DSP 系统功能的过程，例如在 TI 的 C55x 系列芯片上实现语音压缩编码算法、在 C64x 芯片上实现视频跟踪算法，等等。DSP 系统功能的实现，既需要 DSP 芯片及其外围电路的硬件支撑，也需要 DSP 芯片程序代码的软件支撑。因此，可编程 DSP 芯片的开发过程，是一个需要软件开发与硬件开发协调进行的过程。DSP 芯片的开发必须基于软件开发环境和硬件开发环境，并通过对 DSP 系统进行软硬件联合调试，实现最终的系统功能。

图 3-1 给出了 DSP 芯片的基本开发流程。具体来说，第②、③、④、⑦、⑧阶段的开发需要相关软件开发环境的支撑，在第④、⑦、⑧阶段还需要使用相关硬件。

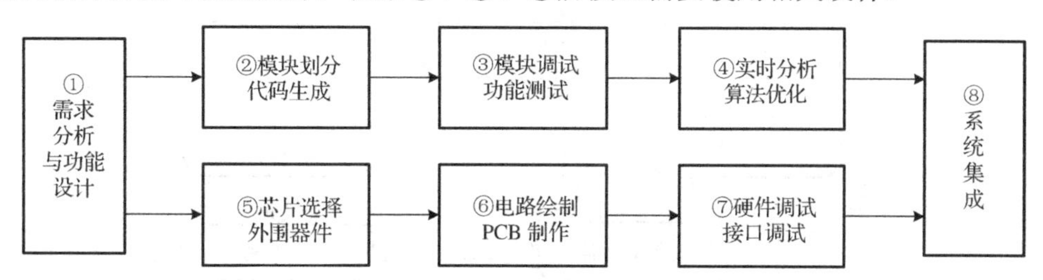

图 3-1　DSP 芯片的开发流程

通常，DSP 芯片的软件开发环境包括代码生成工具、代码调试工具、代码优化工具、代码分析工具四大类；硬件开发环境包括仿真器、硬件板卡和硬件调试环境。

本章将分别对 DSP 芯片的软件开发环境和硬件开发环境进行介绍，其中的软件开发环境将重点介绍 TI 公司的 Code Composer Studio（以下简称 CCS）集成开发环境。

3.2 软件开发流程

DSP 芯片的软件开发过程，就是利用编程语言（C/C++或汇编语言），在选定芯片上实现所需要的功能模块的过程。DSP 芯片的软件开发一般包括以下几个阶段：

（1）代码编写：采用编程语言编写功能模块的算法代码。通常，我们为一个 DSP 开发任务设置一个 Project（以下也称为“工程”），然后在其中编写代码实现各功能模块。

（2）编译链接：对 Project 进行编译汇编，每个文件都生成一个目标文件*.obj；再按照链接命令文件*.cmd 的方案，将所有*.obj 文件链接生成可执行文件*.out（详见第 5 章）。注意，这里的*代表某文件的名称，下同。

（3）调试优化：将*.out 文件加载入芯片执行环境，对功能模块代码进行调试，并根据调试结果对代码进行优化，以提高模块的执行效率。

（4）代码固化：对调试结束的执行文件进行格式转换，形成的数据文件通过编程器固化到 DSP 系统的存储器中，以实现系统的脱机运行。

通过以上四个阶段，就能够完整实现在 DSP 芯片上的软件功能开发。其中第（1）、（2）阶段对应图 3-1 中的②，第（3）阶段对应图 3-1 中的③、④，第（4）阶段对应图 3-1 中的⑧。在第（3）阶段中，可执行文件*.out 的调试运行有三种实现方式：

（1）**Simulator 方式**：通过计算机模拟出 DSP 芯片的执行环境，*.out 文件在这个模拟环境中执行，仅需要安装有 CCS 的计算机，无需其他硬件设备的支持。该方式可以对 DSP 芯片的指令执行流程进行仿真，其优势在于无需硬件支持就可以在计算机上进行软件算法开发，灵活性、易用性都很强。但 TI 公司自 CCS V6.0 开始不再支持这种方式。

（2）**Emulator 方式**：计算机通过仿真器联接到 DSP 芯片，将可执行文件加载到 DSP 芯片执行环境中运行，计算机可以对运行过程进行控制，并查看运行结果。

（3）**脱机方式**：可执行文件代码保存在 DSP 系统的存储器中，DSP 系统加电后将程序自动搬移到 RAM 中直接运行，可脱离计算机和仿真器独立运行。

图 3-2 中给出了 DSP 芯片的软件开发流程。

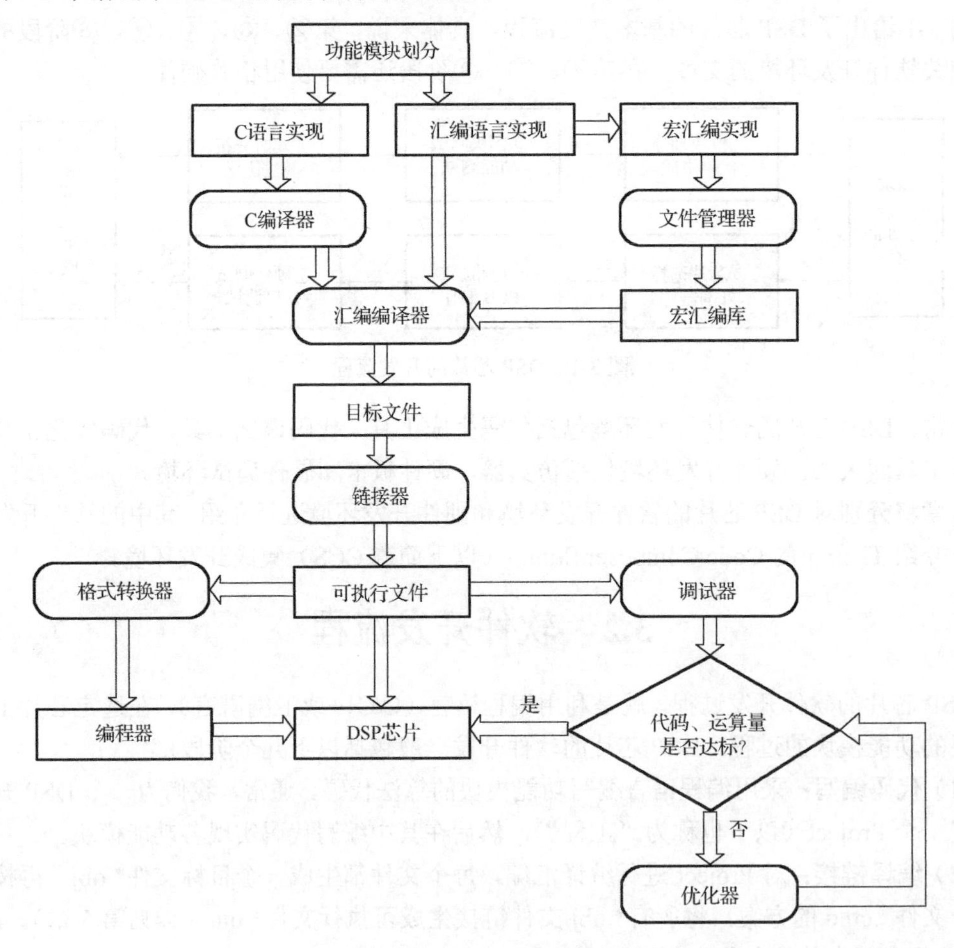

图 3-2 DSP 芯片软件开发流程

从图 3-2 中可以看出，在 DSP 芯片的软件开发过程中，需要在计算机上进行文件编辑、程序编译、代码仿真、性能优化等一系列步骤，这些步骤都可以在 DSP 芯片的软件集成开发环境（Integrated Development Environment，IDE）中完成。

目前，各 DSP 芯片生产商都推出了自己的 IDE，如 TI 公司的 CCS 等。开发人员可以借助集成开发环境方便、快捷地独自或合作完成开发流程。下面，我们将介绍 TI 公司的 DSP 芯片 IDE—CCS 的基本使用方法。

3.3 软件开发环境

1999 年以前，TI 提供的 DSP 开发工具是以 DOS 命令行的方式执行的。这些开发工具大多以单个程序的形式出现，数目众多，操作不便，中间数据分析困难，人机界面不够友好，导致 DSP 芯片的开发效率不高。表 3-1 中列出了 C5000 V3.50 版的部分工具名称。

表 3-1 TMS320C5000 V3.50 版工具程序

程序名	作用	程序名	作用
CL500.EXE	一步编译汇编链接程序 一步将.C 程序转换成.OUT 文件	AR500.EXE	文档管理程序 对目标文件库进行增加、删除、提取、替代等操作
AC500.EXE	C 文法分析程序 对.C 文件进行文法分析，生成.IF 中间文件	ASM500.EXE	COFF 汇编应用程序 将汇编语言程序转换为 COFF 目标文件.OBJ
OPT500.EXE	优化程序 对.IF 文件进行优化，生成.OPT 文件	HEX500.EXE	代码格式转换程序 将.OUT 文件转换为指定格式的文件
CG500.EXE	代码生成程序 将.IF 或.OPT 文件生成.ASM 文件	LNK500.EXE	链接程序 将目标文件链接成.OUT 文件
CLIST.EXE	交叉列表程序 对 CG500 生成的.ASM 文件进行交叉列表，生成.CL 文件	MK500.EXE	库生成应用程序

1999 年，TI 推出 CCS，这是 DSP 软件开发环境的一次革命性的变化。CCS 的功能如图 3-3 所示，它采用图形界面，集编辑、编译、链接、软件仿真、硬件调试及实时跟踪等功能于一体。其中，集成的源代码编辑环境使程序的修改更为方便；集成的代码生成工具使开发人员不必在 DOS 窗口输入大量的命令及参数；集成的调试工具使程序调试一目了然，方便的观察窗口使程序调试得心应手。这些特性极大地方便了 DSP 程序的设计和开发。

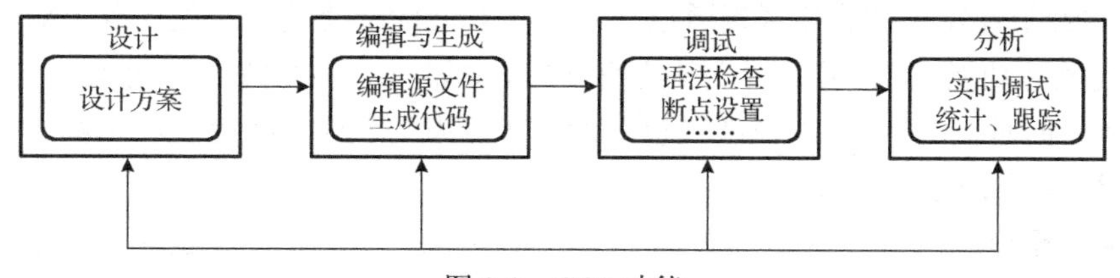

图 3-3 CCS 功能

更为重要的是，CCS 加速了实时、嵌入信号处理的开发过程，它提供配置、构造、调试、跟踪和分析程序的工具，在基本代码产生工具的基础上增加了调试和实时分析的功能。开发人员可在不中断程序运行的情况下检查算法的正确性，实现对硬件的实时跟踪调试，从而可大大缩短程序的开发时间。

最初的 CCS 版本需要区分不同系列芯片进行分别安装，从 CCS V3.x 开始，不同系列芯片的编译开发功能都集成到了同一个软件框架中，其中使用最为广泛的是 CCS V3.3，可为

SoC 多处理系统提供更好的集成。例如 CCS V3.3 可以显示 ARM 处理器的存储使用情况，这在开发基于 DaVince 技术的多处理器系统过程中尤其有用。

2009 年 7 月，TI 推出了 CCS V4.0 版本。这个版本是基于 Eclipse V3.2（Callisto）开源软件框架开发的。它将 Eclipse 软件框架的优点和 TI 的嵌入式调试功能相结合，为用户提供了一个开放的、功能丰富的 IDE 环境。用户可以加入其他厂商的 Eclipse 插件或 TI 的工具，可以随时享受到 Eclipse 最新改进所带来的便利。此后，CCS 版本的大升级基本上都对应着 Eclipse 版本的升级。如 CCS V6.0 集成了 Eclipse V4.3，CCS V8.x.0 使用了未经修改的 Eclipse V4.7，CCS V10.x.0 使用了未经修改的 Eclipse V19.12LTS。

CCS 的不同版本呈现了如下的特点：

（1）支持的芯片类型不断增多：从 CCS V4.x 开始，CCS 不但能够支持 DSP 芯片的开发，还能够支持 TI 公司的所有其他嵌入式处理器（Embedded Processors）芯片的开发。这些芯片包括：基于 ARM 的处理器 Stellaris® Cortex-M3™、ARM9™ 系列，基于 Cortex-A8 处理器的微处理器（Sitara ARM MPU），DaVinci™ 视频处理器，OMAP™ 移动应用处理器，等等。

（2）适应不同计算机操作系统的发展：从 V5.x 开始，TI 提供了在 Linux 环境下使用的 CCS 版本，但从 CCS V6.2 开始不再支持 32 位 Linux 系统，只支持 64 位 Linux 系统。此外从 V6.1.3 开始，TI 提供了在 Mac OS 环境下使用的 CCS 版本。自 V7.0 开始，CCS 不再支持 Windows XP；自 V9.0 开始，CCS 不再支持 32 位 Windows 系统。

（3）取消了 License 注册，安装更加方便：自 V6.0 开始，CCS 安装包改由一个核心映像和一组可选的附加组件组成。除了核心映像要离线安装外，附加组件可以在 CCS 的 APP 中心中下载安装，改善了产品安装体验。CCS V9.2.0 版本，除了离线下载安装之外，还新提供了在线安装方式。此外，自 CCS V9.3.0 开始，Mac OS 安装程序采用 Mac OS 支持的磁盘映像（Disk Image，DMG）文件方式分发。同时，从 V7 发布开始，CCS 的安装就不再需要 License 进行注册，同时原先需要注册的 V4、V5 和 V6 的版本，License 也全部免费，这极大地方便了开发人员使用最新版本的 CCS 来开发新的项目。

（4）不再支持 Simulator，支持的软硬件开发功能存在变化：从 V6.0 开始，TI 发布的 CCS 版本均不再集成有 Simulator，转而将精力集中在低成本开发板（如系列 EZDSP 开发板）的推广上，借此希望开发人员能够直接通过开发板在 Emulator 上进行开发工作。随着软件的升级，很多老的软件功能、硬件调试器功能也有变化，例如，64 位的 CCS 不再支持 XDS510USB JTAG 调试器，同时很多在 CCS V3.3 及以前版本上开发的软件。因此在利用新版本环境维护更新时存在很多需要注意的问题。

从 2009 年至今，CCS 的版本已更新至 10.2.0 版本。因本书以 C5500 系列芯片为主进行介绍，因此本章依然以 CCS V5.5 为例，详细介绍 CCS 的基本环境和使用方法。3.3.1 节中将对 CCSV5.5 使用中涉及的一些基本概念进行介绍，有些概念与 CCS V3.x 的完全不同；3.3.2 节中将介绍软件界面，并对各界面上的菜单栏选项进行简介；3.3.3 节中将通过开发实例来对 CCS 的基本软件开发功能进行介绍。

CCS 的安装过程请参考附录 C。此外，我们假定本书的读者已经具备了 C/C++语言的编程能力，对 C/C++语言编译、链接、调试、执行等系列环节已有了一定的了解。本书对这一方面的内容不再作详细说明。

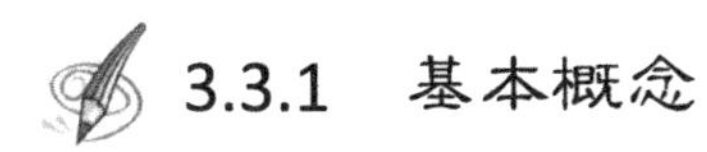

3.3.1 基本概念

在介绍 CCS 5.x 如何使用前，首先介绍 CCS 使用中的几个基本概念。

1．工程（Project）

CCS 中的任何开发都基于 Project，这是一个集合的概念，包含了一个开发任务的所有相关源代码、包含文件、配置文件等。通常在一个开发任务的开始，首先需要创建一个 Project，可以在其中新建、复制、链接与本次开发任务相关的各种文件。Project 必须被导入工作区后才可以打开。

2．工作区（Workspace）

在 CCS V5.x 中，工作区采用 Eclipse 中的 Workspace 概念，可以看成是用户文件夹，其中包含了被其定义的所有工程的管理信息。在一台计算机上，可以设置多个工作区，每个工作区中可以包含多个 Project，还可以包含一些能够被多个工程共享的其他资源。工作区的概念方便了用户对自己工作资源的管理。但需要注意的是，每个 CCS 工程只能在一个工作区中打开，同一工作区中也无法同时运行多个 CCS 工程。其与 CCS V3.x 中的*.wks 概念完全不同。

3．工作台（Workbench）

每次双击 CCS 图标，都将打开一个新的 CCS 开发环境界面，CCS 将这些界面称为工作台。这是 CCS4.0 版本以后引入的新概念。每次打开一个工作台，只能选择一个工作区进行管理；而且同一时刻，只能对当前活跃的工程进行开发。可以在一台计算机上同时打开多个工作台，但多个工作台不能同时管理一个工作区。CCS 用统一的工作台模式来对工作区中的资源进行操作，这样就能够实现对工具的最优集成和对操作的最佳扩展。

4．透视图（Perspective）

“透视图”在概念上类似于 CCS V3.x 中的“工作区”（*.wks）。

在工作台上对工程进行开发时，一般都涉及代码编辑、代码调试等多个环节，CCS 将每个环节的相关操作集成在一个透视图中。大多数透视图中都包含一个编辑窗（Edit）和一个或多个不同用途的观察窗（Views），透视图对于工作台内这些窗口的初始设置和布局进行了定义。每个透视图都为某个特定类型任务的完成提供了一套功能组件。比如“CCS Edit”透视图用于工程开发，“CCS Debug”透视图用于工程调试，等等。用户可以创建自定义的透视图。

CCS 的界面有**简易**和**高级**两种模式。简易模式中，菜单选项和工具栏按钮会随着用户所在的透视图而自动简化，为用户的使用带来了极大的方便；高级模式下，将使用默认的 Eclipse 透视图，一般这种模式推荐给能够熟练使用 Eclipse 插件的用户使用。默认情况下，CCS 自动打开简易模式。用户也可以在两种模式间随意切换。本章介绍的是简易模式下的透视图。

图 3-4 是 CCS 一个工作台的上半部分。可以看到，在图中最上面标题栏的下方是菜单栏，其下紧接着的是工具栏。在工具栏同一排的最右面有一个标签部分，其中就是透视图的选择项。在本图中，CCS Edit 选项是高亮显示的，表示当前整个工作台显示的是 CCS Edit 透视图的界面。用鼠标单击不同的透视图选项，就可以在不同的透视图中转移。单击透视图标签选

择栏中最左边的“ ”按钮，在下拉菜单中选择“Other…”选项，还可以在跳出的“Open Perspective”窗口中为标签增加更多的透视图选项。

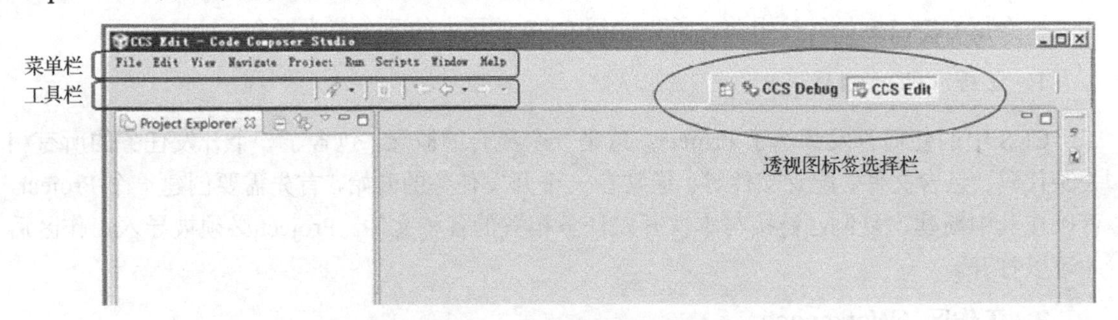

图 3-4　CCS 工作台的上半部分

每个透视图针对的工程开发环节不同，因此所涉及的操作选项也是不同的。为了提高开发效率，降低用户的使用难度，CCS 针对不同的透视图提供了不同的菜单和工具选择；甚至在不同透视图中的同一菜单名下，其下属的选择项也有不同的增减组合。

鼠标右键单击图 3-4 标签中的透视图名称，在弹出的菜单中选择“Customize…”选项，可以对该透视图界面中的可见菜单、可见工具、可用命令集和可用快捷方式等进行选择。熟练的用户可以据此组合自己的常用工具。

在 3.3.3 小节中，将通过实例介绍 CCS 的编辑透视图和调试透视图的主要窗口。有关透视图的更多介绍，可以参看 CCS Help。

5. 常用的文件类型

CCS 中常使用到以下几种类型的文件：

- *.c：　C 语言源文件；
- *.asm：　汇编语言源文件；
- *.h：　C 语言和 DSP/BIOS API 的头文件；
- *.lib：　库文件；
- *.gel:　初始化文件；
- *.obj:　编译或汇编产生的目标文件；
- *.out:　编译、汇编和链接后产生的执行程序文件，在 CCS 中可以加载并运行这个执行程序；
- *.ccxml：目标配置文件，是定义设备与连接的 XML 文件。

除以上文件外，在开发过程中，还会产生多种其他类型的文件。上面的几种类型文件在软件开发中承担着重要的角色，需要对其有清晰的了解。

3.3.2　CCS 开发环境

本节主要介绍两个常用的透视图以及几种常用的菜单选项。

1. CCS Edit 透视图

CCS Edit 的透视图如图 3-5 所示，用以进行代码编辑。在 CCS Edit 透视图中，通常显示的窗口有以下几种。

（1）工程浏览（Project Explorer）窗：位于左边的窗口 1，其中显示的是当前工作台中的资源目录。如图中的窗口中，显示了三个 Project 名称，其中的“hello”下的相关文件目录被显示出来。可以选中某个文件名称后右击鼠标，通过弹窗选项对该文件进行相应操作选择。双击对应文件名称，可以在右边的编辑窗口打开对应的文件进行编辑。

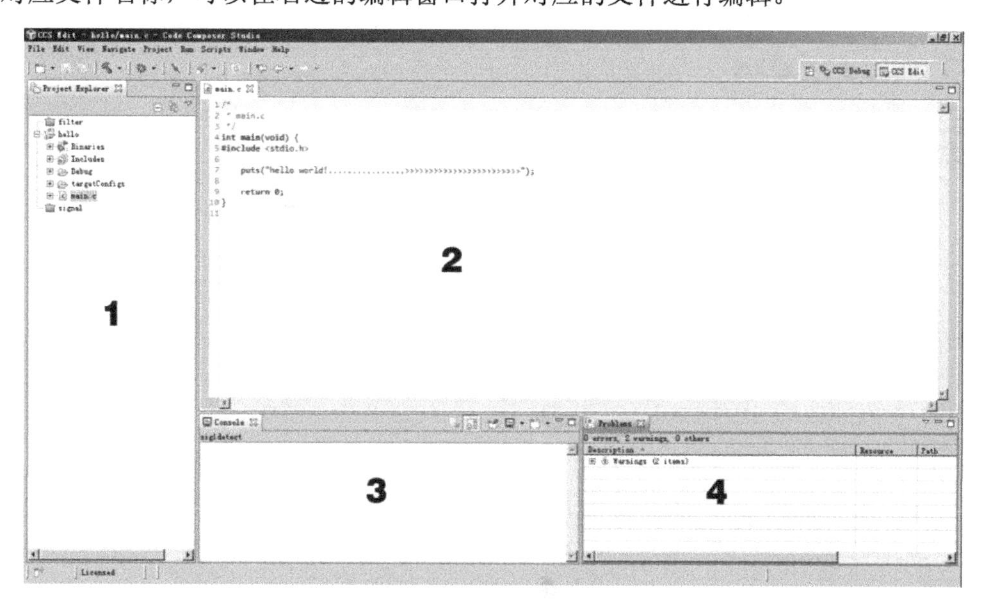

图 3-5　CCS Edit 透视图

（2）编辑（Edit）窗：位于 Project Edit 窗口右方上半部分的窗口 2，其中显示的是 Project Edit 窗口中被选定的 main.c 文件的内容，其标签上标出了所显示文件的名称。可以在该窗口中对文件内容进行文本编辑。

（3）控制台（Console）窗：位于编辑窗口左下方的窗口 3。有多种不同用途的控制台窗口，在 CCS Edit 透视图下的是构建（Build）控制台窗口，在对工程进行 Build 操作后出现，显示在工程进行 Build 操作中产生的各种信息。Build 操作中的问题信息会高亮显示，如果该信息与某文件的某行文本有关，双击该信息就可以直接打开显示该行文本。

（4）问题（Problem）窗：位于编辑窗口右下方的窗口 4。其中显示的是 Build 操作后产生的各种问题、错误等的列表信息。

除了上述窗口外，还可以单击透视图左下角的“□”图标，选择其他的窗口进行显示，包括建议（Advice）窗、错误日志（Error Log）窗、提纲（Outline）窗、目标配置（Target Configurations）窗，等等。

2．CCS Debug 透视图

CCS Debug 透视图如图 3-6 所示，用以进行工程调试，一般包含 4 个区域。

区域 1：位于透视图左上部分，为调试（Debug）窗，其中用树状图的方式显示了目标调试信息。

区域 2：位于透视图右上部分，包含了多种调试参数中间信息的显示窗：

① 变量（Variables）窗：显示代码调试中各个变量的名称、类型、数值、位置等信息；

② 表达式（Expressions）窗：可以在代码调试中显示变量表达式的值；

③ 寄存器（Registers）窗：显示代码调试中目标芯片内部各寄存器的当前值；

④ 断点（Breakpoints）窗：用于显示和编辑代码调试断点的信息。

区域 3：位于透视图的中间部分，代码调试期间，在窗中显示的源代码行上，将通过标志、高亮等方式，同时显示断点位置、当前执行行等信息。

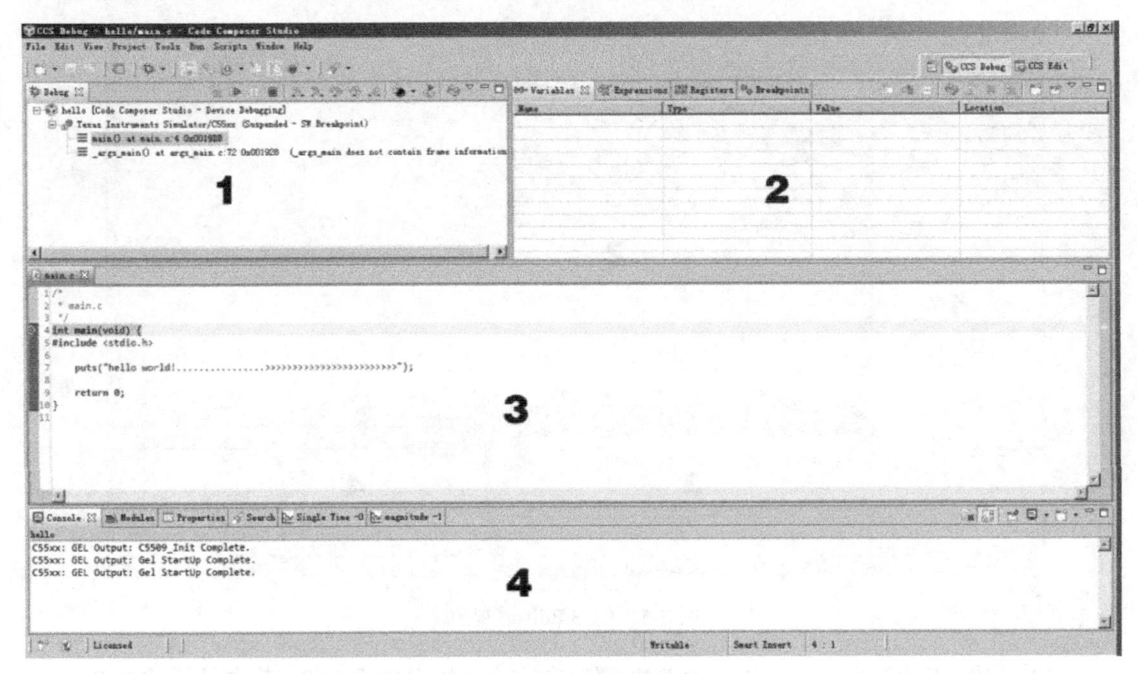

图 3-6　CCS Debug 透视图

区域 4：位于透视图的下方部分，其中包含了多种信息窗：

① 控制台（Console）窗：其中显示的是代码调试输入、输出、错误信息。

② 单元（Modules）窗：其中用树状图方式显示了目标可执行代码*.out 文件中涉及的各个文件、函数、类型、地址标记等信息。

③ 属性（Properties）窗：其中显示的是所选定资源的属性名称和对应值。

④ 搜索（Search）窗：显示搜索内容。

除了上述四种窗口，区域 4 中还可以显示图形窗，如时序图、频谱图等。

同样地，通过单击透视图左下角的“▫”按钮，可以在这个透视图中选择其他的窗口进行显示，包括反汇编代码（Disassembly）窗、存储区浏览（Memory Browser）窗、硬件跟踪（Trace）窗、目标配置（Target Configurations）窗，等等。

3．常用菜单选项

透视图中一般有多个菜单项，不同透视图中的菜单项组成不同，菜单项中的选项组成有时也会不同。这种特性大大减轻了用户操作中的选择压力。下面将介绍在 DSP 开发中常会用到的几个菜单的常用选项。

（1）File 菜单

File 菜单中提供了创建、保存、关闭、打印、输入、输出、退出等选项，如表 3-2 所示。

表 3-2　File 菜单常用选项

名　　称	快 捷 键	功　　能
New	Shift+Alt+N	创建新的资源文件(如源文件、头文件等)。在工程开发开始，首先要创建一个 Project 以保存文件
Open File		打开待编辑的文件，可以打开不在当前工作区中的文件
Close	Ctrl+W	关闭当前活跃的编辑窗
Close All	Shift+Ctrl+W	关闭所有打开的编辑窗
Save	Ctrl+S	保存当前活跃的编辑窗中的内容
Save As		允许将当前的活跃编辑窗中内容用另一个名字保存到另一个目录
Save All	Shift+Ctrl+S	保存所有打开的编辑窗中的内容
Revert		在当前活跃编辑窗中，用以前保存的内容替代当前的内容
Move		将当前选择的资源移到另一个工程中
Rename	F2	更改当前选择的资源的名字
Refresh	F5	更新当前文件系统中的资源内容
Convert Line Delimiters To		改变所选文件的行分隔符。无需保存，立即生效
Print	Ctrl+P	打印当前活跃编辑窗的内容
Switch Workspace		从当前工作区切换到另一个工作区，工作台将重启
Import		打开 Import 向导，向工作台上加入新的资源
Export		打开 Export 向导，将工作台上的资源导出
Properties	Alt+Enter	打开当前所选资源的属性对话框，其中有 • 资源在文件系统中的路径; • 上次修改的日期; • 文件是可写还是可执行，以及其编码方式; • 工程中的资源是否继承了编码和行分隔符选择
Recent file list		含有最近进入的工作台中文件的列表
Exit		关闭并退出工作台

(2) Edit 菜单

这个菜单帮助用户在编辑窗中处理资源。在不同的透视图和不同的活跃窗状态下，这个菜单的下拉选项会不同，如表 3-3 所示。

表 3-3　Edit 菜单常用选项

名　　称	功　　能
Undo	撤销最近一次编辑行为
Redo	重做被撤销的最近一次编辑行为
Cut	将所选内容搬移到剪贴板上
Copy	将所选内容复制到剪贴板上
Paste	在当前活跃编辑窗或观察窗的光标位置放入剪贴板上的内容
Delete	删除所选内容
Select All	选择当前活跃编辑窗或观察窗内的所有文字或对象
Find/Replace	在当前活跃编辑窗内寻找某个符号，并可用另一个符号进行替代
Find Next	在当前活跃编辑窗内寻找当前搜索符号或最近一次搜索符号的下一个显示点
Find Previous	在当前活跃编辑窗内寻找当前搜索符号或最近一次搜索符号的前一个显示点
Incremental Find Next	允许在当前活跃编辑窗内进行表达式搜索，在输入表达式时，会自动增补表达式，并跳至相应的下一点。上下键可用来选择，左右、回车和空格键可用来终止搜索

续表

名　称	功　能
Incremental Find Previous	允许在当前活跃编辑窗内进行表达式搜索，在输入表达式时，会自动增补表达式，并跳至相应的前一点。上下键可用来选择，左右、回车和空格键可用来终止搜索
Add Bookmark	在当前活跃文件的光标所在行增加一个书签
Add Task	在当前活跃文件的光标所在行增加一个任务
Word Completion	试图补完整当前活跃编辑窗中正输入的词
Set Encoding	展开编码对话框，允许对活跃编辑窗中文件的读写编码方式进行设置

（3）Navigate 菜单

这个菜单帮助用户在工作台中的资源和其他显示项中进行定位和导航。不同的活跃窗显示状态下，这个菜单的下拉选项会不同（见表 3-4），在某些透视图（如 CCS Debug）中不显示该菜单。

表 3-4　Navigate 菜单常用选项

Go Into	激活在这里所选的观察窗。可进行网页浏览器式的分级导航
Go To	• Back：类似于 HTML 的 Back 按键，回到当前显示的前一次显示层； • Forward：类似于 HTML 的 Forward 按键，回到当前显示的后一次显示层； • Up one level：显示当前显示最高层的上一层； • Resource：快速导航到资源
Open Hyperlink	打开当前位置的一个或多个超链接。若只有一个，则立即打开；否则在当前位置显示所有超链接
Open Resource	打开对话框，选择要在编辑窗中打开的工作区中任何资源
Show In	对于当前活跃资源，在后续子菜单中选中并激活其在另一个窗中的内容
Next	在活跃窗中移到当前列项或表格活跃条的下一条
Previous	在活跃窗中移到当前列项或表格活跃条的前一条
Last Edit Position	跳至上一次编辑位置
Go to Line	跳至当前活跃编辑窗的选定行
Back	类似于网页浏览器的 Back 键，回到编辑窗中前一次显示的资源
Forward	类似于网页浏览器的 Forward 键，撤销上一次 Back 的效果

（4）Project 菜单

这个菜单允许用户对工作台中的工程进行操作。不同的活跃窗显示状态下，这个菜单的下拉选项会不同，如表 3-5 所示。

表 3-5　Project 菜单常用选项

Open Project	打开当前选择的一个或多个 Project。所选的 Project 当前应该是关闭的
Close Project	关闭当前所选的一个或多个 Project，它（们）当前应该是打开的。关闭 Project 后，内存中的所有相关状态会被消除，但不会动硬盘上的相关内容
Build All	对自上一次编译以来有变化的当前工作台内所有工程进行编译。仅在 auto-build 关闭时有效。Auto-build 可通过当前菜单中 Build Automatically 菜单项或选项页面中的 General > Workspace preference 页关闭
Build Project	对自上一次增量编译以来有变化的所选工程进行增量编译。仅在 auto-build 关闭时有效。Auto-build 可通过当前菜单中 Build Automatically 菜单项或 Properties 选项页面中的 General > Workspace preference 页关闭
Build Working Set	对自上一次增量编译以来有变化的工作集中的工程进行增量编译。仅在 auto-build 关闭时有效。Auto-build 可通过当前菜单中 Build Automatically 菜单项或 Properties 选项页面中的 General > Workspace preference 页关闭
Clean	丢弃所有先前编译的结果。若 autobuild 有效，则可能带来一次完全编译
Build Automatically	打开/关闭 auto-build 选项。也可在当前菜单中 Properties 选项页中的 General > Workspace preference 页面中进行选择
Properties	打开所选工程或包含所选资源的工程的属性对话框

（5）Window 菜单

这个菜单允许用户对工作台中的各个视窗、透视图和功能窗进行显示、隐藏等操作，如表 3-6 所示。

表 3-6　Window 菜单常用选项

New Window	打开与当前工作台具有相同透视图的新工作台窗
New Editor	打开新的编辑窗，刚打开的时候与当前编辑窗具有相同的编辑类型和输入
Open Perspective	在当前工作台窗口中打开新的透视图。可在当前菜单中 Preference 选项页的 General > Perspectives preference 页面修改其可选项。快捷栏上会显示所有可选的透视图。从 Other...子菜单可以打开任何透视图
Show View	在当前透视图中打开所选的窗。可在当前菜单中 Preference 选项页的 General >Perspectives preference 页面配置如何打开窗。从 Other...子菜单可以打开任何窗。在 Show View 对话框中对窗进行了分类
Customize Perspective	可从菜单栏或工作台栏中选择定制透视图的功能项
Save Perspective As	保存当前透视图，创建用户定制的透视图。保存后，可通过 Window > Open Perspective > Other 打开该类型的透视图
Reset Perspective	将当前的透视图布局改回原始布局
Close Perspective	关闭当前活跃的透视图
Close All Perspectives	关闭工作台中所有打开的透视图
Navigation	该项中给出了在工作台中的观察窗、透视图和编辑窗之间进行导航的快捷键。 Show System Menu: 显示当前观察或编辑窗的系统菜单； Show View Menu: 显示当前活跃窗的工具栏上可用的下拉菜单； Maximize active view or editor:令活跃窗满屏显示;若其已满屏，则回到前一状态； Minimize active view or editor:最小化活跃窗； Activate Editor: 激活当前的编辑窗； Next Editor: 激活当前打开过的编辑窗列表中最近的下一个编辑窗； Previous Editor: 激活当前打开过的编辑窗列表中最近的前一个编辑窗； Switch to editor:显示允许切换去编辑窗的对话框； Quick switch editor: 给出可选的弹出栏，允许切换去新编辑窗； Next View: 激活当前打开过的观察窗列表中最近的下一个观察窗； Previous View: 激活当前打开过的观察窗列表中最近的前一个观察窗； Next Perspective: 激活当前打开过的透视图列表中最近的下一个透视图； Previous Perspective: 激活当前打开过的透视图列表中最近的前一个透视图
Working Sets	可对工作集进行选择和编辑
Preferences	用于进行工作台的选项确定

（6）Help 菜单

这个菜单能够帮助用户使用工作台，如表 3-7 所示。

表 3-7　Help 菜单常用选项

Welcome	打开 Welcome 内容
Help Contents	在 help 窗口或外部浏览器中显示 help 内容
Search	显示搜索页中打开的 help 窗
Dynamic Help	打开相关标题页的 help 窗
Key Assist ...	显示关键词对应的快捷键组合
Tips and Tricks ...	将打开你可能没有看过的产品特性
Cheat Sheets ...	打开边沿 help 选择对话框
Check for Updates	更新检查
Install New Software...	下载并安装新软件
About Eclipse SDK	显示产品、安装属性和可用插件的信息

 3.3.3 软件开发功能

本节以 Simulator 方式为例，对 CCS V5.5 的基本功能进行详细介绍。CCS V5.5 可以构建一个模拟 DSP 芯片核心部分的软件环境，支持用户在该软件环境下对工程进行仿真调试，但是不支持工程代码中对应于芯片外围硬件部分的仿真调试。开发者一般通过 Simulator 方式来查看工程中信号处理算法的运行情况。

CCS 中软件开发的主要步骤为：

工程创建→文件编辑→编译链接→文件加载→代码执行→结果查看

当整个流程结束后，根据执行情况，可以回到第二步对代码修改，并再次调试。

本节将按照上述的实现步骤，通过软件开发的实例过程，对 CCS 中相应的 Simulator 功能进行介绍。但需要注意的是，CCS 的开发对象是 DSP 芯片而非计算机：后者一般有丰富的硬件资源，安装了操作系统，对显示器、键盘等输入输出设备有完善的支持，因此对于 printf() 等函数功能的支撑很方便；而 DSP 芯片的硬件资源有限，一般没有显示器、键盘这类标准的输入/输出设备，即使在 CCS 环境的支持下，也往往需要耗费大量的资源。因此，不建议在 DSP 开发中，尤其在脱机系统中运行时，大量采用 C 语言中的标准输入/输出语句。更多的相关说明可以参见本书第 6 章的内容。

1. 工程创建

学习 C 语言大都开始于编写“HelloWorld”显示程序，该程序最终在显示器上输出一行文字“Hello World!”。这里我们也借用这个开始 CCS 的学习。

首先双击 CCS 图标，打开一个工作台，在菜单栏选择 Project→New CCS Project，或 File→New→CCS Project，弹出如图 3-7 所示对话框。

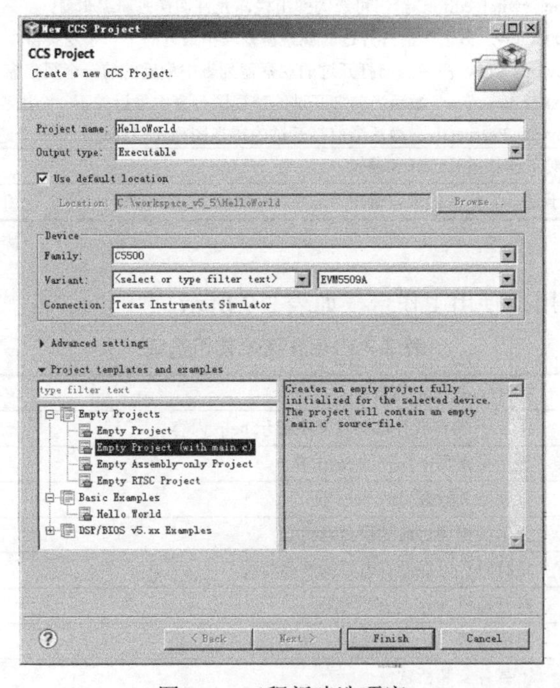

图 3-7 工程新建选项窗

在 Project name 栏填入工程名称 HelloWorld。

在 Output type 栏中有三个选项：**可执行**（Executable）、**静态库**（Static Library）、**其他**，本工程选择为可执行项。

在“使用默认位置”选项前打钩，表明这个工程的开发是在默认工作区中进行的。默认工作区路径已经在安装部分设定。

在 Device 选项区中，Family 选项在右侧的下拉菜单中选择 C5500；Variant 选项在右侧的下拉菜单中选择 EVM5509A；Connection 选项在右侧下拉菜单中选择“Texas Instruments Simulator”。

在左下方的工程模版选区（Project templates and examples）中，选择空的工程（这里可以选择带 main.c 模版，如图 3-7 所示）。

单击窗口右下方的 Finish，自动进入 CCS Edit 透视图，工程创建完成。

创建成功后的透视图如图 3-8 所示。在左边的 Project Explorer 窗中出现了 Project 目录树，其中自动添加了 Includes、targetConfigs、Main.c 三个部分。

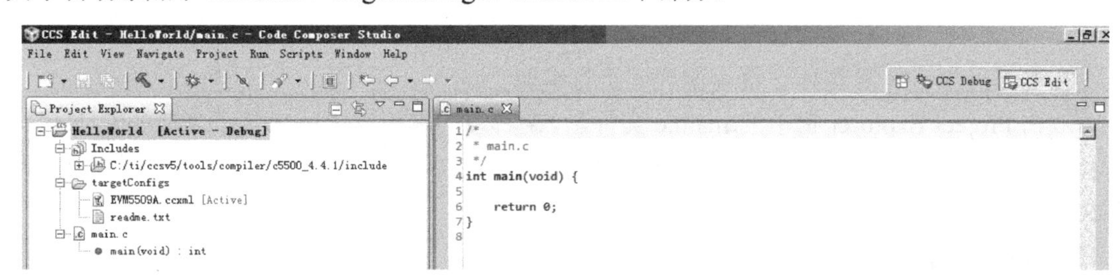

图 3-8 新建工程后的 CCS Edit 透视图

Includes 部分将其中显示的路径下所有的.h 文件都自动加入。

targetConfigs 部分中，根据我们在前面的目标选择，自动加载了 EVM5509A.ccxml 文件，其中保存了 EVM5509A 仿真开发板的配置信息。

如果需要对当前工程进行更改，可以在 Project Explorer 窗中的工程名称上单击鼠标右键，在跳出的弹窗中选择相应的操作命令，如创建新文件、更改工程名称、打开/关闭工程，等等。

例如，右键单击左侧 Project Explorer 窗中的工程名称，单击 Add Files...按钮，可以将工作区中已存在的文件加入到现在的工程中来。在选择文件后，会跳出新的窗口，询问所选择的文件是复制到本工程中，还是链接到本工程中。如果选择链接，那么这个文件在别的场合中的改动也会影响本工程中这个文件的内容。因此，一般选择复制方式。

上面给出的工程创建步骤中，当前 CCS 工作台中没有工程被激活。如果当前有一个工程正处于激活状态下，建议先关闭当前工程后，再创建新的工程，以避免造成管理的混乱。此时有以下两种方法：

方法一：在 Project Explorer 窗中，用鼠标右键单击当前工程名，在弹出菜单中选择 Delete 选项，注意在随后弹出的窗口中不勾选唯一的选项，以避免将当前工程的内容全部删除，一旦删除是无法恢复的！单击 OK 后，当前工程将被清除出当前工作台，在 Project Explorer 窗中工程名消失，但是所有的文件还保存在当前工作区中。

以后通过单击菜单栏的 Project → Import Existing CCS Eclipse Project，在弹出窗口选择相应工程，可以重新将工程加载到当前工作台中。

方法二：在 Project Explorer 窗中，用鼠标右键单击当前工程名，在弹出菜单中选择 Close Project 选项。此时，相应工程的名称仍然在 Project Explorer 窗中，但不再处于激活状态，文件目录树被关闭。

鼠标右击工程名称并选择 Open Project，可以再次激活工程，打开对应目录树。

2．文件编辑

工程创建后，下一步就是对工程中的文件进行编辑。双击 Project Explorer 窗中的任何文件名，都会在右边窗口出现该文件的内容，可以在这个窗口对相关内容进行编辑。

这里仍用 HelloWorld 工程示例。这个工程的 C 语言源代码很简单，如下所示：

```
#include  <stdio.h>
int main(void)
{
    puts("Hello World!!");
    return 0;
}
```

在本工程中，只需要对 C 语言源代码进行编辑。

双击 Project Explorer 窗中的 main.c 文件名，在右边的编辑窗中就出现了当前的 C 源代码内容。按照上面给出的源代码将 main 函数补充完整，然后单击上方工具栏中的“ ”图标保存文件。

3．编译链接

工程中的文件编辑完成后，进入编译、汇编、链接步骤。CCS 中，通过一个 Build 操作来完成上述全部三个步骤。这个操作可通过单击菜单中的 Project→Build All 选项完成，或者也可以单击工具栏中的“ ”图标进行。单击该图标的右侧向下键可以选择 Build 的类型，默认方式是“Debug”。这里我们采用了默认方式。工程 Build 的透视图如图 3-9 所示。

经过 Build 操作后，从 Project Explorer 窗中可以看到，工程下又增加了 Binaries 和 Debug 两个部分。

Binaries 中包含了一个.out 文件，这是工程生成的执行代码文件。在后面的调试阶段，需要将这个文件载入 CCS 中进行运行调试。

在 Debug 部分，除了目标文件（HelloWorld.obj）和可执行文件（HelloWorld.out）外，还出现了几种新的文件，其中比较重要的有：

- ccsObjs.opt 文件：保存了本工程的编译链接选项信息；
- HelloWorld_linkInfo.xml：保存了工程链接过程中的信息；
- HelloWorld.map：其中保存了工程链接后各代码块的位置信息，包括代码块的名称、归属、长度、起始地址等，对于代码的优化十分重要，将在第 5 章中介绍。

以上三类文件是编译链接过程中自动产生的，可以帮助我们对工程的编译链接过程进行更详细的了解，没有必要对其进行编辑。

此外，在透视图下方，Console 窗中给出了工程编译链接的相关过程信息，其中的黄色高亮部分显示的是警告信息，单击窗口上方的“ ”按钮可以清除本窗口内容；Problem 窗中列表显示了相应警告信息的详细情况。这里出现的两个警告不影响工程的执行。

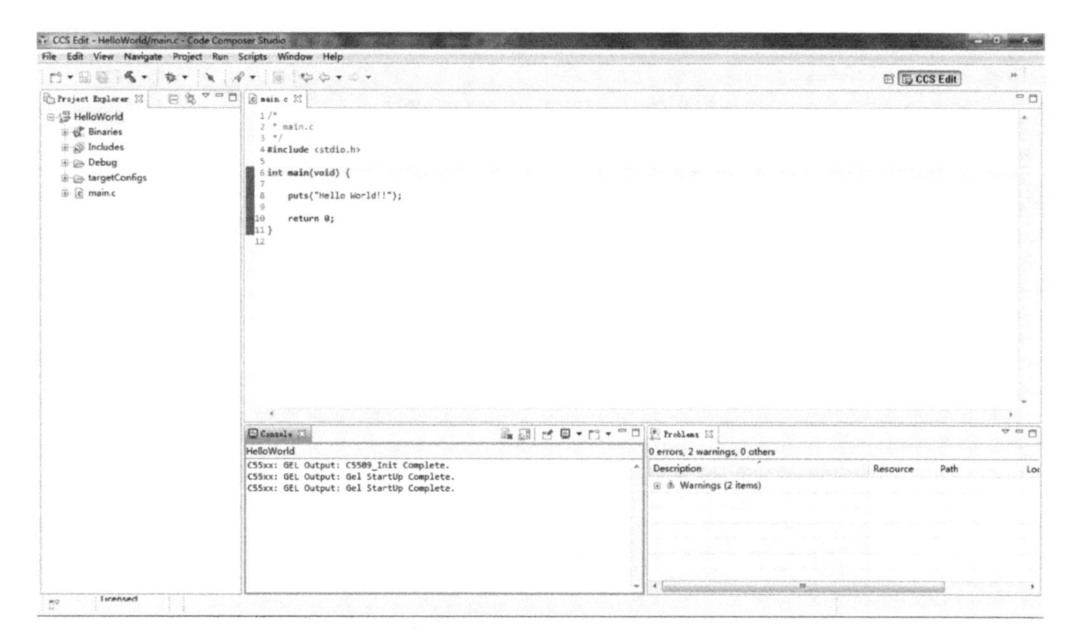

图 3-9　编译链接后的 CCS Edit 透视图

工程经过一次 Build 后，如果其中内容没有改动，再次执行 Build 操作后，CCS 将不会再次进行编译链接。用鼠标右键单击 Project Explorer 窗中的工程名，在出现的菜单中单击 Rebuild Project 选项，可以对工程再次进行编译链接。

4. 调试执行

完成工程的编译链接后，就可以对生成的执行代码进行调试，以确定是否正确。因此，需要将上面生成的*.out 文件加载入 CCS 中并运行。这些工作全部通过 Debug 操作完成。

单击菜单栏中的 Run→Debug，或单击工具栏中的“ ”图标，或单击键盘的 F11 功能键，都可以执行这一操作。随后 CCS 进入 CCS Debug 透视图，如图 3-10 所示。

在中间代码窗口中，可以看到所显示的源文件第 6 行最左侧有一个箭头，同时该行被淡蓝色高亮显示，表明 CCS 当前执行到 main 函数的入口处，并暂停在这里。

在 Debug 窗口的右上方，排列着一排工具图标。这些图标对应的操作将帮助我们控制代码的执行：

：继续（Resume），单击后，将结束暂停状态，从当前高亮行开始，顺序向下执行。

：暂停（Suspend），单击后，将进入暂停状态，下一条等待执行的代码行高亮显示。

：结束（Terminate），单击后，将结束本次调试，CCS 跳转到 CCS Edit 透视图。

：单步执行（Step Over），单击后，将执行当前代码窗中高亮行代码后暂停。此时代码窗口左侧箭头指向下一条语句并高亮显示。工具栏中有两个不同颜色的这个图标：如果是黄色的图标，表明是针对 C 源代码进行相应操作；如果是绿色的图标，表明是针对汇编源代码进行相应操作。

：单步进入（Step Into），单击后，如果当前待执行语句中没有函数，则效果同上；否则，将跳转进入该行中第一个函数的对应源代码中并暂停。工具栏有两个不同颜色的这个图标，如果是黄色的图标，表明是针对 C 源代码进行相应操作；如果是绿色的图标，表明是针对汇编源代码进行相应操作。

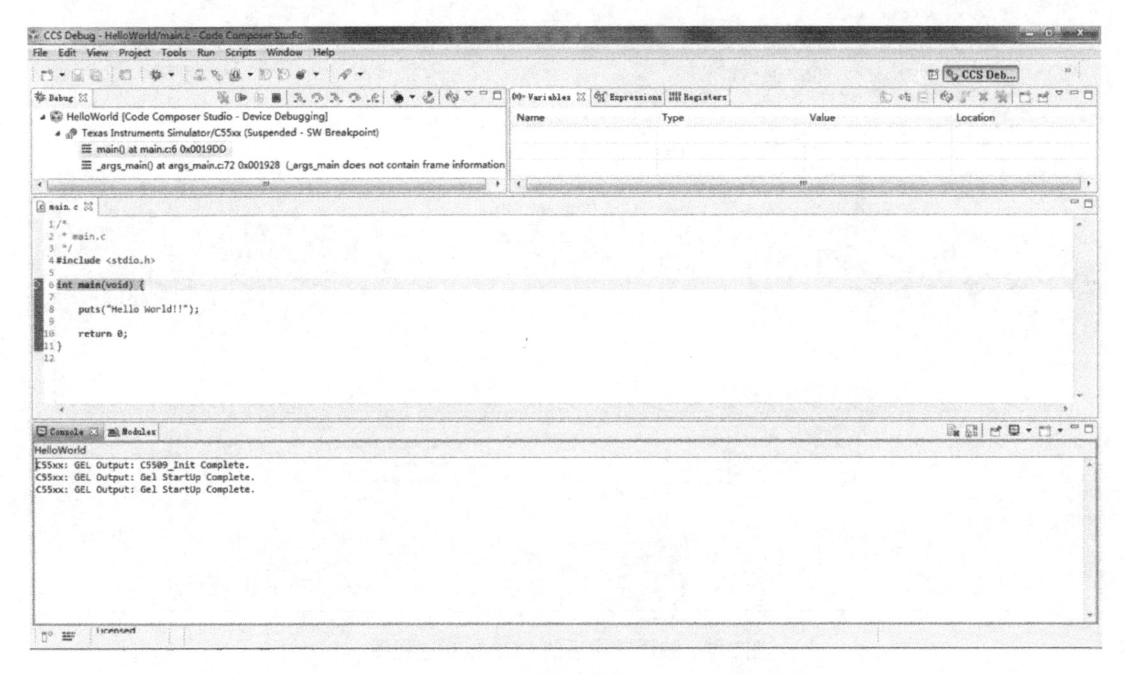

图 3-10　执行 Debug 操作后的 CCS Debug 透视图

：单步跳出（Step Return），如果当前语句所在的函数是正在被调用的，单击后，该函数剩余部分被执行，并暂停在对应调用语句的下一行上。在 main 函数中单击这个图标，将完成整个工程的运行。

：CPU 复位（CPU Reset），单击后，将对 CCS 当前的仿真环境进行复位，所有调试信息恢复到刚进入 CCS Debug 视图时的状态。

：重开始（Restart），单击后，CCS 仿真环境的参数不变，但 CCS 重新回到 main 函数第一行并暂停。此时，前面执行过程中对环境参数的改变部分都将保留。

上面这些图标对应的操作，也可以通过单击菜单栏 RUN 菜单，在弹出下拉菜单中选择相应命令来执行。

现在回到当前的工程，单击“ ”图标，工程源代码执行到结束。此时在左下方的 Console 窗中显示出工程执行结果：Hello World!!，如图 3-11 所示。

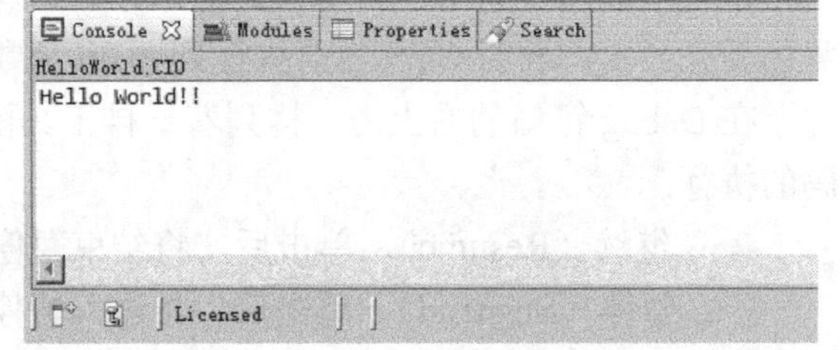

图 3-11　HelloWorld 的输出结果

5. 中间结果观察

上一节中执行了整个工程后，输出结果显示在 Console 窗口中。但在前面我们提到，一般在 CCS 工程代码中不建议使用标准的输入/输出语句。此时，为查看代码执行步骤是否正确，或查看代码最终结果，可以利用设置断点、文件读/写等操作来观察代码执行的中间结果。

上面的 HelloWorld 例子比较简单，无法实现相应的要求。为此，下面我们将通过一个典型的信号产生例子，来介绍 CCS 开发中如何进行断点设置、数据输入/输出、结果观察。

在这个例子中，我们需要产生一个 500 点的数字信号序列，在 8000Hz 采样率下，其表现为 500Hz 和 2850Hz 两个单频信号的叠加，且这两个频率信号的起始相位都为 0。

这里，我们直接用 sin()函数产生单频信号，并将产生的两个信号相加得到最终结果。考虑到 TMS320VC5509A 的字长是 16 位，需要将信号幅值限制在 -32768～32767 之间，因此对相加后的信号乘以数值 16383。下面给出了 C 语言的实现代码。

```
#include <stdlib.h>
#include <stdio.h>
#include <math.h>

int main(void)
{
    float a, b, x, y, pi;
    int i, z;
    short out[500];

    pi=3.14159;
    a = 500.0;                  /*第一个信号的频率是 500Hz*/
    b = 2850.0;                 /*第二个信号的频率是 2850Hz*/

    a = a/8000;
    b = b/8000;
    for(i=0;i<500;i++)
    {
        x=sin(i*a*2*pi);
        y=sin(i*b*2*pi);
        z = (short)(16383.0*(x+y));
        out[i] = z;
    }
    puts("finished!\n");
    return 0;
}
```

参照工程创建中的步骤建立一个 signal-produce 工程，其中除了工程名称外，其他所有选项与 3.3.1 小节中的相同。

参照上面给出的 C 源代码，编辑相应的 main 函数后，进行 Build 操作。

执行 Debug，进入 CCS Debug 透视图，如图 3-12 所示。

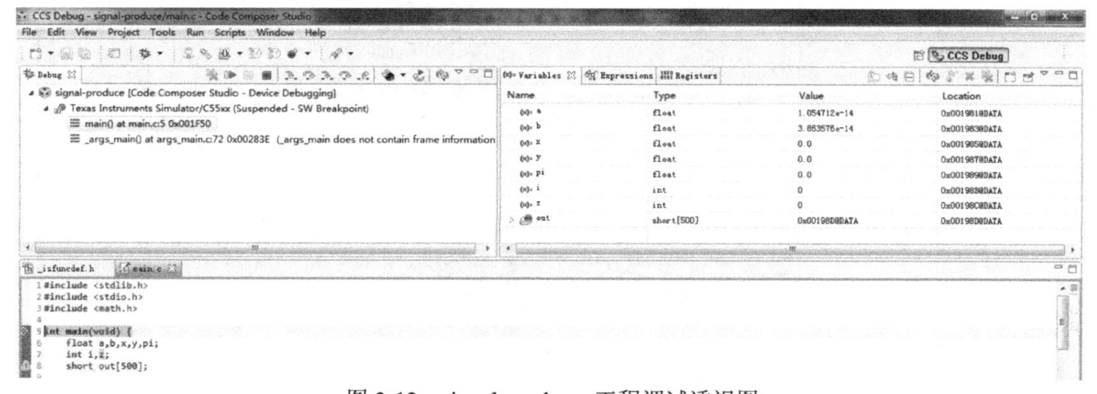

图 3-12　signal-produce 工程调试透视图

从图中可以看到，在右上方 Variables 窗的最左边列，列出了 main 函数中所定义的所有变量，在每一行中显示了对应变量的类型、数值、地址等信息。此时程序还没有执行到变量声明行，因此这里的数值、地址等内容是不确定的。

（1）断点设置

为了在代码执行的过程中，能够检查中间变量数值、输入输出变量等，可以在代码中的相关语句行设置断点。代码执行到断点后，CCS 将执行断点配置中所指定的任务。

将光标移到对应语句行上后，可以通过单击菜单的 Run→Toggle Breakpoint 选项来设置/清除断点，或通过双击对应语句行最左边灰蓝色部分来设置/清除断点。设置了断点的语句行在最左边的灰蓝色部分将出现一个蓝色的点“◆”，同时视图右上区域将出现 Breakpoint 窗口，其中用表格方式罗列了所设置所有断点的位置和配置。断点的配置可以在这个窗中进行，如图 3-13 所示。

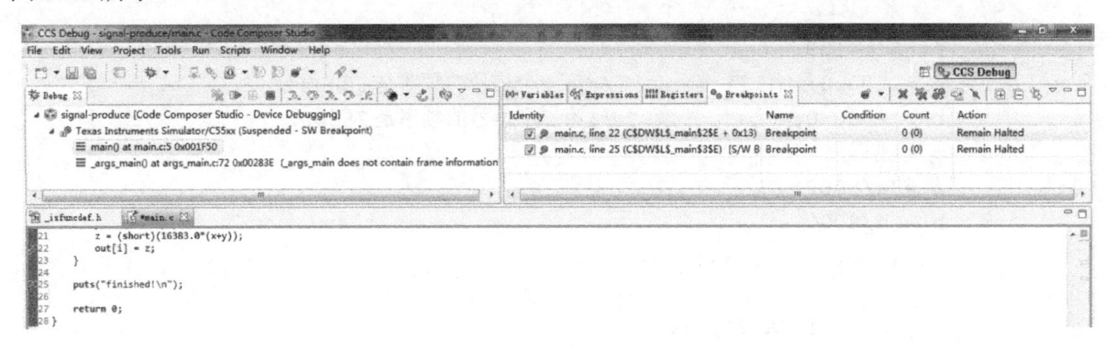

图 3-13　断点设置图

双击 Breakpoint 窗中某个断点的左边方框，如果方框中出现“√”符号，则表示这个断点被使用；再次双击这个方框，可以去除“√”符号，表示这个断点被暂停使用。

选中窗中某断点行，右击鼠标，在跳出菜单中选择 Remove，可以去除这个断点。

在跳出菜单中选择 Break Propertise…选项，将出现一个断点配置窗，如图 3-14 所示。

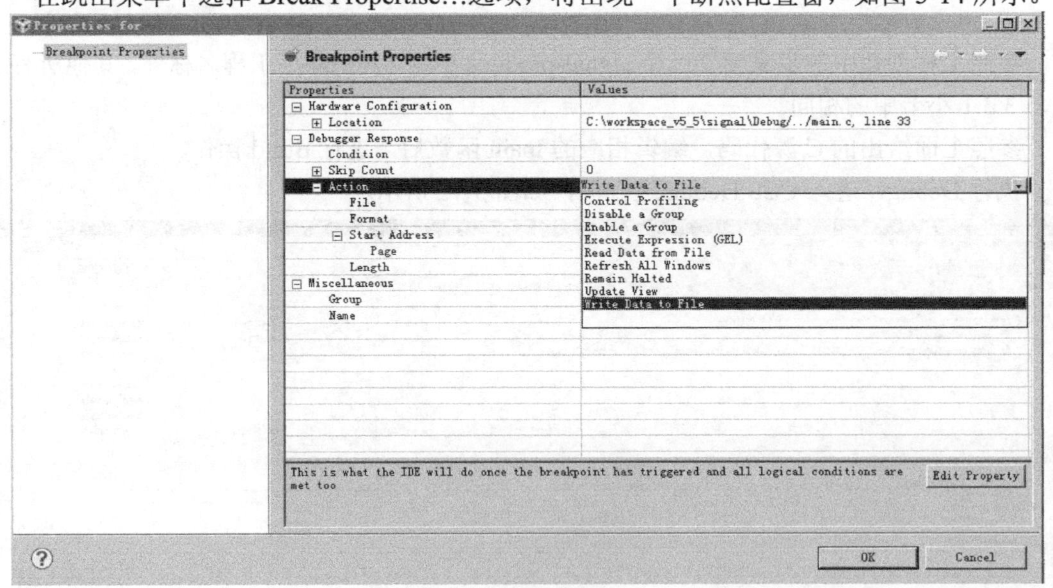

图 3-14　断点配置窗

单击右边窗中的 Action 选项，在其右边对应的 Values 行单击鼠标，将出现下拉按键。单击下拉按键，出现断点处的动作选项菜单。其中，默认的选项是 Remain Halted，当程序执行到断点处，将执行暂停，等待下一个操作。

为了在程序执行开始和结束时刻观察变量的值，我们在“pi =3.14159;”语句和“puts("finished!\n");”语句处分别设置了两个执行暂停的断点，以便于我们观察运算前和运算后的变量值。

（2）文件输入/输出

只在 Simulator 方式下，CCS 具有 Pin Connect 功能，允许用户利用文件输入方式模拟芯片某个管脚的输入，以便模拟外部中断信号；同时，CCS 也提供 Port Connect 功能，允许用户将存储区的某个部分与外部文件相关联，实现存储区数值从文件读入或向文件写出的操作。详细操作可以参看帮助文件。

下面介绍在当前工程中，如何通过断点配置方式将工程产生的波形数据写入外部文件中。

在“out[i] = z;”语句处设置断点，并将其执行的动作配置为文件输出。在图 3-14 的 Action 选项右边选择 Write Data to File 后，在其下方的配置设置如图 3-15 所示。其配置如下：

① File 栏指定了数值输出的文件名称，其后缀名为.dat。注意，如果文件是新建的，那么在文件名的后面一定要加上.dat 后缀。

② Format 栏了输出到文件中的数值的类型，有 6 个选项可以选择，分别是十六进制、整型、长整型、浮点、COFF 格式、可寻址单元。这里输出信号是 16 位整型数，因此选择 Integer 选项。

③ Start Address 栏了每次输出到文件中的数据的开始地址。这里设定将每次计算得出的信号幅值 z 输出到文件中，因此开始地址填为&z（也可以填写 z 在存储区中的十六进制地址）。该变量位于存储区的 DATA 区域，因此 Page 项会自动选为 DATA。

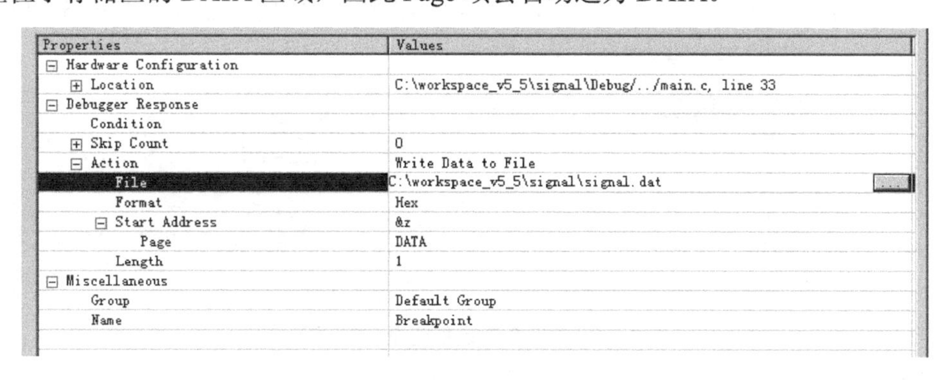

图 3-15　输出文件选项

④ Length 选项指定了每次输出到文件中的数值的个数，这里为 1。

单击右下角的 OK，断点的配置设置完成。

这个断点设置后，每次程序执行到这个地方，不会暂停，但将自动向选定的*.dat 文件中以 16 位整型数格式写入当前的 z 值。程序执行完毕，退出调试状态后，这个文件自动关闭。所输出的这个数据文件可以当作输入源用于其他 CCS 工程中。

调试结束后，可以用写字板等文本编辑软件打开.dat 文件查看。其内容如下：

```
1651 2    177f    1    1    0
0
19135
-4345
21994
……
```

文件开始的一排数字是十六进制的，保存了数据文件的一些基本信息。其中，第一个数1651为固定数值；第二个数表示写入的数据格式，这里的2表示数值格式为整型数；第三个数为数据存储的起始地址，这里为177f；第四个数为数据写入的页类型，这里为1，代表了数值写入DATA区；第五个数据为写入数据的长度，这里为1，表示每次写入的数据长度为1。

从第二行开始，顺序列出了数组中的各个数值。

在上述过程的配置菜单Action处选择Read Data from File选项，可以配置成从文件中读出数据作为某个变量的当前值。

（3）结果观察

单击"▶"，程序运行到第一个断点暂停。此时观察右上方的Variables窗，可以看到各变量的地址和数值发生了改变，改变的部分由黄色高亮显示，如图3-16所示。此时的变量地址是CCS链接器分配给各变量的真正地址。

再次单击"▶"，程序将执行到"puts("finished!\n");"语句处暂停。

此时的Variables窗中显示的是各变量的最终结果。在Register窗中能够查看此时DSP核中各寄存器的当前值。

在程序中，我们将输出信号的500个值顺序保存在数组out中，因此可以通过图形方式查看生成的信号波形。在Variables窗中右键单击out[500]，在弹出菜单中选择Graph命令，透视图下方将出现一个Single Time窗，其中显示的就是out数组中保存的信号波形，如图3-17所示。

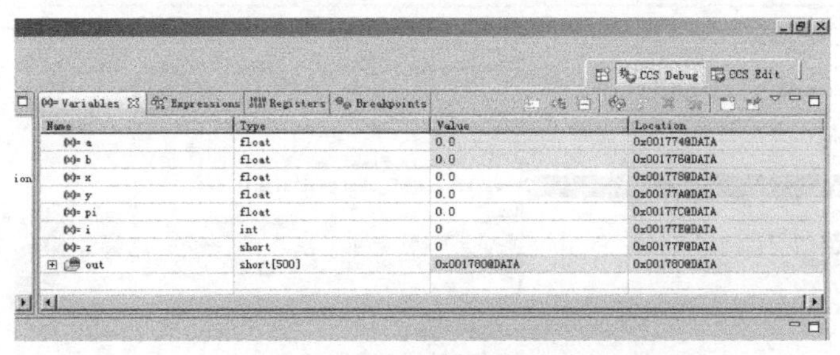

图3-16　第一个断点处变量窗显示图

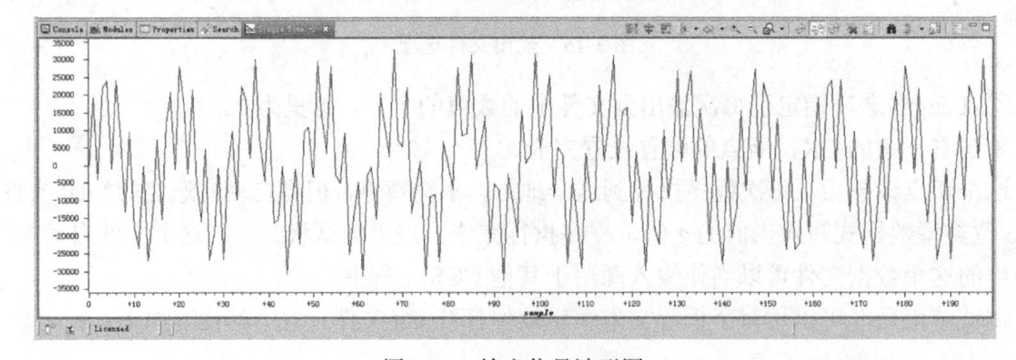

图3-17　输出信号波形图

为了检验这个信号是否是由 500Hz 和 2850Hz 两个单频信号相加形成的，可以通过频谱图来观察 out 数组中信号的频谱成分。在菜单栏单击 Tool→Graph→FFT Magnitude 选项后，跳出属性配置窗，如图 3-18 所示。

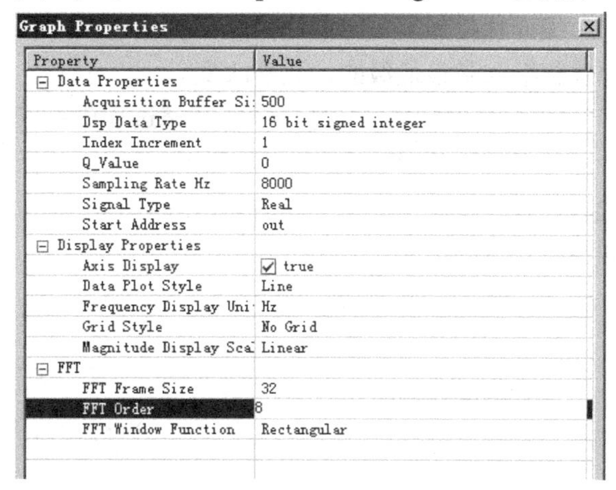

图 3-18　频谱图配置窗

其中，Acquisition Buffer Size 项数值填入所观察数组的长度 500；Dsp Data Type 项中根据输出数据的类型选择为 16 位有符号整型（注意，C55x DSP 芯片的软件编译器中，短整型和整型同为 16 位，长整型为 32 位）；Sample Rate Hz 填入采样频率为 8000；Start Address 处填入的开始地址为数组名 out；FFT Order 处将 FFT 计算阶数改为 8，以提高结果图形的精确度。

另一种打开图 3-18 所示配置窗的方式，就是单击图形窗右上方的工具栏中左边那个“▤”图标。注意，图形窗上方有两个同样的图标，右边的“▤”图标为“Display Properties”，单击后可以在新弹出窗中调整所显示图形的颜色、背景等因素。

配置完毕，单击下方的 OK 后，在 CCS Debug 视图的下方又出现一个新的名为 magnitude 的窗，如图 3-19 所示。从中我们可以确认，out 数组中的波形确实是由 500Hz 和 2850Hz 两个频率信号组成的。

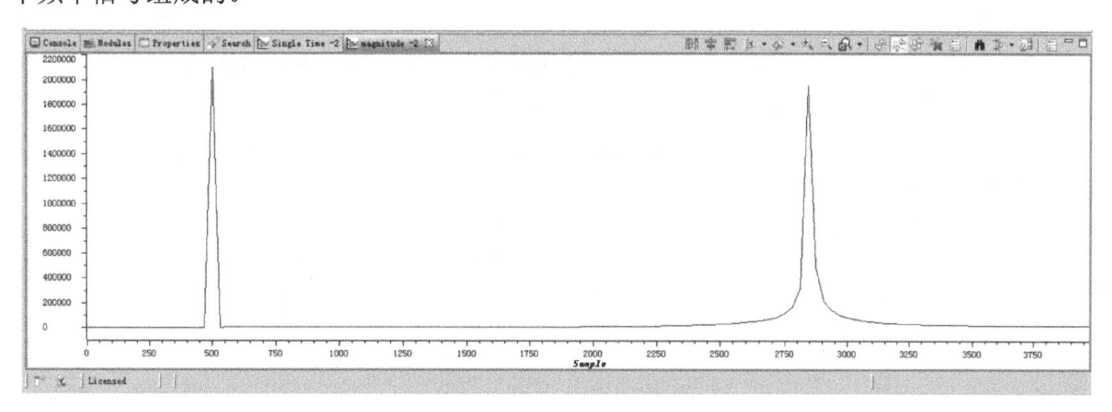

图 3-19　输出波形的频谱图

注意，如果代码没有运行到 main 函数最终结束，则在下次调试时，有可能无法打开图形窗口。运行结束后，单击“▣”，CCS 将返回 CCS Edit 透视图。

6. 执行性能查看

基于 DSP 芯片实现数字信号处理系统，其目的就是要用最少的资源，在规定的时间内完成数字信号处理功能。为此，程序执行中对存储资源和执行时间的控制就显得尤为重要。

存储资源信息在编译链接后生成的*.map 文件中有详细说明，可以在 CCS Edit 透视图的 Project Explorer 窗中双击该文件名后，在右侧的编辑窗中查看内容。关于 DSP 芯片的存储资源将在第 5 章中介绍。

为查看程序的执行效率，CCS 中提供了 Profile 功能，对工程中各个函数、代码行的执行次数、占用 CPU 时钟数等信息进行统计，以便于用户对代码的优化。

编译优化必须关闭或选择最少优化选项，以准确统计 Profile 信息。对于新设工程，其编译优化默认是最低级的，无需改变。

Profile 功能在每次的 Debug 调试过程中打开。

单击"⚙",进入 CCS Edit 透视图。从菜单选择 Tools→profile→Setup Profile Data Collection 选项，在透视图下方新出现的 Profile Setup 窗中，单击右下角的 Active，激活 Profile 功能，如图 3-20 所示。

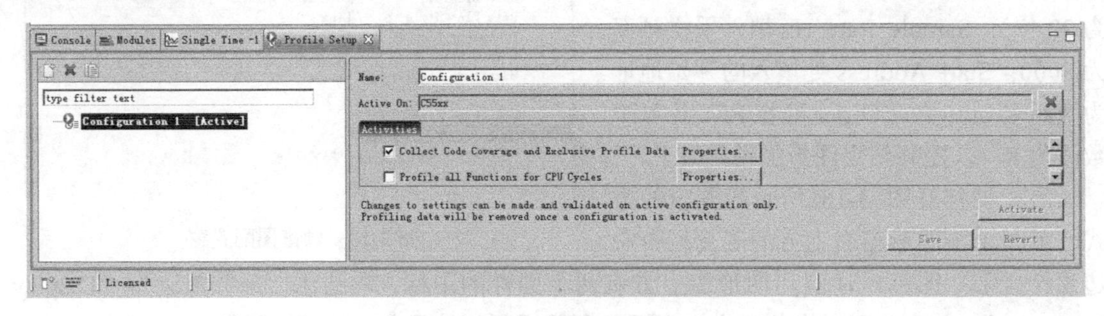

图 3-20　Profile 设置窗

在窗口右侧有两个选项，分别为"Collect Code Coverage and Exclusive Profile Data"和"Profile all Functions for CPU Cycles"。第一个选项是统计代码执行的详细信息，第二个选项对工程中各个函数的执行信息进行统计。

这里选择第一个选项，然后单击"▶"至函数执行完毕。在 Simulator 下，必须要在执行"Terminate"或"CPU Reset"命令后，才能查看到最终的 Profile 统计数据。为此，单击"◆"，再在菜单上单击 Tools → profile →View Code Coverage Results，在透视图下方将出现两个新的窗口，分别如图 3-21 和图 3-22 所示。

	File	Function	Line Number	Coverage	CPU instruction decoded	CPU instruction condition false	CPUexecutepacket	cycleCPU	CPUaccessdataread	CPUaccessdatawrite	CPUinstructionexecuted	Inst exec count	Librar
9	C:\w...	main()	41	YES	1000	0	1000	1000	0	500	1000	1000	false
10	C:\w...	main()	42	YES	322500	0	322500	323000	160500	80500	322500	322500	false
11	C:\w...	main()	44	YES	320000	0	320000	1197000	80000	80000	320000	320000	false
12	C:\w...	main()	45	YES	400000	0	400000	401500	160000	80000	400000	400000	false
13	C:\w...	main()	46	YES	400000	0	400000	1280000	240000	240000	400000	400000	false
14	C:\w...	main()	49	YES	1500	0	1500	4500	500	500	1500	1500	false
15	C:\w...	main()	50	YES	2500	0	2000	2500	500	500	2500	2500	false
16	C:\w...	main()	52	YES	500	0	500	500	500	500	500	500	false
17	C:\w...	main()	55	YES	2	0	2	7	0	2	2	2	false
18	C:\w...	main()	57	YES	1	0	1	9	0	0	1	1	false
19	C:\w...	main()	58	YES	4	0	3	3	5	1	4	4	false

图 3-21　代码执行情况统计窗

	Filename	Function	Percentage	Lines of code	Lines executed	Library	CPU instruction decoded	CPU instruction condition false	cycleCPU	Inst exec count	Times called	CPUexecutepacket	CPUaccessdataread	CPUacces
1	C:\wo...	main()	100	19	19	false	2328184	0	4691705	2328184	1	2327681	882167	

图 3-22　函数执行情况统计窗

其中，图 3-21 中对工程代码行的执行次数、耗费的 CPU 时钟周期等信息进行了统计，图 3-22 中对工程中的函数（本工程中只有 main()）执行占比、耗费 CPU 时钟周期等信息进行了统计。

单击这两个 Profile 结果观察窗口右上方的“ ”图标，代码显示窗口中的代码行将分别用不同的颜色高亮显示。其中，绿色高亮显示的代码行为被执行过的语句，红色高亮显示的代码行为未被执行过的语句。这种高亮显示在返回到 CCS Edit 透视图后仍然保持。再次单击“ ”图标，高亮显示将消失。通过这种高亮显示，能够让用户有效掌握哪些代码在当前执行过程中未被触及，从而为工程的代码优化提供参考。

读者可自行体验 Profile 第二个选项的查看结果。

3.4　硬件开发流程

任何 DSP 系统都是以硬件平台作为基础的，硬件开发是整个系统开发的重要内容。DSP 芯片的硬件开发和软件开发可以同步进行，而接口部分的软件开发与硬件开发则是紧密联系、不可分割的。

硬件开发流程如图 3-23 所示。首先按照功能需求分析选择合适的芯片，如针对 TI 的 DSP 芯片，一般的语音处理应用可选择 C54x/C55x 系列，图像处理应用则可选择 C64x 系列。芯片选好后，结合芯片本身的外围接口和系统功能需求，进一步选择外围接口芯片，如语音处理系统中常用的 A/D 芯片等。所有芯片选好后，按照其设计手册设计外围电路。绘制好系统原理图后，认真审核功能模块、接口模块、电源、时钟、复位等系统模块。原理图正确无误后，可进行 PCB 布板，布板时要注意系统硬件尺寸、电磁兼容性等布线要求。PCB 审核后即可进行制板、焊接等硬件加工处理。焊接完毕的电路板首先要测试其电源模块，以防电源模块出现问题，烧坏 DSP 芯片。按照功能划分，分别调试各个系统模块。最后结合底层软件接口模块、上层系统模块、算法模块，完成系统集成。

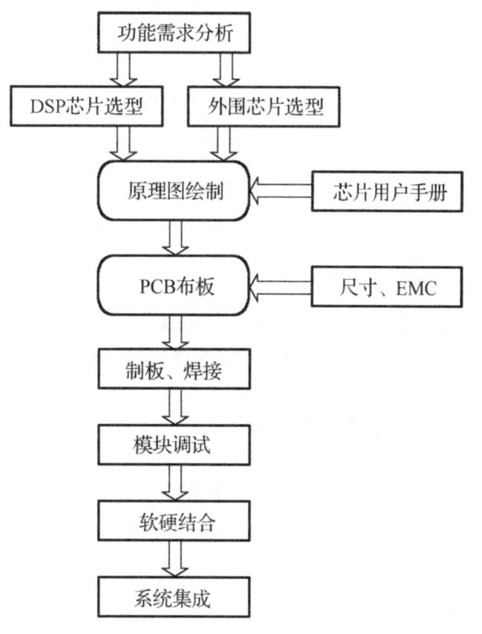

图 3-23　硬件开发流程

关于 DSP 芯片硬件开发的详细内容，读者可参阅本书后续的有关章节。

3.5　硬件开发环境

DSP 的硬件开发通常需要三个部分的支撑：装有 CCS 的计算机、待开发的 DSP 硬件系统、以及在前两者之间起到通信桥梁作用的 DSP 仿真器。三者间的连接如图 3-24 所示。其中，在计算机平台上运行的CCS已在3.3节中进行了介绍。在DSP硬件开发之初，可以直接购买各公司推出的相应DSP平台的仿真板，如TI公司推出的EVM5509A、EVM6455等。

DSP仿真器，即扩展开发系统（XDS），是进行DSP芯片硬件开发的核心工具。本节将简要介绍TI公司的DSP仿真器。

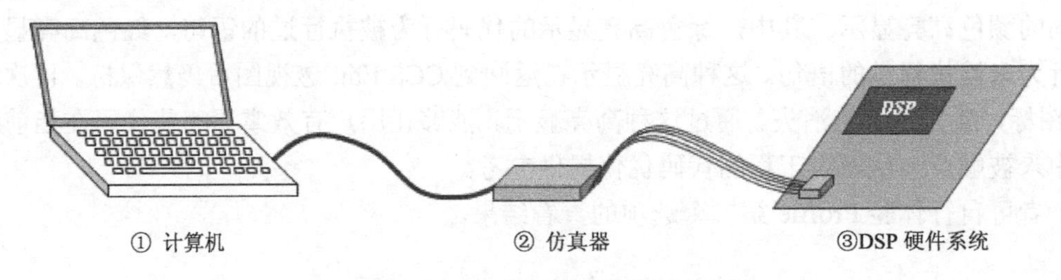

图3-24 DSP硬件仿真开发连接示意图

3.5.1 DSP仿真器

DSP仿真器位于计算机和DSP硬件系统之间，为两者提供信息通道。根据工作原理，DSP仿真器可分为电路型仿真器和扫描型仿真器两种。

1. 电路型仿真器

早期的仿真器是电路型仿真器。采用电路型仿真器进行硬件仿真时，仿真器的电缆插头必须插入到用户硬件电路中DSP芯片的相应位置，也即仿真电缆的插头引脚必须与DSP芯片的引脚一一对应。这类仿真器的主要缺点是，仿真时需要用仿真器上的CPU替代目标系统的CPU、调试过程在监控程序控制下执行、需要占用目标系统软硬件资源等。TI的XDS/22仿真器属于这一类，主要用于早期C1x和C2x等芯片的仿真。由于高速DSP芯片具有高度并行的结构、快速的指令周期、高密度的封装等特点，采用传统的电路仿真方法很难实现可靠的仿真，会导致各种问题的发生，如仿真电缆过长会引起信号失真，仿真插头会引起可靠性差，等等。这种仿真器目前已被淘汰。

2. 扫描型仿真器

现在常用的各型DSP芯片的仿真都采用扫描型仿真器。扫描型仿真器不采用插入仿真的方法，而是通过DSP芯片上提供的几个仿真引脚实现仿真功能。这种方法可用来解决高速DSP芯片的仿真。用户程序可在目标系统的片内或片外存储器实时运行，而不会因仿真器引入额外的等待状态。同时，DSP芯片内部是通过移位寄存器扫描链实现扫描仿真，这个扫描链被外部的串行口访问，故采用扫描仿真，可以对已经焊接在电路板上的芯片进行仿真调试，这对于在生产过程中调试DSP系统也带来极大的方便。

在使用DSP仿真器前，首先需安装软件开发环境和相应的驱动。软件开发环境通过DSP仿真器与待开发的DSP平台连接成功后，用户将几乎感觉不到仿真器的存在，而是能够在软件开发环境中看到DSP硬件平台内的各个相关资源。DSP仿真器的性能将直接影响到DSP平台与软件开发环境之间的交互能力。待开发系统的运行速率越高、片上资源越丰富，就越对DSP仿真器的性能提出更高的需求。

3.5.2 仿真器接口

采用 DSP 仿真器，可对 DSP 系统进行实时仿真。仿真器承担着软件开发环境和待开发平台之间的沟通任务，因此，仿真器与两个系统间的接口对于开发来说就显得十分关键。

仿真器与计算机之间一般通过 USB 总线、计算机并口、PCI 总线、ISA 总线、网络接口等方式相连接，其中，USB 接口由于其使用简单、普及面广而被广泛采用。

目前，绝大多数 DSP 芯片上用于与仿真器相连的仿真接口都是 JTAG 接口，符合 IEEE 1149.1 技术规范，即 JTAG 标准。新的 IEEE 1149.7 标准规定了 cJTAG 接口。与传统 JTAG 相比，IEEE1149.7 或紧凑 JTAG（cJTAG）仅需使用两个引脚即可支持所有功能。

对用户来说，在设计 DSP 硬件系统时，需要根据仿真器接口信号的定义，在电路板上设计相应的仿真接口，图 3-25 给出了 JTAG 常用仿真接口的定义。

JTAG 定义

TMS	1	2	$\overline{\text{TRST}}$
TDI	3	4	GND
PD（Vcc）	5	6	No pin（key）
TDO	7	8	GND
TCK_RET	9	10	GND
TCK	11	12	GND
EMU0	13	14	EMU1

图 3-25 JTAG 常用仿真接口定义

表 3-8 中给出了 JTAG 仿真信号的定义，其中 TDO 信号与 TCK 时钟的下降沿对齐，TMS 和 TDI 在 TCK 时钟的上升沿取样。

目前，TI 公司的 DSP 芯片均提供有 JTAG 仿真信号线。DSP 仿真器的一端提供一个 JTAG 插头，与 DSP 芯片上提供的接口信号相连接，采用边界扫描的原理，访问 DSP 芯片的内部资源，并可控制 DSP 芯片访问其外围电路。

表 3-8 JTAG 仿真信号的定义

仿真头信号	仿真头状态	DSP 芯片状态	信 号 说 明
TMS	输出	输入	JTAG 测试方式选择
TDI	输出	输入	JTAG 测试数据输入
TDO	输入	输出	JTAG 测试数据输出
TCK	输出	输入	JTAG 测试时钟；TCK 是仿真电缆头输出的时钟源，该信号可用来驱动系统测试时钟
TRST	输出	输入	JTAG 测试复位
EMU0	输入	输入/输出	仿真脚 0
EMU1	输入	输入/输出	仿真脚 1
PD	输入	输出	存在检测；该信号用于指示仿真电缆连接正确，目标系统已加电；PD 在目标系统中应接至电源
TCK_RET	输入	输出	JTAG 测试时钟返回；测试时钟输入至仿真头，该信号是缓冲或非缓冲的 TCK 信号

3.5.3 TI 公司仿真器

目前，TI 公司提供了三个系列的仿真器，分别针对入门级、中端和高端的 DSP 芯片开发。此外，还允许第三方公司提供相应的仿真器产品。这里简单介绍 TI 公司的三个系列产品。

1．XDS100 系列

XDS100 系列是 TI 公司推出的低成本 JTAG 仿真器。这个产品系列采用了可实现 JTAG 连接的低成本设计，适合对 DSP 的入门级调试。

XDS100 系列与 TI 的 Code Composer Studio IDE 完全兼容。它们的组合能够提供一个完整的硬件开发环境，包含集成调试环境、编译器以及完整的硬件调试和跟踪功能。所有型号的 XDS100 均支持与主机的 USB2.0 全速（11Mbps）或高速（480Mbps）连接。

XDS100 系列支持传统的 IEEE1149.1（JTAG）和 IEEE1149.7（cJTAG），运行时的接口电平为 1.8V 和 3.3V。鉴于市场上有大量 JTAG 接头，XDS100 系列的各种型号分别带有 TI 14 引脚、TI 20 引脚、ARM 10 引脚和 ARM 20 引脚连接器。某些型号带有两种连接器，灵活性更高。

2．XDS510 系列

XDS510 系列的 JTAG 仿真器能够让用户实现主机与 DSP 芯片之间的高速直连。其采用 IEEE 1149.1JTAG 接口，可以下载代码、获取 DSP 实时运行信息、烧写 TI 公司部分 DSP 芯片和 TMS470 芯片中的 Flash。由于其应用面广（能够用于开发 TI 公司几乎所有型号的 DSP 芯片）、价格适中，因此被广泛应用于 TI 公司的 DSP 平台开发中。

同样地，XDS510 系列产品与 CCS 全面兼容。用户在基于 CCS 的开发中可以直接选择其作为仿真器。很多第三方公司也在提供相似的产品，能够满足绝大多数 DSP 系统开发的需要。

3．XDS560 系列

XDS560 系列是 TI 公司提供的高性能仿真器，适用于 TI 公司的所有型号 DSP 芯片开发，具有速度快、功能强等特点，是开发高性能 DSP 系统的最佳选择。XDS560 与 TI 的 CCS IDE 完全兼容。

XDS560v2 是其目前的最新型号，具有整个系列中最快的速度和最多的功能。XDS560v2 能够提供系统跟踪（STM）功能，这种类型的跟踪可以通过捕获系统事件（例如内核的状态、内部总线和外设）来监控整个设备。大多数 XDS560v2 还提供系统引脚跟踪模式，在这种模式中，系统跟踪数据被送到 XDS560v2 内的外部存储器缓冲区中（128MB），从而能够捕获大量系统事件。系统引脚跟踪数据连接需要通过额外的接线连接到 JTAG 连接器。

除上述各系列仿真器外，目前 TI 公司还推出了 XDS110 和 XDS200 系列仿真工具。XDS110 已逐步替代了 XDS100，是第一款能够全部支持所有具有 JTAG、cJTAG 和 SWD/SWO 调试端口的 TI 器件的调试器。XDS200 是 TI 公司的中档 JTAG 仿真器，性能介于 XDS110 和 XDS560v2 之间，用于逐步替代 XDS510 系列仿真器。除了 JTAG 的数据吞吐率更高之外，XDS200 还可以支持 ARM 串行线调试模式，cJTAG 仿真。

本 章 小 结

本章介绍了 DSP 芯片开发的软件、硬件开发流程，重点介绍了 TI 公司的 CCS 集成开发环境，说明了 CCS 菜单、工具栏的使用方法。通过对 DSP 应用实例的分析，介绍了 CCS 的工程建立、编译参数设置、调试工具、变量观察、数据输入等功能的使用。最后简要介绍了 DSP 芯片的硬件仿真环境。

习题与思考题

1．DSP 芯片软件开发的工具分哪几类，各有什么作用？

2．从 C 源程序到生成*.out 文件，中间需要经过哪些步骤？

3．CCS 集成开发软件有哪些主要功能和特点？

4．CCS 的 Simulator 和 Emulator 有何区别，在哪些情况下适合使用 Simulator 调试程序，哪些情况下必须使用 Emulator 调试程序？

5．什么是电路型仿真和扫描型仿真？采用扫描型仿真，在硬件设计时需要注意什么问题？

6．简要说明采用 DSP 仿真器如何进行硬件系统的仿真。

第 4 章　DSP 的数值运算基础

4.1　引　言

DSP 芯片的主要功能是快速进行数值运算。DSP 芯片包括定点芯片和浮点芯片两大类，其中，浮点芯片的操作数可以是整型数，也可以是小数。在浮点芯片上运行的程序，数据表示方法和普通的程序基本类似。而定点芯片的操作数是整型数。那么，普通程序中的浮点数在定点DSP芯片上是如何处理的呢？现有的C编译系统提供了在定点芯片上进行浮点运算的库函数，可以帮助用户实现浮点数计算，但是这样的计算过程比较复杂，计算量很大。只有当程序处理的数据全是整型数时，定点芯片的优势才能充分发挥。可是，如何将一个浮点数转换为整型数？如何将一个基于浮点数编写的 C 程序转换为定点数程序？对于非线性函数，如何在定点 DSP 芯片上快速实现？如何利用整型数实现高精度的浮点计算？这些问题将在本章予以回答。

4.2　定点的基本概念

 4.2.1　数的定标

在定点 DSP 芯片中，采用定点数进行数值运算，其操作数一般采用整型数来表示。一个整型数的最大表示范围取决于 DSP 芯片所给定的字长。显然，字长越长，所能表示的数的范围越大，精度也越高。本章以 16 位字长为例进行介绍。

DSP 芯片的操作数以 2 的补码形式表示。对于有符号数来说，每个 16 位数用一个符号位来表示数的正负（0 表示数值为正，1 则表示数值为负），其余 15 位表示数值的大小。因此，

二进制数 0010000000000011B = 8195

二进制数 1111111111111100B = –4

对 DSP 芯片而言，参与数值运算的数就是 16 位的整型数。但在许多情况下，数学运算过程中的数不一定都是整数。那么，如何让定点 DSP 芯片处理小数呢？这其中的关键就是由程序员来确定一个数的“小数点”处于 16 位中的哪一位。这就是数的定标。

通过设定“小数点”在 16 位数中的不同位置，就可以表示不同大小和不同精度的小数了。数的定标通常有 Q 表示法和 S 表示法两种。表 4-1 列出了一个 16 位有符号数的 16 种 Q 表示、S 表示、精度及它们所能表示的十进制数值范围。必须指出的是，这里所说的“小数点”是一个隐式的小数点，对 DSP 芯片而言，参与运算的就是 16 位的整型数，并不存在真正的小数点。

一个 16 位有符号数，最左边的一位是符号位，其余 15 位包括整数位和小数位。对于 Q

表示法，Q 后面的数表示该数的小数点右边有几位，如 Q15 表示该数的小数点右边有 15 位，即有 15 位小数，没有整数位；Q10 表示该数的小数点右边有 10 位，即有 10 位小数和 5 位整数位。对于 S 表示法，它清楚地表示出了该数小数点左右的位数，如 S1.14 表示该数小数点左边有 1 位，即有 1 位整数，而小数点右边有 14 位，即有 14 位小数。

从表 4-1 可以看出，同样一个 16 位数，若小数点设定的位置不同，它所表示的数也就不同。

表 4-1 Q 表示、S 表示、精度及数值范围

Q 表 示	S 表 示	精 度	十进制数表示范围
Q15	S0.15	1/32768	$-1 \leqslant X \leqslant 0.9999695$
Q14	S1.14	1/16384	$-2 \leqslant X \leqslant 1.9999390$
Q13	S2.13	1/8192	$-4 \leqslant X \leqslant 3.9998779$
Q12	S3.12	1/4096	$-8 \leqslant X \leqslant 7.9997559$
Q11	S4.11	1/2048	$-16 \leqslant X \leqslant 15.9995117$
Q10	S5.10	1/1024	$-32 \leqslant X \leqslant 31.9990234$
Q9	S6.9	1/512	$-64 \leqslant X \leqslant 63.9980469$
Q8	S7.8	1/256	$-128 \leqslant X \leqslant 127.9960938$
Q7	S8.7	1/128	$-256 \leqslant X \leqslant 255.9921875$
Q6	S9.6	1/64	$-512 \leqslant X \leqslant 511.9804375$
Q5	S10.5	1/32	$-1024 \leqslant X \leqslant 1023.96875$
Q4	S11.4	1/16	$-2048 \leqslant X \leqslant 2047.9375$
Q3	S12.3	1/8	$-4096 \leqslant X \leqslant 4095.875$
Q2	S13.2	1/4	$-8192 \leqslant X \leqslant 8191.75$
Q1	S14.1	1/2	$-16384 \leqslant X \leqslant 16383.5$
Q0	S15.0	1	$-32768 \leqslant X \leqslant 32767$

例如：

一个十六进制数 2000H，如果用 Q0 表示，即“小数点”右边有 0 位表示小数，则该数为 8192；如果用 Q15 表示，即“小数点”右边有 15 位表示小数，则该数为 0.25。虽然是同一个数，如果定标不同，则表示的数值就不同。

但对于 DSP 芯片来说，处理方法是完全相同的。

从表 4-1 还可以看出，不同的 Q 所表示的数不仅范围不同，而且精度也不相同。Q 越大，表示的数值范围越小，但精度越高（量化步长越小）；相反，Q 越小，表示的数值范围越大，但精度就越低（量化步长越大）。不同 Q 值所对应的正最大值、负最大值和量化步长可表示为：

正最大值：$2^{(15-Q)} - 2^{-Q} = (2^{15} - 1) \times 2^{-Q}$

负最大值：$-2^{(15-Q)} = -2^{15} \times 2^{-Q}$

精　　度：2^{-Q}

例如，Q0 的数值范围是–32768～+32767，其精度为 1；而 Q15 的数值范围为–1～0.9999695，精度为 1/32768 = 0.00003051。显然，对定点数而言，数值表示范围与精度是一对矛盾，一个变量要想能够表示比较大的数值范围，必须以牺牲精度为代价；而想精度提高，则数的表示范围就相应地减小。在实际的定点算法中，为了达到最佳的性能，需要充分考虑到这一点。

4.2.2 数的转换

1．浮点数与定点数之间的转换

浮点数与定点数的转换关系可表示为：

$$浮点数(x)转换为定点数(x_q)：x_q = (\text{int})[x * 2^Q] \tag{4.1}$$

$$定点数(x_q)转换为浮点数(x)：x = (\text{float})[x_q * 2^{-Q}] \tag{4.2}$$

例如，浮点数 $x = 0.6$，定标 $Q = 15$，则定点数 $x_q = \lfloor 0.6 \times 32768 \rfloor = 19660$，式中 $\lfloor\ \rfloor$ 表示下取整。反之，一个用 $Q = 15$ 表示的定点数 19660，转换为浮点数是 $19660 \times 2^{-15} = 19660/32768 = 0.599975585$，显然，用定点数来表示 0.6 这个数存在一定的误差。

为了最大限度地保持数的精度，在将浮点数转换为定点数时，可以采取“四舍五入”的方法，即在取整运算前，先加上 0.5：

$$浮点数(x)转换为定点数(x_q)：x_q = (\text{int})[x * 2^Q + 0.5] \tag{4.3}$$

同样，对于 0.6 这个数，采用上述方法转换得到的定点数将为 $\lfloor 0.6 \times 32768 + 0.5 \rfloor = 19661$，其浮点数为 $19661 \times 2^{-15} = 19661/32768=0.600006103$，显然其精度得到了提高。

2．定点二进制数转换为十进制数

对于一个给定 Q 值的二进制数，确定该数的等值十进制数大小有以下两种方法：

（1）先求整型数，然后利用式（4.2）进行计算

首先将该数视为一个整型数，计算该整型数的十进制数，然后利用式（4.2）求该数的等值十进制数。例如，设一个 Q=15 的二进制有符号数为 0100110011001100，由于左边第一位是符号位且为 0，因此它是一个正数，则其对应的十进制整型数值为：

$$2^2 + 2^3 + 2^6 + 2^7 + 2^{10} + 2^{11} + 2^{14} = 19660$$

故该数的等值十进制数为：

$$19660 / 2^{15} = 19660 / 32768 = 0.599975585$$

（2）根据 Q 值，确定小数点位置，然后进行计算

根据 Q 值确定小数点的位置，然后以小数点为中心，依次向左向右可得到每一位的权值大小，具体如下：

依次向左，各位的权值大小分别为：2^0、2^1、2^2、2^3、…，符号位除外；

依次向右，各位的权值大小分别为：2^{-1}、2^{-2}、2^{-3}、2^{-4}、…。

仍以二进制有符号数 0100110011001100 为例，若 Q=15，则该数相当于：

0.100110011001100

即隐含的小数点在符号位之后，由于该数的符号位为 0，因此它是一个正数，其等值十进制大小为：

$$2^{-1} + 2^{-4} + 2^{-5} + 2^{-8} + 2^{-9} + 2^{-12} + 2^{-13} = 0.599975585$$

同样的二进制有符号数，若 Q=14，则该数相当于：

01.00110011001100

其等值十进制大小为：

$$2^0+2^{-3}+2^{-4}+2^{-7}+2^{-8}+2^{-11}+2^{-12}=1.199951172$$

需要注意的是，如果一个二进制数是负数，则首先应将它转换为无符号的二进制格式，然后利用上述方法进行计算。

4.2.3 溢出保护

由于定点数的表示范围是一定的，因此在进行定点数的加法或减法运算时，其结果就有可能出现超过数值表示范围的情况，这种现象称为溢出。

在进行定点运算时，必须考虑溢出的处理方法。因为，如果忽视溢出情况，就有可能导致灾难性的后果。

【例 4-1】 两个 16 位有符号数 x 和 y 相加，结果也用 16 位有符号数表示，则：

x = 32766d = 0111111111111110b;

y = 3d = 0000000000000011b;

```
   0111111111111110    =32766
+  0000000000000011    =3
──────────────────────
   1000000000000001    =–32767
```

显然，x 与 y 相加的结果应该是 32769，但由于已经超过了表示范围，在不采取溢出保护措施的情况下，其结果却变成了–32767。

为了避免这种情况的发生，一般在 DSP 芯片中可以设置溢出保护功能。在溢出保护功能设置后，当发生溢出时，DSP 芯片自动将结果饱和设置为正最大值或负最大值。

如果设置了溢出保护功能，则上述加法的结果为+32767，从而避免结果从+32769 到–32767 的灾难性后果。

在 DSP 芯片中，通常有专门的一个状态标志位来表示溢出模式。例如，对于 C54x 芯片，在状态寄存器 1（ST1）中有 1 位 OVM，采用下面的指令就可以设置是否进行溢出保护：

```
SSBX    OVM           ; OVM=1，设置溢出保护模式
RSBX    OVM           ; OVM=0，设置溢出不保护模式
```

C54x 中，发生正溢出的饱和值为 0x7FFF，即+32767，发生负溢出的饱和值为 0x8001，即-32767。

图 4-1 给出了溢出不保护与溢出保护的结果示意图。

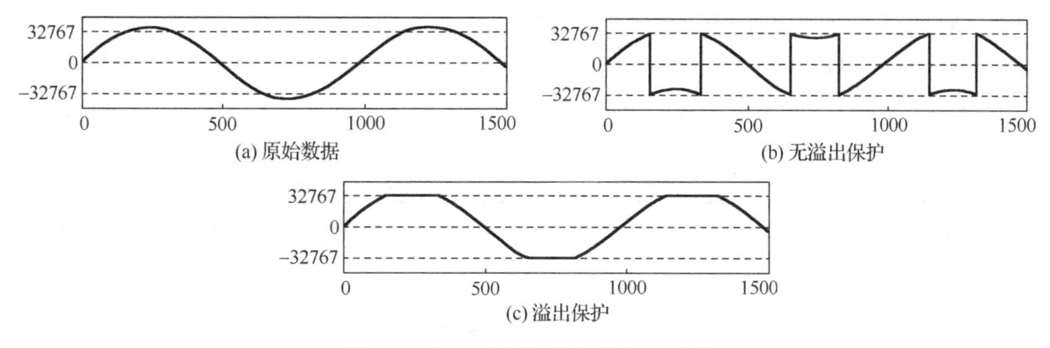

图 4-1 溢出不保护/保护结果示意图

4.2.4 符号扩展

当一个字长小的数放到一个字长大的累加器进行运算时，必须注意数的符号问题。先来看下面的一个例子。

假设一个用 4 位表示的有符号数 x 为 1011（即十进制数−5），如果将它直接放到一个已经清 0 的字长为 8 位的累加器的低 4 位（符号不扩展），则得到 00001011，显然它表示十进制数的+11，不是−5。

如果在装载时进行符号扩展，即将累加器的高四位根据所存放数据的符号进行填充，得到 11111011，该数表示的数值为正确数−5，如图 4-2 所示。

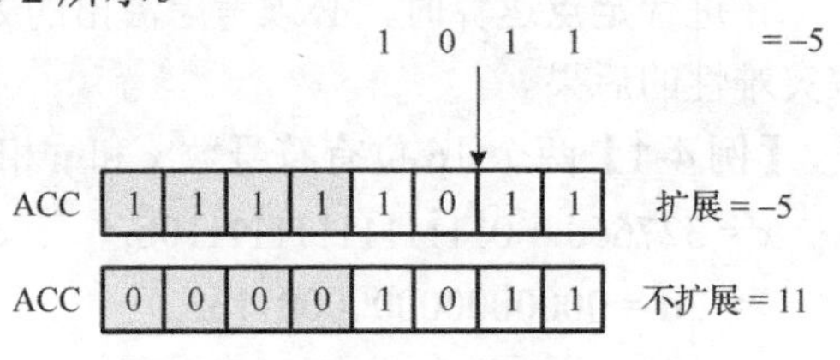

图 4-2　符号扩展与不扩展的示意图

在 DSP 芯片中进行二进制补码的运算时，通常参与运算的数为 16 位，而 DSP 芯片累加器为 40 位，因此，为了使运算能够得到正确的结果，需要把数的符号位扩展到累加器左边的高位。这就是 DSP 芯片中的符号扩展。

在 DSP 芯片中，通常有专门的一个标志位来表示符号扩展模式。例如，对于 C54x，在 ST1 中有 1 位 SXM，采用下面的指令就可以设置符号是否扩展：

```
SSBX    SXM         ; SXM=1，设置符号扩展模式
RSBX    SXM         ; SXM=0，设置符号不扩展模式
```

4.2.5 舍入与截尾

下面以取整运算来说明舍入（rounding）和截尾（truncation）的概念。

对一个数 x 进行取整处理，一般有以下两种处理方法：

（1）直接将小数部分去除，这就是截尾处理方法，也称下取整。

（2）将该数加 0.5，之后再将小数部分去除，这就是舍入处理方法，即通常所说的四舍五入。这种处理方法也称上取整。

【例 4-2】 已知 x=123.3，y=123.7，试分别对 x、y 进行舍入和截尾处理。

对 x 进行舍入：round(x) = round(123.3) = trunc(123.3+0.5) = 123；

对 x 进行截尾：trunc(x) = trunc(123.3) = 123；

对 y 进行舍入：round(y) = round(123.7) = trunc(123.7+0.5) = 124；

对 y 进行截尾：trunc(y) = trunc(123.7) =123。

从上述的例子可以看出，由于数 x 的小数部分为 0.3，采用舍入运算后得到的结果与截尾运算结果相同。而数 y 的小数部分为 0.7，采用舍入运算后得到的结果与截尾运算结果不同，数值精度要高一些。

对于 DSP 芯片的乘法运算，常需要用到舍入处理方法。下面举例予以说明。

设两个 Q 值均为 15 的 16 位有符号数 x 和 y 进行乘法运算，结果也采用 Q15 表示的 16 位数。将一般的运算过程描述如下：

（1）x 与 y 相乘，结果放在 32 位累加器中。由于 x 与 y 的 Q 值均为 15，因此，此时累加器中结果为 32 位，Q 值为 30。

（2）将累加器的数左移一位。此时累加器中的数的 Q 值变为 31。

（3）为了将结果表示为 16 位，一种方法是直接将低 16 位截尾，保留高 16 位，作为乘法结果。另一种方法就是在截尾之前进行舍入处理。方法就是在低 16 位数的最高位加 1（相当于加 32768），然后将低 16 位去除，将高 16 位作为乘法结果。

显然，进行舍入运算后，能够最大程度地保持 16 位结果的精度。

图 4-3 给出了两个 16 位数相乘后截尾与舍入的精度比较，从结果来看，采用舍入操作后的精度要高于截尾操作。

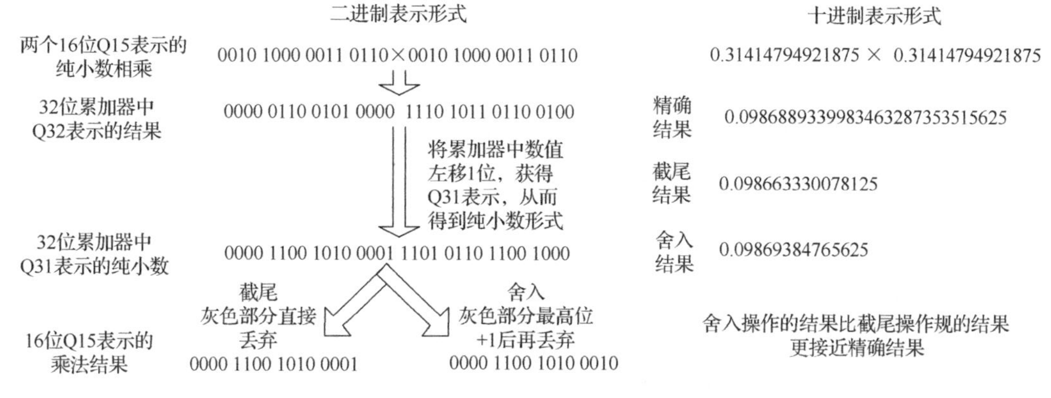

图 4-3　舍入与截尾的精度比较

4.3　定点运算实现的基本原理

在编写 DSP 算法时，为了方便，一般都是采用高级语言（如 C 语言）来编写程序。程序中所用的变量一般既有整型数，又有浮点数。如例 4-3 程序中的变量 i 是整型数，而 pi 是浮点数，hamwindow 则是浮点数组。如无特别说明，下文中的“int”定义的是 16 位整型数，“long”定义的是 32 位整型数。

【例 4-3】256 点汉明窗计算

```
int     i;
float   pi=3.14159;
float   hamwindow[256];
for(i=0;i<256;i++)  hamwindow[i]=0.54-0.46*cos(2.0*pi*i/255);
```

如果要将上述程序用某种定点 DSP 芯片来实现，则需将上述程序改写为 DSP 芯片的汇编语言程序。为了 DSP 程序调试的方便及模拟定点 DSP 实现时的算法性能，在编写 DSP 汇编程序之前一般需将高级语言浮点算法改写为高级语言定点算法，以模拟 DSP 定点实现时的性能。下面来讨论基本算术运算的定点实现方法。

4.3.1　加法/减法运算的 C 语言定点模拟

设浮点加法运算的表达式为：

```
float x,y,z;
    z=x+y;
```

将浮点加法/减法转化为定点加法/减法时最重要的一点就是必须保证两个操作数的定标值一样。若两者不一样，则在做加法/减法运算前须先进行小数点的调整。为保证运算精度，需使 Q 值小的数调整为与另一个数的 Q 值一样大。此外，在做加法/减法运算时，必须注意结果可能会超过 16 位表示。如果加法/减法的结果超出 16 位的表示范围，则必须保留 32 位结果，以保持运算的精度。

1．结果不超过 16 位表示范围

设 x 的 Q 值为 Q_x，y 的 Q 值为 Q_y，且 $Q_x>Q_y$，加法/减法结果 z 的定标值为 Q_z，则

$$z=x+y \quad =>$$

$$z_q \cdot 2^{-Q_z} = x_q \cdot 2^{-Q_x} + y_q \cdot 2^{-Q_y}$$

$$= x_q \cdot 2^{-Q_x} + y_q \cdot 2^{(Q_x-Q_y)} \cdot 2^{-Q_x}$$

$$= [x_q + y_q \cdot 2^{(Q_x-Q_y)}] \cdot 2^{-Q_x} \quad =>$$

$$z_q = [x_q + y_q \cdot 2^{(Q_x-Q_y)}] \cdot 2^{(Q_z-Q_x)}$$

所以定点加法可以描述为：

```
int  x,y,z;
long  temp;      /*临时变量*/
temp = y<<(Qx-Qy);
temp = x+temp;
z =(int)(temp>>(Qx-Qz)), 若 Qx≥Qz
z =(int)(temp<<(Qz-Qx)), 若 Qx≤Qz
```

【例 4-4】定点加法

设 $x = 0.5$，$y = 3.1$，则浮点运算结果为 $z = x+y = 0.5+3.1 = 3.6$；

$Q_x = 15$，$Q_y = 13$，$Q_z = 13$，则定点加法为：

```
x = 16384; y = 25395;
temp = 25395<<2 = 101580;
temp = x+temp = 16384+101580 = 117964;
z =(int)(117964L>>2)= 29491;
```

因为 z 的 Q 值为 13，所以定点值 $z = 29491$ 即为浮点值 $z = 29491/8192≈3.6$。

【例 4-5】定点减法

设 $x = 3.0$，$y = 3.1$，则浮点运算结果为 $z = x-y = 3.0-3.1 = -0.1$；

$Q_x = 13$，$Q_y = 13$，$Q_z = 15$，则定点减法为：

```
x = 24576; y = 25295;
temp = 25395;
temp = x-temp = 24576-25395 = -819;
```

因为 $Q_x<Q_z$，故 z =(int)(−819<<2) = −3276。由于 z 的 Q 值为 15，所以定点值 $z = -3276$ 即为浮点值 z = −3276/32768 ≈ −0.1。

2．结果超过 16 位表示范围

设 x 的 Q 值为 Q_x，y 的 Q 值为 Q_y，且 $Q_x>Q_y$，加法结果 z 的定标值为 Q_z，则定点加法为：

```
int x, y;
long temp, z;
temp = y<<(Qx-Qy);
temp = x+temp;
z = temp>>(Qx-Qz), 若 Qx≥Qz
z = temp<<(Qz-Qx), 若 Qx≤Qz
```

【例 4-6】 结果超过 16 位的定点加法

设 $x = 15000$，$y = 20000$，则浮点运算值为 $z = x+y = 35000$，显然 $z > 32767$，因此 $Q_x = 1$，$Q_y = 0$，$Q_z = 0$，则定点加法为：

```
x = 30000; y = 20000;
temp = 20000<<1 = 40000;
temp = temp+x = 40000+30000 = 70000;
z = 70000L>>1 = 35000;
```

因为 z 的 Q 值为 0，所以定点值 z=35000 就是浮点值，这里 z 是一个长整型数。

当加法或加法的结果超过 16 位表示范围时，如果程序员事先能够了解到这种情况，并且需要保持运算精度时，则必须保持 32 位结果。如果程序中是按照 16 位数进行运算的，则超过 16 位实际上就是出现了溢出。如果不采取适当的措施，则数据溢出会导致运算精度的严重恶化。

4.3.2 乘法运算的 C 语言定点模拟

设浮点乘法运算的表达式为：

```
float x,y,z;
z = xy;
```

假设 x 的定标值为 Q_x，y 的定标值为 Q_y，乘积 z 的定标值为 Q_z，则

$$z = xy \Rightarrow$$

$$z_q \cdot 2^{-Q_z} = x_q \cdot y_q \cdot 2^{-(Q_x+Q_y)} \Rightarrow$$

$$z_q = (x_q y_q)2^{Q_z-(Q_x+Q_y)}$$

所以定点表示的乘法为：

```
int x,y,z;
long temp;
temp = (long)x;
z = (temp×y) >> (Qx+Qy-Qz);
```

【例 4-7】 定点乘法

设 $x = 18.4$，$y = 36.8$，则浮点运算结果为 18.4×36.8 = 677.12;

根据上节，可设定 Q_x= 10，Q_y = 9，Q_z= 5，所以

```
x = 18841; y = 18841;
temp = 18841L;
z =(18841L*18841)>>(10+9-5)= 354983281L>>14 = 21666;
```

因为 z 的定标值为 5，故定点 z = 21666，即为浮点的 z = 21666/32 = 677.06。

4.3.3 除法运算的C语言定点模拟

设浮点除法运算的表达式为：

```
float x,y,z;
z = x/y;
```

假设被除数 x 的定标值为 Q_x，除数 y 的定标值为 Q_y，商 z 的定标值为 Q_z，则：

$$z = x/y \Rightarrow$$

$$z_q \cdot 2^{-Q_z} = \frac{x_q \cdot 2^{-Q_x}}{y_q \cdot 2^{-Q_y}} \Rightarrow$$

$$z_q = \frac{x_q \cdot 2^{(Q_z - Q_x + Q_y)}}{y_q}$$

所以定点表示的除法为：

```
int x,y,z;
long temp;
temp =(long)x;
z =(temp<<(Qz-Qx+Qy))/y;
```

【例 4-8】 定点除法

设 $x = 18.4$，$y = 36.8$，浮点运算值为 $z = x/y = 18.4/36.8 = 0.5$；

根据上节，可设定 $Q_x = 10$，$Q_y = 9$，$Q_z = 15$；所以有

```
x = 18841, y = 18841;
temp = (long)18841;
z =(18841L<<(15-10+9)/18841 = 308690944L/18841 = 16384;
```

因为商 z 的定标值为 15，所以定点 $z = 16384$，即为浮点 $z = 16384/2^{15} = 0.5$。

4.3.4 程序变量的Q值确定

在前面几节介绍的例子中，由于 x、y、z 的值都是已知的，因此从浮点变为定点时 Q 值容易确定。在实际的 DSP 应用中，程序中参与运算的有常数，更多的是变量。那么如何确定程序中变量的 Q 值呢？

从前面的分析可以知道，确定变量的 Q 值实际上就是确定变量的动态范围，动态范围确定了，则 Q 值也就确定了。

设变量的绝对值的最大值为 $|\max|$，注意 $|\max|$ 必须小于或等于 32767。取一个整数 n，使其满足：

$$2^{n-1} < |\max| < 2^n$$

则有：

$$2^{-Q} = 2^{-15} \times 2^n = 2^{-(15-n)}$$

$$Q = 15 - n$$

例如，某变量的值在-1 至+1 之间，即 $|\max|<1$，因此 $n = 0$，$Q = 15 - n = 15$。

既然确定了变量的 $|\max|$ 就可以确定其 Q 值，那么变量的 $|\max|$ 又是如何确定的呢？一般来说，确定变量的 $|\max|$ 有两种方法，一种是理论分析法，另一种是统计分析法。

1. 理论分析法

有些变量的动态范围通过理论分析是可以确定的。例如：

（1）三角函数，$y = \sin(x)$或$y = \cos(x)$，由三角函数知识可知，$|y| \leqslant 1$。

（2）汉明窗，$y(n) = 0.54 - 0.46\cos[2\pi n/(N-1)]$，$0 \leqslant n \leqslant N-1$。因为$-1 \leqslant \cos[2\pi n/(N-1)] \leqslant 1$，所以 $0.08 \leqslant y(n) \leqslant 1.0$。

（3）FIR 卷积。$Y(n) = \sum_{k=0}^{N-1} h(k)x(n-k)$，设$\sum_{k=0}^{N-1} |h(k)| = 1.0$，且 $x(n)$是模拟信号 12 位量化值，即有$|x(n)| \leqslant 2^{11}$，则$|y(n)| \leqslant 2^{11}$。

（4）理论已经证明，在自相关线性预测编码（LPC）中，反射系数 k_i 满足下列不等式：$|k_i| < 1.0$，$i = 1,2,\cdots,p$，p 为 LPC 的阶数。

2. 统计分析法

对于理论上无法确定范围的变量，一般采用统计分析的方法来确定其动态范围。所谓统计分析，就是统计足够多的输入信号样值来确定程序中变量的动态范围，这里输入信号一方面要有一定的数量，另一方面必须尽可能地涉及各种情况。例如，在语音信号分析中，统计分析时就必须采集足够多的语音信号样值，并且在所采集的语音样值中，应尽可能地包含各种情况，如音量的大小，声音的种类（男声、女声等）。只有这样，统计出来的结果才能具有典型性。

当然，统计分析毕竟不可能涉及所有可能发生的情况，因此，对统计得出的结果在程序设计时可采取一些保护措施，如适当牺牲一些精度，Q 值取比统计值稍大些，使用 DSP 芯片提供的溢出保护功能等。

 4.3.5 浮点至定点变换的 C 程序举例

本节通过一个例子来说明 C 程序从浮点变换至定点的方法。这是一个对语音信号（频率范围为 0.3～3.4kHz）进行低通滤波的 C 语言程序，低通滤波的截止频率为 800Hz，滤波器采用 19 点有限冲激响应 FIR 滤波器。语音信号的采样频率为 8kHz，每个语音样值按 16 位整型数存放在 insp.dat 文件中，滤波后的数存放在 outsp.dat 中。

【例 4-9】语音信号 19 点 FIR 800Hz 低通滤波 C 语言浮点程序

```
#include <stdio.h>
#define  length  180        /*语音帧长为 180 点 = 22.5ms@8kHz 采样*/
void  filter(int xin[],int xout[],int n,float h[]);      /*滤波子程序说明*/
/*19 点滤波器系数*/
static  float h[19]=
       {0.01218354,-0.009012882,-0.02881839,-0.04743239,-0.04584568,
        -0.008692503,0.06446265,0.1544655,0.2289794,0.257883,
        0.2289794,0.1544655,0.06446265,-0.008692503,-0.04584568,
        -0.04743239,-0.02881839,-0.009012882,0.01218354};
static  int x1[length+20];
/*低通滤波浮点子程序*/
void   filter(int xin[],int xout[],int n,float h[])
{
```

```
    int i,j;
    float sum;
    for(i=0;i<length;i++) x1[n+i-1]=xin[i];
      for (i=0;i<length;i++)
          {
            sum=0.0;
            for(j=0;j<n;j++) sum+=h[j]*x1[i-j+n-1];
            xout[i]=(int) sum;
            }
       for(i=0;i<(n-1) ;i++) x1[n-i-2]=xin[length-1-i];
}

/*主程序*/
void main()
{
    FILE    *fp1,*fp2;
    int  i;
    int     frame,indata[length],outdata[length];
    fp1=fopen("insp.dat","rb") ;                  /*输入语音文件*/
    fp2=fopen("outsp.dat","wb");                  /*滤波后语音文件*/

    frame=0;
    while(feof(fp1)==0)
     {
       frame++;
       printf("frame=%d\n",frame);
       for(i=0;i<length;i++)  indata[i]=getw(fp1);  /*取一帧语音数据*/
       filter(indata,outdata,19,h);                 /*调用低通滤波子程序*/
       for(i=0;i<length;i++) putw(outdata[i],fp2);  /*将滤波后的样值写入文件*/
      }
    fclose(fp1);                                    /*关闭文件*/
    fclose(fp2);
    return(0);
}
```

【例 4-10】语音信号 19 点 FIR 800Hz 低通滤波 C 语言定点程序

```
#include <stdio.h>
const int length=180;
void  filter(int xin[],int xout[],int n,int h[]);
static int  h[19]={399,-296,-945,-1555,-1503,-285,2112,5061,7503,8450,
          7503,5061,2112,-285,-1503,-1555,-945,-296,399};  /*Q15*/
static int  x1[length+20];
/*低通滤波定点子程序*/
void  filter(int xin[],int xout[],int n,int h[])
     {
         int i,j;
         long sum;
         for(i=0;i<length;i++) x1[n+i-1]=xin[i];
         for (i=0;i<length;i++)
```

```
        {
          sum=0;
          for(j=0;j<n;j++)   sum+=(long)h[j]*x1[i-j+n-1];
          xout[i]=sum>>15;
         }
      for(i=0;i<(n-1);i++) x1[n-i-2]=xin[length-i-1];
  }
```

主程序与浮点程序中的主程序完全一样。

4.4 DSP 定点算术运算实现的基本原理

定点 DSP 芯片的数值表示基于 2 的补码表示形式。每个 16 位数用 1 个符号位、i 个整数位和 15−i 个小数位来表示。因此，二进制数 00000010.10100000 表示的值为 $2^1+2^{-1}+2^{-3}=2.625$，这个数可用 Q8 格式（8 个小数位）来表示，其表示的数值范围为−128 至+127.996，一个 Q8 定点数的小数精度为 $1/2^8$=0.004。

虽然特殊情况（如动态范围和精度要求）必须使用混合表示法，但是，更常用的是全部以 Q15 格式表示的小数或以 Q0 格式表示的整数来工作。这一点对于主要是乘法和累加的信号处理算法特别现实，小数乘以小数得小数，整数乘以整数得整数。当然，乘积累加时可能会出现溢出现象，在这种情况下，程序员应当了解实际的物理过程以注意可能的溢出情况。

下面来讨论乘法、加法和除法的 DSP 定点运算，汇编程序以 C54x 为例。

4.4.1 定点乘法

两个定点数相乘的规则是：如果两个被乘数的格式分别是 Qx 和 Qy，则乘法的结果将为 Q(x+y) 格式，即：Qx×Qy=Q(x+y)。

下面分三种情况进行讨论。

1. 小数乘小数

Q15×Q15 = Q30

【例 4-11】 0.5×0.5 = 0.25

```
     0.100000000000000      ;Q15
×    0.100000000000000      ;Q15
-------------------------------
00.010000000000000000000000000000=0.25      ;Q30
```

两个 Q15 的小数相乘后得到一个 Q30 的小数，即有两个符号位。一般情况下相乘后得到的满精度数不必全部保留，而只需保留 16 位单精度数。由于相乘后得到的高 16 位不满 15 位的小数精度（Q14），为了达到 15 位精度，须将乘积左移一位，得到 Q15 精度。

下面是上述乘法的 C54x 程序：

```
SSBX    FRCT        ; FRCT=1，乘积自动左移 1 位
LD      OP1,16,A    ; OP1=4000H(0.5/Q15)，放入累加器 A 高 16 位
MPYA    OP2         ; OP2=4000H(0.5/Q15)，ACC 的高 16 位与 OP2 相乘
                    ; ACC = 2000H(0.25/Q15)，乘积结果放入 ACC
```

2. 整数乘整数

Q0×Q0 = Q0

【例 4-12】17×(–5) = –85

```
   0000000000010001=17
×  1111111111111011=–5
---------------------------------
   11111111111111111111111110101011=–85
```

3. 混合表示法

许多情况下，运算过程中为了既满足数值的动态范围又保证一定的精度，就必须采用 Q0 与 Q15 之间的表示法。比如，数值 1.2345，显然 Q15 无法表示，而若用 Q0 表示，则最接近的数是 1，精度无法保证。因此，数 1.2345 最佳的表示法是 Q14。

【例 4-13】1.5×0.75 = 1.125

```
   01.10000000000000 = 1.5      ;Q14
×  00.11000000000000 = 0.75     ;Q14
---------------------------------------
   0001.0010000000000000000000000000 = 1.125    ;Q28
```

Q14 的最大值不大于 2，因此，两个 Q14 数相乘得到的乘积不大于 4。

一般地，若一个数的整数位为 i 位，小数位为 j 位，另一个数的整数位为 m 位，小数位为 n 位，则这两个数的乘积为（$i+m$）位整数位和（$j+n$）位小数位。这个乘积的最高 16 位可能的精度为（$i+m$）整数位和（$15-i-m$）小数位。

但是，若事先了解数的动态范围，就可以增加数的精度。例如，程序员了解到上述乘积不会大于 1.8，就可以用 Q14 数表示乘积，而不是理论上的最佳情况 Q13。

例 4-13 的 C54x 程序如下：

```
SSBX    FRCT            ; FRCT=1,乘法结果左移 1 位
LD      OP1,16,A        ; OP1 = 6000H(1.5/Q14)
MPYA    OP2             ; OP2 = 3000H(0.75/Q14)
                        ; ACC = 2400H(1.125/Q13)
```

上述方法，为了精度均对乘的结果舍位，结果所产生的误差相当于减去一个 LSB（最低位）。

采用下面简单的舍入方法，可使误差减少二分之一。

```
SSBX    FRCT        ; FRCT=1，乘法结果左移 1 位
LD      OP1, T      ; OP1 放入 T 寄存器
MPYR    OP2, A      ; OP2*T+2^15，并将低 16 位清零
                    ; A(32-16)位为乘运算并舍入后的结果
SACH    ANS         ; 将 ACC 的高 16 位存入 ANS 中。
```

上述程序说明，不管 ANS 为正或负，所产生的误差是 1/2 LSB。

4.4.2 定点加法

乘的过程中，程序员可不考虑溢出而只需调整运算中的小数点。而加法则是一个更加复杂的过程。首先，加法运算必须用相同的 Q 点表示；其次，程序员或者允许其结果有足够的

高位以适应位的增长，或者必须准备解决溢出问题。如果操作数仅为 16 位长，其结果可用双精度数表示。下例为加法运算并保留 32 位结果至累加器 A。

```
LD  OP1, A  ;(Q15)
ADD OP2, A  ;(Q15)
```

加法运算最可能出现的问题是运算结果溢出。DSP 提供了溢出标志 OVA 和 OVB，此外，使用溢出保护功能（OVM = 1）可使累加结果溢出时累加器饱和为绝对值最大的正数或负数。当然，即使如此，运算精度还是大大降低。因此，最好的方法是完全理解基本的物理过程并注意选择数的表达方式。

 4.4.3 定点除法

在通用 DSP 芯片中，一般不提供单周期的除法指令，为此必须采用除法子程序来实现。二进制除法是乘法的逆运算。乘法包括一系列的移位和加法，而除法可分解为一系列的减法和移位。下面说明除法的实现过程。

假设累加器的字长为 8 位，做的除法运算为 10 除以 3。除的过程就是除数逐步移位并与被除数比较的过程，在每一步进行减法运算，如果能减则将位插入商中。下面给出了除的过程。

（1）除数的最低有效位对齐被除数的最高有效位。

```
  00001010
- 00011000
----------
  11110010
```

（2）由于减法结果为负，放弃减法结果，将被除数左移一位，再减。

```
  00010100
- 00011000
----------
  11111000
```

（3）结果仍为负，放弃减法结果，被除数左移一位，再减。

```
  00101000
- 00011000
----------
  00010000
```

（4）结果为正，将减法结果左移一位后加 1，作最后一次减。

```
  00100001
- 00011000
----------
  00001001
```

（5）结果为正，将结果左移一位加 1 得最后结果。高 4 位代表余数，低 4 位表示商。

```
  00010011
```

即商为 0011=3，余数为 0001=1。

一般的 DSP 都没有专门的除法指令，但使用 DSP 指令集中的条件减指令 SUBC 可以完成有效灵活的除法功能。使用这一指令的唯一限制是两个操作数必须为正。程序员事先要了解其可能的运算数的特性，如其商是否可以用小数表示及商的精度是否可以计算出来。

实际上，对于求 x/y，也可以将它看做 x 与 $1/y$ 相乘。因此，先求得 y 的倒数，再将 x 与它相乘，就可以得到 x/y 的值了。

定点除法可以通过重复使用 DSP 芯片指令集中所提供的条件减指令 SUBC 来实现。给定一个 16 位的正除数和正被除数，重复 SUBC 指令 16 次，将在累加器的低 16 位产生 16 位的商，在累加器的高 16 位产生 16 位的余数。

对于一个数 y，采用 SUBC 求取其倒数 $1/y$ 的过程如下：

（1）设除数 y 用 Qn 来表示，则该除数可以表示为：$y\times 2^n$；

（2）对 $y\times 2^n$ 取绝对值；

（3）将被除数 1 用 Q15 表示，并存放在累加器的低 16 位（ACCL）：$\text{ACCL}=1\times 2^{15}$；

（4）重复 SUBC 指令 16 次，在 ACCL 中得到以 Q(15−n)格式表示的商：

$$\frac{1\times 2^{15}}{y\times 2^n}=\frac{1}{y}\times 2^{(15-n)}$$

（5）如果输入为负数，则将商变为负数。

下面，给出一个求 $1/y$ 的 C54/55x 的 16 位程序。如果程序中输入 y 用 Qn(n<16)表示的话，则输出 $1/y$ 用 Q(15−n)来表示。

【例 4-14】16 位定点数求倒数的 DSP 程序

```
; 外部符号定义
          .def    inv2_input, inv2_output
; 局部符号定义
inv2_input      .usect "qmath",1
inv2_output     .usect "qmath",1
temp            .usect "qmath",1

qinv2:      SETC   OVM              ; 溢出保护
            SETC   SXM              ; 符号扩展
            SPM    #0
            LAR    AR2,#inv2_input  ; AR2 指向 inv2_input
            LAR    AR0,#temp        ; AR0 指向 temp
            MAR    *,AR2            ; 默认寄存器为 AR2
;==================================================================
            LACC   *,16,AR0         ; 将输入装载到 ACC 的高 16 位
                                    ; 默认寄存器为 AR0
            BCND   calculate,NEQ    ; 如果输入为 0，则返回结果为 0
            LACC   #0000h           ; ACC=0
            B      return
calculate:  BCND   positive, GT     ; 输入为正数，跳转到 positive
            ABS                     ; 输入为负数，取绝对值
positive:   SACH   *                ; 存储取绝对值后的输入
            LACC   #01h,15          ; 将 Q15 格式的数 1 装载到 ACC 的低 16 位
            RPT    #15              ; 重复下一条指令 16 次
            SUBC   *                ; 条件减
            AND    #0ffffh
            SACL   *
            BIT    *,0,AR2
```

```
            BCND   isnot1,NTC
            LACC   #7fffh
isnot1:     BIT     *,0
            BCND   return,NTC
            NEG
return:     CLRC   OVM
;=====================================================================
            MAR    *,AR2
            LAR    AR2,#inv2_output
            SACL   *
            RET
```

上述程序可以作为子程序调用。其中，输入存放在 inv2_input 中，输出存放在 inv2_output 中。例如，设输入 y=8.125，用 Q8 表示为 $8.125 \times 2^8 = 2080$，即 0820h。输出是一个用 Q(15−8)=Q7 表示的数，8.125 的倒数是 0.1230769，用 Q7 表示为 15，即十六进制的 0 Fh。

4.5 非线性运算定点实现方法

在数值运算中，除基本的加减乘除运算外，还有其他许多非线性运算，如三角函数运算、对数运算、开方运算、指数运算等。实现这些非线性运算通常可以采用以下三种方法。

4.5.1 级数展开法

实现非线性运算最方便的方法是直接调用 DSP 编译器所提供的库函数，TI 定点 DSP 芯片的 C 编译器提供了比较丰富的运行支持库函数。在这些库函数中，包含了诸如三角函数、对数、开方、指数等常用的非线性函数。在 C 程序中（也可在汇编程序中）只要采用与库函数相同的变量定义，就可以直接调用。

DSP 库函数中实现非线性运算一般采用级数展开法。例如，正弦函数和对数函数可以分别表示为如下的级数展开：

$$\sin x = x - \frac{x^3}{3!} + \frac{x^5}{5!} - \frac{x^7}{7!} + \cdots$$

$$\ln(1+x) = x - \frac{x^2}{2} + \frac{x^3}{3} - \frac{x^4}{4} + \cdots, \qquad |x| < 1$$

直接调用库函数的优点是编程方便、运算精度高，但缺点是运算量和程序量都比较大，在实时 DSP 中应用受到一定的限制。

下面两节分别介绍两种常用的快速实现方法：查表法和混合法。

4.5.2 查表法

在实时 DSP 应用中实现非线性运算，一般会适当降低运算精度来提高程序的运算速度。查表法是快速实现非线性运算最常用的方法。采用这种方法，必须根据自变量的范围和精度要求制作一张表格。显然输入的范围越大，精度要求越高，则所需的表格就越大，即存储量也越大。查表法求值所需的计算就是根据输入值确定表的地址，根据地址就可得到相应的值，因而运算量较小。查表法比较适合于非线性函数是周期函数或已知非线性函数输入值范围这两种情况，例 4-15 和例 4-16 分别说明这两种情况。

【例 4-15】 已知正弦函数 y=sin(x)，制作一个 512 点表格，并说明查表方法。

由于正弦函数是周期函数，函数值在–1 至+1 之间，用查表法比较合适。

由于 Q15 的表示范围为–1 至 32767/32768 之间，原则上讲–1 至+1 的范围必须用 Q14 表示。但一般从方便和总体精度考虑，类似情况仍用 Q15 表示，此时+1 用 32767 来表示。

（1）产生 512 点值的 C 语言程序如下所示：

```
#define  N  512
#define  pi  3.14159
int  sin_tab[512];
void  main()
{
      int i;
      for(i=0; i <N;i++) sin_tab[i]=(int)(32767*sin(2*pi*i/N));
}
```

（2）查表

查表实际上就是根据输入值确定表的地址。设输入 x 在 0～2π之间，则 x 对应于 512 点表的地址为：

```
index = (int)(512*x/2*pi)
```

则

```
y = sin(x) = sin_tab[index]
```

如果 x 用 Q12 定点数表示，将 512/2π用 Q8 表示为 20861，则计算正弦表的地址的公式为：

```
index =(x*20861L)>>20
```

【例 4-16】 用查表法求以 2 为底的对数，已知自变量值范围为 0.5～1，要求将自变量范围均匀划分为 10 等份。试制作这个表格并说明查表方法。

（1）制表。当 x 在 0.5 到 1 之间时，$y=\log_2(x)$在-1 到 0 之间，此时 x 和 y 均可用 Q15 表示。根据题意要求，对 x 均匀划分为 10 段，10 段对应于输入 x 的范围如表 4-2 中的第 2 列、第 5 列输入值所示。若每一段的对数值都取第一点的对数值，则表中第一段的对数值为 y_0(Q15)=(int)($\log_2$(0.5)×32768)=–32768，第二段的对数值为 y_1(Q15)=(int)($\log_2$(0.55)×32768)=–28262，依次类推，可以得到 10 个定点化的对数值（见表 4-2 中的第 3 列，第 6 列）。由此得到的 10 点对数表，可以记为 logtab0。

（2）查表。查表时，先根据输入值计算表的地址，计算方法为：

```
index =  ((x-16384)/((1-0.5)/10))>>15=((x-16384)*20)>>15;
```

其中，index 就是查表用的地址。例如，已知输入 $x = 26869$，则 index = 6，因此，$y = –10549$。

表 4-2 logtab0 10 点对数表（输入 0.5～1）

地　址	输　入　值	对数值（Q15）	地　址	输入值	对数值（Q15）
0	0.50～0.55	–32768	5	0.75～0.80	–13600
1	0.55～0.60	–28262	6	0.80～0.85	–10549
2	0.60～0.65	–24149	7	0.85～0.90	–7683
3	0.65～0.70	–20365	8	0.90～0.95	–4981
4	0.70～0.75	–16862	9	0.95～1.00	–2425

4.5.3 混合法

上述方法查表所得结果的精度随表的大小而变化，表越大，则精度越高，但存储量也越大。当系统的存储量有限而精度要求也较高时，查表法就不太适合。那么能否在适当增加运算量的情况下提高非线性运算的精度呢？

下面介绍一种查表结合少量运算来计算非线性函数的混合法，这种方法适用于在输入变量的范围内函数呈单调变化的情形。

混合法是在查表的基础上采用计算的方法以提高当输入值处于表格两点之间时的精度。提高精度的一个简便方法是采用折线近似法，如图 4-4 所示。

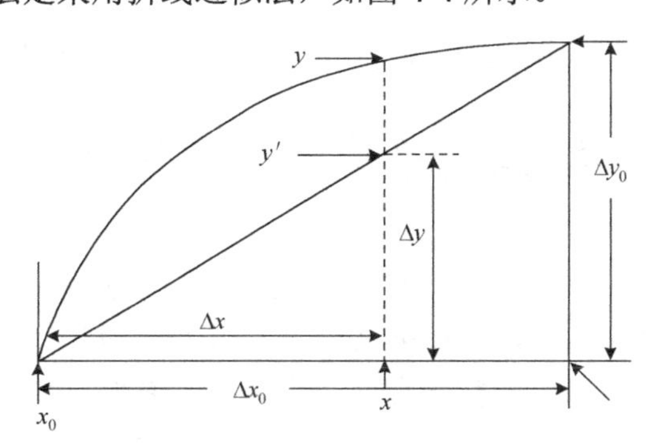

图 4-4　提高精度的折线近似法

仍以求以 2 为底的对数为例（例 4-16）。设输入值为 x，则精确的对数值为 y，在表格值的两点之间作一直线，用 y' 作为 y 的近似值，则有：

$$y'=y_0+\Delta y$$

其中 y_0 由查表求得。现在只需在查表求得 y_0 的基础上增加 Δy 即可。Δy 的计算方法如下：

$$\Delta y=(\Delta x/\Delta x_0)\Delta y_0=\Delta x(\Delta y_0/\Delta x_0)$$

式中，$\Delta y_0/\Delta x_0$ 对每一段来说是一个恒定值，可作一个表格直接查得。此外计算 Δx 时需用到每段横坐标的起始值，这个值也可作一个表格。这样共有三个大小均为 10 的表格，分别为存储每段起点对数值的表 logtab0、存储每段 $\Delta y_0/\Delta x_0$ 值的表 logtab1 和存储每段输入起始值 x0 的表 logtab2，表 logtab1 和表 logtab2 可用下列两个数组表示。

```
int    logtab1[10]={22529,20567,18920,17517,16308,
                    15255,14330,13511,12780,12124};   /*Δy0/Δx0 : Q13*/
int    logtab2[10]={16384,18022,19660,21299,22938,
                    24576,26214,27853,29491,31130};   /* x0: Q15*/
```

综上所述，采用混合法计算对数值的方法可归纳为：

（1）根据输入值，计算查表地址：index=((x−16384)×20)>>15;

（2）查表得 y_0=logtab0[index];

（3）计算 Δx=x−logtab2[index];

（4）计算 Δy =(Δx×logtab1[index])>>13;

（5）计算得结果 y=y_0+Δy。

【例 4-17】已知 x=0.54，求 $\log_2(x)$。

0.54 的精确对数值为 $y=\log_2(0.54)=-0.889$。

混合法求对数值的过程为：

（1）定标 Q15，定标值 x=0.54×32768=17694；

（2）表地址 index=((x−16384)×20)>>15=0;

（3）查表得 y_0=logtab0[0]=−32768;

（4）计算 Δx=x−logtab2[0]=17694−16384=1310;

（5）计算 Δy =(Δ$x$logtab1[0])>>13=(1310*22529L)>>13=3602;

（6）计算结果 y=y0+Δy=−32768+3602=−29166。

结果 y 为 Q15 定标，折算成浮点数为−29166/32768=−0.89，可见精度较高。

4.6 基于数据规格化的定点运算精度提高

由表 4-1 可以看出，如果一个 16 位有符号数采用 Q15 来表示，则可以表示最高精度为 1/32768，数值的表示范围是$-1 \leqslant X \leqslant 0.9999695$。当一个数超过这个表示范围时，一般采取的方法只能是将小数点右移，以降低精度的方法来扩大表示范围；如果两个用 Q15 表示的数，当其数值很小时，如果进行乘法运算结果保留 16 位，则可能由于只能保留 16 位数的原因，其结果就会因为数值太小而舍去，降低了乘积的精度。显然，当变量数据的动态范围很大时，数据进行定点乘法运算时的精度很难得到保证。

如果一个参与运算的数 m 用 Q15 表示，并且其数值处于 0.5~1 之间时，则进行数据乘法运算时可以达到较高的运算精度。本节给出一种数据规格化处理的方法，可以使得任意一个 16 位数，能够用这样的 m 值来表示。

 4.6.1 数据规格化处理方法

根据上述思路，借鉴浮点运算底层操作的原理，下面通过引入规格化因子 β 动态调整数据格式，使得调整后的数值处于 0.5~1 之间（用 Q15 表示）。

设 x 是一个待运算的数据，不失一般性，x 可以表示为下列形式：

$$x = x' \times 2^{-\beta}$$

其中，β 称为规格化因子(正整数)。

将 x' 表示为一个 Q15 的数：

$$x' = m \times 2^{15}$$

使得 $0.5 \leqslant m < 1.0$。

采用上述规格化调整后，得到两个参数：β 和 m，具体参与随后运算的参数是 m，由于其数值在 0.5~1.0 之间，动态范围较小，运算精度就可以最大限度地予以保持。β 则用于数据运算后的数据调整整理。

二进制补码 16 位有符号数的规格化处理和运算可以描述如下：

Step1：输入 16 位二进制数 x，设该数的比特位从高到低分别称为 bit15、bit14、…、bit1、 bit0，初始化规格化因子 β=0；

Step2：如果 x=0，则结束规格化处理，跳转到Step5；

Step3：如果 bit15≠bit14，则结束规格化处理，跳转到 Step5；

Step4：如果 bit15=bit14，则对其进行左移一位操作，且 $\beta=\beta+1$，返回到 Step3；

Step5：存储 β 和规格化后的数据 m，采用 m 进行数据运算；

Step6：根据 β 对运算结果进行数据整理。

图 4-5 给出了数据规格化处理及运算过程。

下面举例说明。

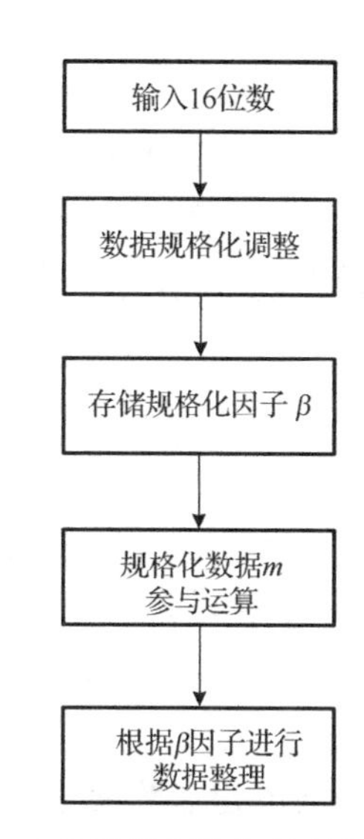

图 4-5　16 位数据规格化处理和运算过程

【例 4-18】设一个二进制数为 0000,0000,0000,0111B，规格化前后的数据如表 4-3 所示。

表 4-3　数据规格化处理示例 1

比特位	15	14	13	12	11	10	9	8	7	6	5	4	3	2	1	0
规格化前	0	0	0	0	0	0	0	0	0	0	0	0	0	1	1	1
规格化后	0	1	1	1	0	0	0	0	0	0	0	0	0	0	0	0

从表 4-3 中可以看出，规格化后的数据是原始数据左移 12 位的结果，因此这里的规格化因子 β=12。规格化后的数据用 Q15 来表示，这里的 m=0.111B=0.5+0.25+0.125=0.875。

如果规格化前的数据是一个小数，且其 Q 值也是 15，则 $x = 0000,0000,0000,0111\text{B} = 7/32768$（十进制）。

上述规格化处理相当于对原始数据作了如下变换：

$$x = 7/32768\text{（十进制）} = 0.875 \times 2^{15} \times 2^{-\beta} \times 2^{-15} = 0.875 \times 2^{-12}$$

【例 4-19】设一个二进制数为 0010,0111,0001,0000B，规格化前后的数据如表 4-4 所示。

表 4-4　数据规格化处理示例 2

比特位	15	14	13	12	11	10	9	8	7	6	5	4	3	2	1	0
规格化前	0	0	1	0	0	1	1	1	0	0	0	1	0	0	0	0
规格化后	0	1	0	0	1	1	1	0	0	0	1	0	0	0	0	0

从表 4-4 中可以看出，规格化后的数据是原始数据左移 1 位的结果，因此这里的规格化因子 β=1。规格化后的数据用 Q15 来表示，这里的 m 值为：

$$m = 0.1001110001B = 2^{-1} + 2^{-4} + 2^{-5} + 2^{-6} + 2^{-10} = 0.6103515625$$

如果规格化前的数据是整型数，则 $x = 0010,0111,0001,0000B = 10000$（十进制）。

上述规格化处理相当于对原始数据作了如下变换：

$$x = 10000\text{（十进制）} = 0.6103515625 \times 2^{15} \times 2^{-\beta} = 0.6103515625 \times 2^{15} \times 2^{-1}$$

本节的规格化处理过程看似比较复杂，实际上，对于特定的 DSP 芯片，一般都有相应的指令完成类似功能，且运算速度很快。

以 C54x 定点 DSP 芯片为例，该芯片指令集中提供两个完成规格化处理功能的指令：EXP 和 NORM。EXP 指令可以提取类似本节所述的规格化因子 β，而 NORM 指令则根据规格化因子进行数据规格化。这两条指令均为单周期指令，也就是说均可在一个指令周期内就完成，运算速度很快。

4.6.2 运算实例分析

下面通过乘法运算和对数运算两个实例来说明数据规格化处理过程以及数据运算的精度。

【例 4-20】 乘法运算

设两个乘数为 x、y，且 x=y=0000,0000,0000,0111B，用 Q15 表示，即十进制表示为 x=y=7/32768。

采用一般的定点数乘法，最终结果保留 16 位，则过程为：

（1）将 16 位数 x 与 16 位数 y 相乘，结果存放于 32 位（或 40 位）累加器中；

（2）由于两个数的 Q 值均为 15，因此相乘后的 Q 值为 30，左移 1 位，得到 Q 值为 31；

（3）将高 16 位数作为最终结果，Q 值为 15。

由于两个乘数太小，且要求乘积用 16 位表示，因此按照上述步骤得到的结果为 0。显然，精度得不到保持。

首先对两个乘数进行规格化处理，得到：

$$x = y = 7/32768\text{（十进制）} = 0.875\times 2^{15}\times 2^{-12}\times 2^{-15} = 0.875\times 2^{-12}$$

两个数的规格化因子为 β=12，m=0.875。规格化处理后，两个数的相乘就转化为两个 Q 值均为 15 的数相乘，如下所示：

0111,0000,0000,0000B×0111,0000,0000,0000B;Q15×Q15

上述两个 Q 值为 15 的 16 位二进制数相乘，得到一个 Q 值为 30 的 32 位数如下：

0011,0001,0000,0000;0000,0000,0000,0000B; Q30

将这个数左移一位，得到 Q 值为 31 的 32 位数如下：

0110,0010,0000,0000;0000,0000,0000,0000B; Q31

取这个 32 位数的高 16 位，即得到 Q 值为 15 的乘积：

0110,0010,0000,0000B; Q15

该乘积对应的十进制数为：

25088/32768

因此，根据规格化因子对运算结果进行整理，最终得到的乘积为：

$$(25088/32768)\times 2^{-12}\times 2^{-12}$$

可以验证：

$$(25088/32768)\times 2^{-12}\times 2^{-12} = (7/32768)\times(7/32768)$$

显然，精度得到最大程度的保持。

【例 4-21】 对数运算

对一个数进行对数运算，如果其动态范围很大，则采用定点 DSP 运算，很难做到既快速又准确。对数据采用规格化处理，然后再进行运算就可以在快速运算的条件下保证计算结果的准确度。

采用上述调整后，求 x 的对数可以表示为：

$$\log_2(x) = \log_2(m \times 2^{15} \times 2^{-\beta}) = \log_2(m) + 15 + \log_2(2^{-\beta}) = 15 - \beta + \log_2(m)$$

也就是说，求 x 的对数实际上只要求 m 的对数就可以了，而由于 m 的数值在 0.5~1.0 之间，可以采用查表法等快速方法实现。

以求十进制数 10000 的对数为例，采用 4.6.1 节的数据规格化处理方法，定点对数运算可以转化为下列计算方法：

$$\log_2(10000) = \log_2(0.6103515625 \times 2^{15} \times 2^{-1}) = \log_2(0.6103515625) + 14$$

接下来，就转化为对 0.6103515625 求对数，其运算速度和精度就完全取决于求 $\log_2(0.6103515625)$，如果采用查表法，且表的精度足够高，则就可以做到快速精确地进行对数运算。

下面给出了用 C 语言实现的利用查表法计算以 2 为底的对数定点程序示例。其中使用的表格 logtab0，logtab1 和 logtab2 是 4.5.3 节中设计的对数查找表。

```
int     logtab0[10] = {-32768,-28262,-24149, -20365,-16862,
                      -13600,-10549,-7683,-4981,-2425};  /*Q15*/
int     logtab1[10] = {22529,20567,18920,17517,16308,
                      15255,14330,13511,12780,12124};   /*Q13*/
int     logtab2[10] = {16384,18022,19660,21299,22938,
                      24576,26214,27853,29491,31130};   /*Q15*/
int     log2_fast(int  Am)
{
        int     point,point1;
        int     index,x0,dx,dy,y;
        point = 0;
        while(Am<16384) {point++; Am = Am<<1;}    /*对 Am 进行规格化*/
        point1 =(15—point—4)*512;                  /*输入为 Q4，输出为 Q9*/
        index =((Am-16384)*20L)>>15;               /*求查表地址*/
        dx = Am-logtab2[index];
        dy =((long)dx*logtab1[index])>>13;
        y =(dy+logtab0[index])>>6;                 /*Q9*/
        y = point1+y;
        return(y);
}
```

上述程序中，输入值 Am 采用 Q4 表示，输出采用 Q9 表示，如果输入输出的 Q 值与上面程序中的不同，则应作相应的修改。

本 章 小 结

本章讨论了 DSP 芯片进行定点运算所涉及的一些基本问题，包括数的定标、DSP 程序的定点模拟、DSP 芯片的定点运算，以及定点实现非线性函数的快速实现方法等，充分理解这些问题对于用定点芯片实现 DSP 算法具有非常重要的作用。

习题与思考题

1．已知十六进制数 3000H，若该数分别用 Q0、Q5、Q15 表示，计算该数的大小。

2．若某一变量用 Q10 表示，计算该变量所能表示的数值范围和精度。

3．已知 x=0.4567，试分别用 Q15、Q14、Q5 将该数转换为定点数（考虑舍入和不舍入两种情况）。

4．函数 $f(x)=2(1+x^2), -1<x<+1$，为了保持最大精度，试确定定点运算时自变量 x 和函数 $f(x)$ 的 Q 值。

5．两个数 x、y 分别为 0.45 和 1.97，试采用 16 位定点方法（保持最大精度），计算 x、y 之和及乘积，并比较定点和浮点之结果。

6．采用定点方法，计算 ln(105.6)的值，并比较定点与浮点结果。

7．设一个 16 位二进制数为 0000,0000,0001,0111B，对该数按 4.6 节方法进行规格化处理，则其规格化后的数值是多少？规格化因子 β 是多少？

第 5 章　DSP 芯片的存储资源管理

5.1 引　　言

前面已经介绍，DSP 芯片一般采用哈佛结构，这种结构将程序区、数据区和 I/O 区分开，每个存储区独立编址，因此，DSP 芯片一般都具有程序空间、数据空间和 I/O 空间。程序空间存放程序指令，CPU 通过程序地址从存储器中读取指令。通过数据空间地址可以访问通用的数据存储器和存储器映射寄存器（MMR）。I/O 空间用于与外设之间的双向通信。为了提高运算速度，DSP 芯片内部通常提供一定数量的存储器，用于存放程序和数据。

本章将以 TI 公司几个典型的 DSP 芯片为例，介绍 DSP 芯片的存储区组织、存储资源。为了有效利用 DSP 芯片的存储资源，DSP 程序采用了 COFF 目标文件格式来组织程序指令和数据，本章将详细介绍 DSP 程序结构、COFF 目标文件格式及用于存储区分配的 CMD 文件等内容。

5.2 TMS320C54x 的存储区组织

C54x DSP 芯片是 TI 公司针对通信系统、多媒体系统设计的一个系列芯片。为适应不同的存储空间应用需求，C54x DSP 芯片的存储器结构可以通过重叠和分页方法加以改变，从而调整不同类型的空间大小；同时，DSP 的总线结构也使得系统可以扩展存储器空间。在设计 DSP 系统时，必须要考虑存储器空间的组织。

本节主要以 TMS320VC5416（简写为 VC5416）为例来说明。

5.2.1 TMS320VC5416 的存储资源

VC5416 的存储资源包括：8M 字的程序寻址空间（地址总线 23 位）、64K 字的数据寻址空间（地址总线 16 位）和 64K 字的 I/O 空间（地址总线 16 位）；128K 字的片内 RAM，其中有 64K 字的 DARAM 和 64K 字的 SARAM；16K 字的片内 ROM。图 5-1 是该芯片存储资源结构示意图。

VC5416 片内集成了 64K 字的 DARAM，为便于管理，DARAM 分为 8 块，每块 8K 字，包括 DARAM0～7。其中，DARAM0～3 可作为数据存储器，地址范围为 80h～7FFFh，也可同时作为程序/数据存储器（OVLY=1），地址范围不变。DARAM4～7 作为程序存储器时，地址范围为 18000h～1FFFFh；将 DROM 设置为 1，还可作为数据存储器，地址范围为 8000h～FFFFh。必须注意，DARAM4～7 作为程序/数据存储器时，虽然地址不一样，但物理上是重叠的，如数据的 8000H 与程序的 18000H 实际上是同一个存储单元。

在 C54x 中，处理器模式状态寄存器（PMST，片内地址为 0x1D）的 3 个比特位（MP/$\overline{\text{MC}}$、OVLY 和 DROM）都影响存储器的结构。用户可以根据需要，通过修改 PMST 的比特值设置，方便地配置存储空间。例如，从图 5-1 中可以看出，如果 OVLY 比特值为 1，程序区的 xx0000h～xx7FFFh（xx 表示 00～7F）都映射到了片内的 DARAM；而 OVLY 比特值为 0 时，这些地址都映射到了外部存储设备上。而当 DROM 比特为 1 时，8000h～FFFFh 地址指向片内数据 DARAM 的 4～7 块，DROM 比特为 0 时，这个区间内的地址指向外部存储设备。从这里可以看出，C54xDSP 芯片的存储资源设计较为复杂，在使用时需要合理利用这些配置比特。

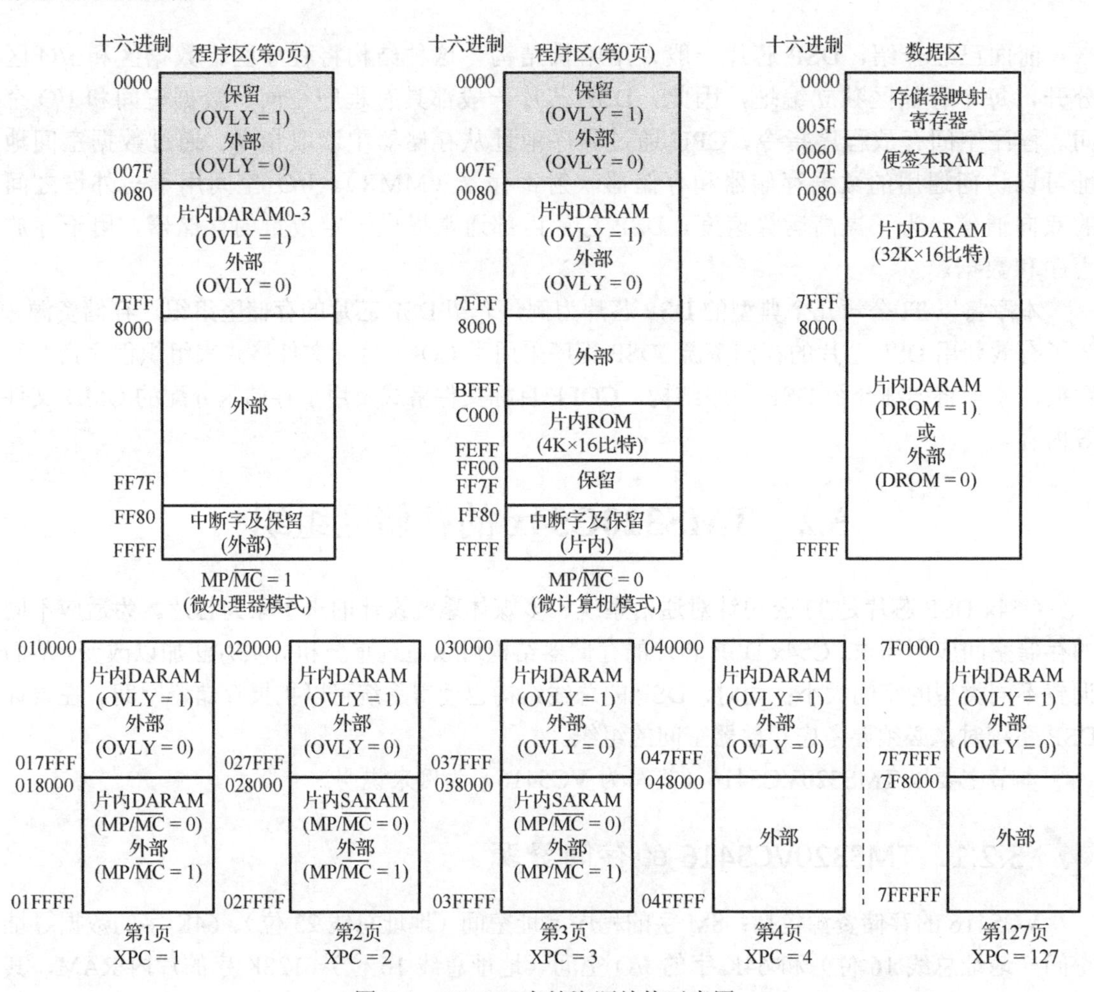

图 5-1　VC5416 存储资源结构示意图

64K 字的 SARAM 也分为 8 块，每块 8K 字，包括 SARAM0～7。这 64K 字都位于程序空间，其中 SARAM0～3 的地址范围为 28000h～2FFFFh，SARAM4～7 的地址范围为 38000h～3FFFFh。

16K 字的 ROM 位于程序空间的 C000h～FFFFh。表 5-1 列出了 ROM 的内容。

表 5-1　VC5416 的 ROM 内容

地址范围	内　　容	地址范围	内　　容
C000h～D4FFh	GSM EFR 声码器数据	FD00h～FDFFh	A 律扩展数据表
D500h～F7FFh	保留，可用于用户程序掩膜	FE00h～FEFFh	正弦数据表
F800h～FBFFh	Bootloader 程序	FF00h～FF7Fh	芯片测试用
FC00h～FCFFh	μ 律扩展数据表	FF80h～FFFFh	中断矢量表

5.2.2 程序空间

程序空间主要用于存储程序指令。C54x DSP 芯片一般具有两种工作模式：微计算机模式和微处理器模式。工作模式是由 PMST 寄存器中的 MP/$\overline{MC}$ 位决定。若 MP/$\overline{MC}$=0，DSP 芯片工作于微计算机模式，此时 DSP 芯片可以独立运行程序；若 MP/$\overline{MC}$=1，DSP 芯片工作于微处理器模式，此时 DSP 芯片配合外部主控芯片运行程序。一般可通过设置 MP/$\overline{MC}$ 引脚的逻辑电平来设置工作模式，也可通过软件修改 PMST 的 MP/$\overline{MC}$ 位来改变。

微计算机模式（MC 模式）：片内 ROM 映射到程序空间。如图 5-1 中的上半部分的中图，C000h～FFFFh 在片内，其中 C000h～FEFFh 为片内 ROM；FF00h～FF7Fh 保留，用做芯片测试，FF80h～FFFFh 为片内中断矢量表，用于存放复位、中断和陷阱矢量等。在 DSP 芯片复位后，程序跳转至固定起始地址（VC5416 中为 FF80h），再根据存放在片内的中断矢量表跳转至片内存放引导程序的地址，开始运行片内引导程序。

微处理器模式（MP 模式）：片内 ROM 被禁止。如图 5-1 中上半部分的左图，VC5416 程序区的 8000h～FFFFh 映射到外部。在 DSP 芯片复位后，程序跳至固定起始地址，再根据存放在片外存储器的中断矢量表跳转至相应地址开始运行用户程序。

在程序区的上半区（0000h～7FFFh），存储器结构根据 OVLY 的设置而不同。若 OVLY=0，上半区映射到外部存储器；若 OVLY=1，上半区为片内的保留区和 DARAM，既能作为程序存储器又能作为数据存储器使用。

VC5416 芯片采用页扩展方法扩展程序空间，可以访问多达 8M 字的程序空间，其地址线有 23 根，并用扩展计数寄存器（XPC）进行扩展程序空间寻址。同时，提供 FB、FBACC、FCALA、FCALL、FRET 和 FRETE 等特殊指令，配合进行扩展程序区的寻址。

需要注意的是，如果程序空间使用了片内 RAM（OVLY=1），访问程序空间时，不管 XPC 值为多少，访问地址 xx0000h～xx7FFFh 都被映射到 0000h～7FFFh 的片内 RAM。

5.2.3 数据空间

C54x 片内的 DARAM 和 SARAM 均可映射到数据存储空间。此外，也可将片内 ROM 的一部分映射到数据空间。方法是设置 PMST 寄存器中的 DROM 比特位：若 DROM=0，片内 ROM 不映射到数据空间；若 DROM=1，部分片内 ROM 映射到数据空间，并且当 MP/$\overline{MC}$=0 时，片内 ROM 同时映射到数据空间和程序空间。每一次复位时，DSP 都将 DROM 位清零。

C54x 的片内 RAM 划分为 8 块，将 RAM 以块来组织可以提高系统的性能。因为对于 DARAM 来说，如果两个操作数都存放在相同的块中，则访问需要 2 个周期；但若两个操作数分别存放在不同的块中时，访问仅需要 1 个周期。因此，用户可以设计数据读取区域，在 1 个指令周期内，从一个 DARAM 块中预取 2 个操作数，然后再写到另一块 DARAM 中。合理组织存储器可以提高 DSP 的运行效率。

在数据空间的 60h～7Fh 单元，是一个 32 字的 DARAM 块，称之为便笺本 RAM 块。该块可以进行各种类型的高速暂存，避免将一个大的 RAM 块分割开。

需要注意的是，如果采用从外部存储器引导装载程序方式，必须将外部存储器的地址空间映射到数据空间。

5.2.4 I/O 空间

C54x 提供了 I/O 空间用于对片外设备的访问，其地址范围共 64K 字（0000h～FFFFh）。采用 $\overline{\text{IOSTRB}}$、R/$\overline{\text{W}}$、$\overline{\text{IS}}$ 等信号可以实现对外部 I/O 设备的访问。两条特殊指令 PORTR 和 PORTW 用于对 I/O 空间数据的存取。

通常，I/O 设备的存取速度比 DSP 芯片的存取速度要慢。DSP 芯片提供了外部 READY 信号和软件等待状态产生机制来实现与外部慢速设备之间的通信。

HOLD 模式可以允许外设控制 DSP 芯片的外部总线，获取外部程序、数据和 I/O 存储器空间的资源。当 DSP 芯片处于 HOLD 状态（可通过设置 DSP 芯片的 HOLD 引脚实现）时，DSP 芯片的外部总线处于高阻状态，此时外设可完全获取对 DSP 芯片外部资源的控制权。

5.2.5 存储器映射寄存器

C54x 数据空间的前 128 个地址单元，包含有 CPU 和片内外设的映射寄存器。通过访问映射寄存器就可以实现对 CPU 和外设的相应操作。例如，在函数调用或中断时，可以完成寄存器内容的保存以及返回时寄存器内容的恢复；还可以完成累加器和其他寄存器之间的信息传送。使用映射寄存器简化了 CPU 和片内外设存储器的访问方式。

（1）CPU 寄存器。总共有 26 个寄存器，见表 5-2，访问这些寄存器时没有等待状态。

（2）外设寄存器。映射在数据空间的 20h～50h，可以作为外设电路的数据寄存器或控制寄存器。外设寄存器存在于一个专用的外设总线结构中，它可以从外设中接收数据或者发送数据至外设总线。设置或清除控制寄存器的比特位可以激活、屏蔽或者重新配置外设状态。不同类型的 C54x 芯片具有不同的外设寄存器，但如果芯片具有某种外设，则控制该外设的外设寄存器就一定存在。

表 5-2 CPU 映射寄存器

地址（Hex）	寄 存 器	说 明	地址（Hex）	寄 存 器	说 明
0	IMR	中断屏蔽寄存器	E	T	T 暂存器
1	IFR	中断标志寄存器	F	TRN	状态转移寄存器
2～5	—	保留	10～17	AR0～AR7	辅助寄存器 0～7
6	ST0	状态寄存器 0	18	SP	堆栈指针寄存器
7	ST1	状态寄存器 1	19	BK	循环缓冲区大小寄存器
8	AL	ACCA 低位字	1A	BRC	块重复计数寄存器
9	AH	ACCA 高位字	1B	RSA	块重复起点寄存器
A	AG	ACCA 保护位	1C	REA	块重复终点寄存器
B	BL	ACCB 低位字	1D	PMST	处理器模式状态寄存器
C	BH	ACCB 高位字	1E	XPC	程序计数器扩展寄存器
D	BG	ACCB 保护位	1E～1F	-	保留

5.3 TMS320C55x 的存储区组织

本节主要以 TMS320VC5509A（简写为 VC5509A）为例来说明。

5.3.1 TMS320VC5509A 的存储资源

VC5509A 支持统一的存储器映射，程序和数据访问到同一个物理空间，与 C54x 芯片相比，存储方案更为简化。

图 5-2 给出了该芯片统一的数据/程序存储空间。总共有 16M 字节的空间可以用于数据空间或程序空间。在 16M 字节的空间中，包括片内 RAM（256K 字节）、片内 ROM（64K 字节）和外部存储空间。其中，256K 字节 RAM 包括 64K 字节的 DARAM 和 192K 字节的 SARAM。

外部存储空间划分为 4 个子空间，分别由 $\overline{CE0}$、$\overline{CE1}$、$\overline{CE2}$、$\overline{CE3}$ 进行选择，外接存储器类型既可以是异步存储器，也可以是同步存储器。需要注意的是，VC5509A 有两种封装形式，由于地址线数量不一，因此外接存储器的容量是不一样的。

当 CPU 使用程序空间从存储器中读取程序指令时，它使用 24 位地址并以字节（8 位）为单位来访问存储器；当程序访问数据空间时，使用 23 位地址并以字（16 位）来访问存储器。不管是上述哪种情况，地址总线都包含 24 位的值，但如果是访问数据空间，地址总线的最低位强制为 0。

数据空间划分为 128 个主数据页面，即 0～127，每一个主数据页包含 64K 地址。一条指令访问数据空间时，需要将表示主数据页的 7 位值与 16 位偏置值拼接起来构成数据地址。

	数据空间地址 (十六进制范围)	数据/程序 内存	程序空间地址 (十六进制范围)
主数据页0	MMRs 00 0000 ~ 00 005F		00 0000 ~ 00 00BF
	00 006 ~ 00 FFFF		00 00C0 ~ 01 FFFF
主数据页1	01 0000 ~ 01 FFFF		02 00C0 ~ 03 FFFF
主数据页2	02 0000 ~ 02 FFFF		04 00C0 ~ 05 FFFF
⋮	⋮		⋮
主数据页127	7F 0000 ~ 7F FFFF		FE 00C0 ~ FF FFFF

图 5-2 VC5509A 的数据/程序空间组织图

1. DARAM

VC5509A 的 DARAM 共有 64K 字节，地址范围是 000000～00FFFFh，由长度均为 8K 字

节的 8 个分区组成。DARAM 可以被内部的程序、数据和 DMA 总线访问。HPI 只能访问前面的 4 个分区，共 32K 字节，如表 5-3 所示。

表 5-3　VC5509A 的 DARAM

字节地址范围	存储器分区	字节地址范围	存储器分区
000000h～001FFFh	DARAM 0（HPI 可访问）	008000h～009FFFh	DARAM 4
002000h～003FFFh	DARAM 1（HPI 可访问）	00A000h～00BFFFh	DARAM 5
004000h～005FFFh	DARAM 2（HPI 可访问）	00C000h～00DFFFh	DARAM 6
006000h～007FFFh	DARAM 3（HPI 可访问）	00E000h～00FFFFh	DARAM 7

2. SARAM

VC5509A 的 SARAM 共有 192K 字节，地址范围是 010000～03FFFFh，由长度均为 8K 字节的 24 个分区组成。SARAM 可以被内部的程序、数据和 DMA 总线访问，如表 5-4 所示。

表 5-4　VC5509A 的 SARAM

字节地址范围	存储器分区	字节地址范围	存储器分区
010000h～011FFFh	SARAM0	028000h～029FFFh	SARAM12
012000h～013FFFh	SARAM1	02A000h～02BFFFh	SARAM13
014000h～015FFFh	SARAM2	02C000h～02DFFFh	SARAM14
016000h～017FFFh	SARAM3	02E000h～02FFFFh	SARAM15
018000h～019FFFh	SARAM4	030000h～031FFFh	SARAM16
01A000h～01BFFFh	SARAM5	032000h～033FFFh	SARAM17
01C000h～01DFFFh	SARAM6	034000h～035FFFh	SARAM18
01E000h～01FFFFh	SARAM7	036000h～037FFFh	SARAM19
020000h～021FFFh	SARAM8	038000h～039FFFh	SARAM20
022000h～023FFFh	SARAM9	03A000h～03BFFFh	SARAM21
024000h～025FFFh	SARAM10	03C000h～03DFFFh	SARAM22
026000h～027FFFh	SARAM11	03E000h～03FFFFh	SARAM23

3. ROM

VC5509A 的 ROM 位于 FF0000h～FFFFFFh，包括 1 个 32K 字节的分区和 2 个 16K 字节的分区，共 64K 字节。这个地址空间可以由软件配置，或者映射到内部 ROM，或者映射到外部存储器。芯片出厂时，ROM 中主要包含 bootloader 引导程序。硬件复位自动调转到 ROM 区，执行 bootloader 程序。

用户也可以把代码交由厂商烧写到芯片的 ROM 区。

4. MMR

VC5509A 的片内 DARAM 中，最前面的 192 个字节对应于 CPU 的存储器映射寄存器，建议用户不要使用这些空间。

5.3.2　程序空间

DSP 芯片的 CPU 只在从存储器中读取指令时访问程序空间。VC5509A 的 CPU 采用字节寻址来读取变长的指令。读者需要注意的是，取指时与 32 位宽度存储空间的偶数地址对齐。

（1）字节地址（24 位）

程序从存储器中读取指令时，采用字节寻址的方式，地址总线是 24 位。

图 5-3 所示为一个 32 位宽度的程序存储器。每个字节分配一个地址。如图中，字节 0 的地址是 00 0100h，字节 2 的地址是 00 0102h。

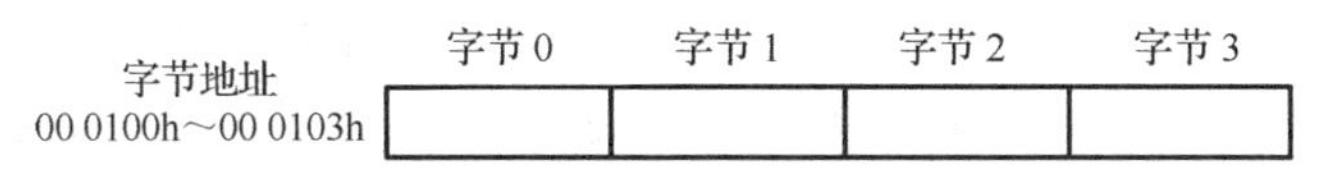

图 5-3　32 位宽度程序存储器的字节地址示意

（2）程序空间中的指令组织

VC5509A 支持 8、16、24、32、40、48 位等不同位宽的指令。

图 5-4 给出了程序空间中指令组织的示意，不同位宽的 5 条指令存放在 32 位宽度的程序存储器中。每条指令的地址对应于最高字节的地址。

指令	长度	地址
A	24bits	00 0101h
B	16bits	00 0104h
C	32bits	00 0106h
D	8bits	00 010Ah
E	24bits	00 010Bh

字节地址	字节0	字节1	字节2	字节3
		A(23-16)	A(15-8)	A(7-0)
00 0104h～00 0107h	B(15-8)	B(7-0)	C(31-24)	C(23-16)
00 0108h～00 010Bh	C(15-8)	C(7-0)	D(7-0)	E(23-16)
00 010Ch～00 010Fh	E(15-8)	E(7-0)		

图 5-4　程序空间中的指令组织

5.3.3　数据空间

VC5509A 采用字地址的方式来访问 8、16 或 32 位的数据。

（1）字地址（23 位）

访问数据空间时，采用 16 位字地址的方式进行访问，地址是 23 位。

图 5-5 是一个 32 位宽数据存储器的字地址示意图。每一个 16 位字有一个地址，字 0 的地址是 00 0100h，字 1 的地址是 00 0101h。

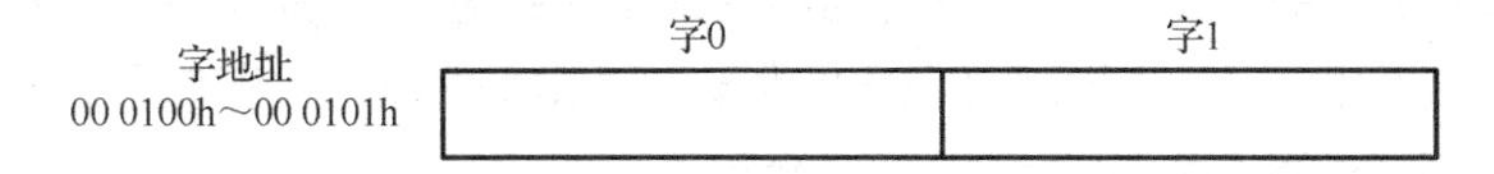

图 5-5　32 位宽数据存储器的字地址

地址总线是 24 位的总线，访问数据空间时，23 位地址与最后一位 0 拼接成一个地址。例如，假设指令读取一个字的 23 位地址是 00 0102h，则数据读地址总线上包含的 24 位地址是 00 0204h。

字地址：　　　　　000　0000 0000 0001 0000 0010

数据读地址总线：　0000 0000 0000 0010 0000 0100

（2）数据类型

VC5509A 的指令集可以处理字节（8 位）、字（16 位）、长字（32 位）等 3 种数据类型。

由于 VC5509A 采用字地址的方式来访问数据，因此，访问 16 位字没有任何问题。访问 8 位字节时，必须访问包含该字节的一个字，通过特殊的字节指令完成字节的存储或装载。

当访问一个 32 位长字时，用于访问该长字的地址是这个长字的高 16 位字（MSW）的地址，而这个长字的低 16 位字（LSW）的地址取决于 MSW 的地址是偶数还是奇数：

- 如果高 16 位字的地址是偶数地址，则这个长字的低 16 位存放在这个偶数地址的下一个地址中，例如：

字地址	MSW(高16位)	LSW(低16位)
00 0100h～00 0101h	1122h	3344h

这个长字的 MSW 地址是 00 0100h，是个偶数地址，因此，其 LSW 地址是 000101h，所以这个例子中，用 00 0100h 地址读取的 32 位长字的值是 11223344h。

- 如果高 16 位字的地址是奇数地址，则这个长字的低 16 位存放在这个奇数地址的上一个地址中，例如：

字地址	LSW(低16位)	MSW(高16位)
00 0100h～00 0101h	1122h	3344h

这个长字的 MSW 地址是 00 0101h，是个奇数地址，因此，其 LSW 地址是 000100h，所以这个例子中，用 00 0101h 地址读取的 32 位长字的值是 33441122h。

5.3.4 I/O 空间

VC5509A 的 I/O 空间独立于数据/程序空间，且仅用于访问片内的外设寄存器。I/O 空间的字地址长度是 16 位，可以访问 64K 空间。如图 5-6 所示。

访问 I/O 空间时，通过在 16 位地址基础上高位补 0 形成 24 位地址。例如，一条指令需要读 16 位地址 0102h 中的一个字时，其 24 位总线的地址值是 00 0102h。

地址	输入/输出空间
0000h～FFFFh	64K 字

图 5-6 I/O 空间

5.4 TI KeyStone 片上系统的存储区组织

新一代 KeyStone 系列芯片是 TI 公司推出的片上系统芯片，具有多种不同的处理核和丰富的外围接口。由于单芯片上同时拥有 DSP 内核和 ARM 内核，对存储器的组织和管理更为复杂。本节将以 TCI6638K2K 为例进行简要介绍。

5.4.1 存储空间组织

TCI6638K2K 包含了 8 个 C66x 的内核子系统和 4 个 ARM Cortex-A15 MPCore 处理器。每个 C66x 内核采用二级高速缓存结构，其中包含 32KB 的一级程序高速缓存（L1P）、32KB 的一级数据高速缓存（L1D）和 1024KB 的二级高速缓存（L2）。每个 ARM 内核具有 32KB 的 L1 指令和数据高速缓存，同时，4 个 ARM 内核共享 4MB 的 L2 二级高速缓存（L2）。芯片还包含了 6144KB 的多核共享存储空间，可供 8 个 DSP 内核和其中的 1 个 ARM 内核访问。所有的存储空间在存储映射中都有唯一的地址。TCI6638K2K 的存储空间映射如表 5-5 所示。

表 5-5　TCI6638K2K 存储空间映射

40 位物理地址		大小(字节)	ARM 视角	DSP 视角	片上系统视角
起始地址	结束地址				
00 0000 0000	00 0003 FFFF	256K	ARM ROM	—	ARM ROM
00 0080 0000	00 008F FFFF	1M	—	L2 SRAM	L2 SRAM
00 00E0 0000	00 00E0 7FFF	32K	—	L1P SRAM	L1P SRAM
00 00F0 0000	00 00F0 7FFF	32K	—	L1D SRAM	L1D SRAM
00 0100 0000	00 0100 FFFF	64K	ARM AXI2VBUSM 主寄存器	C66 内核寄存器	C66 内核寄存器
00 0101 0000	00 010F FFFF	960K	—	C66 内核寄存器	C66 内核寄存器
00 0110 0000	00 0110 FFFF	64K	ARM STM stimulus 端口	C66 内核寄存器	C66 内核寄存器
00 0111 0000	00 01BF FFFF	960K	—	C66 内核寄存器	C66 内核寄存器
00 01xx x000	00 01xx x07F	128	Tracer 配置	Tracer 配置	Tracer 配置
00 0BC0 0000	00 0BCF FFFF	1M	多核共享内存控制器配置	多核共享内存控制器配置	多核共享内存控制器配置
00 0C00 0000	00 0C5F FFFF	6M	多核共享内存	多核共享内存	多核共享内存
00 1x80 0000	00 1x8F FFFF	1M	DSP 内核 x L2 SRAM	DSP 内核 x L2 SRAM	DSP 内核 x L2 SRAM
00 1xE0 0000	00 1xE0 7FFF	32K	DSP 内核 x L1P SRAM	DSP 内核 x L1P SRAM	DSP 内核 x L1P SRAM
00 1xF0 0000	00 1xF0 7FFF	32K	DSP 内核 x L1D SRAM	DSP 内核 x L1D SRAM	DSP 内核 x L1D SRAM
00 20B0 0000	00 20B3 FFFF	256K	Boot ROM	Boot ROM	Boot ROM
00 0236 0000	00 0236 03FF	1K	存储器保护单元 0	存储器保护单元 0	存储器保护单元 0
00 0236 8000	00 0236 83FF	1K	存储器保护单元 1	存储器保护单元 1	存储器保护单元 1
00 0237 0000	00 0237 03FF	1K	存储器保护单元 2	存储器保护单元 2	存储器保护单元 2
00 0237 8000	00 0237 83FF	1K	存储器保护单元 3	存储器保护单元 3	存储器保护单元 3
00 0238 0000	00 0238 03FF	1K	存储器保护单元 4	存储器保护单元 4	存储器保护单元 4
00 0238 8000	00 0238 83FF	1K	存储器保护单元 5	存储器保护单元 5	存储器保护单元 5
00 0238 8400	00 0238 87FF	1K	存储器保护单元 6	存储器保护单元 6	存储器保护单元 6
00 0238 8800	00 0238 8BFF	1K	存储器保护单元 7	存储器保护单元 7	存储器保护单元 7
00 0238 8C00	00 0238 8FFF	1K	存储器保护单元 8	存储器保护单元 8	存储器保护单元 8
00 0238 9000	00 0238 93FF	1K	存储器保护单元 9	存储器保护单元 9	存储器保护单元 9
00 0238 9400	00 0238 97FF	1K	存储器保护单元 10	存储器保护单元 10	存储器保护单元 10
00 0238 9800	00 0238 9BFF	1K	存储器保护单元 11	存储器保护单元 11	存储器保护单元 11
00 0238 9C00	00 0238 9FFF	1K	存储器保护单元 12	存储器保护单元 12	存储器保护单元 12
00 0238 A000	00 0238 A3FF	1K	存储器保护单元 13	存储器保护单元 13	存储器保护单元 13
00 0238 A400	00 0238 A7FF	1K	存储器保护单元 14	存储器保护单元 14	存储器保护单元 14
00 2800 0000	00 2FFF FFFF	128M	HyperLink1 数据	HyperLink1 数据	HyperLink1 数据
00 3000 0000	00 33FF FFFF	64M	EMIF16 CE0	EMIF16 CE0	EMIF16 CE0
00 3400 0000	00 37FF FFFF	64M	EMIF16 CE1	EMIF16 CE1	EMIF16 CE1
00 3800 0000	00 3BFF FFFF	64M	EMIF16 CE2	EMIF16 CE2	EMIF16 CE2
00 3C00 0000	00 3FFF FFFF	64M	EMIF16 CE3	EMIF16 CE3	EMIF16 CE3

续表

40 位物理地址		大小（字节）	ARM 视角	DSP 视角	片上系统视角
起始地址	结束地址				
00 4000 0000	00 4FFF FFFF	256M	HyperLink0 数据	HyperLink0 数据	HyperLink0 数据
00 5000 0000	00 5FFF FFFF	256M	PCIe 数据	PCIe 数据	PCIe 数据
00 6000 0000	00 7FFF FFFF	512M	DDR3B 数据	DDR3B 数据	DDR3B 数据
01 0000 0000	01 2100 FFFF	2G	DDR3A/3B 数据	DDR3B 数据	DDR3A 数据
01 2101 0000	01 2101 01FF	512	DDR3A EMIF 配置	DDR3A EMIF 配置	DDR3A EMIF 配置
08 0000 0000	09 FFFF FFFF	8G	DDR3A 数据	DDR3A 数据	DDR3A 数据

5.4.2 高速缓存器（Cache）

TCI6638K2K 的每个 C66 DSP 内核子系统中，两个一级缓存在复位时默认均作为 Cache 使用，其中 L1D 是双路径 Cache，L1P 是直接映射 Cache。这两个缓存都可以被软件重新配置。

不论是 L1P 和 L1D，都可以配为 Region0 和 Region1 两种结构，如图 5-7、图 5-8 所示。

Region 0：大小为 0KB，也就是禁止了 Cache；

Region 1：大小为 32KB，没有等待状态。

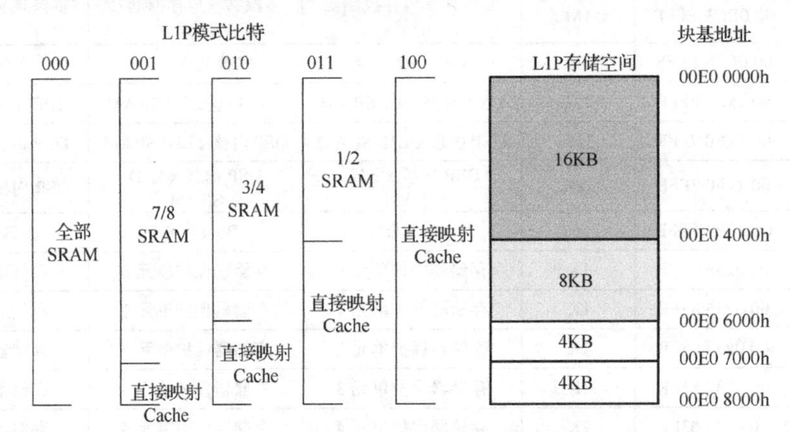

图 5-7　L1P 的存储结构

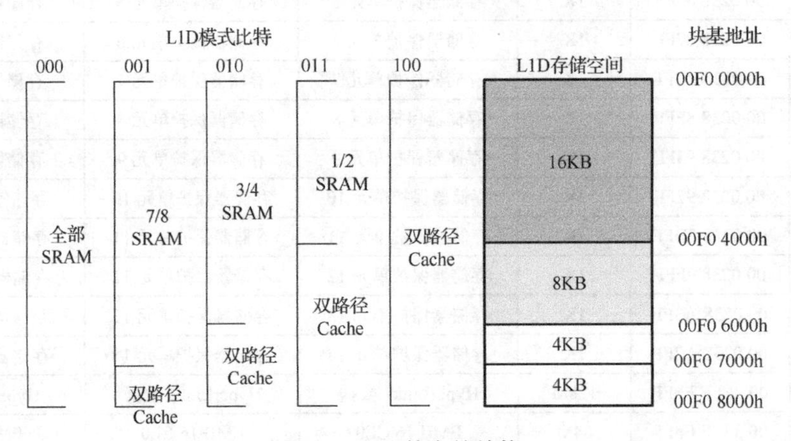

图 5-8　L1D 的存储结构

L2 存储空间总共有 8192KB，由 8 个 1024KB 的块构成。它们可以配置为 SRAM，4 路径 Cache 或者两者的结合。可能的组合配置方式如图 5-9 所示。

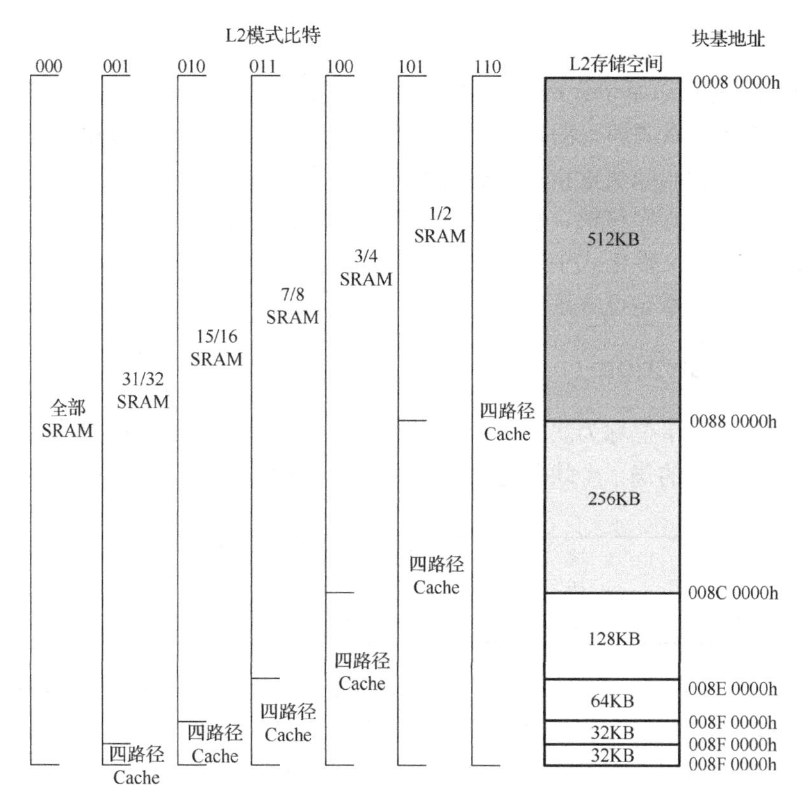

图 5-9　L2 的存储结构

系统中，各内核可以通过全局地址访问 Cache 空间，同时各内核也可以将地址总线的高 8 位置 0 以直接访问局部地址。这样可以使得需要共用的代码在多核中无需修改就能运行。例如，0x10800000 是内核子系统 0 的 L2 全局基地址，内核子系统 0 既可以用 0x10800000 也可以用 0x00800000 来访问。其他的内容必须用 0x10800000 来访问。

多核共享内存（Multicore Shared Memory，MSM）可以配置为全 SRAM，也可以配置为共享 L2 或共享 L3 存储器，可以寻址 2GB～8GB 的外部扩展空间。当配置为共享 L2 存储器时，它的内容在 L1P 和 L1D 中缓存。当配置为共享 L3 存储器时，它的内容可以在 L2 存储器中缓存。

5.4.3　存储器保护单元

TCI6638K2K 可以外接的存储器件种类多、数量大。为了对工作数据进行安全保护，芯片内集成了 15 个存储器保护单元（Memory Protect Unit，MPU）。每个 MPU 的存储空间大小是 1KB，可以分别用于保护 TeraNet 设备、DDR3 设备、EMIF16 设备等访问过程。芯片上的每个 DSP 的内核子系统、外设都分配了一个唯一的标识。MPU 的控制寄存器通过记录这个标识，可以为 MPU 关联一个需要保护的内核或外设。MPU 可以记录可被检测到的错误或者无效的访问，并通过中断通知系统，这极大地提高了系统的可靠性。

5.5　程序结构与 COFF 目标文件格式

DSP 芯片的程序一般采用模块化结构，模块化结构的特点是结构清晰，便于程序的管理、分配与移植。为了实现这种结构，TI 公司的编译器和链接器所创建的目标文件采用一种称为

COFF 的目标文件格式（Common Object File Format，COFF）。COFF 文件格式的核心是程序员在编写 DSP 程序时可以基于代码块和数据块组织程序结构，而不是一条条指令或一个个数据来组织。基于 COFF 格式编写的汇编程序或 C 程序，可读性强、可移植性好，有利于模块化编程，不必为程序代码或变量指定目标地址，这为管理程序代码和系统存储空间提供灵活的方法，为程序编写、程序移植、程序升级带来了极大的方便。

本节着重对 COFF 文件格式中的块进行介绍，主要介绍块的基本概念、汇编器和链接器处理块的方法及程序的重定位方法等。

5.5.1　块（section）

目标文件中的最小单位称为块，一个块就是最终在存储器空间中占据连续空间的一块代码或数据。目标文件中的每一个块都是相互独立的。一般地，COFF 目标文件应包含三个默认的块：

.text 块	通常包含可执行程序代码
.data 块	通常包含已初始化的变量
.bss 块	通常为未初始化的变量保留空间

由于大部分 DSP 系统一般包含多个不同类型的存储器（EPROM、RAM 等），采用块可以使用户更有效地利用目标存储器。所有的块可以独立地进行重定位，因此可以将不同的块分配至各种目标存储器中。例如，可以定义一个包含初始化程序的块，然后可以将它分配至包含 EPROM 的存储器映像中。图 5-10 所示为一个包含 .text 、.data 和 .bss 块的目标文件以及目标文件中的块与目标系统中存储器的关系。

除了.text、.data 和 .bss 块，C 编译器对 C 程序编译后还会产生其他一些块，具体的块名稍有不同，例如 C55x 定点 C 编译器产生的块包括：.text 块、.cinit 块、.const 块、.switch 块，.bss 块、.stack 块和.sysmem 块。各块的内容如表 5-6 所示。除此之外，汇编器和链接器允许编程者在汇编程序中建立和链接自定义的块。汇编器提供了若干将各种代码和数据段与相应的块联系的命令（如.sect、.asect 和.usect 汇编器命令），在汇编过程中，汇编器利用这些命令建立相应的程序块。

不论如何命名，块都可以分为两类，即**已初始化块**和**未初始化块**。已初始化块包含程序代码和数据，.text 和 .data 及用 .sect 和 .asect 汇编器命令所创建的块都属于这一类。未初始化块是为未初始化的数据在存储器映像中保留空间，.bss 和用 .usect 汇编器命令创建的块属于这一类。

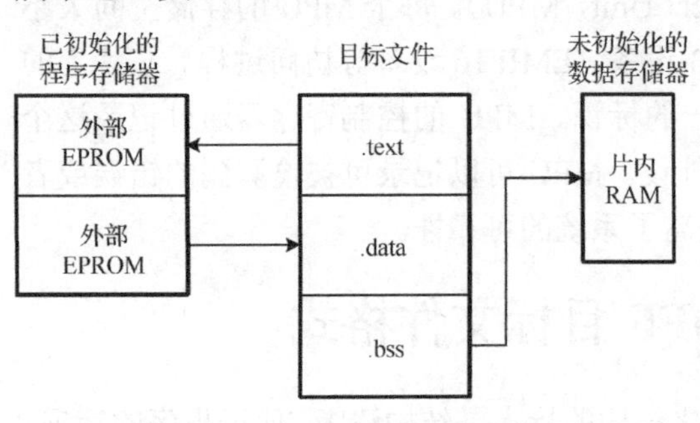

图 5-10　将存储器划分为逻辑块

表 5-6　C 编译器产生的 Sections 及其内容

名　称	内　容
.cinit	已初始化的全局和静态变量表
.const	字符串，已初始化的全局和静态常数变量
.switch	switch 语句的跳转表
.text	可执行代码和浮点常数
.bss	全局和静态变量
.stack	软件堆栈
.sysmem	malloc 函数的动态存储区

5.5.2 汇编器对块的处理

由于C语言的编译工具集成了默认的COFF管理工具，因此C语言程序的各部分都会被分配到默认的块中。而汇编语言程序的各部分属于哪个块，需要利用汇编器完成。汇编器有多个伪指令来完成这种功能，如.bss，.usect，.text，.data，.sect及.asect，其中.bss和.usect命令创建未初始化块，而.text，.data，.sect及.asect命令则建立已初始化块。当然，如果在程序中未用任何命令来指示，则汇编器将把所有的程序块或数据块统一汇编至.text 块中。

（1）未初始化块

未初始化块主要用来在存储器中保留空间，它们通常分配到RAM中。这些块在目标文件中没有实际内容，只是保留空间而已。程序可以在运行时利用这些空间来建立和存储变量。

未初始化数据块是通过使用.bss和.usect汇编器命令来建立的。.bss命令在.bss块中保留空间，而.usect命令则在自定义的块中保留空间，两条命令的写法分别为：

```
        .bss      符号,字数
        符号   .usect     "块名",字数
```

其中，符号指向由 .bss 或 .usect 命令保留的第一个字，它对应于为变量保留空间的变量名，可以在其他任何块中被访问，也可用 .global 命令定义为全局符号。字数表示空间的大小，而块名则是程序员自己定义的名字。汇编器遇到 .bss 和 .usect 命令并不结束当前块开始一个新块，它们只是暂时离开当前块。.bss和.usect命令可以出现在一个已初始化块中的任何地方，而不影响已初始化块的内容。

（2）已初始化块

已初始化块包含可执行代码或已初始化数据。这些块的内容存储在目标文件中，当程序装入时存放在DSP存储器中。每个已初始化块可以独立地进行重定位，且可访问在其他块中定义的符号。链接器可自动解决块与块之间符号访问的问题。有四个命令通知汇编器将代码或数据存放在一个块中，这四个命令的写法分别是：

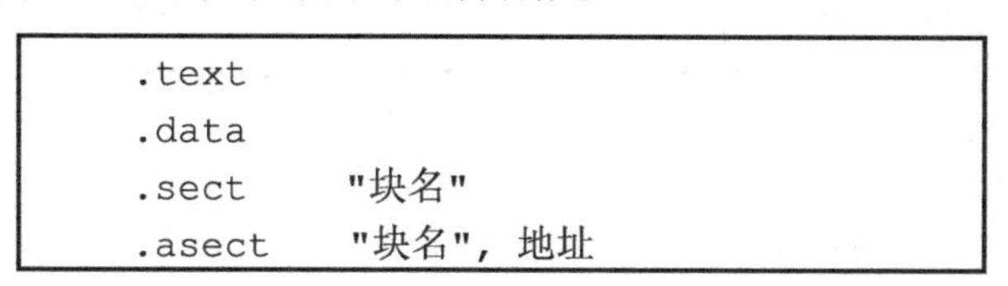

```
.text
.data
.sect      "块名"
.asect     "块名", 地址
```

在这四个命令中，.text 和.data 命令建立的块名就是 .text 和 .data，而后两个命令建立的是自定义的块，其中 .asect命令建立的块具有绝对的地址，一般不建议使用。

当汇编器遇到上述命令时，它立即停止汇编至当前块中，且开始将随后的代码或数据汇编至相应的块中。块是通过迭代过程建立的，例如，当汇编器首次遇到一个.data 命令，.data 块是空的，.data 后面的语句被汇编到 .data 块中，直到遇到一个.text、.sect 或 .asect 命令为止。如果汇编器在后面又遇到 .data命令，则将这些 .data后面的语句加到已存在于 .data 块中语句的后面，这样建立的唯一的 .data块可以在存储器中分配一个连续的空间。

（3）自定义块

自定义块就是程序员自己建立的块，它与缺省的.text，.data 和.bss 块一样使用，但它与

缺省块分开汇编。例如，重复使用 .text 命令在目标文件中只建立一个.text 块，链接后这个.text 块也作为一个单位分配到存储器中。有时候程序员想把一部分程序放至不同于.text 的存储器中，则须使用自定义块，对数据也可同样处理。

前述的三条命令.usect，.sect 和.asect 可用来建立自定义块，其中.usect 建立的块是未初始化块，而.sect 和.asect 建立的是包含代码或数据的块

 5.5.3 COFF 文件格式编程示例

例 5-1 给出了一个采用 COFF 格式编写的 VC5509A 的汇编语言程序。

【例 5-1】 COFF 格式的汇编编程示例（VC5509A）

```
;文件名：demo.asm
*********************************************
**          初始化表，分配至.data 块              **
*********************************************
        .data
coeff   .word   011h，022h，033h

*********************************************
**          在 .bss 块为 buffer 保留空间          **
*********************************************
        .bss    buffer,10

*********************************************
**          仍在 .data 块                        **
*********************************************
ptr     .word   0123h

*********************************************
**          汇编代码分配至 .text 块               **
*********************************************
        .text
add:    MOV     0Fh,AC0
aloop:  SUB     #1,AC0
        BCC     aloop,AC0>=#0

*********************************************
**          另一个初始化表，分配至 .data 块       **
*********************************************
        .data
ivals   .word   0AAh,0BBh,0CCh

*********************************************
**          为更多变量自定义一个数据块            **
*********************************************
var2    .usect  "newvars",1;
inbuf   .usect  "newvars",7
```

```
****************************************************
**      更多汇编代码分配至 .text 块               **
****************************************************
                .text
mpy:    MOV     0Ah,AC1
mloop:  MOV     T3,HI(AC2)
        MPYK    #10,AC2,AC1
        BCC     mloop,!overflow(AC1)
****************************************************
**      定义一个块 vectors 并初始化                **
****************************************************
        .sect   "vectors"
        .word  011h, 033h
```

例 5-1 的汇编程序经汇编器汇编后得到名为 demo.obj 的目标文件，在这个目标文件中共有五个块：

```
.text       包含两段程序代码
.data       包含 7 个初始化的数据字
vectors     自定义块，包含 2 个初始化数据字
.bss        在存储器中保留 10 个字的空间
newvars     自定义块，在存储器中保留 8 个字的空间
```

demo.obj 再经链接器链接就得到可执行文件 demo.out。

5.5.4 COFF 文件中的符号

COFF 文件包含一个存储程序中符号信息的符号表，这些符号记录了程序中变量、代码段的信息，可供链接器和调试工具使用。

程序中的符号表记录了可供外部访问的符号。在一个模块中定义、在另一个模块中引用的符号称外部符号。在一个源模块中，一般可用 .def、.ref、.global 等命令来标明某一符号为外部符号。

定义（.def）：在当前模块中定义，在其他模块中引用

参考（.ref）：在当前模块中引用，在其他模块中定义

全局（.global）：包含上面两者

下面的代码可说明上述定义：

```
        .def    X                  ;定义 X
        .ref    Y                  ;参考 Y
    X:  ADD     #86, AC0, AC0      ;定义 X
        B       Y                  ;引用 Y
```

对 X 定义.def 表明 X 是一个在本模块中定义的外部符号，可以在其他模块中引用。而对 Y 定义.ref 则表明 Y 在本模块中没有定义而在其他模块中定义。

汇编器汇编时每遇到一个外部符号都在符号表中产生一项关于该符号的记录，上例中的 X 和 Y 都会被放在目标文件的符号表中。汇编器也产生指向每块开始的特殊符号，链接器则利用这些符号重定位块中其他符号。

值得指出的是，汇编器并不对其他类型的符号产生符号表，因为链接器并不需要它们，如程序标号并不包含在符号表中，除非用.global 说明。如果要对程序进行符号级调试，有时在符号表中包含程序中每个符号的项目也是有用的，如要这样须在汇编时设置-s 选项。

 5.5.5 链接器对块的处理

链接器对块的处理具有两个功能。首先，它将 COFF 目标文件中的块用来建立程序块或数据块，将输入块组合起来以建立可执行的 COFF 输出模块；其次，链接器为输出块选择存储器地址。在汇编器汇编形成的目标文件中，除了用 .asect 命令定义的块之外，其他程序块或数据块的地址都是不确定的，确定块地址的工作一般由链接器来完成。

一般地，需要创建一个链接命令文件，关于链接命令文件将在 5.6 节介绍。

由于汇编器对每块汇编时都假定其起始地址为 0，每块中所有的重定位符号（标号）都是相对于 0 地址而言的。而实际上并不是所有块在存储器中都是以 0 地址起始的，因此链接器必须通过下列方法对每块进行重定位：

（1）分配块至存储器，使各块有合适的起始地址；

（2）调整符号值，使之对应于新的块地址；

（3）调整重定位后符号的参考值，以反映调整后的符号值。

链接器利用重定位项来调整符号的参考值。汇编器每次在可重定位符号被参考时建立一个重定位项，链接器则在符号被重定位之后利用这些项来修正参考值。

例 5-2 包含了产生重定位项的一个代码段。

【例 5-2】 产生重定位项的代码示例（VC5509A）

```
1         .ref          X
2         .ref          Z
3   000000              .text
4   000000 4A04         B    Y
5   000002 6A00         B    Z             ;产生一个重定位项
    000004 0000!
6   000006 7600         MOV  #X, AC0       ;产生一个重定位项
    000008 0008!
7   00000a 9400         Y:  reset
```

在这个例子中，由于符号 X 在另外的模块中定义，因此是要重定位的。符号 Y 在本模块中定义，不需要重定位。符号 Z 在另外的文件中定义，因此也是需要重定位的。

这段代码汇编后，X 和 Z 的值均为 0（汇编器假定所有未定义的外部符号的值均为 0），汇编器为 X 和 Z 各产生一个重定位项，并在列表文件中用!表示。

COFF 目标文件中的每一块都有一个重定位项目表。表中包含了块中每一个可重定位参考的一个重定位项。链接器通常在使用过重定位项之后就删除它，以防止对输出块再次重定位（如果目标文件被重新链接或被装入）。没有重定位项的文件就是所有地址都是绝对地址的绝对文件，如果程序员要保留重定位项，选择链接器的－r 选项即可。

在有些情况下，一段程序装入的位置和运行的位置并不相同。例如，程序中的一段关键

代码装在低速 ROM 中，但需在速度更高的 RAM 中运行。此时，必须进行运行时的重定位。实现运行时的重定位的方法比较简单，可在链接器命令文件的 SECTIONS 中将块分配两次：一次设定装入地址，另一次则设定运行地址。例如：

```
.text:  load=ROM,  run=RAM0
```

5.6 存储区分配与 CMD 文件

程序和数据需要存放在 DSP 芯片的存储器中才能运行。将程序和数据存放在存储器的什么地方需要用户根据 DSP 芯片所提供的实际存储资源进行存储区的分配。

5.6.1 文件链接方法

一般地，对用户编写的 DSP 源程序（*.c 或 *.asm）用编译器或汇编器编译后生成 *.obj 文件，obj 文件需要用链接器（linker）链接之后才能生成最后的可执行文件（*.out）。

链接的作用主要有：

① 将程序和数据分配到指定的存储器位置；

② 根据最后的存储器地址重定位程序中的各种符号和块；

③ 解决输入文件之间未定义的外部参考。

用链接器进行链接的方法（以 VC5509A 为例）是：

```
lnk55  [-可选项] 文件名1  文件名2 …  文件名n
```

其中：

lnk55 是链接器的文件名；**可选项**是链接命令选项，可以出现在命令行上，也可以在链接命令文件中；**文件名**可以是目标文件（*.obj）、链接命令文件（*.cmd）、库文件（*.lib）。链接器的输出文件扩展名是.out。

一般可以采用以下两种方法来使用链接器。

（1）直接在命令行中指定相应的文件名，例如：

```
lnk55  file1.obj  file2.obj  file3.obj -o  demo.out
```

（2）用链接命令文件，例如：

```
lnk55   demo.cmd
```

关于链接器的详细使用方法，程序员可以根据具体的 DSP 芯片下载阅读相应的文档资料。目前 CCS 中集成了编译、链接工具，因此在开发时已不需要单独使用 lnk55 命令完成链接。

由于第二种方法比较方便，下面我们通过具体例子简要介绍这种方法。

5.6.2 链接命令文件

为了使用户能够根据实际需要将程序和数据存放在合适的位置，一般需要编写一个链接命令文件，链接器根据这个文件中提供的指令，可以将程序和数据分配到指定的存储器位置。这个链接命令文件的扩展名为.cmd，通常称之为 CMD 文件。

链接器一般是根据 CMD 文件中的 MEMORY 和 SECTIONS 命令来对目标文件进行链接并分配内存的。

MEMORY 命令：定义目标系统的存储空间，程序员可定义每一块存储空间，指定每一块的起始地址和长度。

SECTIONS 命令：告诉链接器如何组合输入块以及在存储器的什么地方存放。

一般地，程序员先根据系统要求编写一个 CMD 文件，并把它添加到工程文件中。

例 5-3 给出了一个 CMD 文件的示例。

【例 5-3】 CMD 文件示例

```
a.obj          /*输入文件：需要链接的第 1 个目标文件*/
b.obj          /*输入文件：需要链接的第 2 个目标文件*/
c.obj          /*输入文件：需要链接的第 3 个目标文件*/
-o prog.out /*输出可执行文件*/
-m prog.map /*输出 map 文件*/
MEMORY         /*MEMORY 命令区*/
{
RAM: origin = 100h length = 0100h
ROM: origin = 01000h length = 0100h
}
SECTIONS       /*SECTIONS 命令区*/
{
.text: > ROM
.data: > RAM
.bss: > RAM
}
```

 5.6.3 TMS320VC5509A 的 CMD 文件

首先需要指出的是，对 VC5509A 而言，链接器命令文件中，不管是程序还是数据，其起始地址和长度均是针对字节长度的存储器的。

例 5-4 给出了一个比较完整的链接器命令文件参考。该例子针对 VC5509A 芯片给出了一个内存分配方案，读者可以在此基础上结合实际开发需求进行调整，也可直接引用该文件中的分配方案。

【例 5-4】 VC5509A 的 CMD 文件示例

```
/*********************************************************************/
/*  VC5509.cmd                                                       */
/*********************************************************************/
-o   demo.out         /*产生 demo.out 可执行文件*/
-m  demo.map          /*产生 demo.map 映像文件*/
-stack 400            /*设置堆栈长度*/
-l    rts55.lib       /*链接库函数  */
a.obj                 /*链接的第一个目标文件*/
b.obj                 /*链接的第二个目标文件*/
c.obj                 /*链接的第三个目标文件*/
```

```
MEMORY
{
   MMR:     origin = 0x000000  length = 0x0000c0    /*192字节的MMR寄存器*/
   DARAM0:  origin = 0x0000C0  length = 0x001F40    /* 8K字节的DARAM 0 */
   DARAM1:  origin = 0x002000  length = 0x002000    /* 8K字节的DARAM 1 */
   DARAM2:  origin = 0x004000  length = 0x002000    /* 8K字节的DARAM 2 */
   DARAM3:  origin = 0x006000  length = 0x002000    /* 8K字节的DARAM 3 */
   DARAM4:  origin = 0x008000  length = 0x002000    /* 8K字节的DARAM 4 */
   DARAM5:  origin = 0x00A000  length = 0x002000    /* 8K字节的DARAM 5 */
   DARAM6:  origin = 0x00C000  length = 0x002000    /* 8K字节的DARAM 6 */
   DARAM7:  origin = 0x00E000  length = 0x002000    /* 8K字节的DARAM 7 */

   SARAM0:   origin = 0x010000  length = 0x002000   /* 8K字节的SARAM 0 */
   SARAM1:   origin = 0x012000  length = 0x002000   /* 8K字节的SARAM 1 */
   SARAM2:   origin = 0x014000  length = 0x002000   /* 8K字节的SARAM 2 */
   SARAM3:   origin = 0x016000  length = 0x002000   /* 8K字节的SARAM 3 */
   SARAM4:   origin = 0x018000  length = 0x002000   /* 8K字节的SARAM 4 */
   SARAM5:   origin = 0x01A000  length = 0x002000   /* 8K字节的SARAM 5 */
   SARAM6:   origin = 0x01C000  length = 0x002000   /* 8K字节的SARAM 6 */
   SARAM7:   origin = 0x01E000  length = 0x002000   /* 8K字节的SARAM 7 */
   SARAM8:   origin = 0x020000  length = 0x002000   /* 8K字节的SARAM 8 */
   SARAM9:   origin = 0x022000  length = 0x002000   /* 8K字节的SARAM 9 */
   SARAM10:  origin = 0x024000  length = 0x002000  /* 8K字节的SARAM 10 */
   SARAM11:  origin = 0x026000  length = 0x002000  /*8K字节的SARAM11*/
   SARAM12:  origin = 0x028000  length = 0x002000  /*8K字节的SARAM12*/
   SARAM13:  origin = 0x02A000  length = 0x002000  /*8K字节的SARAM13*/
   SARAM14:  origin = 0x02C000  length = 0x002000  /*8K字节的SARAM14*/
   SARAM15:  origin = 0x02E000  length = 0x002000  /*8K字节的SARAM15*/
   SARAM16:  origin = 0x030000  length = 0x002000  /* 8K字节的SARAM16*/
   SARAM17:  origin = 0x032000  length = 0x002000  /*8K字节的SARAM17*/
   SARAM18:  origin = 0x034000  length = 0x002000  /*8K字节的SARAM18*/
   SARAM19:  origin = 0x036000  length = 0x002000  /*8K字节的SARAM19*/
   SARAM20:  origin = 0x038000  length = 0x002000  /*8K字节的SARAM20*/
   SARAM21:  origin = 0x03A000  length = 0x002000  /*8K字节的SARAM21*/
   SARAM22:  origin = 0x03C000  length = 0x002000  /*8K字节的SARAM22*/
   SARAM23:  origin = 0x03E000  length = 0x002000  /*8K字节的SARAM23*/

   CE0:  origin = 0x040000  length = 0x3C0000   /* 4M字节的CE0外部存储空间 */
   CE1:  origin = 0x400000  length = 0x400000   /* 4M字节的CE1外部存储空间 */
   CE2:  origin = 0x800000  length = 0x400000   /* 4M字节的CE2外部存储空间 */
   CE3:  origin = 0xC00000  length = 0x3F0000   /* 4M字节的CE3外部存储空间 */
   ROM:  origin = 0xFF0000  length = 0x00FF00   /* 64K字节ROM(MPNMC=0)
         或CE3 (MPNMC=1) */
   VECS: origin = 0xFFFF00  length = 0x000100   /* 复位向量 */
}
```

```
SECTIONS
{
    vectors (NOLOAD)     >  VECS
    .cinit               >  DARAM0
    .text                >  DARAM1
    .stack               >  DARAM0
    .sysstack            >  DARAM0
    .sysmem              >  DARAM4
    .data                >  DARAM4
    .cio                 >  DARAM0
    .bss                 >  DARAM5
    .const               >  DARAM0
    .csldata             >  DARAM0
}
```

MEMORY 下面的一对大括号中定义了 VC5509A 芯片的所有存储空间，其中：

- MMR 定义的 192 字节长度的存储空间是存储器映射寄存器的空间，用户是不可以使用的；
- DARAM0～7 是片内 8 块 DARAM，每块的长度是 8K 字节，共 64K 字节；
- SARAM0～23 是片内 24 块 SARAM，每块的长度是 8K 字节，共 192K 字节；
- CE0～3 是 4 大块外部存储空间，每块 4M 字节，用于外部扩展存储器用；
- ROM 是片内的只读存储器空间。

每一行定义了一块存储空间的起始地址及其长度（以字节为单位），例如：

```
DARAM1:  origin = 0x002000  length = 0x002000     /* 8K 字节的 DARAM 1 */
```

其中，origin 表示该存储空间的起始地址，DARAM1 这块存储空间从 0x002000 地址开始；length 表示该存储空间的长度，以字节为单位，表示 DARAM1 存储空间长度为 0x002000，即 8K 字节长，/*......*/为注释部分。

当然，实际使用时，并不需要把存储空间划分为那么多，可根据需要划分几个空间，每个空间的长度也可以根据需要设定。

SECTIONS 下面的一对大括号中给出了不用程序块的分配方案，每一行定义了一个程序块的分配位置，如第三行：

```
.text          > DARAM1
```

表示 .text 程序块在链接时放到 DARAM1 存储空间内，DARAM1 存储空间的起始地址和长度参见 MEMORY 关键字后大括号内第三行。其他程序块的内存分配依次类推。

链接器命令文件不仅可以对片内存储空间及程序块的分配进行详细设置，还可以设置其他链接选项，如：

- 增加一行："-o   demo.out" 来设置链接器生成可执行文件的名字为 demo.out；
- 增加一行："-l   rts55.lib"来设置链接时需要加载库文件 rts55.lib；
- 增加一行："-m   demo.map"来设置输出映像文件的名字为 demo.map。

如果不给链接器提供 MEMORY 和 SECTIONS 命令，则链接器就采用默认的分配方法，对不同的 DSP 芯片，默认的分配方法是不同的。例 5-5 是 VC5509A 的默认分配方法。

【例 5-5】 VC5509A 的默认分配方法

```
MEMORY
{
    ROM (RIX) :     origin = 0100h, length = 0FEFFh
    RAM (RWIX) :    origin = 010100h, length = 0FFFFh
    VECTOR (RIX) :  origin = 0FFFF00h, length = 0100h
}
    SECTIONS
    {
        .text        > ROM
        .switch      > ROM
        .const       > ROM
        .cinit       > ROM
        .data        > RAM
        .bss         > RAM
        .sysmem      > RAM
        .stack       > RAM
        .sysstack    > RAM
        .cio         > RAM
        .vectors     > VECTOR
    }
```

本 章 小 结

本章以 TMS320VC5416、TMS320VC5509A 和 TCI6638K2K 为例，介绍了 DSP 芯片的存储资源管理。重点介绍了汇编器和链接器所采用的 COFF 目标文件格式，介绍了这种文件格式中的最小单位“块”(section)，讨论了汇编器和链接器对块的处理方法。COFF 目标文件格式非常有利于模块化编程，使管理代码段和系统存储器更为方便和灵活。基于这种格式编写 DSP 程序可使程序员摆脱对程序绝对地址的操作，也使程序具有更强的可读性和可移植性。

习题与思考题

1. 什么是 COFF 文件格式？它有什么特点？
2. 说明 .text 块、.data 块 和.bss 块分别包含什么内容？
3. 链接命令文件包括哪些内容？
4. 什么是程序的重定位？
5. 已知一数组名为 indata，长度为 30 个字，试用两种方法给该数组分配空间。

第6章　基于C语言的DSP芯片软件开发

6.1　引　　言

对于DSP软件开发而言，DSP芯片和通用处理器（如80x86）一样，都是通过指令执行的方式实现各种功能的。每种芯片结构不同，都有自己独特的指令系统和对应的机器操作码。由于汇编语言指令与芯片的结构紧密相关，因此采用汇编语言编写DSP程序，可以有效减少程序的运算量和存储量，具有代码效率比较高的优点，这对于运算资源和存储资源有限的DSP系统来说是十分有用的。然而，基于汇编语言开发DSP程序，由于需要掌握每一条汇编指令的用法，因此程序开发的周期相对较长，且编写的程序可读性和可移植性较差，软件的修改和升级相对也比较困难。

基于上述原因，DSP 芯片厂商都推出了基于高级语言的开发环境，以方便用户开发应用程序，其中以C语言为基础的开发环境最多。这样可以直接用高级语言编写DSP芯片的软件，从而使DSP芯片的开发速度大大提高，也使程序的修改和移植变得十分方便。当然，基于C语言开发DSP程序有一个前提条件，那就是所设计的DSP系统必须具有足够的运算和存储资源。

第3章已经介绍了TI公司的DSP集成开发环境CCS。本章将在此基础上，主要以TI C55x为例，重点讨论在CCS环境中如何利用C语言进行DSP程序的开发。直接利用DSP汇编语言指令进行开发的方法将在本书的第7章介绍。

6.2　TMS320C55x的C语言

目前常见的各种DSP开发软件，其C语言编译器基本上都是符合ANSI/ISO C标准的。第3章已经介绍，CCS环境中集成了DSP代码的生成工具，其中包括了优化的C/C++编译器、汇编器、链接器以及一系列相应的辅助工具等。这些工具程序都可以在CCS中直接完成。

下面以C55x的C编译器为例进行说明。利用C语言实现一个简单的累加程序main。

```
/* main.c */
int func (int,int,int,int,int) ;
int y = 0;
void main (void)
{
    y = func (1,2,3,4,5) ;
}

/*   func.c   */
int func (int a,int b,int c,int d,int e)
{
    return (a+b+c+d+e) ;
}
```

在 CCS 中，这样的程序可以直接进行编译，而不会有错误或告警产生。C55x 系列的 CCS C 编译器支持符合 ISO C 标准的 C 语言程序。这个标准可在 ISO 的规范和 Kernighan 与 Ritchie 合写的《C 编程语言》（第 2 版）中查阅。此外，C55x 系列的 CCS C 编译器还同样支持 C++语言，其版本是由 Ellis 和 Stroustrup 的《The Annotated C++ Reference Manual（ARM）》手册规定的。

为了保证程序运行结果的可靠，CCS 的 C 语言程序运行环境对 DSP 芯片中影响运算结果的各状态比特位有个假定值，并在初始化代码（boot.asm）中进行了缺省设置。在 C 语言和汇编语言进行混合编程时，利用汇编代码编写的函数对各种标志位的操作一定要满足 C 语言程序运行环境的要求，各种标志位的预置值要和表 6-1 一致，该表列出了 C55x 芯片 C 语言环境中各状态比特位预置值。

表 6-1　C55x 芯片 C 语言环境中各状态比特位预置值

状态寄存器	状态寄存器中的比特	名　称	预　置　值	编译器生成的代码能否修改
ST0_55	ACOV[0-3]	溢出标志		可以
	CARRY	进位标志		可以
	TC[1-2]	测试控制标志		可以
	DP[07-15]	数据页寄存器		不可以
ST1_55	BRAF	块循环活跃标志		不可以
	CPL	编译模式	1	不可以
	XF	外部标志		不可以
	HM	保持模式		不可以
	INTM	中断模式		不可以
	M40#	计算模式（D 单元）	0	可以
	SATD	饱和模式（D 单元）	0	可以
	SXMD	符号扩展模式（D 单元）	1	不可以
	C16	双 16 位运算模式	0	不可以
	FRCT	小数模式	0	可以
	C54CM	C54X 兼容模式	0	可以*
	ASM	累加器移位模式		不可以
ST2_55	ARMS	AR 模式	1	不可以
	DBGM	调试使能模板		不可以
	EALLOW	仿真访问使能		不可以
	RDM	舍入模式	0	可以
	CDPLC	CDP 线性/循环 配置	0	可以
	AR[0-7]LC	AR[0-7]线性/循环 配置	0	可以
ST3_55	CAFRZ	缓冲冻结		不可以
	CAEN	缓冲使能		不可以
	CACLR	缓冲清除		不可以
	HINT	主机中断		不可以
	CBERR	CPU 总线错误标志		不可以
	MPNMC	微处理器/微计算机模式		不可以
	SATA	饱和模式（A 单元）	0	可以
	CLKOFF	禁止 CLKOUT		不可以
	SMUL	乘法饱和模式	1	可以
	SST	存储饱和模式		

注#：进行 40 比特（数据类型位 long long）运算时；注*：使用 C54X_CALL 编译指示。

为了方便用户使用 C 语言开发 DSP 程序，TI 公司提供了运行支持库（runtime support library）文件 rts55.lib，其源码保存在 rts.src 文件中。这个文件包含了 ISO 定义的标准运行支持函数、浮点代数运算函数、系统启动程序：_c_int00 和 C 语言 I/O 函数等。除了 rts55.lib，TI 还提供了针对大内存模式下的运行支持库文件 rts55x.lib，在大内存模式下必须使用这个运行支持库。由于所使用的 DSP 平台有区别，用户有时需要定制库文件。利用库定制工具程序 mk55，按如下方法即可生成 rts.lib：

```
mk55 --u -o2 rts.src -l rts55.lib
```

其中，– –u 选项通知 mk55 工具使用当前路径下的头文件，–o2 是优化选项，对代码进行寄存器、局部和全局等优化。这个优化选项并不影响代码的兼容性。

6.2.1 变量和常数

1．基本数据类型

ANSI/ISO C 语言中的基本数据类型在 CCS 的 C 编译器中都可以直接使用。但由于芯片结构不同，有些数据类型的占用位宽有所区别。

在 C54x 和 C55x 中，整型数定义为累加器的低半部分。因此，整型数定义类型的占用位宽和具体的芯片类型有关，表 6-2 是 TI 公司主要 DSP 芯片的整型数宽度。

表 6-2　TI 公司主要 DSP 芯片整型数宽度

芯片类型	short（unsigned short）	int（unsigned int）	long（unsigned long）
C54x/C55x	16	16	32
C64x	16	32	40

C55x 的 C 编译器同样支持浮点型变量，它将浮点数表示为 IEEE 单精度格式。单精度数（float）和双精度数（double）都表示为 32 位，两者没有任何区别。

表 6-3 是 C55x 的 C 编译器支持的基本数据类型列表。从表中可以看出，除整型数和浮点数的格式与在 PC 上开发的 C 语言程序规定不同外，字符型、指针型等数据类型也存在差别。因此，在程序移植时需要考虑变量的变化范围。需要注意的是，根据 ISO C 语言标准的定义，sizeof(char)的值必须是 1，而 C55x 中 char 类型的位数为 16，这会导致 size(int)的值也是 1，而不是 2。除此之外，对于 long long 类型，ISO C 语言标准的定义为 64 位，而 C55x 由于硬件受限，改为 40 位。

表 6-3　C55x 的 C 编译器支持的基本数据类型

数 据 类 型	位宽/bit	表 示 形 式	最 小 值	最 大 值
char,signed char	16	ASCII	−32768	32767
unsigned char	16	ASCII	0	65535
short,signed short	16	二进制补码	−32768	32767
unsigned short	16	二进制	0	65535
int,signed int	16	二进制补码	−32768	32767
unsigned int	16	二进制	0	65535
long,signed long	32	二进制补码	−2 147 483 648	2 147 483 647
unsigned long	32	二进制	0	4 294 967 295

续表

数据类型	位宽/bit	表示形式	最小值	最大值
long long	40	二进制补码	−549 755 813 888	549 755 813 887
unsigned long long	40	二进制	0	1 099 511 627 775
enum	16	二进制补码	−32768	32767
float	32	32 比特 IEEE 形式	1.175 494e−38	3.402 823 46e+38
double	32	32 比特 IEEE 形式	1.175 494e−38	3.402 823 46e+38
long double	32	32 比特 IEEE 形式	1.175 494e−38	3.402 823 46e+38
指针(数据，小内存模式)	16	二进制	0	0x0FFFF
指针(数据，大内存模式)	23	二进制	0	0x07FFFFF
指针(函数)	16	二进制	0	0x0FFFF

除表 6-3 中的标准数据类型外，C55x 编译器还提供 size_t 类型来定义 sizeof 操作数的返回结果，该类型具体实现时为 unsigned int 类型；提供 ptrdiff_t 类型来定义指针减运算的结果，该类型具体实现时为 int 类型。

2. 变量的存储

（1）局部变量和全局变量

在函数内部定义的变量是内部变量，它只在本函数范围内有效，也只有在函数内才能使用它们，这些变量称为“局部变量”。即使是在主函数 main 中定义的变量，也只在主函数中有效，而不因为在主函数中定义就可以在整个程序中有效。

全局变量是在函数之外定义的变量，程序中使用的外部变量都是全局变量，其有效范围是从定义变量的位置开始到文件结束。

在选择使用局部变量和全局变量时，需要分析它们的特点和程序的应用场合。利用全局变量，可以增加函数间数据联系的通道，方便变量的修改和传递，减少内存空间以及传递数据时的时间消耗。然而，由于全局变量始终占用存储单元，因此如果使用过多全局变量，这些变量的空间将得不到释放，同时使得函数的通用性和程序的清晰性降低，程序的可靠性和通用性将下降。

（2）动态存储变量和静态存储变量

局部变量和全局变量讨论的是变量的作用域。如果从变量的生存期上分析，可以分为静态存储变量和动态存储变量。顾名思义，这两种变量的存储空间分别是固定的和动态分配的。在 C 语言中，除了变量之外，函数也有存储类别这个属性。

一般而言，DSP 的数据存储空间可以分为静态存储区和动态存储区。其中，全局变量保存在静态存储区中，程序开始执行时分配空间，程序执行完毕释放。动态存储区保存有函数调用时的形式参数变量、现场保护和返回地址等，还有未加 static 说明的局部变量。这些数据，在函数调用开始时分配空间，函数结束时释放。

对数据和函数的存储类别具体划分，可以分为四种：自动的（auto），静态的（static），寄存器的（register），外部的（extern）。其中任何一个文件中定义的数据和函数，缺省类型都是 auto。如果数据或函数在另外的文件中定义，则在使用文件中该数据应申明是 extern。另外两种存储类别的数据规定如下：

① 静态变量

在函数内部定义的局部变量，缺省的都是动态分配存储空间的。这样，每次在调用该函数时，局部变量都要重新赋值。而有些情况下，局部变量在函数运行之后还要保存，以便下次调用时使用。这时，可以利用关键字 static 对变量进行定义。

C55x 等 C 编译器对静态变量的处理采用和全局变量相同的方法，在整个程序执行期间该变量都有效。ISO C 标准中要求在程序执行前对为初始化的静态和全局变量置 0，而 C55x 的编译器没有这个功能，需要程序员自己初始化，或者在加载代码时进行初始化。

② 寄存器变量

C55x 等编译器可以使用寄存器变量。这种类型的数据利用寄存器保存，指令处理起来比较快捷，可以减少对内存的访问。C55x 不再兼容 C54x 中全局 register 类型变量，但可以在函数参数或局部变量中使用这种类型。

（3）onchip 关键字

onchip 关键字通知编译器，其限定的指针变量将会作为双 MAC 指令的操作数，该变量必须要链接到片上内存。例如：

```
onchip int x[100];
onchip int *p;
```

还可以利用-mb 编译选项来设置所有数据都链接到片内空间。

（4）restrict 关键字

如果一个指针变量或者数组在函数调用过程中不能被其他人访问，可以利用 restrict 关键字限定该指针变量或数组。例如：

```
void fun_test(int * restrict a, int * restrict b)
{
    int i;
    for(i=0;i<100;i++)  *a++=*b++;
}
```

上例中，函数 fun_test 在调用时指针 a 和指针 b 不能指向同一数据空间。有关 restrict 的详细定义可以参考 ISO C 标准 1999 版。

3．其他数据类型

（1）常数类型

C 语言中支持很多关键字。其中，const 这个关键字对数据目标的保存提供了很大的控制。可以使用这个关键字确保变量或数组的值不会被改变。C55x 编译器支持该关键字。

关键字 const 在变量定义时的位置很重要，例如下面的两个例子：

```
int * const p = &x;
const int * q = &x;
```

第一个例子定义了一个固定的整型指针 p，而第二个例子定义了一个指针 q，它指向固定的常数。

（2）I/O 空间类型

除了 const、volatile 等 C 语言常用关键字，C55x 编译器还支持 ioport 关键字，用于声明 I/O 空间类型变量，实现对 I/O 空间的数据访问。ioport 关键字可以和 const、volatile 关键字一起用。I/O 空间类型变量的定义，使用的方法如下：

```
ioport type var_nme
```

其中 ioport 是这个 I/O 空间变量声明的关键字，type 为类型，支持 C 语言标准类型，包括数组、结构、公用体、枚举。var_name 为变量名

I/O 空间类型变量可以是全局变量或静态变量，局部变量只能限定指针类型。如下所示：

```
void fun_test()
{
        ioport int i;   // 不合法的定义
        ioport int *j;  // 合法的定义
}
```

（3）volatile 类型

在对 C 源程序进行编译时，代码优化器会对数据流进行分析，避免任何可能发生的存储区访问。如果在编写 C/C++源代码时，存在一些依赖于存储区访问的代码，需要使用 volatile 关键字来确定这些访问。这样编译器不会对这些 volatile 变量进行优化。

例如，在下面的例子中，循环始终保持在固定的位置，直到读到的数为 0xFF。

```
unsigned int *ctrl;
while （*ctrl !=0xFF）;
```

由于*ctrl 循环不变，因此会被优化为一个存储区读指令。为了避免这样的优化，需要将 ctrl 定义为 volatile：

```
volatile unsigned int *ctrl;
```

这样定义后，对 ctrl 的访问就不会随着编译选项的改变而改变，确保了程序按照最基本的功能执行。

6.2.2 函数

在 CCS 中利用 C 语言进行编程，其程序结构符合 ANSI/ISO C 标准。任何函数都由三种基本的程序结构组成：顺序结构、分支跳转结构和循环结构。在 DSP 平台上开发 C 语言程序，要结合 DSP 的特点，因此对函数的编译有其特殊的规定。

1. 函数及其调用

CCS 中 C 语言程序的函数定义和声明符合 ANSI/ISO C 标准。最基本的定义如下：

```
type function (type var, ……)
{
……
}
```

其中，括号内的参数是函数 function 所要使用的变量，函数的返回值其类型为 type，没有返回值定义其类型为 void。

2. C 语言程序入口函数

（1）main 函数的调用——入口函数 c_int00

对于 DSP 芯片的完整软件系统而言，用户开发的 main 函数只是一个应用程序。那 main 函数的调用过程由谁负责呢？完成这个功能的函数代码在 boot.c 中实现，函数名为 c_int00，

它保存在 rts55.lib 中。在编译时，选择-c（默认选项） 或者-cr，编译器会自动将 c_int00 作为程序的入口函数。因此，在链接时需要将 rts55.lib 添加到项目中。

当使用 C 语言编写 DSP 程序时，芯片的复位中断程序缺省为 c_int00，这实际上就是 C/C++ 程序的入口位置。DSP 芯片上电后，其程序指针（PC）指向中断矢量表的基址处，并从该位置跳转到 c_int00 处。程序 c_int00 完成系统全局和静态变量的初始化、C 环境变量的初始化、堆栈的建立和函数 main 的调用，由于没有任何调用者，因此 c_int00 并不保护任何寄存器的内容。

程序员在进行程序调试时，在向 DSP 装载程序后，可以在 CCS 的汇编窗口看到类似于下面一段代码的汇编指令。这实际上就是 C 语言程序入口函数 c_int00 的汇编指令实现。

```
         _c_int00:
005f3b:  ec314e0003cc   AMAR    *(#003cch),XSP          ;设置堆栈基址
005f41:  ec315e0004cc   AMAR    *(#004cch),XSSP
005f47:  f406f91f_98    AND     #63775,mmap(@ST1_55)    ;设置寄存器
005f4c:  f5064100_98    OR      #16640,mmap(@ST1_55)
005f51:  f496fa00_98    AND     #64000,mmap(@ST2_55)
005f56:  f5968000_98    OR      #32768,mmap(@ST2_55)
……
005f61:  6c005d93       CALL     _auto_init       ;调用初始化函数
005f65:  6c005de0       CALL    _args_main        ;此函数调用C语言主函数main
005f69:  3c19           MOV     #1,AR1
005f6b:  6c005efd       CALL    exit              ;调用 C 语言返回函数
```

由于 DSP 的 C 语言程序在运行 c_int00 之后才能进入到 main 函数中，main 函数运行结束后就跳转到 c_exit 中，因此调试过程中，只能在 main 函数运行时观察到变量窗中各个变量值。在 CCS V5.5 中开发 C 语言程序时，加载 out 文件后，CCS 会自动运行 c_int00 函数，直到 main 函数入口处。

（2）变量的初始化

c_int00 在完成系统的初始化时，除了对一些必要的寄存器进行设置之外，还对 C 语言应用程序中的静态和全局变量进行必要的初始化。初始化的过程通过将存储在固定数据区空间的数据搬移到程序变量使用的 RAM 区中实现。

C 语言标准规定，在程序运行前任何没有特殊初始化的静态和全局变量都要初始为 0。当程序装载后，这个任务一般都要完成的。然而代码的装载过程非常依赖于应用系统的特定环境。CCS 编译器对没有特殊初始化的静态和全部变量不进行初始化。这个初始化任务必须由用户编写的程序完成。

const 类型定义的静态和全局变量与其他的静态和全局变量存在不同，它们保存在缺省的单独定义存储块（.const 块）中。在初始化的过程中，也不会对 const 类型的常量进行搬移。

例如：

```
const int zero=0;
```

这条初始化赋值语句在编译后并没有指令与其对应，而是直接在数据存储空间中的某个存储单元保存初始化值。

使用 const 类型定义变量，可以在系统上电初始化时不再浪费时间或空间，这个特点对于大数据量的常数初始化而言是有用的。

3. 中断函数

在实时系统中，一般都会遇到中断处理的情况。C55x 编译器提供 interrupt 关键字，在 C 语言程序中，利用 interrupt 关键字定义函数，声明该函数是一个中断函数。中断函数的编译服从专门的寄存器保护规则和堆栈返回过程。当 C/C++代码被中断后，中断服务程序必须对该程序和其他程序的函数使用的所有寄存器进行保护。中断函数必须要保护中断函数要使用的所有寄存器。当使用 interrupt 关键字后，编译器将为该中断提供寄存器保护和返回处理。

interrupt 关键字只能用于没有调用参数和返回值的函数。中断函数体中可以有局部变量，例如：

```
interrupt void isr ()
{
    unsigned int flags;
    …
}
```

用 C 语言编写中断程序时，需要注意以下几点：

① 程序员需要处理部分硬件中断所特有的任务。

② 中断的屏蔽和使能必须由程序员设置，设置的方法是用嵌入汇编语句的方法修改 IMR 寄存器。也可以调用 CCS 提供的内建函数_enable_interrupts、_disable_interrupts 来使能或屏蔽全局中断。这两个内建函数在 c55x.h 中声明，如下所示。

```
void _enable_interrupts(void);                // 使能全局中断
void _disable_interrupts(void);               // 屏蔽全局中断
```

③ 中断程序没有参数传递，即使说明，也将被忽略。

④ 中断程序不能被其他正常的 C 语言编写的函数调用。

⑤ 将一个程序与某个中断关联时，必须在相应的中断矢量处放置一条跳转指令。

⑥ 由于用 C 编写中断程序时，需要保护所有的寄存器，因此效率不高。

 6.2.3 预处理

TMS320C55x 的 C/C++编译器支持预处理功能。除一般的预定义、条件编译等预处理指令外，还有一个指令（directive）#pragma 可以指定预处理器完成和函数的存储、编译选项有关的一些任务，在对程序进行链接时有用。C55x C 编译器支持的 pragma 预处理包括 COFF section 控制（CODE_SECTION，DATA_SECTION），函数控制（FUNC_IS_PURE，FUNC_CANNOT_INLINE，FUNC_EXT_CALLED，FUNC_IS_SYSTEM 等），C54X 调用控制（C54X_CALL，C54X_FAR_CALL）等。

下面简要介绍一下常用的 pragma 预处理的用法。

（1）`#pragma CODE_SECTION (symbol,"section name") [;]`

此预处理可以为 symbol 指定专门的代码存储块：section name，在代码目标链接过程中非常有用。

例如：

```
#pragma CODE_SECTION(funcA,"codeA")
int funcA(int a)
```

```
{
    int i;
    return (i = a);
}
```

编译器会将 funcA 函数放到特定的 codeA 内存块中，编译后汇编代码如下：

```
        .sect "codeA"
        .global _funcA
;*******************************************************
;* FUNCTION NAME: _funcA *
;*******************************************************
_funcA:
```

（2）`#pragma C54X_CALL (asm_function) [;]`
`#pragma C54X_FAR_CALL (asm_function) [;]`

此预处理表明 asm_function 是一个 C54x 的汇编函数，C55x 的 C 代码在调用时要注意运行环境的差异。asm_function 为用 C54x 汇编语言写的汇编函数，不能是 C 语言函数。C54X_FAR_CALL 对应的汇编函数只能是原来 C54x 汇编代码中被 FCALL 指令调用的汇编函数。C54X_CALL 对应的汇编函数是原来 C54x 汇编代码中被 FCALL 之外其他指令调用的汇编函数。

（3）`#pragma DATA_ALIGN (symbol, constant) [;]`

此预处理将 symbol 分配到一个边界上，边界的位置由 constant 决定，constant 表示对齐到几个字的边界。如 constant 为 4，对应 4 个字（64 比特）的边界，即 symbol 对应的地址的低 2 位为 0。constant 的值必须是 2 的整数幂。

（4）`#pragma DATA_SECTION（symbol,"section name"）[;]`

此预处理可以为 symbol 指定专门的数据存储空间，在数据目标链接过程中非常有用。

（5）`#pragma FUNC_CANNOT_INLINE（func） [;]`

此预处理表明函数 func 不能被扩展为内联。

（6）`#pragma INTERRUPT （func） [;]`

此预处理表明 func 是中断函数。

C++编译器支持的 pragma 格式和 C 编译器支持的格式有所区别，这里不再列写。由于函数名 func 和符号名 symbol 不能在函数体内定义或声明，因此 pragma 的定义必须放在函数 func 和符号 symbol 的任何声明、定义和参考之前。

6.2.4 asm 语句

C55x 编译器支持在 C 语言语句中嵌入汇编指令，便于处理 C 语言不方便处理的场景，如修改寄存器的某个比特位、处理某些芯片硬件自带的功能等。C55x 编译器提供一个语句来实现嵌入汇编指令的功能：asm 语句。

asm 语句的用法如下：

```
asm("assembler text");
```

语句中双引号内的部分为待嵌入的汇编指令，编译器将会将该汇编指令直接插入到编译结果中。编译器并不检查嵌入的汇编指令，汇编指令必须是合法的指令。由于编译器不检测asm语句中的汇编指令，尽量少用asm语句。使用asm语句时一定要非常谨慎，不能破坏C/C++的运行环境。

6.3 C语言程序代码的优化

在实时系统应用中，很多任务需要大量的计算资源和存储资源。而DSP芯片片内存储空间有限，CPU的时钟也不可能无限制地提高。为了充分利用资源，需要在保证程序正确性的同时，尽可能地对程序代码进行优化。因此，DSP的C编译器中包含了一个优化器，可以用于C/C++程序的速度和空间优化。另外，在编写C/C++程序时，也有一定的优化规则。按照这些规则编写程序代码，可以有效地控制资源的消耗。本节重点讨论C代码优化的多种方法。

6.3.1 C语言程序代码编译分析

为充分了解C代码优化的基本原理，对编译器的编译过程进行分析是必要的。下面从表达式、变量的存储、函数的调用等方面分析编译器对C语言代码的编译方法。

1. 表达式分析

在利用C语言编写DSP程序时，会大量运用计算表达式。如果程序中需要计算整型表达式，必须注意以下几点：

（1）算术上溢和下溢。由于定点DSP芯片的数据类型范围有限，在处理部分大数据可能会出现溢出现象，包括上溢（计算结果大于该数据类型的最大值）、下溢（计算结果小于该数据类型的最小值）。在编程过程中，一定要注意分析数据变化的动态范围，结合具体芯片的寄存器标志（如ACOV）来处理溢出问题。

（2）整除和取模。C54x没有直接提供整除指令，因此，所有的整除运算“/”和取模运算“%”都需要调用库函数来实现。其中div提供16位的除法和取模运算，ldiv提供32位的除法和取模运算，lldiv提供40位的除法和取模运算。

div的调用格式为：div_t div（int numer, int denom）
其中numer为分子，denom为分母，div_t是一个预定义的结构，定义如下：

```
typedef struct
{
    int quot;               // 商
    int rem;                // 余数
}div_t;
```

ldiv的调用格式为：ldiv_t ldiv（long numer, long denom）
其中numer为分子，denom为分母，ldiv_t是一个预定义的结构，定义如下：

```
typedef struct
{
    long int quot;          // 商
    long int rem;           // 余数
}ldiv_t;
```

lldiv 的调用格式为：lldiv_t lldiv（long long numer, long denom）
其中 numer 为分子，denom 为分母，div_t 是一个预定义的结构，定义如下：

```
typedef struct
{
    long long int quot;      // 商
    long long int rem;       // 余数
}lldiv_t;
```

C54x/C55x 的 C 编译器将浮点数表示为 IEEE 单精度格式。单精度数和双精度数都用 32 位表示，同时浮点函数库中提供了一组浮点数学库函数，如加法、减法、乘法、除法、比较、整数和浮点数转换、标准的错误处理等。

2. 存储模式

C54x/C55x 定点处理器有两种类型的存储器：程序存储器和数据存储器。在程序存储器中主要包含可执行的程序代码，在数据存储器中，则主要包含外部变量、静态变量和系统堆栈。由 C 程序生成的每一块程序或数据都存放于存储空间的一个连续块中。关于程序或数据块的存储已经在第 5 章中具体介绍过，这里我们简要分析 C55x 的存储模式。

C55x 编译器认为内存是一个线性的块，其中包含了很多的代码块和数据块。编译器支持以下 3 种内存模式，不同的内存模式会影响数据的存放和读取方式。

（1）小内存模式（Small Memory Model）适用于代码和数据都比较少的情况。在这个内存模式下，下列内存块必须全部放置到一个 64K 字大小的内存页中。

- .bss 块和.data 块（包含所有静态和全局变量）；
- .stack 块和.sysstack 块（包含主要、次要的系统堆栈）；
- .sysmem 块（动态内存空间）；
- .const 块。

该模式对.text、.switch、.cinit、.pinit 的大小和放置位置没有要求。在小内存模式下，编译器利用位宽为 16 比特的指针变量来访问数据，指针变量在内存中占 1 个字的空间。如果要使用小内存模式开发程序，链接时需要将 rts55.lib 包含到当前工程中。

（2）大内存模式（Large Memory Model）适用于代码和数据都比较多的情况。在这个内存模式下，数据可以自由的放置到内存中的各个位置，但.stack 块和.sysstack 块必须分配到同一内存页内。需要注意的是，虽然数据块可以分配到内存中任意位置，但整块必须在同一内存页内，只有代码块可以横跨内存页边界。此模式下，指向数据的指针变量的位宽为 23 位，指针变量在内存中占 2 个字的空间。如果要使用大内存模式开发程序，链接时需要将 rts55x.lib 包含到当前工程中。且当前工程中所有文件的内存模式必须都是大内存模式，链接器不支持同时出现小内存模式和大内存模式。

（3）巨内存模式（Huge Memory Model）适用于代码和数据都非常多的情况，多到要用满整个 8MB 内存空间。巨内存模式下，编译器提供的 size_t 和 ptrdiff_t 两种数据类型的位宽为 32 位，涉及到这些类型的代码需要修改，如 memcpy、sizeof、malloc 等。如果要使用巨内存模式开发程序，链接时需要将将 rts55h.lib 包含到当前工程中。C 语言代码经过编译器编译后，巨内存模式下的代码性能和大内存模式下的代码性能相似。大内存模式下，利用 RPT, RPTB 和 size_t 类型变量可以实现无开销循环；巨内存模式下的 size_t 类型变量位宽变为 32

位，无法再利用 RPT、RPTB 实现无开销循环，相应的代码段性能会略微下降。

需要注意的是，在巨内存模式下，编译器不能提供动态内存分配功能；编译器会生成的目标文件将不兼容小内存模式和大内存模式；编译器只能针对版本号为 3 的 CPU 进行优化，不兼容以前的 CPU 版本（版本 1、版本 2）。

3．系统堆栈

C/C++编译器使用系统堆栈来完成存储局部变量、向函数传递参数、保护处理器状态等功能。系统堆栈必须放置于单一的连续内存块中，其增长方向从高地址向低地址增长。不同的芯片，其堆栈管理使用的寄存器有所区别。

C54x/C55x 有专门的 SP 寄存器管理堆栈。辅助寄存器 AR0～AR7 可直接用作指针或用于表达式中。在需要时，AR7 可用作帧指针。在 C55x 芯片中还有 SSP 寄存器来管理次要系统堆栈。

每个函数运行时，都会在堆栈中建立一个新的帧，用于分配局部变量和临时变量。C 环境能够自动管理这些寄存器。

堆栈长度可由链接器确定，全局符号__STACK_SIZE 的值等于主要系统堆栈长度，单位为字节，缺省值为 1K 字节；全局符号__SYSSTACK_SIZE 的值等于次要系统堆栈长度，单位为字节，缺省值为 1K 字节。也可以在链接时用 -stack size 选项或-sysstack size 选项来改变主要系统堆栈或次要系统堆栈长度，size 为一个数字表示堆栈长度。

4．存储空间分配

在 C 语言程序中说明的每一个外部或静态变量被分配给一个唯一的连续空间。空间的地址由链接器确定。编译器保证这些变量的空间分配在多个字中以使每个变量按字边界对准。

在对结构变量进行存储空间分配中，编译器为结构分配足够的字以包含所有的结构成员，在一组结构中，每个结构开始于字边界。而所有的域类型对准于字的边界。对域分配足够多的比特，相邻域组装进一个字的相邻比特，但不跨越两个字。如果一个域要跨越两个字，则整个域分配到下一个字中。

DSP 的 C 编译器同样支持动态存储空间分配。ANSI/ISO C 标准建议设 4 个有关的动态存储分配的函数，即 calloc( )、malloc( )、free( )、realloc( )。实际上，许多 C 编译系统实现时，往往增加了一些其他函数。ANSI/ISO C 标准建议在“stdlib.h”头文件中包含有关信息，但许多 C 编译要求用“malloc.h”，而不是“stdlib.h”。

ANSI/ISO C 标准要求动态分配系统返回 void 指针，它可以指向任意类型的数据，但大多数 C 编译器提供的函数都返回 char 指针。因此，需要用强制类型转换的方法把 char 指针转换成所需类型。

C55x 编译器在.sysmem 块中实现动态存储空间的分配。.sysmem 块的长度可以链接器确定，全局符号__SYSMEM_SIZE 的值等于.sysmem 块的长度，单位为字节，默认值为 2K 字节。也可以在链接时用 -heap size 选项来改变.sysmem 块的长度，size 为一个数字表示堆栈长度。

5．寄存器规则

不论是浮点 C 编译器还是定点 C 编译器，都定义了严格的寄存器使用规则。这些规则对于合理运行 C 语言程序，提高 C 语言程序运行效率非常重要。寄存器使用规则规定了函数调用时如何利用寄存器来传递数据。表 6-4 给出了编译器如何使用寄存器、保护寄存器。表中母函数是指调用别的函数的函数，子函数是指被调用的函数。编译器未使用的寄存器没有包含在表中。

表 6-4　C55x 的寄存器规则

寄存器名	保护者	用　法	备　注
ACC[0-3]	母函数	16 位/32 位/40 位数据、24 位的代码指针	
(X)AR[0-4]	母函数	16 位数据、16 位/23 位指针	
(X)AR[5-7]	子函数	16 位数据、16 位/23 位指针	
BK03,BK47,BKC	母函数		
BRC0,BRC1	母函数		
BRS1	母函数		
BSA01,BSA23,BSA45, BSA67,BSAC	母函数		
(X)CDP	母函数		
CFCT	子函数		
CSR	母函数		
(X)DP	子函数		大内存模式下不用此寄存器
MDP, MDP05,MDP67	子函数		
PC			不需要保护
REA0, REA1	母函数		
RETA	子函数		
RPTC	母函数		
RSA0, RSA1	母函数		
SP			不需要保护
SSP			不需要保护
ST[0-3]_55			函数被调用前后要保持表 6-1 所示的预置值
T0, T1	母函数		
T2, T3	子函数		
TRN0, TRN1	母函数		

6．函数调用

函数调用涉及参数传递、内存使用等问题。DSP 的 C 编译器规定了一组严格的函数调用规则。除了特殊的运行支持函数外，任何调用 C 语言函数或被 C 语言函数所调用的函数都必须遵循这些规则，否则就会破坏 C 环境，造成不可预测的后果。

C55x 编译器对母函数（调用者）和子函数（被调用者）的调用规则略有不同。

（1）母函数职责

①函数调用前，将参数存放到寄存器或者压入运行堆栈。通常先将参数放到寄存器中，根据参数的类型，可以将参数分为 3 类：指针变量、16 位变量、32 位或 40 位变量。

指针变量依次存放到(X)AR0～(X)AR4 中，16 位变量依次存放到 T0、T1、AR0～AR4 中，32 位或 40 位变量存放到 AC0～AC2 中。参数处理时，按照从左到右依次存放到寄存器中，如果对应的寄存器被占用，则选择下一寄存器。例如函数有 4 个参数，前 2 个是 16 位变量，依次存放到 T0、T1 中，第 3 个为指针变量，存放到 AR0 中，第 4 个为 16 位变量，由于 AR0 已经被占用，则只能存放到 AR1 中。如果对应类比的寄存器都被占用，则将参数压到堆栈中。

对于结构类型参数，编译器会首先判断其位宽，如果不大于 32 位则将其作为一个 32 位变量传递给子函数；如果大于 32 位则将其地址作为指针变量传递给子函数。

如果子函数返回结构类型变量或联合体类型变量，编译器会在堆栈中分配一个结构类型变量，然后将其地址作为指针变量传递给子函数，这个变量会自动添加到原来参数的最左边。如下所示。

原函数定义：

```
struct s result = fn(x, y);
```

编译后定义：

```
fn(&result, x, y);
```

② 保护除了 T2、T3、AR5～AR7 之外的寄存器的值，将需要使用的值先压到堆栈中。

③ 调用子函数。

④ 收集返回值。短数据（16 位）的返回值存放在 T0 中，长数据（32 位、40 位）的返回值存放在 AC0 中，指针类型的返回值存放在(X)AR0 中，结构类型的返回值存放在调用前堆栈上分配的位置。

（2）子函数职责

① 函数被调用后，首先在堆栈上分配足够的空间存放局部变量。

② 如果函数要使用 T2、T3、AR5～AR7 寄存器，则需要将寄存器的值压到堆栈中保护起来。

③ 如果函数接受一个结构类型参数，且要修改该参数变量，则要将该结构类型变量拷贝到堆栈中，如果不修改则可以直接使用结构类型参数的地址。

④ 执行函数的代码。

⑤ 将返回值按照规则放置到对应的寄存器中。短数据（16 位）的返回值存放在 T0 中，长数据（32 位、40 位）的返回值存放在 AC0 中，指针类型的返回值存放在(X)AR0 中，结构类型的返回值存放在调用前堆栈上分配的位置。

⑥ 恢复第 2 步保护的寄存器。

⑦ 释放局部变量，恢复堆栈指针。

⑧ 函数返回。

上述职责，编译器会自动处理，不需要 C 语言开发者考虑具体过程。如果要进行 C 语言和汇编语言混合编程时，尤其是 C 语言实现的函数和汇编语言实现的函数互相调用时，开发者需要注意上述函数调用规则。

下面是 C55x DSP 程序中被调用函数的 C 语言代码和汇编代码实例。经过比较可以看到，为了完成 C 语言函数调用，必须按照严格的规则执行相应的汇编代码。

【例 6-1】 C 语言函数和汇编语言函数的对应比较

```
int fd_test(int a, int b, short c)
{
    int d;
```

```
    int f;

    d=1;
    f = 3;
    return (a+b+c+d+f);
}

fd_test:                    ;函数的入口地址
    AADD     #-5,SP         ;调整堆栈指针，为局部变量分配空间
    MOV AR0,*SP(#02h)       ;复制参数
    MOV T1,*SP(#01h)        ;复制参数
    MOV T0,*SP(#00h)        ;复制参数
    MOV #1,*SP(#03h)        ;d=1;
    MOV #3,*SP(#04h)        ;f=3;
    MOV *SP(#01h),AR1
    ADD *SP(#00h),AR1,AR1
    ADD *SP(#02h),AR1,AR1
    ADD *SP(#03h),AR1,AR1
    ADD *SP(#04h),AR1,T0    ;利用 5 条指令实现 return (a+b+c+d+f);
    AADD    #5,SP           ;释放局部变量，恢复堆栈指针
    RET                     ;返回
```

6.3.2 C 语言程序的优化方法

C 语言并不是专门为数字信号处理而设计的编程语言，因此要实现高效的信号处理，必须对 C 语言程序的代码进行优化。根据优化方法不同，可以分为算法优化、编译优化和代码优化。

1．算法优化

算法优化是指对程序要完成的功能合理选择算法及其实现方法。这是代码优化中最重要和最关键的一步。同样的任务，一般有不同的算法可以实现，这些算法性能有差异，计算量也有区别。只有选择合适的算法，才能高效地实现系统设计要求。

例如，在信号处理中最常用的谱分析，现在一般都采用快速傅里叶变换来实现。之所以选择这样的方法，正是多年来的研究和应用表明，这种方法计算量较小，性能较好，非常适合于在实时系统中使用。

关于算法的研究和实现不是本书的重点，这里不再详细介绍。

2．编译优化

在使用 C 语言编译器对源程序进行编译的时候，为了提高代码的运行速度，减少代码的占用空间，编译器可以根据程序员的要求对程序进行适当的优化，例如将循环语句简化、在寄存器中保存变量等。使用优化的 ANSI/ISO C 编译器，可以在 C 源程序级对程序进行优化，大大缩短 DSP 应用程序的开发周期。

由于不同芯片平台上的汇编源码不同，针对不同芯片的编译器，采用的优化方法有所区别。不论何种 C 编译器的优化，在设计时都需要考虑三方面的效率：

① 产生可与手工编写相比的汇编语言程序；

② 提供简单的 C 语言运行环境的程序接口，使得关键的 DSP 算法可用汇编语言实现；

③ 为用 C 语言开发高性能 DSP 应用，建立一定规模且使用方便的工具库。

DSP 的 C 编译器中提供了一个独立的优化编译器。采用优化编译可以生成效率更高的汇编代码，从而提高程序的运行速度，减少目标代码的长度。从某种程度上说，C 编译器的效率主要取决于 C 编译器所能进行优化的范围和数量。

由于优化器是独立的，在 C 语言编译的过程中可以激活，也可以不激活。优化器处于 C 编译器其他两个模块的中间，即在文法分析之后，而在代码产生之前，如图 6-1 所示。

激活优化器的方法有两种，一种是直接运行优化程序。这种方法实际上将整个 C 编译过程分为三步。第一步是运行文法分析程序，进行预处理工作，输入文件为 C 源文件（.C），输出为中间文件（IF）；第二步就是运行优化程序，输入文件是.IF 文件，输出是.OPT 文件；第三步是运行代码产生程序，输入为.OPT 文件，输出是.ASM 文件。显然，用这种方法进行 C 编译不太方便。

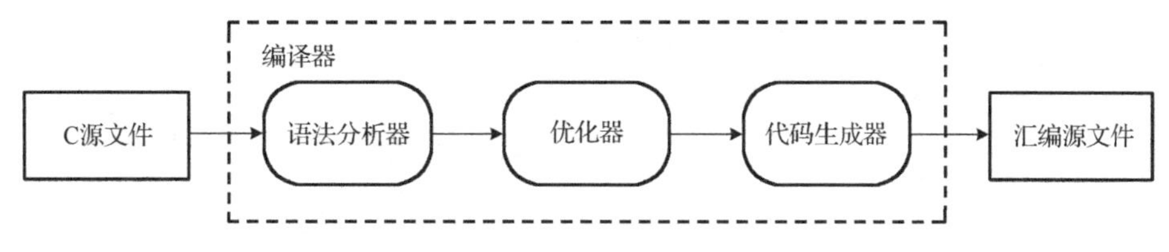

图 6-1　C 编译器组成

比较常用的方法是所谓的一步编译汇编链接法。在 C 编译器中提供了一个外壳程序（Shell），采用这个程序可以使 C 程序的编译、汇编和链接三个步骤一次完成。采用不同的选项可控制编译、汇编和链接过程。当然优化器也是用相应的优化选项来激活的。

C 编译器的优化方法可以分为两类，一类是 C 语言的通用优化；另一类是根据 DSP 芯片的特定优化。C 语言的通用优化主要实现简化表达式、删除公共子表达式和冗余分配、简化控制流、将循环体内计算值不变的表达式移至循环体前、运行支持库函数的行内扩展以及对数据流、跳转、循环相关的变量进行优化。对 DSP 芯片的特定优化，主要包括高效使用寄存器、使用块重复/并行指令/延迟跳转、使用自动增量寄存器寻址方式等操作。

优化器的激活比较方便，只要在编译命令中添加-On（-on）选项即可，其中 n 表示了优化的水平，优化级越高，优化的范围就越广。C55x 系列 DSP 的优化器提供了 4 种不同水平的优化功能，具体如表 6-5 所示。在 CCS 中，可以在编译选项中选择，单击菜单 project 下的 build option 选项，会出现如图 6-2 所示的窗口，在其中可以看到 opt level 滚动栏，根据需要可以选择合适的优化选项。

表 6-5　C55x 的优化选项

优 化 层 次	优 化 级 别	优 化 处 理
0 级优化（–O0）	寄存器优化	1. 对控制流图进行简化； 2. 利用寄存器保存变量； 3. 对循环进行简化； 4. 分析代码，清除没有使用的代码； 5. 对表达式进行简化； 6. 将内联函数扩展到代码中
1 级优化（–O1）	局部优化	除了寄存器优化外，还执行以下处理： 1. 进行单一函数的优化（局部变量/常数传递）； 2. 清除没有使用的赋值和通用表达式

续表

优化层次	优化级别	优化处理
2 级优化(–O2,–O)	全局优化	除了局部优化外，还执行以下处理： 1. 对循环进行优化； 2. 消除全局通用的子表达式； 3. 消除全局没有使用的赋值
3 级优化（–O3）	文件级优化	除了全局优化外，还执行以下处理： 1. 消除所有没有使用的函数； 2. 对带有返回值但确没有使用的函数进行简化； 3. 重新对函数的声明进行排序，这样当调用者被优化的时候，被调用函数的属性可以保留； 4. 对文件级的变量特性进行确认；利用项目模式进行多个文件的优化

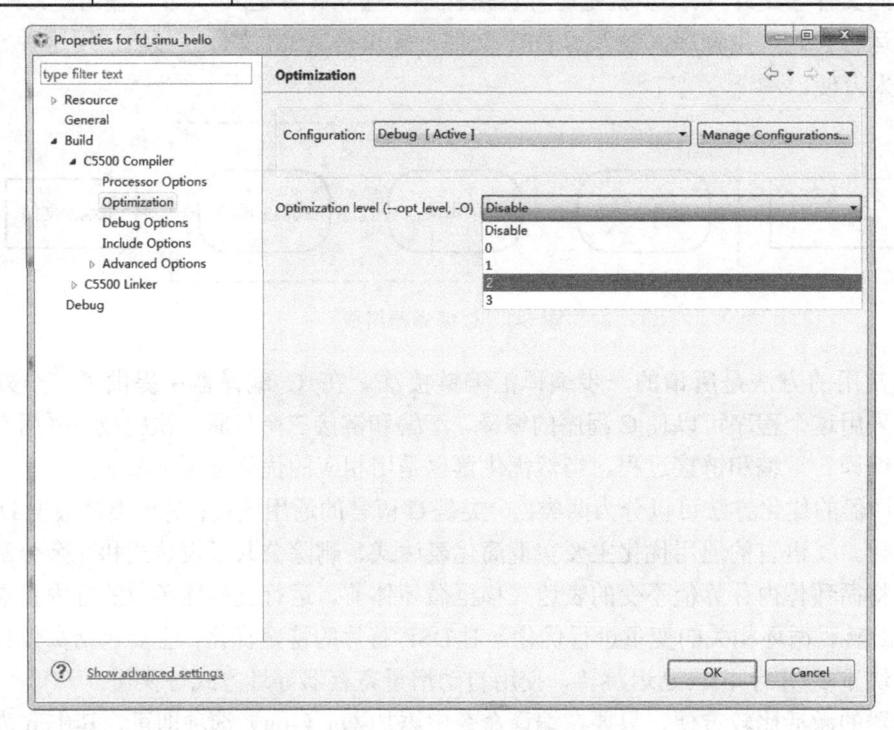

图 6-2　CCS 中 C 语言程序的优化选项

还可以通过使用-pm 选项和-o3 选项就可以进行程序级优化。程序级优化时，编译器将工程内所有文件编译成一个中间文件，通过对整体的分析来进一步优化代码性能。由于编译器能够从整体出发，综合考虑各个文件之间关系，能够采用下列在文件级优化时很少用的优化技术：

① 如果一个循环的次数有函数参数决定，编译器通过分析整体代码掌握更多的信息，从而产生更有效的循环代码。

② 如果函数的特定参量的值不变，编译器就会用这个值替换函数中的这个参量。

③ 如果一个函数的返回值从不使用，编译器就会删除该函数的返回代码。

④ 如果一个函数从未被调用，编译器就会删除该函数。

程序级优化会分析整个代码，因此，对于大的工程来说，不适宜用这种优化方法。

采用 C 优化编译可以提高程序的运行效率，加快程序的运行速度，但由于优化时采用了一些优化措施，使得 C 和汇编的交叉列表文件不如在不用优化时的那样清晰。此外，在调试程序时，最好先不用优化编译进行调试，待程序调试成功后再用优化编译进行验证。

采用C优化编译时，为了保证程序的正确性，特别需要注意以下几点：

① 使用volatile变量避免优化。

② 寄存器的使用。使用优化编译时，寄存器的使用比较灵活，更多的变量将存于寄存器中，虽然这不会影响正常C代码的正确性，但却会使一些假设变量在特定寄存器中的asm语句失效。此外，在中断程序中，必须将所有C函数可能用到的寄存器保存起来。

总之，使用C优化编译可以提高程序的效率，但同时也需十分谨慎。

3．C代码优化

在C代码的函数编写中，遵循以下几点，将有助于提高执行代码的效率。

（1）尽量避免使用除法运算和取模运算

在DSP芯片中，并没有硬件除法电路，因此除法和取模运算，需要调用除法库函数。而DSP库函数中的除法都以移位减的方式实现，实现的代码多，占用的运算时间长。

若除法运算中的除数为常数时，可以将除法运算转换成乘法运算，由于DSP芯片中硬件乘法器的存在，可以大大减少代码量和运算时间。同理，取模运算可以通过减法加条件跳转来实现，当模数为2的幂时，也可以通过逻辑运算来实现，这两种实现方法都能有效减少取模运算的代码量和运算时间。例如下列代码利用宏来模拟取模运算。

```
#define CIRC_UPDATE(var,inc,size)(var)+=(inc);if((var)>=(size))(var)-=(size);
#define CIRC_REF(var,size)  (var)
long circ(const int *a, const int *b, int nb, int na)
{
    int i,x=0;
    long sum=0;
    for(i=0; i<na; i++)
    {
        sum += (long)a[i] * b[CIRC_REF(x,nb)];
        CIRC_UPDATE(x,1,nb)
    }
    return sum;
}
```

（2）慎用嵌套循环

采用编译优化选项，可以将嵌套循环的最内部的循环用单指令循环或块循环等无开销循环方式取代，如C55x芯片中的RPT指令和RPTB指令。但由于块循环不能嵌套使用，因此其外层循环仍然只能用减法和条件跳转的方式实现，当循环次数较多时，其所占用指令周期也随之增大。因此，在内部循环次数不多、运算简单的情况下，以连续排列运算代码的方式取代循环体，有可能反而不增加甚至减少代码量，并减少执行时间。

（3）尽量减少变量的设置

在代码运行期间，C代码中的全局变量将始终占据数据区的存储空间，而局部变量也在定义范围内占据数据区。大部分DSP芯片内部的存储区有限，适合分配为数据区的片内RAM，特别是片内DARAM区更为有限。因此，变量设置过多，将大大增加对DSP芯片内部RAM存储区域的需求，减少DSP芯片的使用灵活性。

此外，由于C代码中的全局变量和静态变量一般在编译后由绝对寻址方式访问，与其他寻址方式相比，这将占用大量的指令空间，因此应尽量减少全局变量和静态变量的设置。

（4）尽量避免在循环中调用函数

由于循环中的函数调用，需要保护循环操作的环境，因此编译器无法生成包含函数调用的硬件无开销循环，而这将降低循环代码段的编译效率。

（5）遵循 5%－80%规则

经过长期的统计观察，人们发现，对于大部分的程序，其执行时间的 80%是由其 5%的代码占用的。因此，在 C 代码的编写中，可以利用 DSP 编译环境 CCS 中的 profile 功能对 C 代码进行分析，针对上述 5%的 C 代码进行分析优化，其效果将优于对其他代码段的优化。

（6）高效地使用 MAC 硬件

在 DSP 应用中，乘累加（MAC）运算是一种非常常见的运算。C55x 有专门的硬件来高效执行 MAC 运算。在一个周期中可以执行一个单乘累加或一个双乘累加（dual-MAC）运算。编写 C 代码时，要尽量利用局部变量来控制涉及的 MAC 运算的循环，计算结果使得编译器可以产生高效的单循环和单 MAC 运算。下例中给出了两种不同的循环代码。

```
/* 不推荐，计算结果存放在全局变量，编译器很难生成高效代码*/
int gsum=0;
void dotp1(const int *x, const int *y, unsigned int n)
{
    unsigned int i;
    for(i=0; i<=n-1; i++)
    gsum += x[i] * y[i];
}
/* 推荐，计算结果存放在局部变量，编译器能生成高效代码 */
int dotp2(const int *x, const int *y, unsigned int n)
{
    unsigned int i;
    int lsum=0;
    for(i=0; i<=n-1; i++)
        lsum += x[i] * y[i];
    return lsum;
}
```

除此之外，在编写 C 代码时还要尽量让编译器能够生成双 MAC 指令，充分发挥 DSP 硬件的性能，提高代码性能。为了让编译器产生双 MAC 指令，编程时必须要将两个连续的 MAC 运算放在一起，所有的被乘数都放在片内存储器中，且连续的 MAC 运算共用一个被乘数。这两个 MAC 运算不能将运算结果放置到同一变量或同一位置处。下例中 C 代码很容易通过编译器生成双 MAC 指令。

```
int *a,*b, onchip *c;
long s1,s2;
s1 = s1 + ((*a++) * (*c));
s2 = s2 + ((*b++ *) *(c++));
```

注意，C 代码中必须要告知编译器，两个连续的 MAC 运算共用的被乘数存放在片内存储器上。可以利用 onchip 关键字来描述被乘数变量。例如：

```
void foo(int onchip *a)
{
    int onchip b[10];
    ...
}
```

也可以利用编译选项-mb 来告知编译器所有的双 MAC 运算的共享被乘数都存放在片上存储器上。使用此选项时一定要确保所有的数据都在片内存储器上，否则会出现不可预知的后果。建议使用 onchip 关键字。下列代码展示了一个简单 FIR 处理的不同实现代码，后一种代码能够通过编译器生成高效的双 MAC 指令。

//方法 1：仅使用 onchip 关键字

```
void fir(short onchip *h, short *x, short * y, short m, short n)
{
    short i,j;
    long y0;
    for (j = 0; j < m; j++)
    {
        y0 = 0;
        for (i = 0; i < n; i++)
            y0 += (long)x[i + j] * h[i];
        y[j] = (short) (y0 >> 16);
    }
}
```

//方法 2：使用 onchip 关键字，同时将内循环分解、组合成两个连续的 MAC 运算

```
void fir(short onchip *h, short *x, short *y, short m, short n)
{
    short i,j;
    long y0,y1;
    for (j = 0; j < m; j+=2)
    {
        y0 = 0;
        y1 = 0;
        for (i = 0; i < n; i++)
        {
            y0 += (long)x[i + j] * h[i];
            y1 += (long)x[i + j+1] * h[i];
        }
        y[j] = (short) (y0 >> 16);
        y[j+1] = (short) (y1 >> 16);
    }
}
```

方法 2 中通过增加一个中间变量，将内循环分解、组合成两个连续的 MAC 运算，这样编译器就能容易地生成双 MAC 指令。这种方法被称为“解开-挤压”转换（unroll-and-jam transformation）。C55x 编译器也能对简单的 C 代码自动进行 “解开-挤压”转换功能。要使

用这种功能，必须告知编译器，内循环的循环次数是偶数，外循环最少循环一次。下面代码展示了利用 pragma 选项：MUST_ITERATE 和 restrict 限定词来让编译器自动进行“解开-挤压”转换。

```
void fir(short onchip *h, short *x, short * restrict y, short m,short n)
{
    short i,j;
    long y0;
    #pragma MUST_ITERATE(1,2)
    for (j = 0; j < m; j++)
    {
        y0 = 0;
        #pragma MUST_ITERATE(1)
        for (i = 0; i < n; i++)
            y0 += (long)x[i + j] * h[i];
        y[j] = (short) (y0 >> 16);
    }
}
```

上述代码产生的汇编代码如下。

```
_fir:
    ADD      #1, T0, AR3
    SFTS      AR3, #-1
    SUB      #1, AR3
    MOV      AR3, BRC0
    PSH      T3, T2
    MOV      #0, T3
    || MOV   XAR0, XCDP
    AADD     #-1, SP
    RPTBLOCAL  L4-1
    SUB      #1, T1, T2
    MOV      XAR1, XAR3
    MOV      T2, CSR
    ADD      T3, AR3
    MOV      XAR3, XAR4
    ADD      #1, AR4
    MOV      #0, AC0
    RPT      CSR
    || MOV   AC0, AC1
    MAC      *AR4+, *CDP+, AC0 :: MAC *AR3+, *CDP+, AC1 ; 双MAC指令
L3:
    MOV      XCDP, XAR0
    ADD      #2, T3
    SUB      T1, AR0
    || MOV   HI(AC0), *AR2(short(#1))
    ADD      #2, AR2
    || MOV   HI(AC1), *AR2
    MOV      XAR0, XCDP
```

```
L4:
    AADD    #1, SP
    POP     T3,T2
    RET
```

可以看到内循环被自动编译成双 MAC 指令。这种方法适用于简单、清晰的 C 代码，如果代码过于复杂，编译器无法自动完成“解开-挤压”转换，只能手工调整代码，利用两个连续的 MAC 运算来生成双 MAC 指令。

（7）尽量采用高效的库文件或内联函数进行运算

C 语言并没有和芯片结构相关联，直接使用 C 语言编程，无法利用 DSP 特定的硬件结构优势。TI 公司除了提供运行支持库（run_time support library）文件 rts.lib 外，还为 C54x、C55x 和 C6000 等平台提供了 DSPLIB 函数库，其中包含了数十个 C 可调用的汇编通用信号处理函数，这些函数都针对各自平台进行了优化，因此相比于直接使用标准 ANSI/ISO C 语言编写的代码，其执行时间被大大地缩短了。为了使用这个库文件，需要在 C 文件中包含 dsplib.h 头文件。

此外，DSP 芯片公司还利用汇编语言为不同的 DSP 芯片实现了常用代数运算函数，以供 C 语言调用。这些函数称为内联函数（intrinsics function）。编译器能够识别内联操作函数。这些内联函数可以像函数一样使用，并可以产生利用 C/C++语言无法表达的汇编指令语句。这些内联操作函数在符号最前面有一个下画线，以和普通函数有所区别，但在使用上和普通函数没有差别，可以正常地调用。利用这些内联函数完成代数运算，可以充分利用 DSP 的汇编指令，实现高效的程序代码。在 CCS 的编译选项中，选择－o3 优化，将自动嵌入内联函数。

需要注意的是，内联函数与库函数在最终得到的代码上是以不同形式被使用的。库函数都以函数调用的方式被使用，而内联函数则是在代码中的相应位置直接插入所使用的内联函数代码。从上面的描述可以看出，内联函数由于是直接插入代码，因此无需函数调用的相应操作，能节省执行时间，但是当多次被使用时，其代码将被多次插入，从而增加了算法的代码量。因此，内联函数与库函数的选择，应当从执行时间和代码空间两方面综合进行考虑。在编译器的选项中可以使用-oi 选项来控制内嵌函数代码的大小。

表 6-6 是 C55x 芯片中常用的 C 语言内联函数列表。

表 6-6　C55x 芯片中常用的 C 语言内联函数

内 联 函 数	功 能 说 明
int _sadd(int src1, int src2);	累加两个 16 位整数，当 SATA 设置时产生 16 位溢出保护结果
long _lsadd(long src1, long src2);	累加两个 32 位整数，当 SATD 设置时产生 32 位溢出保护结果
long long _llsadd(long long src1, long long src2);	累加两个 40 位整数，当 SATD 设置时产生 40 位溢出保护结果
int _ssub(int src1, int src2);	从 src1 中减去 src2，SATA 设置时产生 16 位溢出保护结果
long _lssub(long src1, long src2);	从 src1 中减去 src2，SATD 设置时产生 32 位溢出保护结果
long long _llssub(long long src1, long long src2);	从 src1 中减去 src2，SATD 设置时产生 40 位溢出保护结果
int _smpy(int src1, int src2);	src1 和 src2 相乘并左移 1 位，结果为 16 位溢出保护数据（SATD 和 FRCT 置 1）
long _lsmpy(int src1, int src2);	src1 和 src2 相乘并左移 1 位，结果为 32 位溢出保护数据（SATD 和 FRCT 置 1）

续表

内 联 函 数	功 能 说 明
long _smac(long src, int op1, int op2);	op1 和 op2 相乘并左移 1 位，再加上 src，结果为 32 位溢出保护数据（SATD、SMUL 和 FRCT 置 1）
long _smas(long src, int op1, int op2);	op1 和 op2 相乘并左移 1 位，再从 src 减去计算结果，结果为 32 位溢出保护数据（SATD、SMUL 和 FRCT 置 1）
int _abss(int src);	产生一个溢出保护的 16 位绝对值。当 SATA 设置时，_abss（0x8000）= 0x7FFF
long _labss(long src);	产生一个溢出保护的 32 位绝对值，当 SATD 设置时，_labss（0x8000000）= 0x7FFFFFFF
long long _llabss(long long src);	产生一个溢出保护的 40 位绝对值，当 SATD 设置时，_llabss（0x800000000）= 0x7FFFFFFFFF
int _sneg(int src);	对 16 位数据取负值，溢出保护 _sneg（0x8000）= 0x7FFF
long _lsneg(long src);	对 32 位数据取负值，溢出保护 _lsneg（0x80000000）= 0x7FFFFFFF
long long _llsneg(long long src);	对 32 位数据取负值，溢出保护 _llsneg（0x8000000000）= 0x7FFFFFFFFF
long _smpyr(int src1, int src2);	src1 和 src2 相乘并左移 1 位，加上 2^{15}，清零低 16 位（SATD 和 FRCT 置 1）
long _smacr(long src, int op1, int op2);	op1 和 op2 相乘并左移 1 位，再加上 src，再加上 2^{15}，清零低 16 位（SATD、SMUL 和 FRCT 置 1）
long _smasr(long src, int op1, int op2);	op1 和 op2 相乘并左移 1 位，再从 src 减去计算结果，再加上 2^{15}，清零低 16 位（SATD、SMUL 和 FRCT 置 1）
int _norm(int src);	产生一个可用于归一化 src（16 位）的左移移位数
int _lnorm(long src);	产生一个可用于归一化 src（32 位）的左移移位数
long _rnd(long src);	对 src 进行舍入，src+2^{15} 后清零低 16 位。当 SATD 设置时，产生 32 位溢出保护结果
int _sshl(int src1, int src2);	将 src1 左移 src2 位得到 16 位的结果，如果 src2 小于等于 8，结果进行溢出保护（SATD 设置）
long _lsshl(long src1, int src2);	将 src1 左移 src2 位得到 32 位的结果，如果 src2 小于等于 8，结果进行溢出保护（SATD 设置）
int _shrs(int src1, int src2);	将 src1 右移 src2 位得到 16 位的结果，如果 src2 小于等于 8，结果进行溢出保护（SATD 设置）
long _lshrs(long src1, int src2);	将 src1 右移 src2 位得到 32 位的结果，如果 src2 小于等于 8，结果进行溢出保护（SATD 设置）

使用内联函数会提高代码性能，但也会降低代码的可移植性。为了兼顾可移植性，可以用 ETSI（European Telecommunication Standards Institute）函数代替内联函数。ETSI 函数是一组标准函数，提供了很好的可移植性。C55x 提供 gsm.h 头文件，其中利用内联函数定义了 ETSI 函数。

（8）使用 long 型访问 16 位数据

数据处理过程中，经常会遇到数据搬移操作。这种情况下，利用 long 型访问 16 位数据可以显著提高搬移效率。由于 32 位访问也可以在单周期中出现，这样可以减少一半的数据移动时间。使用这种方法时，要注意数据的起始地址必须是偶地址，可以用 pragma 选项：DATA_ALIGN 来调整数据的起始地址，如下所示。

```
Short x[10];
#pragma DATA_ALIGN(x,2)
```

如果搬移的个数是 2 的倍数，则代码简单很多。下例展示了通过 long 型访问 16 位数据的方式来搬移数据。

```
Void copy(const short *a, const short *b, unsigned short n)
{
    unsigned short I;
    unsigned short na;
    long *src, *dst;    // 定义 long 型指针访问 16 位数据
    // 本例中假定搬移个数是 2 的倍数
    na = (n>>1) -1;
    src = (long *)a;
    dst = (long *)b;
    for (i=0; i<= na; i++)
        *dst++ = *src++;
}
```

（9）使用高效的控制代码

DSP 应用中，除了数据处理部分，剩下大部分是流程控制。如果能编写高效的控制代码，也能改善代码性能。控制代码大多是测试一系列条件然后根据结果进行相应的处理。C55x 编译器推荐将经常要处理的分支放在最前面；对于单一判断，最好是将变量与 0 进行比较，这样通常会生成更有效的代码。

例如：

```
if (a==0)    /* 跟 0 比较，推荐这种写法 */
        <inst1>
else
        <inst2>
```

（10）使用推荐的高效 C 代码

C55x 编译器推荐使用一些高效 C 代码来实现 DSP 基本操作，利用这些代码便于编译器生成高效的汇编指令，提高整体性能。表 6-7 给出了常见 DSP 操作和对应的高效代码。

表 6-7　C55x 芯片中常用的 C 代码优化技术及特性

DSP 操作	推荐的高效 C 代码
16bit * 16bit => 32bit (乘)	int a,b; long c; c = (long)a * b;
Q15 * Q15 => Q15 (乘) 带饱和操作的小数模式下	int a,b,c; c = _smpy(a,b);
Q15 * Q15 => Q31 (乘) 带饱和操作的小数模式下	int a,b; long c; c = _lsmpy(a,b);
32bit + 16bit * 16bit => 32 bit (乘累加)	int a,b; long c; c = c + ((long)a * b));
Q31 + Q15 * Q15 => Q31 (乘累加) 带饱和操作的小数模式下	int a,b; long c; c = _smac(c,a,b);
32bit – 16bit * 16bit => 32 bit (乘累减)	int a,b; long c; c = c – ((long)a * b));
Q31 – Q15 * Q15 => Q31 (乘累减) 带饱和操作的小数模式下	int a,b; long c; c = _smas(c,a,b);

续表

DSP 操作	推荐的高效 C 代码

16bit +/− 16bit => 16bit
32bit +/− 32bit => 32bit
40bit +/− 40bit => 40bit (加或减)
	<int, long, long long> a,b,c;
	c = a + b; //或
	c = a − b;

16bit + 16bit => 16bit (加) 带饱和操作	int a,b,c; c = _sadd(a,b);
32bit + 32bit => 32bit(加) 带饱和操作	long a,b,c; c = _lsadd(a,b);
40bit + 40bit => 40bit (加) 带饱和操作	long long a,b,c; c = _llsadd(a,b);
16bit – 16bit => 16bit (减) 带饱和操作	int a,b,c; c = _ssub(a,b);
32bit – 32bit => 32bit (减) 带饱和操作	long a,b,c; c = _lssub(a,b);
40bit – 40bit => 40bit (减) 带饱和操作	long long a,b,c; c = _llssub(a,b);
|16bit| => 16bit |32bit| => 32bit |40bit| => 40bit (取绝对值)	<int, long, long long> a,b; b = abs(a); /* 或 */ b = labs(a); /* 或 */ b = llabs(a);
|16bit| => 16bit |32bit| => 32bit |40bit| => 40bit(取绝对值) 带饱和操作	<int, long, long long> a,b; b = _abss(a); /*或*/ b = _labss(a); /*或*/ b = _llabss(a);
round(Q31) = > Q15 (向无穷大方向凑整) 带饱和操作	long a; int b; b = _rnd(a)>>16;
Q39 => Q31 (格式转换)	long long a; long b; b = a >> 8;
Q30 = > Q31 (格式转换) 带饱和操作	long a; long b; b = _lsshl(a,1);
40bit => 32bit both Q31 (大小变化)	long long a; long b; b = a;

在 C 代码优化过程中，要综合考虑各种情况，灵活应用上述方法，尽可能提高代码性能，部分情况下还要兼顾代码大小、可移植性等。

表 6-8 给出了 C55x 芯片中常见的 C 代码优化方法及特性。

表 6-8　C55x 芯片中常用的 C 代码优化方法及特性

优 化 技 术	可能的代码性能提升	应 用 难 度	使 用 机 会	问　　题
生成高效循环代码	高	易	经常	降低可移植性
高效地使用 MAC 硬件	高	中等	经常	
使用内联函数	高	中等	经常	
避免循环寻址中的模运算符	中等	易	有时	
对 16 位数使用长整型访问	低	中等	少	
产生高效控制代码	低	易	少	

实际上，C 编译器的优化范围很广，其优化性能还需要在进一步了解汇编语言后才能更全面的分析，限于篇幅，这里就不再作更多的介绍。

本 章 小 结

本章介绍了用 C 语言开发 DSP 芯片的方法。用 C 语言开发 DSP 芯片缩短了开发周期，提高了程序开发的效率，也使程序的可读性和可移植性大大提高，对于系统的改进和升级换代也带来了极大的便利。当然，用目前的 C 编译器生成的程序代码，其效率还不能完全与手工编写的效率相比拟，因此实际 DSP 应用系统中往往采用 C 和汇编的混合编写方法，有关这一方面的内容我们将在后面的章节中进行介绍。

习题与思考题

1. 从 C 语言源程序到汇编语言程序，C 语言编译器完成何种处理？
2. C 语言程序代码优化有几种方法？
3. 利用 C 语言实现中断函数，有什么要求？

第7章　基于C55x汇编语言的DSP芯片软件开发

基于DSP的硬件结构，TI提供了完善的指令集来提高芯片的处理能力。C5000系列芯片可采用两种不同的指令系统：助记符指令集和代数指令集。

助记符指令是利用几个英文字母来表示一条DSP指令，如通常用ADD来表示汇编语言中加法指令，这种指令便于记忆和书写。芯片所支持的助记符指令构成一个助记符指令集。代数指令是利用代数运算符号来表示指令，如利用“+”来表示加法指令，这种指令较为直观。芯片所支持的代数指令构成一个代数指令集。

本章以助记符指令集为重点，以C55x为例介绍DSP的汇编语言指令。7.1节首先介绍汇编语言源程序的格式，由于指令集涉及许多符号与缩写，因此7.2节对有关的符号和缩写进行说明，7.3节对汇编指令系统作一总体介绍，简要说明汇编语法和指令使用方法，7.4节重点介绍C55x的寻址方式，7.5节简要介绍汇编语言优化的基本方法，7.6节主要介绍C语言和汇编语言混合编程的常用方法。

7.1　汇编语言源程序格式

汇编语言是DSP应用软件的基础，编写汇编语言必须要符合相应的格式，这样汇编器才能将源文件转换为机器语言的目标文件。C55x汇编语言源程序由源语句组成，包含汇编语言指令、汇编伪指令、宏伪指令和注释等，一般一句程序占据编辑器的一行。每行源语句的长度可以是源文件编辑器格式允许的长度，但语句的执行部分的字符长度必须小于200。由于汇编器每行最多只能读200个字符，所以执行部分的字符数不能超过200。一旦长度超过200个字符，汇编器将自行截去行尾的多余字符并给出警告信息。如果截去的是注释，并不影响程序的正确执行；但如果截去了语句的执行部分，则程序会编译出错或错误执行。

汇编语句格式可以包含4个部分：标号域、指令域、操作数域和注释域，以助记符指令为例，格式如下：

```
[标号][：]    指令 [操作数列表]        [ ；注释]
```

其中[ ]内的部分是可选项。在编写汇编指令时，必须遵循以下格式：

（1）语句必须以标号、空格、星号或分号开始；

（2）标号为可选项，若要使用标号，则必须从第1列开始。标号长度最多为32个字符，由A～Z，a～z，0～9，_和$等组成，但第1个字符不能为数字。标号后可以跟一个冒号（:），但并不作为标号的一部分；

（3）每个域必须由1个或多个空格分开，制表符等效于空格；

（4）注释是可选项，开始于第1列的注释须用星号或分号（*或;）标示，但在其他列开始的注释前面只能标分号；

（5）指令域一定不能从第 1 列开始，否则将被视为标号。指令域包括以下操作码之一：助记符指令（详见 7.3 节）、汇编伪指令（如.data，.set）、宏伪指令（如.var，.macro）和宏调用；

（6）操作数域为操作数的列表。操作数可以为常数、符号或者是表达式。当操作数为立即寻址时，使用＃符号作为前缀；操作数为间接寻址时，使用*符号作为前缀，将操作数的内容作为地址。

下面给出一个简单的汇编程序示例。

```
* 第 1 步：分配块
* - - - - - - -
        .def x,y,init
x       .usect "vars",4         ; 为变量 x 保留 4 个未初始化的 16 位内存空间
y       .usect "vars",1         ; 为变量 y 保留 1 个未初始化的 16 位内存空间
        .sect "table"           ; 创建一个名为“table”的初始化数据块
init    .int 1,2,3,4            ; 定义一个数组 init，包含 4 个整型数
        .text                   ; 创建一个代码块（默认是.text）
        .def start              ; 定义代码的起始标号（起始地址）
start                           ; 标号
*第 2 步：初始化处理器模式
* - - - - - - -
        BCLR C54CM              ; 设置处理器为'55x 本地模式
        BCLR AR0LC              ; 设置寄存器 AR0 处于线性寻址状态
        BCLR AR6LC              ; 设置寄存器 AR6 处于线性寻址状态
*第 3 步 a：复制初始化数据到 x 中
* - - - - - - -
copy                            ; 标号
        AMOV #x, XAR0           ; 寄存器 XAR0 指向 x
        AMOV #init, XAR6        ; 寄存器 XAR6 指向初始化数据 init
        MOV *AR6+, *AR0+        ; 将第 1 个数据从 init[0]复制到 x[0]
        MOV *AR6+, *AR0+        ; 将第 2 个数据从 init[1]复制到 x[1]
        MOV *AR6+, *AR0+        ; 将第 3 个数据从 init[2]复制到 x[2]
        MOV *AR6, *AR0          ; 将第 4 个数据从 init[3]复制到 x[3]
*第 3 步 b：将 x 中的所有数加起来
* - - - - - - -
add                             ; 标号
        AMOV #x, XDP            ; 寄存器 XDP 指向 x
        .dp x
        MOV @x, AC0             ; 将 x[0]搬移到累加器 AC0
        ADD @(x+3), AC0         ; 将 x[3]累加到累加器 AC0
        ADD @(x+1), AC0         ; 将 x[1]累加到累加器 AC0
        ADD @(x+2), AC0         ; 将 x[2]累加到累加器 AC0
*第 3 步 c：将计算结果保存到 y 中
* - - - - - - -
        MOV AC0, *(#y)          ; 将累加器 AC0 的累加结果存放到 y
end                             ; 标号
        NOP                     ; 空操作
        B end                   ; 跳转到标号 end 处，构成死循环
```

上述代码实现了定义变量、初始化变量、数组求和等功能，展示了注释、标号、指令域、操作数域等汇编语言主要部分。

7.2 汇编源程序中常见符号和伪指令

为了便于学习和应用，表 7-1 列出了指令集中所用到的符号与缩写。

表 7-1 指令集符号与缩写

符 号	说 明	符 号	说 明
[ ]	可选项	lx	x 位的程序地址(相对于 PC 寄存器的无符号偏移量)
40	如指令有此选项，则执行时 M40 标志位为 1	Lx	x 位的程序地址(相对于 PC 寄存器的有符号偏移量)
ACB	将 D 单元寄存器值传给 A 单元和 P 单元操作数的总线	Operator	指令的操作数
ACOVx	累加器溢出标志位：ACOV0～3	Pipe, Pipeline	指令执行的流水线阶段
ACw,ACx,ACy,ACz	累加器 AC0～3	Pmad	程序空间地址
ARn_mod	辅助寄存器(ARn)的值在地址产生单元中被预先修改或滞后修改	Px	x 位的程序或数据地址（绝对地址）
ARx,ARy	辅助寄存器 AR0～7	RELOP	关系运算 ：==、<、>=、!=
AU	A 单元	R or rnd	如指令有此选项，则进行舍入操作
Baddr	寄存器位地址	RPTC	单指令重复次数寄存器
BitIn	TC2 或 CARRY 中被移进的比特	S,Size	指令字节数
BitOut	TC2 或 CARRY 中被移出的比特	SA	堆栈地址产生单元
BORROW	CARRY 的补码	Saturate	如输入操作数有此选项，则对操作数进行饱和操作（40 比特）
C, Cycles	指令周期	SHFT	4 位的移位值（0～15）
CA	系数地址产生单元	SHIFTW	6 位的移位值（-32～31）
CARRY	进位（CARRY）状态比特的值	Smem	16 位单数据访问
Cmem	系数间接寻址操作数（数据空间的 16 位或 32 位数）	SP	数据堆栈指针
cond	与 ACx、ARx、Tx、TCx、CARRY 等有关的条件	src	源寄存器：累加器（AC0～3）、辅助寄存器的低 16 位（AR0～7）、临时寄存器（T0～3）
CR	系数读总线	SSP	系统堆栈指针
CSR	单指令重复计数寄存器	STx	状态寄存器：ST0～3
DA	数据地址产生单元	TAx,TAy	辅助寄存器（AR0～7）、临时寄存器（T0～3）
DR	数据读总线	TCx,TCy	测试控制标志：TC1、TC2
dst	目标寄存器：累加器（AC0～3）、辅助寄存器的低 16 位（AR0～7）、临时寄存器（T0～3）	TRNx	转移寄存器：TRN0、TRN1
DU	D 单元	Tx,Ty	临时寄存器（T0～3）
DW	数据写总线	U or uns	如输入操作数有此选项，则对操作数进行无符号扩展
Dx	x 位的数据地址（绝对地址）	XAdst	23 位的目标寄存器：XSP、XSSP、XDP、XCDP、XAR0～7
E	指令的并行使能标志	XARx	23 位的扩展辅助寄存器：XAR0～7
KAB	常数总线	XAsrc	23 位的源寄存器：XSP、XSSP、XDP、XCDP、XAR0～7
KDB	常数总线	xdst	累加器（AC0～3）或者 23 位的目标寄存器
kx	x 位的无符号常数	xsrc	累加器（AC0～3）或者 23 位的源寄存器
Kx	x 位的有符号常数	Xmem,Ymem	双数据访问（间接寻址）
Lmem	32 位单数据访问	||	并行指令

汇编程序支持一些C编译器用于符号调试的伪指令，如COFF调试格式的.func、.endfunc、.block、.endblock、.file、.line、.sym、.stag、.etag、.utag 等。下面简要介绍一下它们的功能和用法。

- .func 和.endfunc 指明C函数的开始和终止；
- .block 和.endblock 指明C块的边界；
- .file 用来确定当前的源文件名；
- .line 用于指明当前属于C源程序中哪一行；
- .sym 指明全局变量、局部变量或函数的符号调试信息，其格式如下：

```
.sym  name, value [, type, storage class, size, tag, dims]
```

其中，name 放入符号表的变量名，前32字符有效；value 指定变量的值，可用合法的表达式表示；type 指定变量的C语言类型；storage class 指定变量的C存储类型，如结构、枚举、联合、外部定义、外部变量、静态变量等；size 指明该变量的比特位数；tag 指明这个变量所属类型或结构的名称，这个名称必须已经由.stag、.etag 或.utag 声明过；dims 由1到4个由逗号分隔的表达式组成，分别表明该变量的维数。

- .stag、.etag 和.utag 分别定义结构、枚举和联合等的符号调试信息；.member 用于详指其中的一个成员；.eos 与.stag、.etag 和.utag 配合，表示该数据结构类型的终止点。其格式如下：

```
.stag name [, size]
    member definitions
.eos

.etag name [, size]
    member definitions
.eos

.utag name [, size]
    member definitions
.eos
```

其中，member definitions 的格式如下：

```
.member name, value [, type, storage class, size, tag, dims]
```

其中的name仍表示前32个字符有效。size 指定占用的存储空间的比特位，可以省略。

除了COFF调试格式的伪指令，C55x还支持DWARF（Debuging With Attributed Record Formats）调试格式的伪指令，该类指令能够很好地支持C++语言的调试。常用的DWARF调试格式的伪指令及其功能如下：

- .dwtag 和.dwendtag 指明在.debug_info 块中定义一个调试信息条目（DIE，Debug Information Entry）。
- .dwattr 指明在一个现有的调试信息条目中增加一项属性。
- .dwpsn 指明一条C/C++语句的位置。
- .dwcie 和.dwendentry 指明在.debug_frame 块中定义一个公有信息条目（CIE, Common Information Entry）。

- .dwfde 和.dwendentry 指明在.debug_frame 块中定义一个帧描述条目（FDE, Frame Description Entry）。
- .dwcfa 指明为公有信息条目或帧描述条目定义个调用帧指令。

一般编译器并不在汇编程序中产生并列出这些符号调试伪指令。如果想要被列出，同时还保存汇编语言文件，可以在编译语句中加入-g 和-k 选项。

除去以上的伪指令，汇编程序中还会涉及其他一些功能的伪指令。表 7-2 中列出了常见的伪指令的助记符、语法格式及功能描述，全部的伪指令请参考 C55x 汇编语言工具用户手册。

表 7-2　常见的伪指令

	助记符及语法	描　　述
初始化常数	.byte　value$_1$[,…,value$_n$] .char　value$_1$[,…,value$_n$]	在当前块中以连续的方式放置一个或多个 8-bit 的数值，每个数值放置入一个字中，高 8 比特用 0 填充
	.short　value$_1$[,…,value$_n$] .int　value$_1$[,…,value$_n$] .word　value$_1$[,…,value$_n$]	在当前块中以连续的方式放置一个或多个 16-bit 的数值，每个数值放置入一个字中
	.long　value$_1$[,…,value$_n$]	在当前块的两个连续字中放置 32-bit 的数值；重要字先存储
	.string　value$_1$[,…,value$_n$]	在当前块中放置 8-bit 的字符；一个字放置一个 8-bit 字符
	.float　value$_1$[,…,value$_n$]	将单精度 IEEE 浮点数用连续的双字方式放置入当前块；重要字先存储
	.field　value[, size in bits]	将一个单值放入一个字的指定位中；可用于在一个字中配置多个域；直到一个字配置满，编译器才指向下一个字配置；若前面加标识，则该标识指向放置该域的字
	.space　size in bits	在当前块中保留指定数量的位；汇编器在这些保留的位填 0；也可以通过用 16 乘以需保留的字数来保留字；当前面有标号时，其指向保留位的第一个字或字节
地址对齐	.align [size]	使 SPC（section program counter）指向 1 到 128 个字的边界；Size 的值必须为 2 的整数幂，默认时相当于 128 .align　1　　；SPC 指向字的边界； .align　2　　；SPC 指向双字（偶数地址）的边界； .align　[128]　；SPC 指向页的边界
	.even	使 SPC 指向下一个偶数地址字的边界；等价于.align　2
符号定义	.asg ["]character string["], substitution symbol	将一个字符串赋给一个替代符
	.equ / .set	使符号等于一个数；两者一样，可以交换使用
	.union	开始共同体定义
	.endunion	结束共同体定义
	.struct	开始结构体定义
	.endstruct	结束结构体定义
条件控制	.if　well-defined expression	如果条件成立，汇编该块代码
	.else	如果.if 条件不成立，汇编该块代码
	.elseif well-defined expression	如果.if 条件不成立，.elseif 条件成立，汇编该块代码
	.endif	结束.if 代码块
	.loop [well-defined expression]	开始代码块的重复汇编，后跟循环次数
	.break[well-defined expression]	如果条件成立，结束.loop 汇编
	.endloop	结束.loop 代码块
宏定义	.macro	定义宏；可在程序任意部分定义，但在使用宏前必须已定义
	.mlib　["]filename["]	定义宏库
	.mexit	转到.endm
	.endm	终止宏定义
	.var	定义一个局部宏替代符

7.3 汇编指令系统

C55x 的指令集包含运算指令、逻辑指令、程序控制指令、装载和存储指令等 4 种类型的操作。为了便于学习和查阅，本书按照指令的 4 种不同功能分类列表，对助记符指令和代数指令的语法进行对照总结，详见本书附录 C。

本节简要介绍各类操作中常见的指令，介绍指令的语法、并行使能、大小、周期、流水线等属性和执行过程，并举例说明。语法属性主要介绍该指令的各种情况下的操作域；并行使能属性表明该行的指令是否可以和其他并行指令进行并行操作，Yes 表示可以，No 表示不可以；大小属性表明指令的字节长度；周期属性表明执行该行指令所需的指令周期；流水线属性表明该行的指令处于流水线的不同阶段，流水线有 4 个阶段：AD（取地址）、D（解码）、R（读）、X（执行）。

1. 运算指令

运算指令包括加法、减法、乘法、乘累加、乘累减、32 位操作数运算、位操作以及其他一些专用指令。这里以加法指令 ADD 为例进行简要介绍。

	语法	并行使能	大小	周期	流水线
1:	ADD [src,] dst	Yes	2	1	X
2:	ADD k4, dst	Yes	2	1	X
3:	ADD K16, [src,] dst	No	4	1	X
4:	ADD Smem, [src,] dst	No	3	1	X
5:	ADD ACx << Tx, ACy	Yes	2	1	X
6:	ADD ACx << #SHIFTW, ACy	Yes	3	1	X
7:	ADD K16 << #16, [ACx,] ACy	No	4	1	X
8:	ADD K16 << #SHFT, [ACx,] ACy	No	4	1	X
9:	ADD Smem << Tx, [ACx,] ACy	No	3	1	X
10:	ADD Smem << #16, [ACx,] ACy	No	3	1	X
11:	ADD [uns(]Smem[)], CARRY, [ACx,] ACy	No	3	1	X
12:	ADD [uns(]Smem[)], [ACx,] ACy	No	3	1	X
13:	ADD [uns(]Smem[)] << #SHIFTW, [ACx,] ACy	No	4	1	X
14:	ADD dbl(Lmem), [ACx,] ACy	No	3	1	X
15:	ADD Xmem, Ymem, ACx	No	3	1	X
16:	ADD K16, Smem	No	4	1	X

注：k4 为 4 位的无符号常数，K16 为 16 位有符号常数。

影响指令执行的状态位有：CARRY，C54CM，M40，SATA，SATD，SXMD。

执行指令后会受影响的状态位：ACOVx，ACOVy，CARRY。

说明：ADD 指令实现加法操作，根据操作数的类型，具体分为 16 种情况。如果目的操作数是累加器 ACx，在 D 单元的 ALU 中进行运算操作；如果目的操作数是辅助或临时寄存器 TAx，在 A 单元的 ALU 中进行运算操作；如果目的操作数是存储器（Smem），在 D 单元的 ALU 中进行运算操作；如果是移位指令（16 位立即数移位除外），在 D 单元移位器中进行运算操作。

下面以第 4 种情况为例，简要介绍其用法。

指令语法为：ADD Smem, [src,] dst，该指令执行一个寄存器（src）中的值和一个存储器（Smen）中的值的加法操作，并将结果存放到寄存器（dst）中；不能够进行并行操作；指令代码大小为 3 字节；执行周期为 1；所处流水线阶段为 X 阶段（执行阶段）。

存储器 Smem、寄存器 src、寄存器 dst 的类型参见表 7-1。

如果寄存器 dst 是累加器则执行 40 位加法，此时寄存器 src 如果是 16 位要根据 SXMD 标志进行符号扩展，溢出检测和进位（CARRY）标志的值根据 M40 位的值进行设置，如果有溢出则根据 SATD 标志位决定是否进行饱和操作。

如果寄存器 dst 是辅助寄存器或临时寄存器则执行 16 位加法，此时寄存器 src 如果是累加器则取其低 16 位，溢出检测和进位（CARRY）标志的值根据结果的最高位（b15）的值进行设置，如果有溢出则根据 SATA 标志位决定是否进行饱和操作。

举例：

```
ADD  *AR3+, T0, T1
```

	执行前		执行后
AR3	0302	AR3	0303
0302（数据区地址）	EF00	0302（数据区地址）	EF00
T0	3300	T0	3300
T1	0	T1	2200
CARRY	0	CARRY	1

注：例中数据均为十六进制数。

上例中，ADD 指令将寄存器 AR3 所指向的存储器单元（地址为 0302，数据为 0xEF00：-4352）的数据和寄存器 T0 的数据相加，计算结果存放到寄存器 T1 中。

2. 逻辑指令

逻辑指令包括与、或、异或、移位和测试指令等。这里以位与指令 AND 为例进行简要介绍。

	语法	并行使能	大小	周期	流水线
1:	AND src, dst	Yes	2	1	X
2:	AND k8, src, dst	Yes	3	1	X
3:	AND k16, src, dst	No	4	1	X
4:	AND Smem, src, dst	No	3	1	X
5:	AND ACx << #SHIFTW[, ACy]	Yes	3	1	X
6:	AND k16 << #16, [ACx,] ACy	No	4	1	X
7:	AND k16 << #SHFT, [ACx,] ACy	No	4	1	X
8:	AND k16, Smem	No	4	1	X

注：k8 为 8 位的无符号常数，k16 为 16 位无符号常数。

影响指令执行的状态位：无。

执行指令后会受影响的状态位：无。

说明：AND 指令实现位与操作，根据操作数的类型，具体分为 8 种情况。如果目的操作数是累加器 ACx，在 D 单元的 ALU 中进行运算操作；如果目的操作数是辅助或临时寄存器 TAx，在 A 单元的 ALU 中进行运算操作；如果目的操作数是存储器（Smem），在 D 单元的 ALU 中进行运算操作。

下面以第 8 种情况为例，简要介绍其用法。

指令语法为：AND k16, Smem，该指令执行一个存储器（Smen）中的值和一个 16 位无符号常数的位与操作，并将结果存放到存储器（Smen）中；不能够进行并行操作；指令代码大小为 4 字节；执行周期为 1；所处流水线阶段为 X 阶段（执行阶段）。

举例：

```
AND  #0FC0, *AR1
                              执行前                      执行后
   *AR1                       5678      *AR1              0640
```

注：例中数据均为十六进制数。

上例中，AND 指令将寄存器 AR1 所指向的存储器单元的数据和无符号常数 0x0FC0 进行位与操作，计算结果存放到寄存器 AR1 所指向的存储器单元。

3．程序控制指令

程序控制指令包括跳转、调用、中断、返回、重复等程序控制指令。这里以跳转指令 B 为例进行简要介绍。

语法	并行使能	大小	周期	流水线
B ACx	No	2	10	X

影响指令执行的状态位：无。

执行指令后会受影响的状态位：无。

指令语法为：B ACx，该指令执行跳转操作，跳转到寄存器（ACx）中低 16 位处；不能够进行并行操作；指令代码大小为 2 字节；执行周期为 10；所处流水线阶段为 X 阶段（执行阶段）。

举例：

```
B  AC0
                    执行前                    执行后
         AC0        00 0000 403D   AC0        00 0000 403D
         PC         00 1F0A        PC         00 403D
```

注：例中数据均为十六进制数。

上例中，B 指令将寄存器 PC 的值修改为累加器 AC0 的低 16 位，程序将跳转到该位置。

4．装载和存储指令

装载和存储指令包括装载、存储以及并行装载和存储型的指令等。这里以数据搬移指令 MOV 为例进行简要介绍。

	语法	并行使能	大小	周期	流水线
1:	MOV [rnd(]Smem << Tx[)], ACx	No	3	1	X
2:	MOV low_byte(Smem) << #SHIFTW, ACx	No	3	1	X

3:	MOV high_byte(Smem) << #SHIFTW, ACx	No	3	1	X
4:	MOV Smem << #16, ACx	No	2	1	X
5:	MOV [uns(]Smem[)], ACx	No	3	1	X
6:	MOV [uns(]Smem[)] << #SHIFTW, ACx	No	4	1	X
7:	MOV[40] dbl(Lmem), ACx	No	3	1	X
8:	MOV Xmem, Ymem, ACx	No	3	1	X

影响指令执行的状态位：C54CM, M40, RDM, SATD, SXMD。

执行指令后会受影响的状态位：ACOVx。

说明：MOV 指令是指各种不同类型操作数到累加器 ACx 的加载操作，根据操作数的类型，具体分为 8 种情况。

下面以第 4 种情况为例，简要介绍其用法。

指令语法为：MOV Smem << #16, ACx，该指令执行一个存储器（Smen）中的值左移 16 位后加载到累加器 ACx 中；不能够进行并行操作；指令代码大小为 2 字节；执行周期为 1；所处流水线阶段为 X 阶段（执行阶段）。

举例：

```
MOV *AR3+ << #16, AC1
                         执行前                      执行后
    AC1             00 0200 FC00     AC1        00 3400 0000
    AR3             0200             AR3        0200
    0200            3400             0200       3400
```

注：例中数据均为十六进制数。

上例中，MOV 指令将寄存器 AR3 所指向的存储器单元（地址为 0200，数据为 0x3400）的数据左移 16 位后加载到累加器 AC1 中。

7.4 寻 址 方 式

汇编指令中操作数所处的存储空间可能是数据空间，也可能是 I/O 空间；可能是立即数，也可能是存储区中某个单元。因此运行程序时汇编指令必然要对存储区的相应单元进行访问，这样才能准确取出操作数并可靠地运行。针对不同的操作数，汇编指令支持不同的确定操作数地址的方法，即寻址方式。

C55x DSP 芯片提供 3 种寻址方式：绝对寻址方式、直接寻址方式、间接寻址方式，可以实现对数据空间、存储映射寄存器、寄存器位和 I/O 空间的灵活访问，保证了程序的运行更加迅速有效。

7.4.1 绝对寻址方式

绝对寻址方式允许指令通过立即数来确定操作数的地址，支持 3 种不同情况：k16 绝对寻址方式、k23 绝对寻址方式、I/O 绝对寻址方式。

1. k16 绝对寻址方式

该寻址方式下，指令的操作数为*abs16(#k16)，其中 k16 是一个 16 位的无符号常数。寻址方法将 7 位的寄存器 DPH（扩展数据页指针 XDP 的高位部分）和 k16 拼接成一个 23 位的地址，用于对数据空间的访问。该方式通常用来访问存储单元和存储映射寄存器。该方式下，16 位的无符号常数会使指令扩展 2 字节，导致指令不能执行并行操作。表 7-3 给出了该寻址方式下可访问的地址范围。

表 7-3　k16 绝对寻址方式下地址范围

DPH（7 位）	k16（16 位）	地址范围（十六进制）
000 0000	0000 0000 0000 0000 ～1111 1111 1111 1111	00 0000h～00 FFFFh
000 0001	0000 0000 0000 0000 ～1111 1111 1111 1111	01 0000h～01 FFFFh
……	……	……
111 1111	0000 0000 0000 0000 ～1111 1111 1111 1111	7F 0000h～7F FFFFh

2. k23 绝对寻址方式

该寻址方式下，指令的操作数为* (#k23)，其中 k23 是一个 23 位的无符号常数。寻址方法为直接将 23 位的无符号常数作为一个 23 位的地址，用于对数据空间的访问。该方式通常用来访问存储单元和存储映射寄存器。该方式下，23 位的无符号常数会使指令扩展 3 字节，导致指令不能执行并行操作。表 7-4 给出了该寻址方式下可访问的地址范围。

表 7-4　k23 绝对寻址方式下地址范围

k23（23 位）	地址范围（十六进制）
000 0000 0000 0000 0000 0000 ～ 000 0000 1111 1111 1111 1111	00 0000h～00 FFFFh
000 0001 0000 0000 0000 0000 ～ 000 0001 1111 1111 1111 1111	01 0000h～01 FFFFh
……	……
111 1111 0000 0000 0000 0000 ～ 111 1111 1111 1111 1111 1111	7F 0000h～7F FFFFh

3. I/O 绝对寻址方式

该寻址方式下，指令的操作数为 port(#k16) 或者*port(#k16)，其中 k16 是一个 16 位无符号常数。寻址方法为直接将 16 位的无符号常数作为一个 16 位的地址，用于对数据空间的访问。该方式通常用来访问 I/O 存储单元。该方式下，16 位的无符号常数会使指令扩展 2 字节，导致指令不能执行并行操作。表 7-5 给出了该寻址方式下可访问的地址范围。

表 7-5　I/O 绝对寻址方式下地址范围

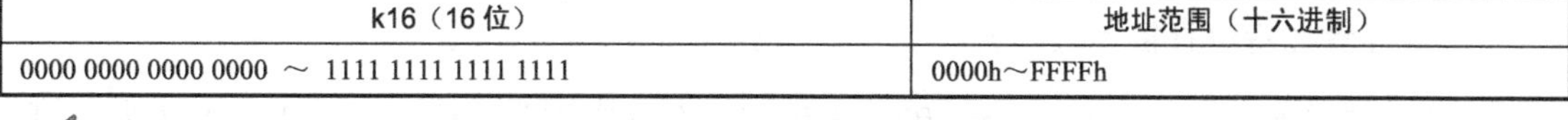

k16（16 位）	地址范围（十六进制）
0000 0000 0000 0000 ～ 1111 1111 1111 1111	0000h～FFFFh

7.4.2　直接寻址方式

直接寻址方式允许指令通过地址偏移量来确定操作数的地址，支持 4 种不同情况：数据页指针（DP）直接寻址方式、堆栈指针（SP）直接寻址方式、寄存器比特位（Register-Bit）直接寻址方式、外设数据页指针（PDP）直接寻址方式。其中 DP 直接寻址方式和 SP 直接寻址方式是互斥的，在一段代码中只能选择一种方式，可以通过设置寄存器 ST1_55 中 CPL 比特位来决定使用哪种方式。CPL 为 1 时，使用 SP 直接寻址方式；CPL 为 0 时，使用 DP 直接寻址方式。

1．DP 直接寻址方式

该寻址方式下，将 7 位的寄存器 DPH（扩展数据页指针 XDP 的高位部分）、数据页指针 DP（扩展数据页指针 XDP 的低位部分）和 7 位的偏移量拼接成一个 23 位的地址，用于对数据空间的访问。7 位偏移量由汇编器来确定，计算方式与访问的是数据空间还是存储映射寄存器（限定词是 mmap()）有关。由于 DPH 和 DP 组成了扩展数据页寄存器 XDP，寻址前可以分别将地址的高低部分分别加载到 DPH 和 DP 中，也可以用一条指令将地址加载到 XDP 中。该方式通常用来访问存储单元和存储映射寄存器。表 7-6 给出了该寻址方式下可访问的地址范围。

表 7-6　DP 直接寻址方式下地址范围

DPH（7 位）	DP（16 位）+偏移量（7 位）	地址范围（十六进制）
000 0000	0000 0000 0000 0000 ～ 1111 1111 1111 1111	00 0000h～00 FFFFh
000 0001	0000 0000 0000 0000 ～ 1111 1111 1111 1111	01 0000h～01 FFFFh
……	……	……
111 1111	0000 0000 0000 0000 ～ 1111 1111 1111 1111	7F 0000h～7F FFFFh

2．SP 直接寻址方式

该寻址方式下，将 7 位的寄存器 SPH（扩展堆栈指针 XSP 的高位部分）、堆栈指针 SP（扩展堆栈指针 XSP 的低位部分）和 7 位的偏移量拼接成一个 23 位的地址，用于对数据空间的访问。7 位偏移量包含在指令中。由于 SPH 和 SP 组成了扩展数据页寄存器 XSP，寻址前可以分别将地址的高低部分加载到 SPH 和 SP 中，也可以用一条指令将地址加载到 XSP 中。该方式通常用来访问存储单元和存储映射寄存器。由于数据空间中地址 00 0000h～00 005Fh 为存储映射寄存器，SP 直接寻址方式只能使用的地址范围是 00 0060h～00 FFFFh。表 7-7 给出了该寻址方式下可访问的地址范围。

表 7-7　SP 直接寻址方式下地址范围

SPH（7 位）	SP（16 位）+偏移量（7 位）	地址范围（十六进制）
000 0000	0000 0000 0110 0000 ～ 1111 1111 1111 1111	00 0060h～00 FFFFh
000 0001	0000 0000 0000 0000 ～ 1111 1111 1111 1111	01 0000h～01 FFFFh
……	……	……
111 1111	0000 0000 0000 0000 ～ 1111 1111 1111 1111	7F 0000h～7F FFFFh

3．寄存器比特位直接寻址方式

该寻址方式下，利用操作数@bitoffset 来确定寄存器中的某一位，例如 bitoffset 为 0，则可以访问寄存器的最低位；例如 bitoffset 为 3，则可以访问寄存器的位 3。该方式只能出现在寄存器的测试、置位、清零、取反指令中，只能用来访问下列寄存器：累加器（AC0～3）、辅助寄存器（AR0～7）、临时寄存器（T0～3）。

4．PDP 直接寻址方式

该寻址方式下，将 9 位的外设数据页指针 PDP 和 7 位的偏移量拼接成一个 16 位的地址，用于对数据空间的访问。7 位偏移量包含在指令中。该方式通常用来访问 I/O 空间存储单元。表 7-8 给出了该寻址方式下可访问的地址范围。

表 7-8　PDP 直接寻址方式下地址范围

PDP（9 位）	偏移量（7 位）	地址范围（十六进制）
0000 0000 0	000 0000 ～ 111 1111	0000h～007Fh
0000 0000 1	000 0000 ～ 111 1111	0080h～00FFh
……	……	……
1111 1111 1	000 0000 ～ 111 1111	FF80h～ FFFFh

7.4.3　间接寻址方式

间接寻址方式允许指令通过指针来确定操作数的地址，支持 4 种不同情况：辅助寄存器（AR）间接寻址方式、双辅助寄存器（Dual AR）间接寻址方式、系数数据指针（CDP）间接寻址方式、系数间接寻址方式。

1．AR 间接寻址方式

该寻址方式下，将辅助寄存器 ARn（AR0～7）作为指针来实现对数据的访问。该方式可以用来访问存储单元、存储映射寄存器、寄存器比特位、I/O 空间。

访问存储单元或者存储映射寄存器时，ARn 中存储了 23 位地址的低 16 位，高 7 位存放在 ARnH（扩展辅助寄存器 XARn 的高位部分）中。扩展数据页寄存器 XARn 由 ARnH 和 ARn 组成，因此可以用一条指令将地址加载到 XSP 中，也可将地址的低位部分加载到 ARn 中，但不能单独将地址的高位部分加载到 ARnH 中。

访问寄存器比特位时，ARn 中存放了比特位。该方式只能出现在寄存器的测试、置位、清零、取反指令中，只能用来访问下列寄存器：累加器（AC0～3）、辅助寄存器（AR0～7）、临时寄存器（T0～3）。

访问 I/O 空间时，ARn 中存放了 16 位地址。

此外，AR 间接寻址方式还受 ST2_55 寄存器 ARMS 比特位影响。ARMS 为 0 时，处于 DSP 应用状态，CPU 可以通过 DSP 模式下的间接寻址（见表 7-9）来提高 DSP 应用的性能；ARMS 为 1 时，处于控制应用状态，CPU 可以通过控制模式下的操作（见表 7-10）来优化控制系统应用的代码长度。

表 7-9 给出了 DSP 模式下 AR 间接寻址方式的操作数、ARn 值的变化及支持的访问类型。

表 7-9　DSP 模式下 AR 间接寻址方式的操作

操　作　数	指 针 修 改	支持的访问类型
*ARn	地址生成后 ARn 不变	数据空间（SMem, LMem） 存储映射寄存器（SMem, LMem） 寄存器比特（Baddr） I/O 空间(SMem)
*ARn+	地址生成后 ARn 的值增加： 操作数为 16 位/1 位，ARn += 1 操作数为 32 位/2 位，ARn += 2	数据空间（SMem, LMem） 存储映射寄存器（SMem, LMem） 寄存器比特（Baddr） I/O 空间(SMem)
*ARn-	地址生成后 ARn 的值减少： 操作数为 16 位/1 位，ARn -= 1 操作数为 32 位/2 位，ARn -= 2	数据空间（SMem, LMem） 存储映射寄存器（SMem, LMem） 寄存器比特（Baddr） I/O 空间(SMem)

续表

操 作 数	指 针 修 改	支持的访问类型
*+Arn	地址生成前 Arn 的值增加： 操作数为 16 位/1 位，Arn += 1 操作数为 32 位/2 位，Arn += 2	数据空间（Smem, Lmem） 存储映射寄存器（Smem, Lmem） 寄存器比特（Baddr） I/O 空间(Smem)
*-Arn	地址生成前 Arn 的值减少： 操作数为 16 位/1 位，Arn -= 1 操作数为 32 位/2 位，Arn -= 2	数据空间（Smem, Lmem） 存储映射寄存器（Smem, Lmem） 寄存器比特（Baddr） I/O 空间(Smem)
*(Arn+AR0)	地址生成后 Arn 的值增加： AR0 为 16 位有符号数，Arn += AR0 此操作数只有在 C54CM=1 时有效	数据空间（Smem, Lmem） 存储映射寄存器（Smem, Lmem） 寄存器比特（Baddr） I/O 空间(Smem)
*(Arn+T0)	地址生成后 Arn 的值增加： 操作数为 16 位/1 位，Arn += T0 此操作数只有在 C54CM=0 时有效	数据空间（Smem, Lmem） 存储映射寄存器（Smem, Lmem） 寄存器比特（Baddr） I/O 空间(Smem)
*(Arn-AR0)	地址生成后 Arn 的值减少： 操作数为 16 位/1 位，Arn -= AR0 此操作数只有在 C54CM=1 时有效	数据空间（Smem, Lmem） 存储映射寄存器（Smem, Lmem） 寄存器比特（Baddr） I/O 空间(Smem)
*(Arn-T0)	地址生成后 Arn 的值减少： 操作数为 16 位/1 位，Arn -= T0 此操作数只有在 C54CM=0 时有效	数据空间（Smem, Lmem） 存储映射寄存器（Smem, Lmem） 寄存器比特（Baddr） I/O 空间(Smem)
*Arn(AR0)	地址生成后 Arn 不变，Arn 作为基地址，AR0 中的 16 位有符号数作为偏移量 此操作数只有在 C54CM=1 时有效	数据空间（Smem, Lmem） 存储映射寄存器（Smem, Lmem） 寄存器比特（Baddr） I/O 空间(Smem)
*Arn(T0)	地址生成后 Arn 不变，Arn 作为基地址，T0 中的 16 位有符号数作为偏移量 此操作数只有在 C54CM=0 时有效	数据空间（Smem, Lmem） 存储映射寄存器（Smem, Lmem） 寄存器比特（Baddr） I/O 空间(Smem)
*Arn(T1)	地址生成后 Arn 不变，Arn 作为基地址，T1 中的 16 位有符号数作为偏移量	数据空间（Smem, Lmem） 存储映射寄存器（Smem, Lmem） 寄存器比特（Baddr） I/O 空间(Smem)
*(Arn+T1)	地址生成后 Arn 的值增加： T1 为 16 位有符号数，Arn += T1	数据空间（Smem, Lmem） 存储映射寄存器（Smem, Lmem） 寄存器比特（Baddr） I/O 空间(Smem)
*(Arn-T1)	地址生成后 Arn 的值减少： T1 为 16 位有符号数，Arn -= T1	数据空间（Smem, Lmem） 存储映射寄存器（Smem, Lmem） 寄存器比特（Baddr） I/O 空间(Smem)
*(Arn+AR0B)	地址生成后 Arn 的值增加： AR0 为 16 位有符号数，Arn += AR0 执行位反转模式相加（FFT 应用） 此操作数只有在 C54CM=1 时有效 此操作数不能用作循环指针	数据空间（Smem, Lmem） 存储映射寄存器（Smem, Lmem） 寄存器比特（Baddr） I/O 空间(Smem)

续表

操　作　数	指 针 修 改	支持的访问类型
*(ARn+T0B)	地址生成后 ARn 的值增加： T0 为 16 位有符号数，ARn += T0 执行位反转模式相加（FFT 应用） 此操作数只有在 C54CM=0 时有效 此操作数不能用作循环指针	数据空间（SMem, LMem） 存储映射寄存器（SMem, LMem） 寄存器比特（Baddr） I/O 空间(SMem)
*(ARn-AR0B)	地址生成后 ARn 的值减少： AR0 为 16 位有符号数，ARn -= AR0 执行位反转模式相减（FFT 应用） 此操作数只有在 C54CM=1 时有效 此操作数不能用作循环指针	数据空间（SMem, LMem） 存储映射寄存器（SMem, LMem） 寄存器比特（Baddr） I/O 空间(SMem)
*(ARn-T0B)	地址生成后 ARn 的值减少： T0 为 16 位有符号数，ARn -= T0 执行位反转模式相减（FFT 应用） 此操作数只有在 C54CM=0 时有效 此操作数不能用作循环指针	数据空间（SMem, LMem） 存储映射寄存器（SMem, LMem） 寄存器比特（Baddr） I/O 空间(SMem)
*ARn(#K16)	地址生成后 ARn 不变，ARn 作为基地址，16 位有符号数 K16 作为偏移量 K16 会导致指令长度扩展 2 个字节，因此此操作数不能用在并行指令中	数据空间（SMem, LMem） 存储映射寄存器（SMem, LMem） 寄存器比特（Baddr）
*+ARn(#K16)	地址生成前 ARn 增加： K16 为 16 位有符号，ARn += K16 K16 会导致指令长度扩展 2 个字节，因此此操作数不能用在并行指令中	数据空间（SMem, LMem） 存储映射寄存器（SMem, LMem） 寄存器比特（Baddr）

注：C54CM 是状态寄存器 ST1_55 中 TMS320C54x 兼容模式标志位。

表 7-10 给出了控制模式下 AR 间接寻址方式的操作数、ARn 值的变化及支持的访问类型。

表 7-10　控制模式下 AR 间接寻址方式的操作

操　作　数	指 针 修 改	支持的访问类型
*ARn	地址生成后 ARn 不变	数据空间（SMem, LMem） 存储映射寄存器（SMem, LMem） 寄存器比特（Baddr） I/O 空间(SMem)
*ARn+	地址生成后 ARn 的值增加： 操作数为 16 位/1 位，ARn += 1 操作数为 32 位/2 位，ARn += 2	数据空间（SMem, LMem） 存储映射寄存器（SMem, LMem） 寄存器比特（Baddr） I/O 空间(SMem)
*ARn-	地址生成后 ARn 的值减少： 操作数为 16 位/1 位，ARn -= 1 操作数为 32 位/2 位，ARn -= 2	数据空间（SMem, LMem） 存储映射寄存器（SMem, LMem） 寄存器比特（Baddr） I/O 空间(SMem)
*(ARn+AR0)	地址生成后 ARn 的值增加： AR0 为 16 位有符号数，ARn += AR0 此操作数只有在 C54CM=1 时有效	数据空间（SMem, LMem） 存储映射寄存器（SMem, LMem） 寄存器比特（Baddr） I/O 空间(SMem)
*(ARn+T0)	地址生成后 ARn 的值增加： 操作数为 16 位/1 位，ARn += T0 此操作数只有在 C54CM=0 时有效	数据空间（SMem, LMem） 存储映射寄存器（SMem, LMem） 寄存器比特（Baddr） I/O 空间(SMem)

续表

操 作 数	指 针 修 改	支持的访问类型
*(ARn-AR0)	地址生成后 ARn 的值减少： 操作数为 16 位/1 位，ARn -= AR0 此操作数只有在 C54CM=1 时有效	数据空间（SMem, LMem） 存储映射寄存器（SMem, LMem） 寄存器比特（Baddr） I/O 空间(SMem)
*(ARn-T0)	地址生成后 ARn 的值减少： 操作数为 16 位/1 位，ARn -= T0 此操作数只有在 C54CM=0 时有效	数据空间（SMem, LMem） 存储映射寄存器（SMem, LMem） 寄存器比特（Baddr） I/O 空间(SMem)
*ARn(AR0)	地址生成后 ARn 不变，ARn 作为基地址，AR0 中的 16 位有符号数作为偏移量 此操作数只有在 C54CM=1 时有效	数据空间（SMem, LMem） 存储映射寄存器（SMem, LMem） 寄存器比特（Baddr） I/O 空间(SMem)
*ARn(T0)	地址生成后 ARn 不变，ARn 作为基地址，T0 中的 16 位有符号数作为偏移量 此操作数只有在 C54CM=0 时有效	数据空间（SMem, LMem） 存储映射寄存器（SMem, LMem） 寄存器比特（Baddr） I/O 空间(SMem)
*ARn(#K16)	地址生成后 ARn 不变，ARn 作为基地址，16 位有符号数 K16 作为偏移量 K16 会导致指令长度扩展 2 个字节，因此此操作数不能用在并行指令中	数据空间（SMem, LMem） 存储映射寄存器（SMem, LMem） 寄存器比特（Baddr）
*+ARn(#K16)	地址生成前 ARn 增加： K16 为 16 位有符号，ARn += K16 K16 会导致指令长度扩展 2 个字节，因此此操作数不能用在并行指令中	数据空间（SMem, LMem） 存储映射寄存器（SMem, LMem） 寄存器比特（Baddr）
*ARn(short(#K3))	地址生成后 ARn 不变，ARn 作为基地址，3 位有符号数 K3 作为偏移量	数据空间（SMem, LMem） 存储映射寄存器（SMem, LMem） 寄存器比特（Baddr） I/O 空间(SMem)

注：C54CM 是状态寄存器 ST1_55 中 TMS320C54x 兼容模式标志位。

相比较 DSP 模式，控制模式减少了与 T1 相关、倒序模式下的寻址方式，增加了一个 3 位偏移量的寻址方式，该寻址方式不同于 16 位偏移量的寻址方式，支持 I/O 空间寻址。

2. 双 AR 间接寻址方式

该寻址方式下，将辅助寄存器 ARn（AR0～7）作为指针来实现对 2 个数据的同时访问。和 AR 间接寻址方式一样，XARn 中包含 23 位地址。该方式可以实现下列功能：

（1）执行 1 条指令来完成 2 个 16 位数据的访问。2 个 16 位数据的操作数在汇编语法中为 Xmem、Ymem。例如：

```
ADD Xmem, Ymem, ACx
```

（2）执行 2 条指令分别来完成 2 个 16 位数据的访问。每条指令中 16 位数据的操作数在汇编语法中为 Smem 或 Lmem。例如：

```
MOV Smem, dst
|| AND Smem, src, dst
```

双 AR 间接寻址方式的操作数是 AR 间接寻址方式中所有操作数的子集，且不受 ST2_55 寄存器 ARMS 比特位影响。

表 7-11 给出了双 AR 间接寻址方式的操作数、ARn 值的变化及支持的访问类型。

表 7-11　双 AR 间接寻址方式的操作

操　作　数	指 针 修 改	支持的访问类型
*ARn	地址生成后 ARn 不变	数据空间（SMem, LMem, Xmem, Ymem）
*ARn+	地址生成后 ARn 的值增加： 操作数为 16 位，ARn += 1 操作数为 32 位，ARn += 2	数据空间（SMem, LMem, Xmem, Ymem）
*ARn-	地址生成后 ARn 的值减少： 操作数为 16 位/1 位，ARn -= 1 操作数为 32 位/2 位，ARn -= 2	数据空间（SMem, LMem, Xmem, Ymem）
*(ARn+AR0)	地址生成后 ARn 的值增加： AR0 为 16 位有符号数，ARn += AR0 此操作数只有在 C54CM=1 时有效	数据空间（SMem, LMem, Xmem, Ymem）
*(ARn+T0)	地址生成后 ARn 的值增加： 操作数为 16 位/1 位，ARn += T0 此操作数只有在 C54CM=0 时有效	数据空间（SMem, LMem, Xmem, Ymem）
*(ARn-AR0)	地址生成后 ARn 的值减少： 操作数为 16 位/1 位，ARn -= AR0 此操作数只有在 C54CM=1 时有效	数据空间（SMem, LMem, Xmem, Ymem）
*(ARn-T0)	地址生成后 ARn 的值减少： 操作数为 16 位/1 位，ARn -= T0 此操作数只有在 C54CM=0 时有效	数据空间（SMem, LMem, Xmem, Ymem）
*ARn(AR0)	地址生成后 ARn 不变，ARn 作为基地址， AR0 中的 16 位有符号数作为偏移量 此操作数只有在 C54CM=1 时有效	数据空间（SMem, LMem, Xmem, Ymem）
*ARn(T0)	地址生成后 ARn 不变，ARn 作为基地址， T0 中的 16 位有符号数作为偏移量 此操作数只有在 C54CM=0 时有效	数据空间（SMem, LMem, Xmem, Ymem）
*(ARn+T1)	地址生成后 ARn 的值增加： T1 为 16 位有符号数，ARn += T1	数据空间（SMem, LMem, Xmem, Ymem）
*(ARn-T1)	地址生成后 ARn 的值减少： T1 为 16 位有符号数，ARn -= T1	数据空间（SMem, LMem, Xmem, Ymem）

注：C54CM 是状态寄存器 ST1_55 中 TMS320C54x 兼容模式标志位。

3．CDP 间接寻址方式

该寻址方式下，将系数数据指针 CDP 作为指针来实现对数据的访问。该方式可以用来访问存储单元、存储映射寄存器、寄存器比特位、I/O 空间。

访问存储单元或者存储映射寄存器时，CDP 中存储了 23 位地址的低 16 位，高 7 位存放在 CDPH（扩展系数数据指针 XCDP 的高位部分）中。

访问寄存器比特位时，CDP 中存放了比特位。该方式只能出现在寄存器的测试、置位、清零、取反指令中，只能用来访问下列寄存器：累加器（AC0～3）、辅助寄存器（AR0～7）、临时寄存器（T0～3）。

访问 I/O 空间时，ARn 中存放了 16 位地址。

表 7-12 给出了 CDP 间接寻址方式的操作数、CDP 值的变化及支持的访问类型。

表 7-12　CDP 间接寻址方式的操作

操　作　数	指 针 修 改	支持的访问类型
*CDP	地址生成后 CDP 不变	数据空间（SMem, LMem） 存储映射寄存器（SMem, LMem） 寄存器比特（Baddr） I/O 空间(SMem)
*CDP+	地址生成后 CDP 的值增加： 操作数为 16 位/1 位，CDP += 1 操作数为 32 位/2 位，CDP += 2	数据空间（SMem, LMem） 存储映射寄存器（SMem, LMem） 寄存器比特（Baddr） I/O 空间(SMem)
*CDP-	地址生成后 CDP 的值减少： 操作数为 16 位/1 位，CDP -= 1 操作数为 32 位/2 位，CDP -= 2	数据空间（SMem, LMem） 存储映射寄存器（SMem, LMem） 寄存器比特（Baddr） I/O 空间(SMem)
*CDP(#K16)	地址生成后 CDP 不变，CDP 作为基地址，16 位有符号数 K16 作为偏移量 K16 会导致指令长度扩展 2 个字节，因此此操作数不能用在并行指令中	数据空间（SMem, LMem） 存储映射寄存器（SMem, LMem） 寄存器比特（Baddr）
*+CDP(#K16)	地址生成前 CDP 增加： K16 为 16 位有符号数，CDP += K16 K16 会导致指令长度扩展 2 个字节，因此此操作数不能用在并行指令中	数据空间（SMem, LMem） 存储映射寄存器（SMem, LMem） 寄存器比特（Baddr）

4．系数间接寻址方式

该寻址方式下，地址产生过程与 CDP 间接寻址方式下的地址产生过程一样。系数间接寻址方式支持存储器到存储器的数据搬移、存储器初始化和双乘加（Dual multiply accumulate）、双乘减（Dual multiply subtract）、FIR 滤波（Finite impulse response filter）、乘法、乘累加（Multiply adn accumulate）、乘累减（Multiply and subtract）等算术指令。汇编指令中如果需要同时访问 3 个操作数，其中 2 个操作数（Xmem、Ymem）用双 AR 寻址方式，第 3 个操作数（Cmem）用系数间接寻址方式，第 3 个操作数要存放到另 2 个操作数所在存储块之外的存储块上。

表 7-13 给出了系数间接寻址方式的操作数、CDP 值的变化及支持的访问类型。

表 7-13　系数间接寻址方式的操作

操　作　数	指 针 修 改	支持的访问类型
*CDP	地址生成后 CDP 不变	数据空间
*CDP+	地址生成后 CDP 的值增加： 操作数为 16 位/1 位，CDP += 1 操作数为 32 位/2 位，CDP += 2	数据空间
*CDP-	地址生成后 CDP 的值减少： 操作数为 16 位/1 位，CDP -= 1 操作数为 32 位/2 位，CDP -= 2	数据空间
*(CDP +AR0)	地址生成后 CDP 的值增加： AR0 为 16 位有符号数，CDP += AR0 此操作数只有在 C54CM=1 时有效	数据空间
*(CDP +T0)	地址生成后 CDP 的值增加： 操作数为 16 位/1 位，CDP += T0 此操作数只有在 C54CM=0 时有效	数据空间

注：C54CM 是状态寄存器 ST1_55 中 TMS320C54x 兼容模式标志位。

5. 循环寻址和位反转寻址

间接寻址方式下，部分操作数涉及循环寻址和位反转寻址两种特殊的寻址过程。

（1）循环寻址

在卷积、自相关和 FIR 滤波器等许多算法中，都需要在存储区中设置循环缓冲区。循环缓冲区是一个滑动窗口，包含着最近的数据。如果有新的数据到来，它将覆盖最早的数据。实现循环缓冲区的关键是循环寻址。

间接寻址方式中，当访问数据或寄存器比特位时，辅助寄存器（AR0～7）、系数数据寄存器（CDP）都可以配置成循环寻址状态。设置状态寄存器 ST2_55 中 ARnLC 比特可以进入循环寻址状态，ARnLC 为 0 时，ARn 寄存器处于线性地址状态；ARnLC 为 1 时，ARn 寄存器处于循环寻址状态。设置状态寄存器 ST2_55 中 CDPLC 比特可以进入循环寻址状态，CDPLC 为 0 时，CDP 寄存器处于线性地址状态；CDPLC 为 1 时，CDP 寄存器处于循环寻址状态。

除设置状态寄存器 ST2_55 的标志外，也可以在汇编指令中添加.CR 限定词来指定当前指令的操作数进入循环寻址状态（例如 ADD.CR）。该限定词的效力优先于状态寄存器 ST2_55 的标志。

表 7-14 给出了循环寻址方式下使用到的寄存器。

表 7-14　循环寻址方式下使用的寄存器

指　针	线性/循环 控制比特	主数据页指针	缓冲区基地址	缓冲区大小
AR0	ST2_55(0)=AR0LC	AR0H	BSA01	BK03
AR1	ST2_55(1)=AR1LC	AR1H	BSA01	BK03
AR2	ST2_55(2)=AR2LC	AR2H	BSA23	BK03
AR3	ST2_55(3)=AR3LC	AR3H	BSA23	BK03
AR4	ST2_55(4)=AR4LC	AR4H	BSA45	BK47
AR5	ST2_55(5)=AR5LC	AR5H	BSA45	BK47
AR6	ST2_55(6)=AR6LC	AR6H	BSA67	BK47
AR7	ST2_55(7)=AR7LC	AR7H	BSA67	BK47
CDP	ST2_55(8)=CDPLC	CDPH	BSAC	BKC

循环缓冲区的参数主要包括：长度（存放在寄存器 BKxx）、有效基地址（存放在寄存器 BSAxx）。其中，BKxx 定义了循环缓冲区的大小 R。要求缓冲区地址始于最低 N 位为零的地址，且 R 值满足 $2^N > R$，R 值必须要放入 BKxx。例如，一个长度为 31 个字的循环缓冲区必须开始于最低 5 位为零的地址（即 XXXX XXXX XXX0 0000b），且赋值 BKxx=31。又如，一个长度为 32 个字的循环缓冲区必须开始于最低 6 位为零的地址（即 XXXX XXXX XX00 0000b），BKxx=32。

循环缓冲区的有效基地址定义了缓冲区的起始地址，也就是辅助寄存器（ARn）低 N 位设为 0 后的值。循环缓冲区的尾地址（EOB）定义为缓冲区的底部地址，它通过用 BK 的低 N 位代替 ARx 的低 N 位得到。

图 7-1 为循环缓冲区的示意图。

循环缓冲区的指示 index 就是当前 ARx 的低 N 位，步长 step 就是一次加到辅助寄存器或从辅助寄存器中减去的值。循环寻址的算法为：

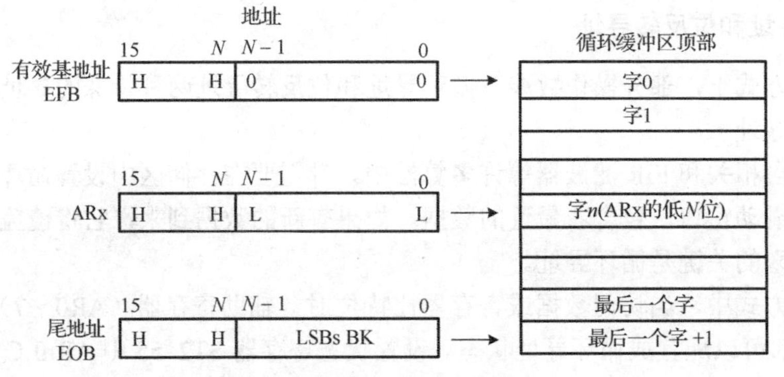

图 7-1　循环缓冲区示意图

```
If  0≤ index + step< BK;
index = index + step;
Else if index + step≥BK;
index = index + step - BK;
Else if index + step <0;
index = index + step + BK;
```

例如，对于指令：

```
MOV *+AR1, AC0
```

如果循环缓冲区长度 BK03＝10，N=4，BSA01=100h，由 AR1 的低 4 位得到 index＝0，循环寻址*+AR1 的步长 step＝8，循环寻址示意图见图 7-2。

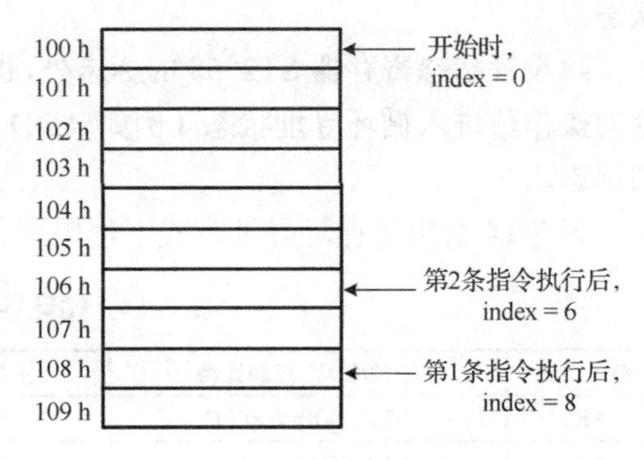

图 7-2　循环寻址示意图

执行第 1 条指令时：index = index + step＝8，寻址 108h 单元。

执行第 2 条指令时：index = index + step＝8+8＝16>BK，故 index = index + step−BK＝8+8−10＝6，寻址 106h 单元。

使用循环寻址时，必须遵循以下三个原则：

① 循环缓冲区的长度 R 小于 2^N，且地址从一个低 N 位为 0 的地址开始。

② 步长小于或等于循环缓冲区的长度。

③ 所使用的辅助寄存器必须指向缓冲区单元。

（2）位反转寻址（Bit-Reverse Addressing）

位反转寻址是一种特殊类型的间接寻址方式，主要用于 FFT 算法中，这种寻址方式可以显著提高程序的执行速度和存储区的利用效率。使用时，利用辅助寄存器（AR0～7）存放数组的基指针，利用临时寄存器 0（T0）作为索引指针，指向存放数据的单元。位反转寻址将 T0 加到辅助寄存器中，地址以位反转方式产生。也就是说，两者相加时，进位是从左向右反向传播的，而不是通常加法中的从右向左。例如，1010 与 1100 的位反转相加结果为 0001：

$$
\begin{array}{r}
1010 \\
+1100 \\
\hline
0001
\end{array}
$$

假设辅助寄存器为 8 位，AR2 值为 0110 0000b，T0 的值为 0000 1000b，下面例子给出了位反转寻址中 AR2 值修改的顺序和修改后 AR2 的值。

例：

```
*(AR2+T0B)  ;AR2 = 0110 0000        (第 0 值)
*(AR2+T0B)  ;AR2 = 0110 1000        (第 1 值)
*(AR2+T0B)  ;AR2 = 0110 0100        (第 2 值)
*(AR2+T0B)  ;AR2 = 0110 1100        (第 3 值)
*(AR2+T0B)  ;AR2 = 0110 0010        (第 4 值)
*(AR2+T0B)  ;AR2 = 0110 1010        (第 5 值)
*(AR2+T0B)  ;AR2 = 0110 0110        (第 6 值)
*(AR2+T0B)  ;AR2 = 0110 1110        (第 7 值)
```

表 7-15 给出了 AR2 为 0000 1000b 时，位模式和位反转模式与 AR2 低 4 位的关系。

表 7-15　4 位反转寻址运算示例

原顺序	位模式	位反转模式	位反转后的顺序	原顺序	位模式	位反转模式	位反转后的顺序
0	0000	0000	0	8	1000	0001	1
1	0001	1000	8	9	1001	1001	9
2	0010	0100	4	10	1010	0101	5
3	0011	1100	12	11	1011	1101	13
4	0100	0010	2	12	1100	0011	3
5	0101	1010	10	13	1101	1011	11
6	0110	0110	6	14	1110	0111	7
7	0111	1110	14	15	1111	1111	15

C55x DSP 函数库（DSPLIB, DSP function library）中提供了 C 语言调用接口的汇编函数 cbrev，利用该函数可以实现数组元素的位反转操作，将数组中原来顺序的元素变换成位反转后的顺序。例如：

```
#define NX 64
short x[2*NX] ;
short scale = 1 ;              // 设置 FFT 操作中每级运算结果缩小 1/2
void main(void)
{
        ;...
        cbrev(x,x,NX);         // 对输入复数数组进行位反转操作(实部、虚部依次存放)
        cfft(x,NX,scale);      // 对位反转后的数据进行复数 FFT 运算
        ;...
}
```

在执行 N 点复数 FFT 运算中使用位反转寻址时，必须遵循以下三个原则：

① 设置 ST2_55 寄存器 ARMS 比特为 0，确保 AR 间接寻址方式处于 DSP 模式下。

② 整个输入数组要存放在一个以 64KB 大小为边界的内存块内，这是因为参与寻址的辅助寄存器都仅有 16 位。数组的起始地址必须是一个低 n 位为 0 的地址，n 的值跟输入数据中实部、虚部的排列顺序有关。如果是实部、虚部、实部、虚部依次排放，则 $n=(\log_2 N+1)$；如果是实部、实部...虚部、虚部的排列方式，则 $n=\log_2 N$。假设 N 为 64，输入数据是按照实部、虚部依次排放，则 n 为 7，加载到 AR0 中的基地址（x 表示 0 或者 1）是：

```
xxxx xxxx x000 0000b
```

③ T0 的值跟输入数据中实部、虚部的排列顺序有关。如果是实部、虚部、实部、虚部依次排放，则 T0 的值为 2^n，$n=\log_2 N$；如果是实部、实部...虚部、虚部的排列方式，则 T0 的值为 2^{n-1}，$n=\log_2 N$。

7.5 汇编代码的优化

本节针对 C55x 给出汇编代码优化的主要方法。

1．有效使用双 MAC 硬件

C55x 芯片中包含两个硬件的 MAC 单元，使用好这两个单元，将会有效提高执行效率。在使用中必须注意以下几点：

① 双 MAC/MAS 操作只能使用三个操作数，也就是说 MAC/MAS 操作要共用其中的一个操作数；

② 共用操作数必须使用 XCDP（系数指针）寻址，并保存在内部存储器中；

③ 共用操作数应与其他两个操作数存放在不同的存储块中。

2．充分使用并行执行的特性

C55x 结构允许编程者并行放置两个操作或指令，在一个指令周期并行执行两条指令，以减少执行时间。C55x 支持并行方式可分为三类：单指令内建并行、用户自定义并行、内建和用户自定义混合并行。其中，单指令内建并行是自动的，用户自定义并行是可选的。充分利用好 C55x 芯片的并行执行特性，将会大大提高指令的执行效率。具体的并行规则请参考相应的芯片手册。

3．实现高效循环

C55x 芯片中有四种常用的指令循环实现方式，以下采用算术指令给出：

① 单循环：repeat（CSR/k8/k16）， [CSR+=TA/k4]；

② 局部块循环：localrepeat{}；

③ 块循环：blockrepeat{}；

④ 当辅助寄存器非零时跳转：if（ARn_mod != 0） goto #loop_start。

前三种方法无须循环开销，后一种方法需要 5 个周期的循环开销。总体上，最有效的循环机制是前两种。

4．最小化流水线和 IBQ 延迟

C55x 芯片中包含两条分离的受保护的流水线：一条是取指流水线，一条是执行流水线。在流水线中，多条指令将同时执行，在受保护情况下，如果同时执行的指令在数据访问发生冲突时，会自动对其中的某条指令插入额外的周期以防止发生错误。为避免或减少这样的保护带来的执行时间的增加，可以采取适当的措施来预防这样的流水线保护，如指令重排、使用 CPU 寄存器、使用局部循环、重新安排变量和数组在内存中的位置等。

7.6 汇编语言和 C 的混合编程方法

利用 C 语言开发 DSP 应用具有开发效率高、可移植性强等特点，但与汇编指令相比，代码运行效率略低，有些场合代码不能满足实时性要求。利用汇编指令开发 DSP 应用能够充分利用 DSP 芯片的硬件特性，代码运行效率高，但不同 DSP 芯片的汇编指令集都不尽相同，利用汇编指令编写的代码可移植性差，开发周期长。为了兼顾开发效率、可移植性、代码运行效率，可以利用 C 语言和汇编指令混合编程，首先利用 C 语言进行开发，对于 C 语言代码不能完成的部分再利用汇编语言开发。

用 C 语言和汇编语言的混合编程方法主要有以下三种：

（1）独立编写 C 程序和汇编程序，分开编译或汇编，形成各自的目标代码模块，然后用链接器将 C 模块和汇编模块链接起来。例如，FFT 程序一般采用汇编语言编写，对 FFT 程序用汇编器进行汇编，形成目标代码模块，与 C 模块链接就可以在 C 程序中调用 FFT 程序。

（2）直接在 C 语言程序的相应位置嵌入汇编语句。

（3）对 C 程序进行编译，生成相应的汇编程序，然后对汇编程序进行手工优化和修改。

下面我们简要介绍 C 和汇编语言进行混合编程的基本方法。

7.6.1 独立的 C 和汇编模块接口

这是一种常用的 C 和汇编语言接口方法。采用这种方法时需注意的是在编写汇编语言和 C 语言时必须遵循有关的调用规则和寄存器规则。如果遵循了这些规则，那么 C 和汇编函数之间的接口是非常方便的。C 程序既可以调用汇编程序，也可以访问汇编程序中定义的变量。同样，汇编程序也可以调用 C 函数或访问 C 程序中定义的变量。

针对 C55x 芯片，实现 C 代码模块和汇编代码模块相互调用，必须注意以下几点：

（1）不论是用 C 编写的函数还是用汇编编写的函数，都必须遵循 C 语言环境中的寄存器使用规则。

- 必须保护函数要用到的几个特定寄存器。在 C55x 的 C 编译器中，这些特定的寄存器包括：T2、T3、AR5～7 和 SP。其中，若 SP 是被正常使用，则不必明确加以保护，其他寄存器则可以自由使用。
- 从汇编程序调用 C 函数时，参数传递必须要满足 C 语言运行环境的要求，具体规则可参考第 6 章 6.3.1 小节。
- 函数返回值要满足 C 语言运行环境要求，详见第 6 章 6.3.1 节。

（2）特殊函数的处理。

- C 语言编写的程序无法通过 IMR 寄存器对中断进行允许或屏蔽。此时，实现中断管理的方法就是采用在 C 语言中嵌入汇编指令的方法来进行。
- 中断程序必须保护所有用到的寄存器。
- 调用一个用 C54x 汇编语言编写的函数，必须要用 pragma 预处理选项：C54X_CALL 或者 C54X_FAR_CALL。

（3）长整数和浮点数存储在存储器中的方法是最高有效字在低位地址。

（4）汇编语言程序调用 C 语言程序

- C 编译器假定堆栈初始化在偶地址上，如果汇编代码调用 C 代码函数，必须保证 SP 指针为偶数。如果 SP 指针为奇数，可以通过减 1 来将其变为偶数。例如：

```
_func:  AADD #-1, SP      ; 使 SP 为偶数
        ...               ; 函数体
```

```
AADD #1, SP      ; 释放堆栈空间
RET              ; 汇编代码函数返回
```

- 编写汇编语言程序时，必须在C程序可以访问的所有对象前加“_”。例如，在C程序中定义了变量x，如果在汇编程序中要使用，即为_x。如果某个对象仅在汇编中使用，则不要在对象前加下划杠。

（5）C语言程序调用汇编语言程序

- 汇编模块不能改变由C产生的 .cinit 块，如果改变其内容则会引起不可预测的后果。
- 任何在汇编中定义的对象或函数，如果需要在 C 中访问或调用，则必须用汇编指令 .global 定义。同样，如果在C中定义的对象或函数，需要在汇编中访问或调用时，在汇编中也必须用 .global 指令定义。
- C语言编写的程序在编译汇编后，将CPL置为1，因此其中调用的汇编函数中若需访问直接地址对象，唯一方法就是使用间接立即数寻址模式。例如：

```
MOV *(#global_var),AR3 ; CPL为1时，能正确访问global_var
MOV global_var, AR3    ; CPL为1时，不能正确访问global_var
```

若汇编函数中将CPL设置为0，则在返回C语言编写的程序前，必须将CPL置为1。

7.6.2 从C程序中访问汇编程序变量

从C程序中访问在汇编程序中定义的变量或常数需根据变量或常数定义的方式采取不同的方法。总的来说，可以分为三种不同的情形：变量在 .bss 块中定义；变量不在 .bss 块中定义；常数。

对于访问在.bss块定义变量或者用.usect自定义的块中定义的变量，可用如下方法实现：

① 采用.bss命令或.usect命令定义变量；

② 用.global命令定义为外部变量；

③ 在变量名前加一下划线“_”；

④ 在C程序中将变量说明为外部变量。

采用上述方法后，在C程序中就可以访问这个变量。例7-1示出了在C程序中访问 .bss定义的汇编变量。

【例7-1】 在C程序中访问.bss定义的汇编变量

汇编程序：

```
.bss        _var,1       ;定义变量
.global     _var         ;说明为外部变量
```

C 程序：

```
extern  int  var;        /*外部变量*/
var =1;                  /*访问变量*/
```

对于访问不在 .bss 块中定义的变量，其方法比较复杂一些。在汇编中定义的常数表是这种情形的一个常见例子。在这种情况下，必须定义一个指向该变量的指针，然后在C程序中间接地访问这个变量。在汇编中定义常数表时，可以为这个表定义一个独立的块，也可以在现有的块中定义。定义完后，说明一个指向该表起始的全局标号。如果定义为一个独立的

块，则可以在链接时将它分配至任意可用的存储器空间。在C程序中访问该表时，必须另外说明一个指向该表的指针。例7-2是一个在C程序中访问汇编常数表的例子。

【例7-2】 在C程序中访问汇编常数表

汇编程序：

```
.global  _sine        ;定义外部变量
.sect    "sine_tab"   ;定义一个独立块
_sine:                ;常数表起始地址
        .float      0.00
        .float      0.02
        .float      0.02
        .float      0.03
```

C程序：

```
extern  float sine[];                  /*定义外部变量*/
float   *sine_pointer=sine;            /*定义一个C指针*/
f = sine_pointer[2];                   /*访问sine_pointer*/
```

对于在汇编中用 .set 和 .global 命令定义的全局常数，也可以从C程序中访问，不过访问的方法更复杂些。一般对于在C或汇编中定义的变量，符号表实际上包含的是变量值的地址，而非变量值本身。然而，对于在汇编中定义的常数，符号表包含的是常数的值。而编译器不能区分符号表中哪些是变量值，哪些是变量的地址。因此，在C程序中访问汇编中的常数不能直接使用常数的符号名，而应在常数名之前加一个地址操作符“&”。如在汇编中的常数名为“_x”，则在C程序中的值应为“&x”。如例7-3中所示。

【例7-3】 在C程序中访问汇编常数

汇编程序：

```
_table_size  .set  10000          ;常数定义
.global   _table_size             ;定义为全局
```

C程序：

```
extern int table_size;
#define  TABLE_SIZE  ((int) (&table_size))
    ⋮
    ⋮
for (i=0;  i<TABLE_SIZE; ++i)
```

7.6.3 在汇编程序中访问C程序变量

在编写独立的汇编程序时，经常需要访问在C程序中定义的变量或数组。例7-4介绍了如何在汇编程序中访问C程序定义的变量。

【例7-4】访问在C程序中定义的变量（C55x）

C程序：

```
typedef struct
{
    int m1;
    int m2;
} X;
```

```
    X svar = { 1, 2 };                 // 定义结构类型变量svar
```

汇编程序：

```
        .ref _svar                    ; 引用别处定义的svar
        .text
        .align 4
        .global addfive
    addfive:  .asmfunc
        ADD #5, *abs16(#(_svar+1))   ; svar.m2 加 5
        RET                           ; 函数返回
        .endasmfunc
```

7.6.4 在C程序中直接嵌入汇编语句

在C程序中嵌入汇编语句是一种直接的C和汇编接口方法。采用这种方法一方面可以在C程序中实现用C语言无法实现的一些硬件控制功能，如修改中断控制寄存器、中断使能或无效、读取状态寄存器和中断标志寄存器等。另一方面，也可以用这种方法在C程序中的关键部分用汇编语句代替C语句以优化程序。

采用这种方法的一个缺点是比较容易破坏C环境，因为C编译器在编译嵌入了汇编语句的C程序时，并不检查或分析所嵌入的汇编语句。

嵌入汇编语句的方法比较简单，只须在汇编语句的左右加上一个双引号，用小括弧将汇编语句括住，在括弧前加上asm 标识符即可，如下所示。

```
    asm ("      汇编语句                 ");
```

除硬件控制之外，汇编语句也可以嵌入在C程序中实现其他功能。TI建议不要采用这种方法改变C变量的数值，因为这容易改变C环境，但是如果程序员对C编译器及C环境具有充分的理解，并且小心使用，采用这种方法也可以对C变量进行自由地操作。与独立编写汇编程序实现混合编程相比，这种方法具有如下优点：

（1）程序的入口和出口由C自动管理，不必手工编写汇编程序实现。

（2）程序结构清晰。由于这种方法保留了C程序的结构，如变量的定义等，因此程序结构清晰，可读性强。

（3）程序调试方便。由于C程序中的变量全部由C来定义，因此，采用C源码调试器可以方便地观察C变量。

需要特别注意的是，采用这种方法后，对程序进行编译时不能采用优化功能，否则将产生不可预测的结果。

7.6.5 TMS320C55x混合编程举例

【例7-5】 C55x的独立C和汇编模块编程

C主程序：

```
    /*cmain.c*/
    extern void asmfunc(int *);       /*定义外部的汇编函数*/
    int gloabl;                       /*定义全局变量*/
    void main( )
    {
```

```
        int local = 5;
        asmfunc(&local);            /*调用函数*/
    }
```

汇编语言函数 _asmfunc:

```
            .global    _asmfunc
    _asmfunc:
            MOV *AR0, AR1
            ADD *(#_global), AR1, AR1   ;AR1 += global
            MOV AR1, *(#_global)        ; global = AR1
            RET                         ;函数返回
            .end
```

对上述程序，编译汇编和链接的过程如下：

（1）对 C 程序 cmain.c 进行编译形成 cmain.obj:

```
cl55  cmain.c
```

（2）对汇编程序 asmsub.asm 进行汇编形成 asmsub.obj:

```
masm55  asmsub.asm
```

（3）链接形成可执行程序。

本 章 小 结

本章以助记符指令集为重点，详细介绍了 C55x 的指令。对汇编语言源程序的格式和汇编指令进行了总体介绍，并详细说明了汇编语法和指令使用方法。重点介绍了 C55x 的寻址方式。简要介绍了基于 C55x 平台的汇编指令的优化方法。最后分别介绍了 C 代码和汇编代码混合编程的方法、注意事项、C 代码中直接嵌入汇编语句的方法和修改编译得到的汇编的方法。

习题与思考题

1. 汇编语句格式包含哪几部分？编写汇编语句需要注意哪些问题？
2. C55x 的指令集包含了哪几种基本类型的操作？
3. C55x 提供了哪些基本的数据寻址方式？
4. 以 DP 和 SP 为基地址的直接寻址方式，其实际地址是如何生成的？
5. 循环寻址时必须遵循哪几个原则？
6. 为什么通常需要采用 C 语言和汇编语言的混合编程方法？
7. C 语言和汇编语言的混合编程方法主要有哪几种？各有什么特点？

第 8 章　DSP 算法软件开发实例

8.1　引　　言

DSP 系统的主要目标是实现特定的数字信号处理功能，因此在系统的软件开发中，除了输入/输出以及系统控制等软件开发外，核心的软件开发就是 DSP 算法软件的开发。DSP 算法软件的开发通常包括 DSP 算法选择、DSP 算法仿真、DSP 算法 C 语言实现以及基于 DSP 芯片的算法实现四个步骤，如图 8-1 所示。

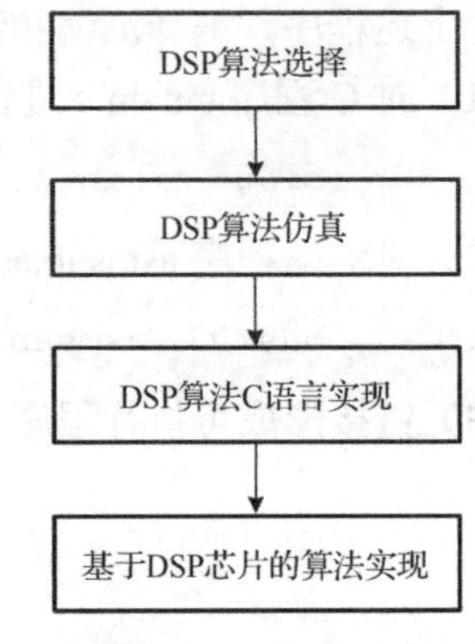

图 8-1　DSP 算法软件开发的基本过程

（1）DSP 算法选择

依据 DSP 系统的目标要求，明确 DSP 算法的功能和性能指标，在此基础上，根据项目具体要求和工程经验选用合适的 DSP 算法，如果没有合适现成的算法，就要开展算法的研发工作。

（2）DSP 算法的仿真

采用仿真工具对算法的功能和性能进行仿真验证，并对算法进行改进提高。常用的算法仿真工具包括 MATLAB、LabView 等。最后，根据仿真结果确定满足系统要求且算法复杂度适中的 DSP 算法。

（3）DSP 算法的 C 语言实现

DSP 芯片程序开发主要采用 C 语言或汇编语言。由于 C 语言具有通用、直观、更符合人的思维习惯等优点且大多数 DSP 芯片的软件开发环境支持 C 语言，因此，仿真实现的 DSP 算法通常采用 C 语言来实现。当然，如果在仿真阶段直接采用 C 语言，就可以将步骤（1）和（2）进行合并。DSP 算法的 C 语言实现主要涉及开发人员对算法的理解，需要将高级仿真工具中的函数和运算采用 C 语言实现。针对具体的 DSP 芯片类型，还可以将 DSP 算法的 C 语言实现分为 DSP 算法的浮点 C 语言实现和 DSP 算法的定点 C 语言实现。

（4）基于 DSP 芯片的算法实现

DSP 算法最终需要在 DSP 芯片上实时实现。借助于 DSP 芯片的开发工具，将 C 语言实现的 DSP 算法移植到具体的 DSP 芯片上。这个阶段主要进行算法的功能实现和性能优化，功能实现主要是验证算法实现的正确性，性能优化主要针对算法实现的复杂度进行优化。

本章以单音检测为例，系统介绍 DSP 算法软件开发的具体过程。

8.2　基于 FFT 的单音检测算法原理

 8.2.1　单音检测算法概述

单音检测是指在 DSP 系统的输入信号中检测某一特定频率的正弦波信号，通常应用于系统测试或在检测系统导频信号中得到应用。

单音检测算法一般可在频域上实现，其基本原理如下：首先，采用快速傅里叶变换（FFT）将输入信号从时域变换到频域；然后，检测频谱幅度的峰值。如果输入信号为单音，则其频谱幅度应该呈现单一峰值的特点；否则，输入信号不是单音。据此可以制定单音判决规则：当输入信号峰值能量几乎和信号总能量相当时，判定输入信号为单音，并根据峰值位置计算信号频率；否则，判定输入信号不是单音。

图 8-2 是基于 FFT 的单音检测算法流程图。

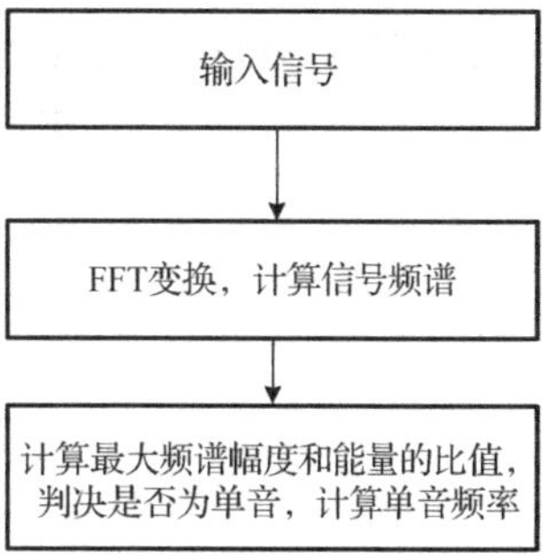

输入信号

FFT变换，计算信号频谱

计算最大频谱幅度和能量的比值，判决是否为单音，计算单音频率

图 8-2　单音检测算法流程

图 8-2 中，FFT 是 DFT 的快速计算方法，为了便于理解 FFT 算法，下面先简要介绍 DFT 的基本原理。

8.2.2　DFT 的基本原理

DFT 是连续傅里叶变换的离散形式。模拟信号 $x(t)$的连续时间傅里叶变换（或称频谱）可以表示为：

$$X(\omega)=\int_{-\infty}^{\infty}x(t)\,\mathrm{e}^{-\mathrm{j}\omega t}\mathrm{d}t \qquad (8\text{-}1)$$

$x(t)$经抽样后变为 $x(nT)$，T 为抽样周期。离散信号 $x(nT)$的傅里叶变换可以表示为：

$$X(k)=\sum_{n=0}^{N-1}x(n)W_N^{nk},\ k=0,1,\cdots,N-1 \qquad (8\text{-}2)$$

式中，$W_N=\mathrm{e}^{-\mathrm{j}2\pi/N}$，称为蝶形因子。式（8-2）实际上就是 N 点的 DFT。由式（8-2）可以看出，计算所有的 $X(k)$大约需要 N^2 次乘法和 N^2 次加法。可见，当 N 较大时，计算 $X(k)$的运算量很大。

蝶形因子 W_N 具有内在的对称性和周期性，图 8-3 示出了 N=8 时蝶形因子 W_N 的对称性和周期性。

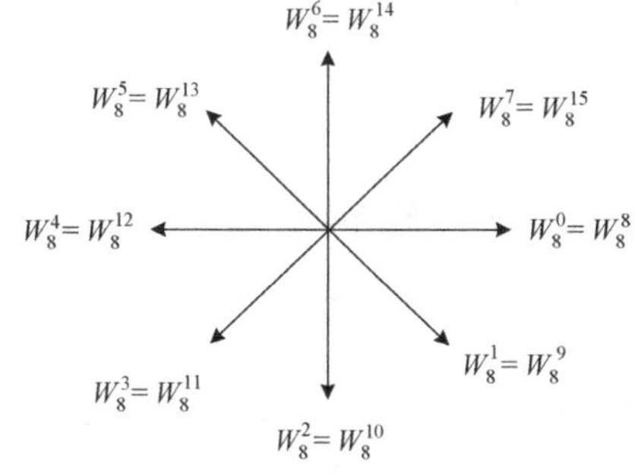

图 8-3　W_N 的对称性和周期性

从图中可以看出，

$$\text{对称性：}\ W_N^k=-W_N^{k+N/2} \qquad (8\text{-}3)$$

$$\text{周期性：}\ W_N^k=W_N^{N+k} \qquad (8\text{-}4)$$

FFT 算法利用了蝶形因子 W_N 内在的对称性和周期性，从而加快运算的速度。

FFT 算法将长序列的 DFT 分解为短序列的 DFT。N 点的 DFT 先分解为 2 个 N/2 点的 DFT，每个 N/2 点的 DFT 又分解为 N/4 点的 DFT，等等。最小变换的点数即所谓的“基数（radix）”。因此，基数为 2 的 FFT 算法的最小变换（或称蝶形）是 2 点 DFT。一般地，对 N 点 FFT，对应于 N 个输入样值，有 N 个频域样值与之对应。

8.2.3　FFT 算法的导出

一般而言，FFT 算法可以分为时间抽取（DIT）FFT 和频率抽取（DIF）FFT 两大类。下面分别来介绍这两种算法的导出。

1．时间抽取 FFT（DIT）

时间抽取 FFT 是将 N 点的输入序列 $x(n)$按照偶数和奇数分解为偶序列和奇序列两个序列：

偶序列：$x(0), x(2), x(4), \cdots, x(N-2)$

奇序列：$x(1), x(3), x(5), \cdots, x(N-1)$

因此，$x(n)$的 N 点 FFT 可以表示为：

$$X(k)=\sum_{n=0}^{N/2-1} x(2n)W_N^{2nk}+\sum_{n=0}^{N/2-1} x(2n+1)W_N^{(2n+1)k} \tag{8-5}$$

根据：

$$W_N^2=[\mathrm{e}^{-\mathrm{j}(2\pi/N)}]^2=[\mathrm{e}^{-\mathrm{j}2\pi/(N/2)}]=W_{N/2}$$

可得：

$$X(k)=\sum_{n=0}^{N/2-1} x(2n)W_{N/2}^{nk}+W_N^k\sum_{n=0}^{N/2-1} x(2n+1)W_{N/2}^{nk} \tag{8-6}$$

令 $Y(k)$和 $Z(k)$分别表示式（8-6）中右边第一个和第二个和式，则有

$$X(k)=Y(k)+W_N^kZ(k) \tag{8-7}$$

由于 $Y(k)$和 $Z(k)$的周期为 $N/2$，因此计算上式的 k 的范围为 $0\sim N/2-1$。计算 $k=N/2\sim N-1$ 的 $X(k)$可以利用 $W_N^{k+N/2}=-W_N^k$ 的特性，可得：

$$X(k+N/2)=Y(k)-W_N^kZ(k) \tag{8-8}$$

式（8-7）和式（8-8）分别用来计算 $0\leqslant k\leqslant N/2-1$ 和 $N/2\leqslant k\leqslant N-1$ 的 $X(k)$。以同样的方式进一步抽取，就可以得到 $N/4$ 点的 DFT，重复这个抽取过程，就可以使 N 点的 DFT 用一组 2 点的 DFT 来计算。

在基数为 2 的 FFT 中，设 $N=2^M$，则总共有 M 级运算，每级中有 $N/2$ 个 2 点 FFT 蝶形运算。因此，N 点 FFT 总共有 $(N/2)\log_2 N$ 个蝶形运算。

基 2 DIT FFT 的蝶形运算如图 8-4 所示。

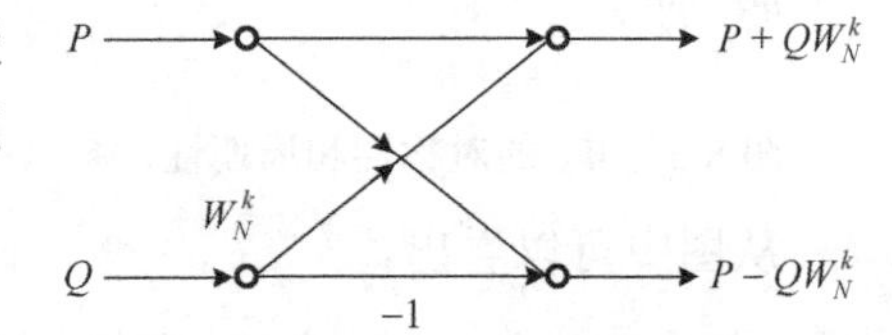

图 8-4　基 2 DIT FFT 蝶形运算

设蝶形的输入分别为 P 和 Q，输出分别为 P' 和 Q'，则有

$$P'=P+QW_N^{k'} \tag{8-9}$$

$$Q'=P-QW_N^k \tag{8-10}$$

图 8-5 是 8 点 DIT FFT 的信号流图。

从图 8-5 可以看出，输入序列是按自然顺序排列的，而输出序列的排列顺序则是置乱的。但置乱是有一定规律的，这个规律就是所谓的“码位倒置”，或称“比特反转”。也就是说，如果将置乱序列的下标用二进制表示，然后将二进制数按相反方向排列，即可得到这个序列的实际位置。例如，$x(3)$在输入端的第三个位置（从 0 开始计数），其下标为 $3_{10}=011_2$，比特反转后得 $110_2=6_{10}$，即是 $x(3)$输出端的实际位置。输出端的第三个位置由 $x(6)$占用。因此，输入端只需将 $x(3)$和 $x(6)$交换位置，即可在输出端得到正确的位置排列，其余类推。这种输入序列 $x(n)$是按比特反转的规律排列，则输出 $X(k)$就是按自然顺序排列的，如图 8-6 所示。

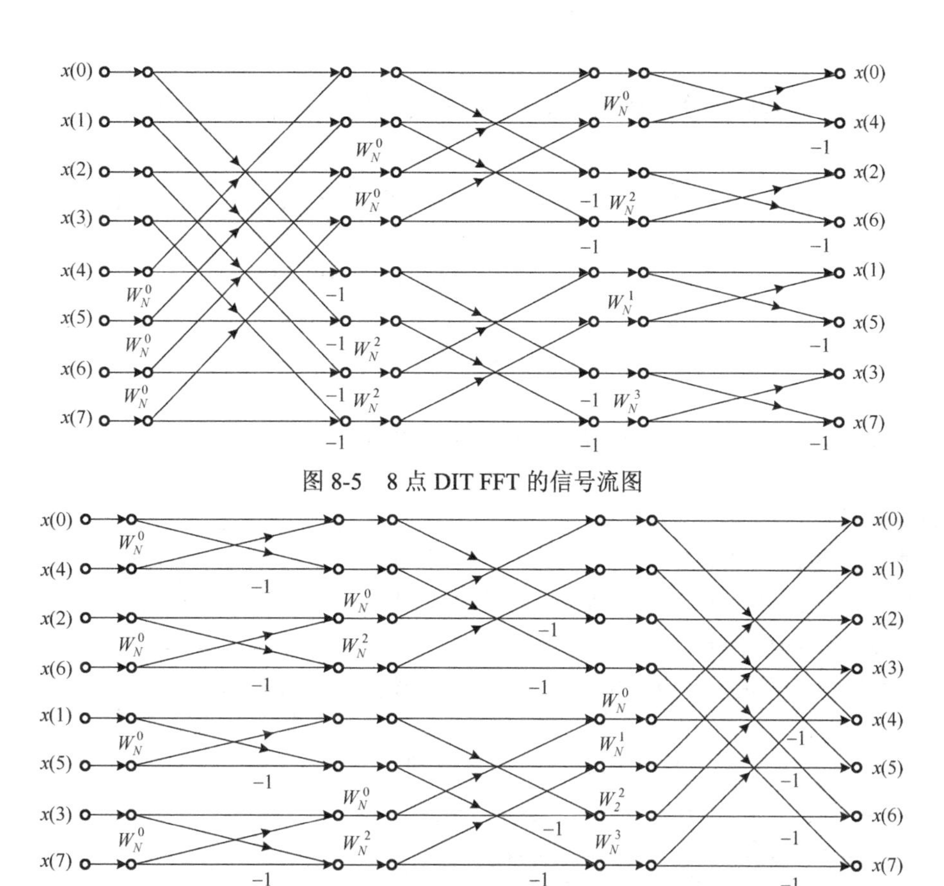

图 8-5　8 点 DIT FFT 的信号流图

图 8-6　8 点 DIT FFT 的另一种信号流图

2．频率抽取 FFT（DIF）

时间抽取 FFT 算法的特点是每一级处理都是在时域里把输入序列依次按奇、偶一分为二分成较短的序列。与此类似，还有一种算法是在频域里把序列分解为奇、偶的形式来进行计算，这就是所谓的频率抽取 FFT 算法。

频率抽取 FFT 算法首先将输入序列按照自然顺序分为前半部分和后半部分：

前半部分：$x(0), x(1), x(2),\cdots, x(N/2-1)$

后半部分：$x(N/2), x(N/2+1), \cdots, x(N-1)$

则 $x(n)$的 DFT 可以表示为：

$$
\begin{aligned}
X(k) &= \sum_{n=0}^{N/2-1} x(n)W_N^{nk} + \sum_{n=N/2}^{N-1} x(n)W_N^{nk} \\
&= \sum_{n=0}^{N/2-1} x(n)W_N^{nk} + W_N^{kN/2}\sum_{n=0}^{N/2-1} x(n+N/2)W_N^{nk} \\
&= \sum_{n=0}^{N/2-1} x(n)W_N^{nk} + (-1)^k\sum_{n=0}^{N/2-1} x(n+N/2)W_N^{nk} \\
&= \sum_{n=0}^{N/2-1} [x(n)+(-1)^k x(n+N/2)]\,W_N^{nk}
\end{aligned}
\tag{8-11}
$$

由于式（8-11）存在 k 为奇数和偶数两种形式，因此，有可能采取类似 DIT 的方法，在频率域内进行分解。

$$X(2k)=\sum_{n=0}^{N/2-1}[x(n)+x(n+N/2)]W_N^{2nk}, k=0,1,\cdots,(N/2-1) \tag{8-12}$$

$$X(2k+1)=\sum_{n=0}^{N/2-1}[x(n)-x(n+N/2)]W_N^n W_N^{2nk}, k=0,1,\cdots,(N/2-1) \tag{8-13}$$

因为 $W_N^{2nk}=W_{N/2}^{nk}$，令 $y(n)=x(n)+x(n+N/2)$，$z(n)=x(n)-x(n+N/2)$，则有：

$$X(2k)=\sum_{n=0}^{N/2-1}y(n)W_{N/2}^{nk} \tag{8-14}$$

$$X(2k+1)=\sum_{n=0}^{N/2-1}z(n)W_N^n W_{N/2}^{nk} \tag{8-15}$$

$X(2k)$和 $X(2k+1)$分别为偶数和奇数的 $X(k)$。以同样的方式，就可以得到 $N/4$ 点的 DFT，重复这个过程，就可使 N 点的 DFT 用一组 2 点的 DFT 来计算。设 $N=2^M$，则共有 M 级运算。DIF 的基 2 蝶形运算如图 8-7 所示。

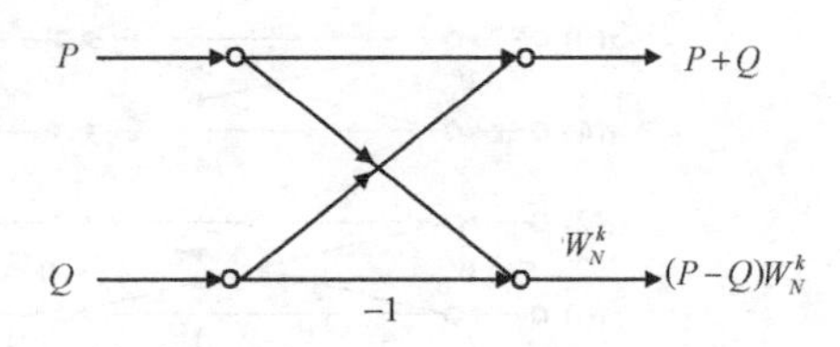

图 8-7 基 2 DIF FFT 蝶形运算

图 8-8 和图 8-9 分别是 8 点 DIF FFT 的两种信号流图方式。

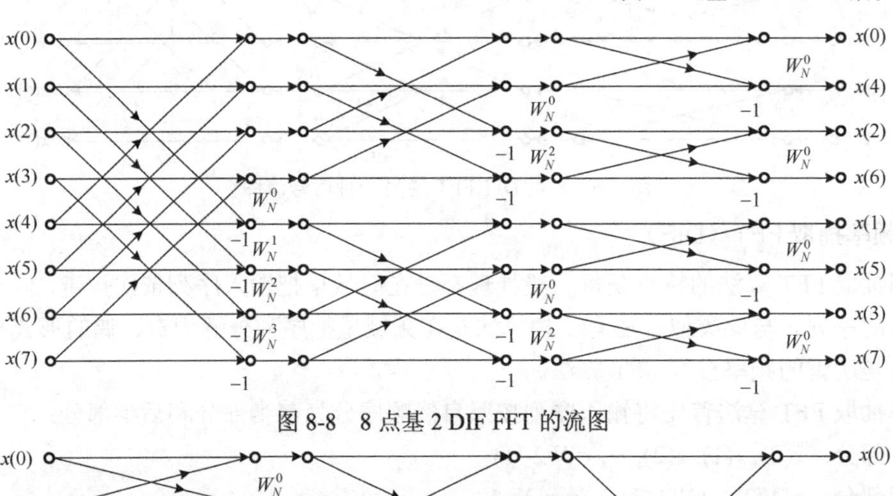

图 8-8 8 点基 2 DIF FFT 的流图

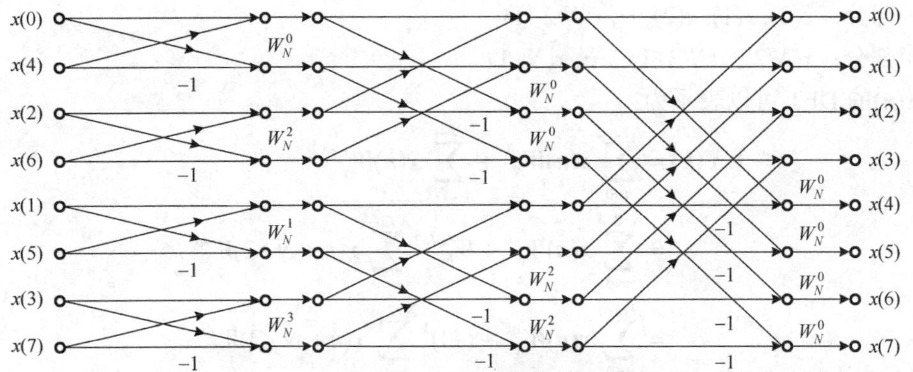

图 8-9 8 点基 2 DIF FFT 的另一种流图

从图 8-6 和图 8-9 可以看出，DIT 和 DIF 两种 FFT 算法的区别是蝶形因子 W_N^k 出现的位置不同，DIT 中 W_N^k 在输入端，而 DIF 中 W_N^k 在输出端，除此之外，两种方法是一样的。具体应用时，可以根据实际情况进行选择。

3. 基 4 FFT

上面讨论的是常用的基 2 FFT 算法，蝶形的输入和输出均为 2 个。如果采用更高基数的 FFT，则 FFT 的运算速度可以进一步加快。但当基数大于 4 时 FFT 的运算速度提高不多，因此，基 2 和基 4 是两种最常用的方法。

在基 4 FFT 中，蝶形的输入和输出均为 4 个。一个基 4 蝶形包含了 2 级基 2 蝶形（4 个基 2 蝶形）。一般而言，采用基 4 FFT 算法，要比基 2 FFT 算法的速度提高 20%左右。有关基 4 FFT 的公式推导，感兴趣的读者可参阅数字信号处理的有关文献，这里就不作介绍了。

4. 用 FFT 计算逆 FFT

逆 FFT 运算可以表示为：

$$x(n)=\frac{1}{N}\sum_{k=0}^{N-1}X(k)W_N^{-nk},n=0,1,2,\cdots,N-1 \tag{8-16}$$

式中，$X(k)$是时域信号 $x(n)$的傅里叶变换，比较式（8-16）和式（8-2）可以看出，通过下列修改，可以用 FFT 算法来实现逆 FFT：

① 增加一个归一化因子 $1/N$；

② 将 W_N^{nk} 用其复共轭 W_N^{-nk} 代替。

由于第二点需要修改符号，因此 FFT 程序还不能不加修改地来计算逆 FFT。

因为

$$x(n)=\frac{1}{N}\left[\sum_{k=0}^{N-1}X^*(k)W_N^{nk}\right]^*=\frac{1}{N}\{\mathrm{FFT}[X^*(k)]\}^* \tag{8-17}$$

可见，求 $X(k)$的逆 FFT 可以分为以下三个步骤：

① 取 $X(k)$的共轭，得 $X^*(k)$；

② 求 $X^*(k)$ 的 FFT，得 $Nx^*(n)$；

③ 取 $x^*(n)$ 的共轭，并除以 N，即得 $x(n)$。

采用这种方法可以完全不用修改 FFT 程序就可以计算逆 FFT。

5. 实数序列的 FFT

上面讨论的 FFT 算法都是在输入和输出均为复数序列的条件下得出的。在实际的应用中，输入序列通常是实数序列。计算实数序列的 FFT 当然可以用复数 FFT 算法，只要将虚部置零即可。但是，如果能够考虑实序列 FFT 的对称特性，则实序列 FFT 的运算量可以降低一半，同时存储量也可减少一半。

设实序列 $x(n)$的 FFT 输出为 $X(k)$，且 $X(k)$可以表示为：

$$X(k)=R(k)+\mathrm{j}I(k) \tag{8-18}$$

且序列长度为 N，则 $R(k)$和 $I(k)$满足下列等式：

$$R(k)=R(N-k)，k=1，\cdots，N/2-1 \tag{8-19}$$

$$I(k)=-I(N-k)，k=1，\cdots，N/2-1 \tag{8-20}$$

$$I(0)=I(N/2)=0 \tag{8-21}$$

也就是说，FFT 变换的实部关于零频率是对称的，而虚部是反对称的。计算实数 FFT 之所以能够节省一半的运算量，是由于只需计算一半的 FFT 值，因此存储量也可以节省一半。

8.3 基于 MATLAB 的 DSP 算法仿真

8.3.1 MATLAB 简介

MATLAB 是 Matrix Laboratory（矩阵实验室）的简称，是美国 MathWorks 公司推出的商业数学软件，与 Mathematica、Maple 并称为当代三大数学软件，主要用于算法开发、数据可视化、数据分析以及数值计算。该软件主要包括 MATLAB 产品系列和 Simulink 产品系列两大部分。MATLAB 功能强大、简单易学、编程效率高，深受广大科技工作者的欢迎。目前，MATLAB 已经成为线性代数、数值分析、数理统计、自动控制理论、数字信号处理、时间序列分析、动态系统仿真、图像处理等课程的基本教学工具，在众多领域发挥着越来越重要的作用。

1. MATLAB 主要功能

MATLAB 具备数值分析、数值和符号计算、工程与科学绘图、控制系统的设计与仿真、数字图像处理、数字信号处理、通信系统设计与仿真、财务与金融工程等多种功能。另外，MATLAB 具有 70 多个产品模块，50 多个专业工具箱。可分为基本部分和根据专门领域中的特殊需要而设计的各种可选工具箱。下面列出 MATLAB 的部分工具箱。

- MATLAB Main Toolbox——MATLAB 主工具箱；
- Control System Toolbox——控制系统工具箱；
- Communication Toolbox——通信工具箱；
- Financial Toolbox——财政金融工具箱；
- System Identification Toolbox——系统辨识工具箱；
- Fuzzy Logic Toolbox——模糊逻辑工具箱；
- Higher-Order Spectral Analysis Toolbox——高阶谱分析工具箱；
- Image Processing Toolbox——图像处理工具箱；
- Computer Vision System Toolbox——计算机视觉系统工具箱；
- LMI Control Toolbox——线性矩阵不等式控制工具箱；
- Model Predictive Control Toolbox——模型预测控制工具箱；
- μ-Analysis and Synthesis Toolbox——μ 分析和合成工具箱；
- Neural Network Toolbox——神经网络工具箱；
- Optimization Toolbox——优化工具箱；
- Partial Differential Toolbox——偏微分方程工具箱；
- Robust Control Toolbox——鲁棒控制工具箱；
- Signal Processing Toolbox——信号处理工具箱；
- Spline Toolbox——样条工具箱；
- Statistics Toolbox——统计工具箱；
- Symbolic Math Toolbox——符号数学工具箱；

● Simulink Toolbox——动态仿真工具箱；
● Wavelet Toolbox——小波工具箱；
● DSP System Toolbox——DSP 系统工具箱。

2. MATLAB 的特点

MATLAB 软件的主要特点包括：

（1）友好的工作平台和编程环境

MATLAB 由一系列工具组成。这些工具方便用户使用 MATLAB 的函数和文件，其中许多工具采用的是图形用户界面，接近 Windows 的标准界面，人机交互性更强，操作更简单。

（2）简单易用的程序语言

MATLAB 为高级的矩阵/阵列语言，该语言简单易学，使用方便。

（3）强大的计算能力

MATLAB 以矩阵作为基本单位，按照 IEEE 的数值计算标准进行计算，能提供十分丰富的数值计算函数。并且，MATLAB 命令与数学中的符号、公式非常接近，可读性强，容易掌握。

（4）出色的图形处理能力

MATLAB 具有方便的数据可视化功能，可以将矢量和矩阵用图形表现出来，并且可以对图形进行标注和打印。高层次的作图包括二维和三维的可视化、图像处理、动画和表达式作图。

（5）具有多种模块工具箱

针对许多领域，MATLAB 都提供了功能强大的模块集和工具箱。目前，MATLAB 已经把工具箱延伸到了科学研究和工程应用的诸多领域，如数据采集、数据库操作、概率统计、样条拟合、优化算法、偏微分方程求解、信号处理、图像处理等。

（6）实用的程序接口

新版本的 MATLAB 可以利用 MATLAB 编译器和 C/C++数学库和图形库，将 MATLAB 程序自动转换为独立于 MATLAB 运行的 C/C++代码。允许用户编写可以和 MATLAB 进行交互的 C/C++语言程序。

8.3.2 单音检测算法的 MATLAB 仿真

在 MATLAB 信号处理工具箱中函数 fft 用于快速傅里叶变换和逆变换。快速傅里叶变换函数调用格式如下：

```
y=fft(x);
```

其中，x 是输入数组，y 是输入的快速傅里叶变换的结果。x 可以是一个矢量或矩阵。若 x 是矢量，则 y 是 x 的 FFT，并且与 x 具有相同的长度。若 x 为一矩阵，则 y 是对矩阵的每一列矢量进行 FFT。

函数 fft 的另一种调用形式为：

```
y=fft(x, n);
```

其中，x、y 的意义与上述相同，n 为正整数，表示函数执行 n 点 FFT。若 x 为矢量且长度小于 n，则函数将 x 补零至长度 n。若矢量 x 的长度大于 n，则函数截断 x 使其长度为 n。

下面给出 1000Hz 单音信号的 MATLAB 仿真程序。

【例 8-1】 1000Hz 单音检测算法的 MATLAB 仿真

```
clear all;
fs=8000;                    % 采样频率
f=1000;                     % 信号频率
Ndata=128;                  % 信号样点数
n=0:Ndata-1;                % 样点序号
x=sin(2*pi*f*n/fs);         % 输入信号
y=fft(x, Ndata);            % 计算 128 点的 FFT
mag=abs(y);                 % 求取幅度谱
[max_mag, max_index]=max(mag);      % 计算幅度谱最大值和最大值频点序号
energy=sum(mag)/2;  % 由于实数 FFT 频谱的对称性，只取其中一半
max_mag = sum(mag(max_index-2:max_index+2)); % 计算最大频点序号附近的幅度和
ratio=mag/energy;           % 计算最大频谱幅度和能量的比值
if ratio>0.9
        flag_tone=1;                            % 比值大于 0.9，认为是单音信号
        tone_freq=(max_index-1)*fs/Ndata;       % 计算单音信号频率
else
        flag_tone=0;                            % 比值小于 0.9，认为不是单音信号
end
fn=(0:Ndata-1)*fs/Ndata;                        % 归一化频率值
plot(fn(1:Ndata/2), mag(1:Ndata/2));            % 画信号频谱幅度
xlabel('频率/Hz');ylabel('振幅');
```

图 8-10 给出了单音检测 MATLAB 程序的流程图。

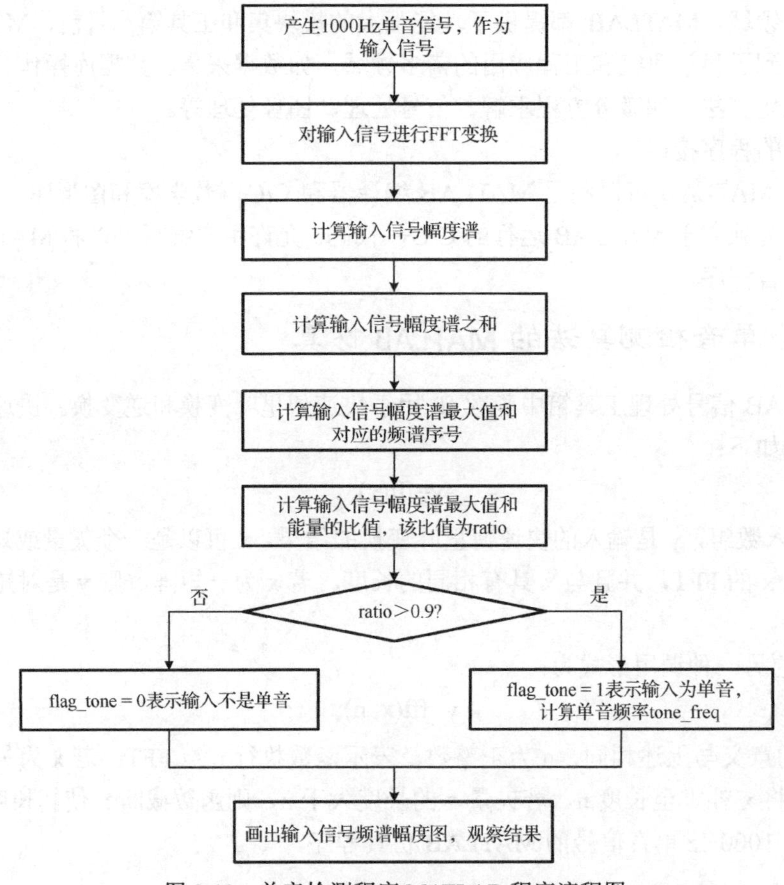

图 8-10 单音检测程序 MATLAB 程序流程图

其中，flag_tone=1 表示检测到单音信号，否则不是单音信号。tone_freq 为计算的单音频率，这个例子的输出结果为 1000。

图 8-11 为 MATLAB 仿真结果图。通过观察仿真图和仿真输出结果，确定该方法可以有效地检测单音信号。

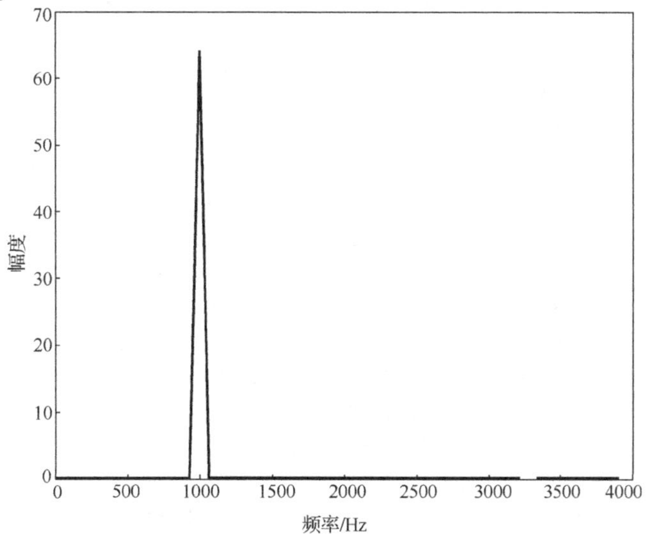

图 8-11　1000Hz 信号 FFT 幅度 MATLAB 仿真结果图

8.4　单音检测算法的浮点 C 语言实现

为了将 MATLAB 实现的算法在 DSP 芯片上实现，一般需要先将 MATLAB 算法用 C 语言实现。通常，MATLAB 中的变量都采用浮点数表示，因此，采用浮点 C 语言实现 MATLAB 算法是一种比较直接的方法。

本节采用浮点 C 语言实现 8.3 节的单音检测算法，并通过仿真验证浮点 C 语言实现的正确性。例 8-2 是一个用浮点 C 语言实现的单音检测算法。其中，r_fft 函数为 128 点实数 FFT 算法程序。r_fft 函数的输入有一个参数，是输入实数数组的首地址 farray_ptr，数组从下标为 0 开始存放。FFT 的输出也存放在从下标为 0 开始的实数数组 farray_ptr 中。如果输入的实数数据存放在数组 s 中，则调用 FFT 子程序求 s 的 128 点 FFT 的方法为：

```
r_fft(s);
```

下面给出单音检测的浮点 C 语言程序。上一节的单音检测算法根据一帧信号的频谱幅度进行检测。为了避免在信号被污染或存在其他信号的情况下，出现误检测或漏检测的情况，采用三帧平滑的方法提高检测准确率。即三帧判决结果中有两帧或两帧以上判决为单音，就将当前帧判决为单音，否则认为没有检测到单音。

【例 8-2】 基于 128 点实数 FFT 实现单音检测的浮点 C 语言

```
#include    <stdio.h>
#include    <math.h>
/* 常量定义 */
#define SIZE             128
#define SIZE_BY_TWO      64
```

```
#define NUM_STAGE       6

#define PI  3.141592653589793

/* 正余弦表，偶数序号为余弦数据，奇数序号为正弦数据取负数 */
static double   phs_tbl [SIZE] = {
1.000000,-0.000000,0.998795,-0.049068,0.995185,-0.098017,0.989177,-0.146730,
0.980785,-0.195090,0.970031,-0.242980,0.956940,-0.290285,0.941544,-0.336890,
0.923880,-0.382683,0.903989,-0.427555,0.881921,-0.471397,0.857729,-0.514103,
0.831470,-0.555570,0.803208,-0.595699,0.773010,-0.634393,0.740951,-0.671559,
0.707107,-0.707107,0.671559,-0.740951,0.634393,-0.773010,0.595699,-0.803208,
0.555570,-0.831470,0.514103,-0.857729,0.471397,-0.881921,0.427555,-0.903989,
0.382683,-0.923880,0.336890,-0.941544,0.290285,-0.956940,0.242980,-0.970031,
0.195090,-0.980785,0.146730,-0.989177,0.098017,-0.995185,0.049068,-0.998795,
0.000000,-1.000000,-0.049068,-0.998795,-0.098017,-0.995185,-0.146730,-0.989177,
-0.195090,-0.980785,-0.242980,-0.970031,-0.290285,-0.956940,-0.336890,-0.941544,
-0.382683,-0.923880,-0.427555,-0.903989,-0.471397,-0.881921,-0.514103,-0.857729,
-0.555570,-0.831470,-0.595699,-0.803208,-0.634393,-0.773010,-0.671559,-0.740951,
-0.707107,-0.707107,-0.740951,-0.671559,-0.773010,-0.634393,-0.803208,-0.595699,
-0.831470,-0.555570,-0.857729,-0.514103,-0.881921,-0.471397,-0.903989,-0.427555,
-0.923880,-0.382683,-0.941544,-0.336890,-0.956940,-0.290285,-0.970031,-0.242980,
-0.980785,-0.195090,-0.989177,-0.146730,-0.995185,-0.098017,-0.998795,-0.049068};

/* 128 点实数 FFT 子函数 */
void    r_fft (float *farray_ptr)
{
    float   ftmp1_real,ftmp1_imag,ftmp2_real,ftmp2_imag;
    int     i,j;
    void    c_fft ();

    /* FFT 功能：利用实数 FFT 的对称性，采用 N 点复数 FFT 实现 2*N 点实数 FFT，然后利
用复数 FFT 和实数 FFT 的关系，恢复实数 FFT 系数，从而减小运算量 */
    /* 复数 FFT */
    c_fft (farray_ptr);

    /* 首先，处理直流及其折叠频率成分 */
    ftmp1_real = *farray_ptr;
    ftmp2_real = *(farray_ptr + 1);
    *farray_ptr = ftmp1_real + ftmp2_real;
    *(farray_ptr + 1) = ftmp1_real - ftmp2_real;

    /* 然后，处理剩余的正频率成分 */
    for (i = 2, j = SIZE - i; i <= SIZE_BY_TWO; i = i + 2, j = SIZE - i)
    {
        ftmp1_real = *(farray_ptr + i) + *(farray_ptr + j);
        ftmp1_imag = *(farray_ptr + i + 1) - *(farray_ptr + j + 1);
        ftmp2_real = *(farray_ptr + i + 1) + *(farray_ptr + j + 1);
```

```
        ftmp2_imag = *(farray_ptr + j) - *(farray_ptr + i);

        *(farray_ptr + i) = (ftmp1_real + phs_tbl [i] * ftmp2_real -
                            phs_tbl [i + 1] * ftmp2_imag) / 2.0;
        *(farray_ptr + i + 1) = (ftmp1_imag + phs_tbl [i] * ftmp2_imag +
                            phs_tbl [i + 1] * ftmp2_real) / 2.0;
        *(farray_ptr + j) = (ftmp1_real + phs_tbl [j] * ftmp2_real +
                            phs_tbl [j + 1] * ftmp2_imag) / 2.0;
        *(farray_ptr + j + 1) = (-ftmp1_imag - phs_tbl [j] * ftmp2_imag +
                            phs_tbl [j + 1] * ftmp2_real) / 2.0;
    }
    return;
}       /* 结束 r_fft () */

/* 复数数组 FFT 函数 */
void    c_fft (float *farray_ptr, int isign)
{
    int     i,j,k,ii,jj,kk,ji,kj;
    float   ftmp,ftmp_real,ftmp_imag;

    /* 对输入数组进行比特反转 */
    for (i = 0, j = 0; i < SIZE-2; i = i + 2)
    {
        if (j > i)
        {
            ftmp = *(farray_ptr+i);
            *(farray_ptr+i) = *(farray_ptr+j);
            *(farray_ptr+j) = ftmp;

            ftmp = *(farray_ptr+i+1);
            *(farray_ptr+i+1) = *(farray_ptr+j+1);
            *(farray_ptr+j+1) = ftmp;
        }
        k = SIZE_BY_TWO;

        while (j >= k)
        {
            j -= k;
            k >>= 1;
        }
        j += k;
    }

    /* 实现 FFT 功能 */
    for (i = 0; i < NUM_STAGE; i++) {           /* i 为级计数器 */
        jj = (2 << i);                          /* FFT 大小*/
        kk = (jj << 1);                         /* 2 * FFT 大小 */
```

```
        ii = SIZE / jj;                          /* 2 * FFT 的组数 */

        for (j = 0; j < jj; j = j + 2) {         /* j 为样值计数 */
            ji = j * ii;                         /* ji 为相位表序号 */
            for (k = j; k < SIZE; k = k + kk) {  /* k 为蝶形头 */
                kj = k + jj;                     /* kj 为蝶形尾 */
                /* 蝶形计算 */
                ftmp_real = *(farray_ptr + kj) * phs_tbl [ji] -
                    *(farray_ptr + kj + 1) * phs_tbl [ji + 1];
                ftmp_imag = *(farray_ptr + kj + 1) * phs_tbl [ji] +
                    *(farray_ptr + kj) * phs_tbl [ji + 1];

                *(farray_ptr + kj) = (*(farray_ptr + k) - ftmp_real) / 2.0;
                *(farray_ptr + kj + 1) = (*(farray_ptr + k + 1) - ftmp_imag) / 2.0;

                *(farray_ptr + k) = (*(farray_ptr + k) + ftmp_real) / 2.0;
                *(farray_ptr + k + 1) = (*(farray_ptr + k + 1) + ftmp_imag) / 2.0;
            }
        }
    }

    return;
}       /* 结束 c_fft () */

#define PI  3.141592653589793
#define N   100
short prev_flag_tone, pprev_flag_tone;
short tone_check(float s[])
{
    short i;
    short  max_index;
    float  max_mag, energy, ratio, tone_freq;
    short  flag_tone;

    r_fft(s);                        /* 计算信号频谱幅度 */

    /* 计算频谱幅度之和、频谱幅度最大值和最大频谱幅度序号*/
    max_index = 0;
    max_mag=s[max_index];
    energy=0;
    for(i=0;i<64;i++)
    {
        energy+=s[i];
        if(s[i]>max_mag)
        {
            max_index = i;
            mag_mag=s[i];
```

```
        }
    }
    /*计算最大频谱幅度附近频点频谱幅度和*/
    max_mag=0;
    for(i=max_index-2;i<=max_index+2;i++)
        max_mag+=s[i];
    /*计算最大频谱幅度和频谱幅度和的比值*/
    ratio=max_mag/energy;
    /*根据比值判断是否为单音信号，如果是单音信号，计算单音频率*/
    if(ratio>0.9)
    {
        flag_tone=1;
        tone_freq=max_index*8000./128.;
    }
    else
        flag_tone=0;
     //三帧联合判决
    if(flag_tone+prev_flag_tone+pprev_flag_tone>=2)
        flag_tone = 1;
    else
        flag_tone = 0;

    pprev_flag_tone = prev_flag_tone;
    prev_flag_tone = flag_tone;

    return flag_tone;
}

void main()/*主程序*/
{
    short i,j;
    float  s[128];
    short  phase_j;
    short  flag_tone;

    /* 初始化全局变量 */
    prev_flag_tone = 0;
    pprev_flag_tone = 0;

    phase_j = 0;
    for(i=0;i<N;i++)
    {
        /* 信号产生。实际信号大多来源于外部采集，采集得到的信号都是定点数据*/
        /*这里采用浮点数和正弦函数产生只是用于功能仿真 */
        for(j=0;j<128;j++) /*产生 128 点的 1000Hz 单音信号*/
        {
            s[j] = sin(2*PI*1000.*phase_j/8000.);
```

```
            phase_j++;
            if(phase_j==8)
                phase_j = 0;
        }

        flag_tone = tone_check(s);
    }
}
```

图 8-12 为 1000Hz 信号 FFT 幅度浮点 C 语言仿真结果图。

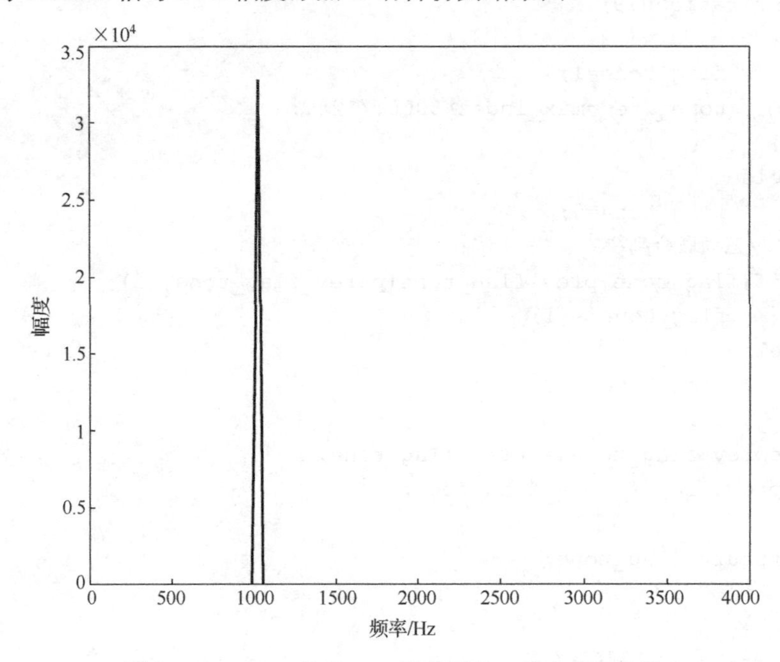

图 8-12　1000Hz 信号 FFT 幅度浮点 C 语言仿真结果

8.5　单音检测算法的定点 C 语言实现

为了将算法在定点 DSP 芯片上实现，需要将 MATLAB 算法或浮点 C 语言算法采用定点 C 语言实现。这里涉及到两个步骤。一是变量的定标。MATALB 算法或浮点 C 程序中的变量多是浮点数，需要将其转换为定点数。也就是根据其取值范围确定每个变量的定标值，尽量保证不出现变量溢出情况。二是数学运算的定点化实现。在变量采用定点数表示后，对变量进行的操作也需要相应地转换为定点运算，主要是保证在运算中能进行溢出保护。

这里先介绍针对 FFT 的碟形运算如何避免溢出，再给出单音检测算法的定点实现例子。

8.5.1　FFT 运算溢出及避免方法

用定点 DSP 芯片实现 FFT 程序时，一个比较重要的问题是需要防止中间结果的溢出。防止中间结果溢出的方法是对中间数值归一化。下面先来看一看溢出是如何产生的。

根据 N 点 DFT 的公式，应用 Parseval 定理可得：

$$\sum_{k=0}^{N-1} x^2(n) = \frac{1}{N}\sum_{k=0}^{N-1} |X(k)|^2 \tag{8-22}$$

或

$$N\left[\frac{1}{N}\sum_{k=0}^{N-1} x^2(n)\right] = \left[\frac{1}{N}\sum_{k=0}^{N-1} |X(k)|^2\right] \tag{8-23}$$

也就是说，$X(k)$的均方值是输入$x(n)$均方值的N倍。因此，计算$x(n)$的 DFT 时，如果没有合适的归一化，溢出是不可避免的。下面我们进一步来看看在 FFT 计算过程中溢出是如何产生的。考虑N点 FFT 第m级的基 2 蝶形（参考图 8-4），输出可以表示为：

$$\begin{aligned} P_{m+1} &= P_m + W_N^k Q_m \\ Q_{m+1} &= P_m - W_N^k Q_m \end{aligned} \tag{8-24}$$

式中，P_m和Q_m是输入，P_{m+1}和Q_{m+1}是输出。一般地，P_m、Q_m、P_{m+1}和Q_{m+1}与蝶形因子一样是复数。蝶形因子可以表示为：

$$W_N^k = \mathrm{e}^{-\mathrm{j}(2\pi/N)k} = \cos(X) - \mathrm{j}\sin(X) \tag{8-25}$$

式中，$X=(2\pi/N)k$。这样P_m和Q_m可以用实部和虚部表示为：

$$\begin{aligned} P_m &= P_\mathrm{R} + \mathrm{j}P_\mathrm{I} \\ Q_m &= Q_\mathrm{R} + \mathrm{j}Q_\mathrm{I} \end{aligned} \tag{8-26}$$

将式（8-25）和式（8-26）代入式（8-24），可得：

$$\begin{aligned} P_{m+1} &= P_\mathrm{R} + \mathrm{j}P_\mathrm{I} + (Q_\mathrm{R}\cos(X) + Q_\mathrm{I}\sin(X)) + \mathrm{j}(Q_\mathrm{I}\cos(X) - Q_\mathrm{R}\sin(X)) \\ &= (P_\mathrm{R} + Q_\mathrm{R}\cos(X) + Q_\mathrm{I}\sin(X)) + \mathrm{j}(P_\mathrm{I} + Q_\mathrm{I}\cos(X) - Q_\mathrm{R}\sin(X)) \\ Q_{m+1} &= P_\mathrm{R} + \mathrm{j}P_\mathrm{I} - \left(Q_\mathrm{R}\cos(X) + Q_\mathrm{I}\sin(X)\right) - \mathrm{j}(Q_\mathrm{I}\cos(X) - Q_\mathrm{R}\sin(X)) \\ &= (P_\mathrm{R} - Q_\mathrm{R}\cos(X) - Q_\mathrm{I}\sin(X)) + \mathrm{j}(P_\mathrm{I} - Q_\mathrm{I}\cos(X) + Q_\mathrm{R}\sin(X)) \end{aligned} \tag{8-27}$$

假设每个蝶形的输入用 Q15 表示，幅度小于 1，则式（8-27）输出的最大幅度为：

$$1+1\sin(45°)+1\cos(45°)=2.414213562$$

为了避免溢出，可在 FFT 的每一级用因子 2.414213562 进行归一化。但是，每一级用这样一个因子归一化势必增加运算量。考虑到大多数情况是实数 FFT，式（8-27）的最大幅度不超过 2，因此可在每一级用因子 2 进行归一化。运用 DSP 芯片的移位特性，用 2 归一化不增加任何运算量。这样，如果 FFT 包含M级，则输出相当于除以$2^M = N$，N为 FFT 的长度。

值得指出的是，为了避免溢出而对每一级都进行归一化会降低运算的精度。因此，最好的方法是只有对可能溢出的进行归一化，而不可能溢出的则不进行归一化。

8.5.2 单音检测算法的定点 C 语言实现

这里采用定点 C 语言实现单音检测算法，并通过仿真验证浮点 C 语言实现的正确性。例 8-3 是一个用定点 C 语言实现的单音检测算法。其中，r_fft 为 128 点实数 FFT 算法程序。r_fft 函数的输入有一个参数，是输入实数数组的首地址 farray_ptr，数组从下标为 0 开始存放。

FFT 的输出也存放在从下标为 0 开始的实数数组 farray_ptr 中。设输入实数数据存放在数组 s 中，则调用 FFT 子程序求 s 的 128 点 FFT 的方法为：

```
r_fft(s);
```

下面给出单音检测的定点 C 语言程序。

【例 8-3】基于 128 点实数 FFT 实现单音检测的定点 C 语言

```
#include "stdio.h"
#include "math.h"
#include "basic_op.h"
#include "oper_32b.h"

#define     SIZE           128
#define     SIZE_BY_TWO 64
#define     NUM_STAGE      6
#define     TRUE           1
#define     FALSE          0

    /* Q15 正余弦表*/
static short phs_tbl[] ={
32767, 0, 32729, -1608, 32610, -3212, 32413, -4808,
32138, -6393, 31786, -7962, 31357, -9512, 30853, -11039,
30274, -12540, 29622, -14010, 28899, -15447, 28106, -16846,
27246, -18205, 26320, -19520, 25330, -20788, 24279, -22006,
23170, -23170, 22006, -24279, 20788, -25330, 19520, -26320,
18205, -27246, 16846, -28106, 15447, -28899, 14010, -29622,
12540, -30274, 11039, -30853, 9512, -31357, 7962, -31786,
6393, -32138, 4808, -32413, 3212, -32610, 1608, -32729,
0, -32768, -1608, -32729, -3212, -32610, -4808, -32413,
-6393, -32138, -7962, -31786, -9512, -31357, -11039, -30853,
-12540, -30274, -14010, -29622, -15447, -28899, -16846, -28106,
-18205, -27246, -19520, -26320, -20788, -25330, -22006, -24279,
-23170, -23170, -24279, -22006, -25330, -20788, -26320, -19520,
-27246, -18205, -28106, -16846, -28899, -15447, -29622, -14010,
-30274, -12540, -30853, -11039, -31357, -9512, -31786, -7962,
-32138, -6393, -32413, -4808, -32610, -3212, -32729, -1608};

static short ii_table[] ={
SIZE / 2, SIZE / 4, SIZE / 8, SIZE / 16, SIZE / 32, SIZE / 64};

/* 复数数组 FFT 函数 */
void c_fft(short * farray_ptr)
{
    short i, j, k, ii, jj, kk, ji, kj;
    long ftmp, ftmp_real, ftmp_imag;
    short tmp, tmp1, tmp2;

    /* 比特反转 */
    for (i = 0, j = 0; i < SIZE - 2; i = i + 2)
```

```
{
    if (j > i)
    {
        ftmp = *(farray_ptr + i);
        *(farray_ptr + i) = *(farray_ptr + j);
        *(farray_ptr + j) = ftmp;

        ftmp = *(farray_ptr + i + 1);
        *(farray_ptr + i + 1) = *(farray_ptr + j + 1);
        *(farray_ptr + j + 1) = ftmp;
    }

    k = SIZE_BY_TWO;
    while (j >= k)
    {
        j = sub(j, k);
        k = shr(k, 1);
    }
    j += k;
}

/* FFT 部分 */
for (i = 0; i < NUM_STAGE; i++)
{                               /* i 为级计数器 */
    jj = shl(2, i);             /* FFT 大小 */
    kk = shl(jj, 1);            /* 2 * FFT 大小 */
    ii = ii_table[i];           /* 2 * FFT 组数 */

    for (j = 0; j < jj; j = j + 2)
    {                           /* j 为样值计数 */
        ji = j * ii;            /* ji 为相位表序号 */

        for (k = j; k < SIZE; k = k + kk)
        {                       /* k 为蝶形头 */
            kj = add(k, jj);    /* kj 为蝶形尾 */

            /* 蝶形计算 */
            ftmp_real=L_sub(L_mult(*(farray_ptr+kj),phs_tbl[ji]),
                    L_mult(*(farray_ptr + kj + 1), phs_tbl[ji + 1]));
            ftmp_imag=L_add(L_mult(*(farray_ptr+kj+1),phs_tbl[ji]),
                    L_mult(*(farray_ptr + kj), phs_tbl[ji + 1]));

            tmp1 = round(ftmp_real);
            tmp2 = round(ftmp_imag);

            tmp = sub(*(farray_ptr + k), tmp1);
            *(farray_ptr + kj) = shr(tmp, 1);

            tmp = sub(*(farray_ptr + k + 1), tmp2);
```

```
                *(farray_ptr + kj + 1) = shr(tmp, 1);

                tmp = add(*(farray_ptr + k), tmp1);
                *(farray_ptr + k) = shr(tmp, 1);

                tmp = add(*(farray_ptr + k + 1), tmp2);
                *(farray_ptr + k + 1) = shr(tmp, 1);
            }
        }
    }
}           /* 结束c_fft () */

void r_fft(short* farray_ptr)
{
    short ftmp1_real, ftmp1_imag, ftmp2_real, ftmp2_imag;
    long Lftmp1_real, Lftmp1_imag, Lftmp2_real, Lftmp2_imag;
    short i, j;
    long Ltmp1, Ltmp2;
```

/* FFT功能：利用实数FFT的对称性，采用N点复数FFT实现2*N点实数FFT，然后利用复数FFT和实数FFT的关系，恢复实数FFT系数，从而减小运算量 */

```
    /* 实现复数FFT */
    c_fft(farray_ptr);

    /* 首先，处理直流及其频率折叠成分 */
    ftmp1_real = *farray_ptr;
    ftmp2_real = *(farray_ptr + 1);
    *farray_ptr = add(ftmp1_real, ftmp2_real);
    *(farray_ptr + 1) = sub(ftmp1_real, ftmp2_real);

    /* 然后，处理剩余的正频率成分 */
    for (i = 2, j = SIZE - i; i <= SIZE_BY_TWO; i = i + 2, j = SIZE - i)
    {
        ftmp1_real = add(*(farray_ptr + i), *(farray_ptr + j));
        ftmp1_imag = sub(*(farray_ptr + i + 1), *(farray_ptr + j + 1));
        ftmp2_real = add(*(farray_ptr + i + 1), *(farray_ptr + j + 1));
        ftmp2_imag = sub(*(farray_ptr + j), *(farray_ptr + i));

        Lftmp1_real = L_deposit_h(ftmp1_real);
        Lftmp1_imag = L_deposit_h(ftmp1_imag);
        Lftmp2_real = L_deposit_h(ftmp2_real);
        Lftmp2_imag = L_deposit_h(ftmp2_imag);

    Ltmp1 = L_sub(L_mult(ftmp2_real, phs_tbl[i]), L_mult(ftmp2_imag,
            phs_tbl[i + 1]));*(farray_ptr + i) = round(L_shr(L_add
            (Lftmp1_real, Ltmp1), 1));

    Ltmp1 = L_add(L_mult(ftmp2_imag, phs_tbl[i]), L_mult(ftmp2_real,
            phs_tbl[i + 1]));*(farray_ptr + i + 1) = round(L_shr(L_add
```

```
        (Lftmp1_imag, Ltmp1), 1));

    Ltmp1 = L_add(L_mult(ftmp2_real, phs_tbl[j]), L_mult(ftmp2_imag,
            phs_tbl[j + 1]));*(farray_ptr + j) = round(L_shr(L_add
            (Lftmp1_real, Ltmp1), 1));

    Ltmp1 = L_add(L_negate(L_mult(ftmp2_imag, phs_tbl[j])), L_mult
            (ftmp2_real, phs_tbl[j + 1]));
    Ltmp2 = L_add(L_negate(Lftmp1_imag), Ltmp1);
            *(farray_ptr + j + 1) = round(L_shr(Ltmp2, 1));
    }
}                                /* 结束 r_fft () */

#define PI  3.141592653589793
#define N   100
short prev_flag_tone, pprev_flag_tone;// 上一帧、上上帧的检测结果
short tone_check(short s[])
{
    short  max_index;
    long  energy, maxmag;
    short  max_mag, energy, tone_freq, low, high;
    short  flag_tone;

    /* 实数 FFT */
    r_fft(s);

    /*计算频谱幅度之和、频谱幅度最大值和最大频谱幅度序号 */
    max_index = 0;
    max_mag=s[max_index];
    energy=0;              / * 为了避免溢出，这里 energy 定义为 long 型变量 */
    for(i=0;i<64;i++)
    {
        energy=L_add(energy, s[i]);
        if(s[i]>max_mag)
        {
            max_index = i;
            mag_mag=s[i];
        }
    }
    /* 计算最大频谱幅度附近频点频谱幅度和 */
    maxmag=0;         / * 为了避免溢出，这里 maxmag 定义为 long 型变量 */
    for(i=max_index-2;i<=max_index+2;i++)
        maxmag=L_add(maxmag, s[i]);
    /* 计算最大频谱幅度和频谱幅度和的比值，这里将除法转换为乘法进行比较 */
    L_Extract(energy, &high, &lower);
    energy=Mpy_32_16(high, lower, 29491); /* 29491 为0.9 的Q15 定标表示 */
    /* 根据比值判断是否为单音信号，如果是单音信号，计算单音频率 */
    if(maxmag>energy)
    {
```

```
        flag_tone=1;
        tone_freq=(max_index*8000)>>7;      /* 将除法转换为移位 */
    }
    else
        flag_tone=0;
   //三帧联合判决
    if(flag_tone+prev_flag_tone+pprev_flag_tone>=2)
        flag_tone = 1;
    else
        flag_tone = 0;

    pprev_flag_tone = prev_flag_tone;
    prev_flag_tone = flag_tone;

    return flag_tone;
}

void main()/*主程序*/
{
    short i,j;
    short  s[128];
    short  phase_j;
    short  flag_tone;

    /* 初始化全局变量 */
    prev_flag_tone = 0;
    pprev_flag_tone = 0;

    phase_j = 0;
    for(i=0;i<N;i++)
    {
        /* 信号产生。实际信号大多来源于外部采集，采集得到的信号都是定点数据*/
        /*这里采用浮点数和正弦函数产生只是用于功能仿真 */
        for(j=0;j<128;j++) /*产生128点的1000Hz单音信号*/
        {
            s[j] = (short)(32767*sin(2*PI*1000.* phase_j /8000.));
            phase_j++;
            if(phase_j==8)
                phase_j = 0;
        }

        flag_tone = tone_check(s);
    }
}
```

程序说明：

（1）数据的定点表示。对蝶形运算系数表转换为了定点形式，采用Q15表示。数据输入、输出和中间运算结果根据取值范围和精度要求分别采用了short和long型数据进行表示。

（2）处理函数的定点实现。运算中可能出现溢出情况的运算，包括加、减、乘、移位等都采用了标准基本运算函数来实现。这些标准运算函数在欧洲电信标准协会（ETSI）的标准中进行了定义，并给出了实现代码，感兴趣的读者可以查找 basic_op.c、oper_32b.c 进行详细研究。程序中的除法运算都转换为移位或乘法运算。

图 8-13 为 1000Hz 信号 FFT 幅度定点 C 语言实现结果图。

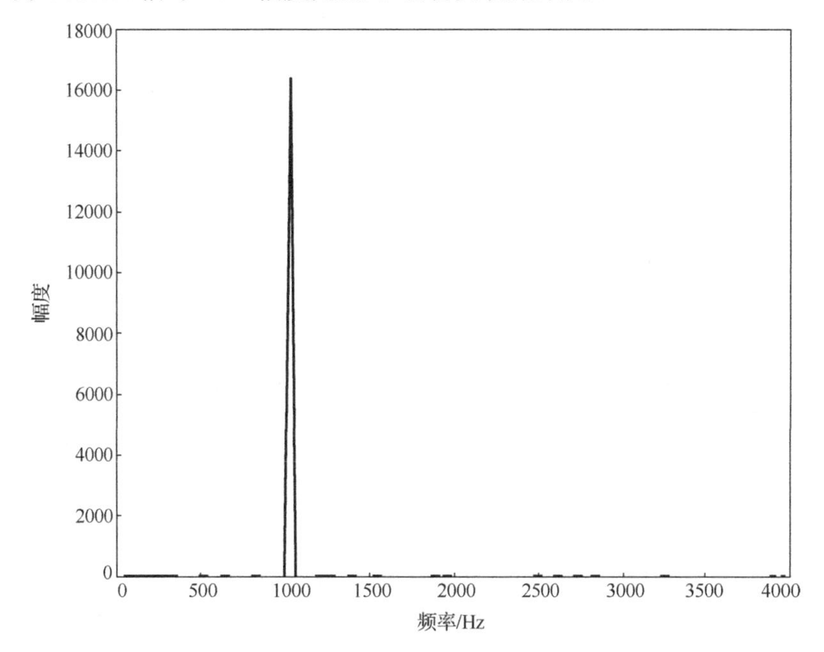

图 8-13　1000Hz 信号 FFT 幅度定点 C 语言实现结果

8.6　单音检测算法的定点 DSP 芯片实现

本节讨论单音检测算法的定点 C 语言程序在 C55x 定点芯片上的实现。

CCS 支持对 C 语言程序的优化编译。为了提高程序在 DSP 芯片中的运行速度，需要基于 DSP 芯片的编译工具对程序进行优化。

在具体优化过程中，可以采用以下两条重要措施：

（1）包含“gsm.h”头文件。该头文件将 ETSI 定义的基本运算函数采用 DSP 优化的内联方式实现，它包含在 CCS 安装目录中，具体见软件目录\C5500\cgtools\include。如果不采用“gsm.h”头文件包含，程序中基本运算函数将采用函数调用的方式来实现，这样会加大程序执行的运算量。特别在循环中包含基本运算函数时，运算量会大大增加。采用“gsm.h”头文件包含，基本运算采用内联方式实现，不需要调用函数。而且，编译器会采用 DSP 芯片特有的运算指令来实现基本运算，大多数基本运算只需要一条 DSP 汇编指令即可实现。

（2）开启 O3 优化选项。在编译选择中设置 O3 优化，编译器将自动循环采用 RPTB 和 RPT 实现。

下面是一个单音检测算法的 DSP 芯片实现程序。其中，128 点基 2 实数 FFT 的 C55x 程序采用“55xdsp.lib”库中的 fft 函数实现。该函数包括三个步骤：N 点复数 FFT、比特反转、结果生成。

【例 8-4】 基于 128 点基 2 实数 FFT 的 C55x 单音检测程序

```
#include "dsplib.h"
#include "gsm.h"
#define PI  3.141592653589793
#define N   100
short prev_flag_tone, pprev_flag_tone;// 上一帧、上上帧的检测结果

short tone_check(short s[])
{
    short i;
    long  mag[64];
    short  max_index;
    long  energy, maxmag;
    short  max_mag, energy, tone_freq, low, high;
    short  flag_tone;

    /* 调用实数 FFT 函数 */
    rfft(s, 128, SCALE);
    for(i=0;i<64;i++)
        mag[i] = L_shr(L_add(L_mult(s[i<<1], s[i<<1] ),
                        L_mult(s[(i<<1)+1],s[(i<<1)+1])), 8);

    /*计算频谱幅度之和、频谱幅度最大值和最大频谱幅度序号 */
    max_index = 0;
    max_mag=mag[max_index];
    energy=0;
    for(i=0;i<64;i++)
    {
        energy=L_add(energy, mag[i]);
        if(s[i]>max_mag)
        {
            max_index = i;
            mag_mag=s[i];
        }
    }
    /* 计算最大频谱幅度附近频点频谱幅度和 */
    maxmag=0;
    for(i=max_index-2;i<=max_index+2;i++)
        maxmag=L_add(maxmag, mag[i]);
    /* 计算最大频谱幅度和频谱幅度和的比值，这里将除法转换为乘法进行比较 */
    L_Extract(energy, &high, &lower);
    energy=Mpy_32_16(high, lower, 29491);
    /* 根据比值判断是否为单音信号，如果是单音信号，计算单音频率 */
    if(maxmag>energy)
```

```
        {
            flag_tone=1;
            tone_freq=(max_index*8000)>>7;
        }
        else
            flag_tone=0;

    // 三帧联合判决
        if(flag_tone+prev_flag_tone+pprev_flag_tone>=2)
            flag_tone = 1;
        else
            flag_tone = 0;

        pprev_flag_tone = prev_flag_tone;
        prev_flag_tone = flag_tone;
    }

    void main()/*主程序*/
    {
        short i,j;
        short  s[128];
        short  phase_j;
        short  flag_tone;

        /* 初始化全局变量 */
        prev_flag_tone = 0;
        pprev_flag_tone = 0;

        phase_j = 0;
        for(i=0;i<N;i++)
        {
            /* 信号产生。实际信号大多来源于外部采集，采集得到的信号都是定点数据*/
            /*这里采用浮点数和正弦函数产生只是用于功能仿真 */
            for(j=0;j<128;j++) /*产生 128 点的 1000Hz 单音信号*/
            {
                s[j] = (short)(32767*sin(2*PI*1000.* phase_j /8000.));
                phase_j++;
                if(phase_j==8)
                    phase_j = 0;
            }

            flag_tone = tone_check(s);
        }
    }
```

fft 函数主体说明：

（1）rfft 函数说明。为 TI 提供的 55xdsp.lib 库中提供的实数 FFT 函数，函数原型为 void

rfft(short *x, ushort nx, type);该函数对输入 nx 点实数序列进行 FFT 处理，包括三个参数。第一个参数 x 为输入实数数组首地址，x 也保存 FFT 输出数据。输入数据按实数形式顺序存放。输出数据为复数形式，按正常顺序存放。第二个参数 nx 为实数 FFT 的点数。第三个参数 type 控制是否对每一级输出进行移位处理。NOSCALE 表示每一级输出不进行移位处理，SCALE 表示每一级输出进行向右移位处理，以避免溢出。注意：输入数据 x 必须存放在 32 比特地址边界，也就是字节地址后 2 位必须为 0。

（2）rfft 实现要点。利用实数 FFT 的对称性，采用 nx/2 点复数 FFT 实现 nx 点实数 FFT，然后利用复数 FFT 和实数 FFT 的关系，恢复实数 FFT 系数，从而减小运算量。55xdsp.lib 库在实现实数 FFT 时采用了这一原理，对输入的 nx 点实数序列，采用 nx/2 点复数 FFT 实现。rfft 函数还完成了比特反转，以及根据实数 FFT 和复数 FFT 的关系，得到实数 FFT 系数。rfft 的输出应该是 nx 点复数序列，由于输出的对称性关系，只保留 nx/2 点的复数序列输出。

（3）计算频谱幅度：通过 FFT 实部和虚部的平方和得到频谱幅度。

图 8-14 是利用 CCS 图形窗口显示的 1000Hz 信号 FFT 幅度图。

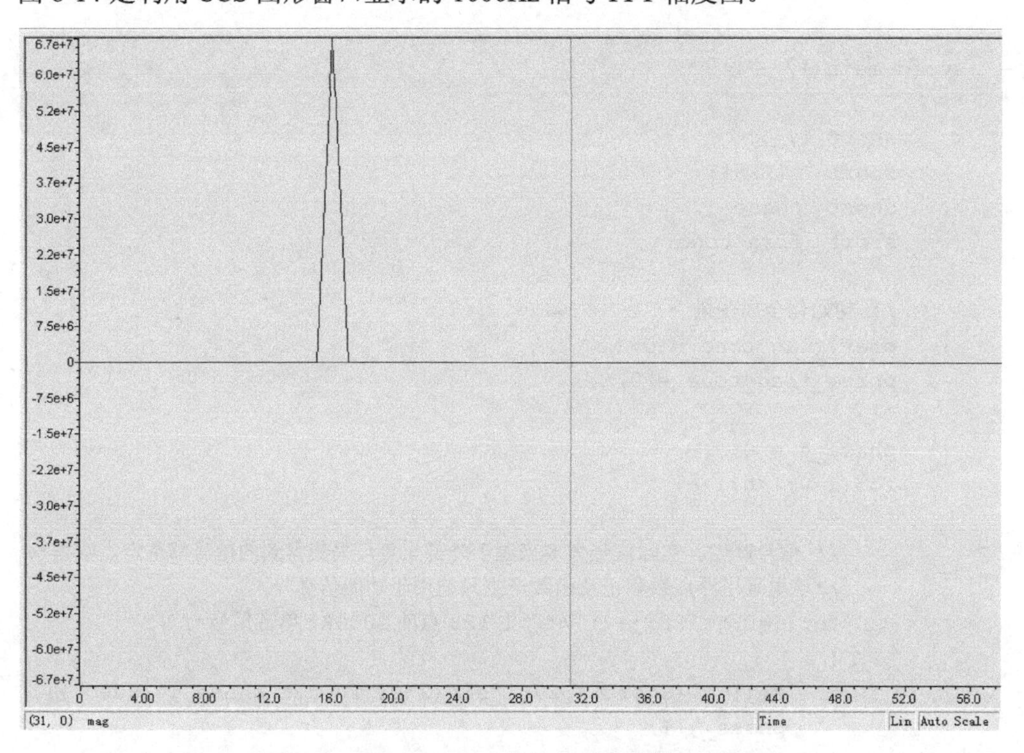

图 8-14　CCS 中 1000Hz 信号 FFT 幅度的显示结果

8.7　多路单音检测算法的实现

在实际应用中，DSP 系统经常需要接收多路信号，并对这些信号完成相同处理的功能。例如交换机等通信设备需要支持多路电话通信处理功能。

多路信号处理的程序，虽然可以通过重复执行单路处理算法实现，但是信号处理中往往要使用历史信息，这些历史信息代表了每路数据处理的状态。为了避免各路数据处理的相互影响，需要独立定义各路的状态变量。如果不对这些状态变量进行封装，那么需要根据路数定义多个变量，这将导致程序不通用，无法共用一个处理函数。而且，如果采用状态变量数组，由于每路的状态变量往往比较多，会导致编程复杂，扩展性差。

在C语言程序中，通常可以采用结构（struct）将每路状态变量封装在一起，组合为一个结构变量。每路的状态通过动态空间分配的方式来创建。各路处理使用各自的结构变量，共用一个处理函数，程序清晰，扩展方便。

下面以32路单音信号检测功能的实现为例予以说明。该程序对输入的32路信号进行单音检测，确定每一路信号是否存在单音。程序中，通过共用一个处理函数tone_check实现多路信号的处理。每一路使用到的状态变量包括prev_flag_tone、pprev_flag_tone，程序中将它们封装在一起，构造了状态类型Tone_Status。

具体程序如下：

```
#include "dsplib.h"
#include "gsm.h"
#define PI  3.141592653589793
#define N   100
#define P    32      // 32路输入信号

typedef struct
{
    short prev_flag_tone;        // 上一帧的判决结果
    short pprev_flag_tone;       // 上上帧的判决结果
} Tone_Status;

short tone_check(short s[], Tone_Status *p_status)
{
    short i;
    long  mag[64];
    short  max_index;
    long  energy, maxmag;
    short  max_mag, energy, tone_freq, low, high;
    short  flag_tone;

    /* 调用实数FFT函数 */
    rfft(s, 128, SCALE);
    for(i=0;i<64;i++)
        mag[i] = L_shr(L_add(L_mult(s[i<<1], s[i<<1] ),
                    L_mult(s[(i<<1)+1],s[(i<<1)+1])), 8);

    /*计算频谱幅度之和、频谱幅度最大值和最大频谱幅度序号 */
    max_index = 0;
    max_mag=mag[max_index];
    energy=0;
    for(i=0;i<64;i++)
    {
        energy=L_add(energy, mag[i]);
```

```
        if(s[i]>max_mag)
        {
            max_index = i;
            mag_mag=s[i];
        }
    }
    /* 计算最大频谱幅度附近频点频谱幅度和 */
    maxmag=0;
    for(i=max_index-2;i<=max_index+2;i++)
        maxmag=L_add(maxmag, mag[i]);
    /* 计算最大频谱幅度和频谱幅度和的比值，这里将除法转换为乘法进行比较 */
    L_Extract(energy, &high, &lower);
    energy=Mpy_32_16(high, lower, 29491);
    /* 根据比值判断是否为单音信号，如果是单音信号，计算单音频率 */
    if(maxmag>energy)
    {
        flag_tone=1;
        tone_freq=(max_index*8000)>>7;
    }
    else
        flag_tone=0;

    if(flag_tone+p_status->prev_flag_tone+
                            p_status->pprev_flag_tone>=2)
        flag_tone = 1;
    else
        flag_tone = 0;

    p_status->pprev_flag_tone = p_status->prev_flag_tone;
    p_status->prev_flag_tone = flag_tone;

    return flag_tone;
}

void init_tone_status(Tone_Status *p_status)
{
    /* 初始化状态变量 */
    p_status->prev_flag_tone = 0;
    p_status->pprev_flag_tone = 0;
}

void main()
{
    short i,j,k;
    short s[P][128];
    short flag_tone;
    short  phase_j[P];
```

```
    Tone_Status *p_status[P];

    /* 通过动态分配创建 32 路信号对应的状态变量 */
    for(i=0;i<P;i++)
        p_status[i] = (Tone_Status *)calloc(
                                sizeof(Tone_Status));

    /* 初始化状态变量 */
    for(i=0;i<P;i++)
        init_tone_status(p_status[i]);

    /* 信号产生。实际信号大多来源于外部采集，采集得到的信号都是定点数据*/
    /*这里采用浮点数和正弦函数产生只是用于功能仿真 */
    /* 产生多路信号 */
    for(k=0;k<P;k++)
        phase_j[k] = 0;
    for(k=0;k<N;k++)
    {
        for(i=0;i<P;i++)
            for(j=0;j<128;j++)
            {
            s[i][j] = (short)(32767*sin(2*PI*1000.*phase_j[i]/8000.));
            phase_j[i]++;
            if(phase_j[i]==8)
                phase_j[i] = 0;
            }
        // 通过循环实现 32 路信号的检测
        for (i=0;i<P;i++)
            flag_tone = tone_check(s[i], p_status[i]);
    }
}
```

程序说明：

（1）采用结构类型 Tone_Status 来保存各路状态变量；

（2）采用动态空间分配，为每路状态变量分配存储空间；

（3）采用 void init_tone_status(Tone_Status *p_status)函数初始化状态变量；

（4）32 路采用同一个函数 tone_check 进行单音检测，每路采用不同的状态指针变量作为函数的参数。

本 章 小 结

本章介绍了 DSP 算法软件开发的基本过程，以单音检测算法为例给出了算法的 MATLAB 仿真、浮点 C 语言实现、定点 C 语言实现以及定点 DSP 芯片实现，并给出了程序实现代码和实现结果。同时，针对实际应用中多路信号处理的需求，本章在单音检测算法的基础上，通过实际代码，介绍了如何修改单路信号处理程序实现并行的多路信号处理程序。读者可以依据这些实例展现的编程思路，逐步完善自己的 DSP 算法软件。

习题与思考题

1．采用 MATLAB 仿真、浮点 C 语言实现、定点 C 语言实现和 DSP 芯片实现的流程，实现 DTMF 双音多频信号检测。

2．观察例 8-4，在包含“gsm.h”头文件和不包含“gsm.h”时，比较这两种情况下程序编译后生成的汇编文件的差别，通过运行程序，分析程序运行指令数的区别。

3．观察例 8-4，开启 O3 优化和不开 O3 优化，比较这两种情况下程序编译后生成的汇编文件的差别，通过运行程序，分析程序运行指令数的区别。

第 9 章　DSP 系统的硬件设计

9.1　引　　言

DSP 系统包括硬件系统和软件系统，DSP 系统的开发可以分为 DSP 硬件系统开发、DSP 软件系统开发以及软硬件的综合集成。DSP 硬件系统开发包括硬件设计和硬件调试等步骤，图 9-1 给出了 DSP 硬件开发过程。

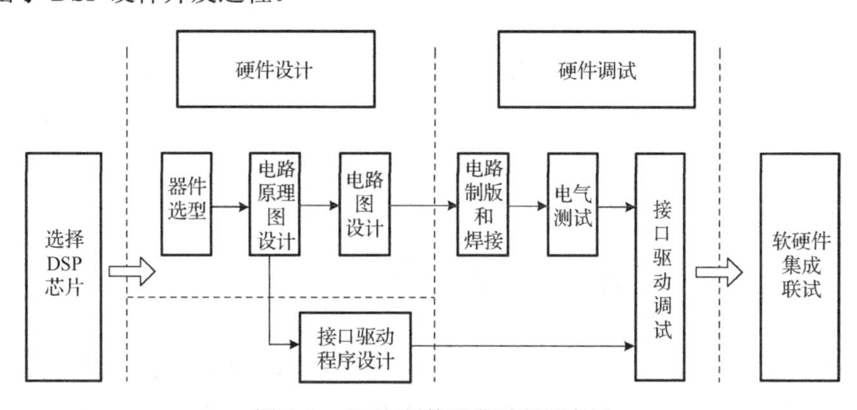

图 9-1　DSP 硬件开发过程示意图

硬件设计是硬件开发的重要内容，也是整个 DSP 系统实现的基础。根据系统功能划分，DSP 系统的硬件设计可以分为最小硬件（核心）设计和外围硬件接口（外设）设计。最小硬件系统只包含 DSP 的基本电路模块，在最小硬件系统的基础上利用 DSP 芯片的外设接口进行扩展，可以实现更为复杂的系统。

本章重点介绍 DSP 系统的硬件设计方法。首先介绍 DSP 系统硬件设计的基本步骤，然后介绍 DSP 最小硬件系统中硬件设计和可靠性设计方法，最后讨论几种典型的硬件接口设计方法。

9.2　DSP 系统硬件设计的基本步骤

根据 1.2.3 节的阐述，DSP 系统设计首先需要完成系统需求分析，并根据系统要求选择 DSP 芯片。之后的硬件设计一般包括以下三步，如图 9-1 所示。

第 1 步：根据系统要求选择外围芯片

初学者在选择 DSP 外围芯片时，应尽量选择市场上流通量大的芯片。一方面，可以保证可靠供货，便于长期使用；另一方面，在设计与调试过程中，可以得到更多的相关参考经验，加快系统设计与调试速度。

第 2 步：采用专用软件设计原理图

原理图设计需要采用专用电子设计自动化（Electronic Design Automation，EDA）软件完成。目前能够同时进行原理图和印刷电路板（Printed Circuit Board，PCB）图设计的软件工具很多，比较流行的有Cadence公司的Cadence SPB软件、Mentor公司的Mentor Graphics SDD软件以及Altium公司的Altium软件等设计工具。其中，Altium软件的前身就是国内使用较为广泛的Protel系列软件。原理图设计完成后，还可以利用专用软件所提供的功能对原理图进行仿真，以验证是否能够达到设计指标要求。

第3步：设计印制电路板图

当绘制完原理图并经过审核后，就可以进行PCB图的设计了。一般PCB图的设计和原理图设计采用一个系列的EDA工具。在完成PCB图设计后，一般还要对PCB图设计进行仿真，以完成对信号完整性、电磁干扰、热仿真等功能检验。

当完成以上设计步骤，并确认无误后，就可以进行电路板制作了。这一般需要在电路制版公司中完成。

需要注意的是，TI公司的开发套件DSK或者EVM一般采用Cadence公司的Cadence SPB软件来绘制原理图和PCB图，而ADI公司的开发套件EZ-KIT Lite一般采用Mentor公司的Mentor Graphics SDD软件来绘制原理图和PCB图，如果读者熟悉这些工具可以省去制作库文件的工作。

9.3 最小DSP系统的硬件设计

除DSP芯片之外，DSP系统正常工作及调试需要的最基本电路包括电源电路、复位电路、时钟电路、JTAG电路以及其他基本外设，这就是所谓的最小DSP系统。虽然根据基本的电路连接原理就可以实现完整的电路系统，但是由于外围电路器件的种类非常多，针对不同的应用场合和不同的指标要求，DSP芯片的片内外设在与外围电路连接时需要考虑功能、电平、功耗等多方面的问题。本节将对这些问题进行分析。

9.3.1 电源电路

1. 电源需求

超大规模集成电路工艺从1μm发展到目前的0.1μm以下，芯片的供电电压和功耗随之降低。早期的DSP芯片的供电电压是5V，目前大部分芯片的I/O电压已降低到3.3V，而内核电压则降低到1.8V以下。目前，主流的DSP芯片都采用低电压供电方式，并采用I/O电压（DVdd）和内核电压（CVdd）分开的方式。5V DSP芯片的价格和功耗相对较高，已逐渐被3.3V的DSP芯片所取代。

以TMS320VC5509A为例，该芯片所需的I/O电压为3.3V，而内核电压根据不同的工作频率采用不同的电压值：1.6V（200MHz）、1.35V（144MHz）、1.2V（108MHz）。下面对该芯片的电源设计作详细介绍。

（1）电压要求

VC5509A的I/O电压要求为3.3V，若工作频率为200MHz，则其内核电压要求为1.6V。内核电压主要为芯片的内部CPU供电，因为DSP芯片要承担大量的数据运算，其CPU内部会产生频繁的部件开关动作，因此内核一般都采用较低的电压以降低功耗。与 3.3V 供电相比，采用 1.6V 内核供电可以降低 52%的功耗。而采用 3.3V 的 I/O 电压，可使 DSP 芯片接口引脚电平与常用低压器件电平相匹配，相互连接时无需进行电平转换。

（2）功耗要求

DSP 芯片的电流消耗主要取决于器件的活跃度（即通常意义上的动态功耗，而静态功耗则可以通过查阅相关的数据手册直接获得）。内核电压为芯片所有内部逻辑提供电流，包括 CPU、时钟电路等，其消耗的电流主要决定于 CPU 的活跃度。外设消耗的电流决定于正在工作的外设及其速度，一般外设消耗的电流与 CPU 相比是比较小的。时钟电路需要消耗一小部分电流，这部分电流是恒定的，与 CPU 和外设的活跃程度无关。I/O 电压只为外部接口引脚提供电压，消耗的电流决定于外部输出的速度和数量，以及在这些输出上的负载。

设计中选择 DSP 芯片时要预估芯片的功耗，尤其要估计其工作时的峰值电流，以便选择合适的电压调节器（Regulator）。例如，VC5509A 的每 MIPS 只需消耗 0.05mW，相对于其前一代产品 C54x，极大地降低了功耗（只有 C54x 的 1/6），并通过强大的电源管理功能进一步加强其省电特性。一般来说，功耗的估算是与应用相关的，即要综合考虑 CPU（供电电压、操作频率）、外设以及与这些外设直接相关的输入/输出引脚等多方面的使用情况。

以 VC5509A 为例，TI 公司在网站上提供了该芯片的功耗计算表格，我们只需要估算参数，由该表格来计算功耗结果。假定 DSP 芯片正在运行一个高度优化的 MP3 解码算法。编码数据存储在 MMC 卡上，通过 DMA 通道以 128kbps 的码率送至 DSP 芯片内部存储器；而解码数据通过与 McBSP 相关联的 DMA 通道送入外部 TLV320AIC23B Codec 芯片，并以 44.1kHz 的采样率进行声音回放。TLV320AIC23B Codec 芯片的配置由 VC5509A 通过 I^2C 接口控制实现。系统工作的基本参数如下：

① 温度：室温 25℃；

② 内核电压 1.6V；

③ 内核时钟频率 72MHz；

④ CPU 75%的利用率，CLKOUT 关闭；

⑤ DMA：通道 0，0.06%的利用率，32bit 数据，100%的翻转概率；通道 1，0.005%的利用率，18bit 数据，100%的翻转概率；

⑥ McBSP0：1.41MHz，100%的利用率，32bit 数据，100%翻转概率，外部时钟源（即串口时钟由外部 AIC23B 提供）；

⑦ MMC：5.3%的利用率，36MHz，0%写（因为所有数据交换都是读取），100%翻转概率；

⑧ I^2C：0%利用率（因为控制数据非常少，一般是上电配置后不再改动）；

⑨ 其他外围都是 Idle 状态；负载及线长都符合表格标准设置。

根据上述设定，通过功耗表格计算得到：内核消耗电流 54.8mA，I/O 电流消耗为 2.377mA。设计者可以根据该估算选用相应的电源芯片。

（3）加电次序

很多 DSP 芯片采用双电源供电，理想情况下这些芯片上的两个电源应该同时加电/掉电，但是在很多场合下由于电源输出经过不同的电路通道，加电起始/结束时间很难满足这一要求。由于芯片内部的内核、I/O 模块在结构上是分隔的，如果供电电压不在规定的水平上，这些分隔结构就可能变得正向偏置。如果加电过程中两种电源的起始时刻、电源斜率存在较大差异，那么分隔结构中就会长时间存在电流，从而减少芯片的使用寿命。虽然 TI DSP 芯片没有特别指定内核/外围的上电次序，但一般两个电源加电的时间差不能大于 1 秒，所以在设计中依然要格外仔细。

一般而言，大部分 DSP 芯片要求内核电压先加电，I/O 电压后加电。因为如果当 CPU 内核获得供电，而 I/O 没有供电时，芯片内部状态是稳定的，只是没有输入输出能力而已；如果 I/O 获得供电而 CPU 内核没有加电，那么 DSP 缓冲驱动部分的三极管处于未知状态下工作，这是很危险的。如果实际电路的电源输出是 DVdd 先启动，然后 CVdd 启动，那么 DVdd 应不超过 CVdd 电压 2 V，这个加电次序主要依赖于DSP芯片的内部静电放电保护电路。内部保护电路的示意图如图 9-2 所示。从图中可以看出，DVdd 不能超过 CVdd 的电压为 4 个二极管压降（约 2V），CVdd 不能超过 DVdd 的电压为 1 个二极管压降（约 0.5V），否则有可能损坏芯片。

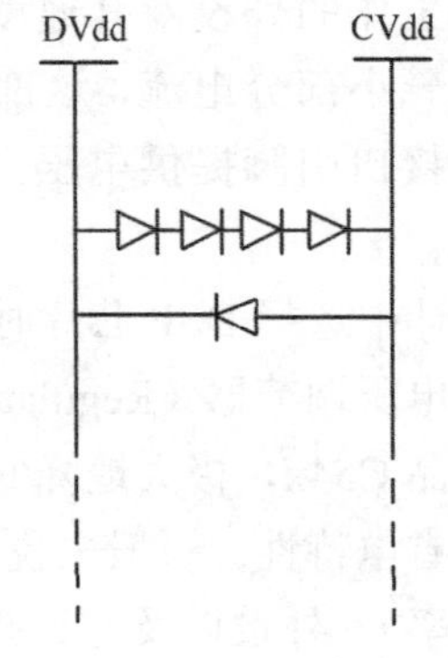

图 9-2　VC5509A 内部保护电路

2. 双电源解决方案

采用什么供电机制主要取决于应用系统中提供什么样的电源。考虑到大部分数字系统工作于 5V 和 3.3V，下面我们来考虑两种情况。

（1）从 5V 产生：图 9-3 所示是从 5V 生成 3.3V 和 1.6V 的一种方案。其中，第 1 个电压调节器（Regulator）提供 3.3V，第 2 个电压调节器提供 1.6V。

（2）从 3.3V 产生：图 9-4 所示是从 3.3V 生成 1.6V 的一种方案。其中，电压调节器提供 1.6V 电压。

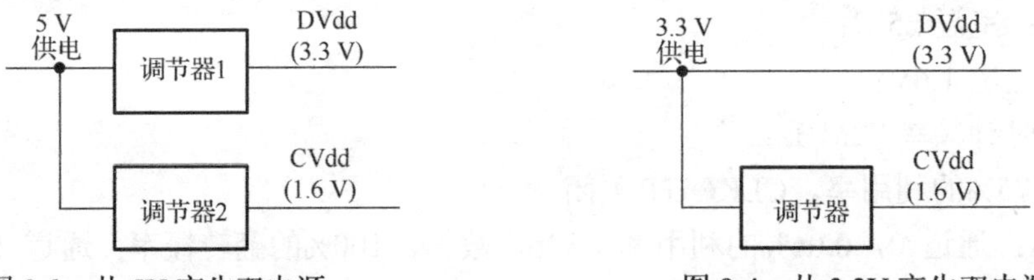

图 9-3　从 5V 产生双电源　　　　图 9-4　从 3.3V 产生双电源

大型的芯片公司一般都会提供一系列的电源芯片与 DSP 芯片配套使用。根据上面不同的供电机制，使用者可以合理选择系统实现时的电源芯片。例如，可以采用如下三种解决方案：

（1）单 3.3V 电压输出。单 3.3V 电压输出可以选用 TI 公司的 TPS7133、TPS7233、TPS7333，或其他公司的芯片，如 Maxim 的 Max604 等。

（2）单电源可调电压输出。TI 公司的 TPS7101、TPS7201 等芯片提供可调节的输出电压。通过改变外接的两个电阻的阻值可以实现电压调节。

（3）双电源输出。TI 公司也提供了有两路输出的电源芯片，如 TPS73HD301、TPS73HD325、TPS73HD318。其中，TPS73HD301 的输出电压为一路 3.3V、一路可调输出；TPS73HD325 的输出电压为一路 3.3V、一路 2.5V；TPS73HD318 的输出电压为一路 3.3V、一路 1.8V。每路电源的最大输出电流为 1000mA。这一类芯片还提供两个宽度为 200 ms 的低电平复位脉冲。图 9-5 为 TPS73HD301 的一种应用电路。

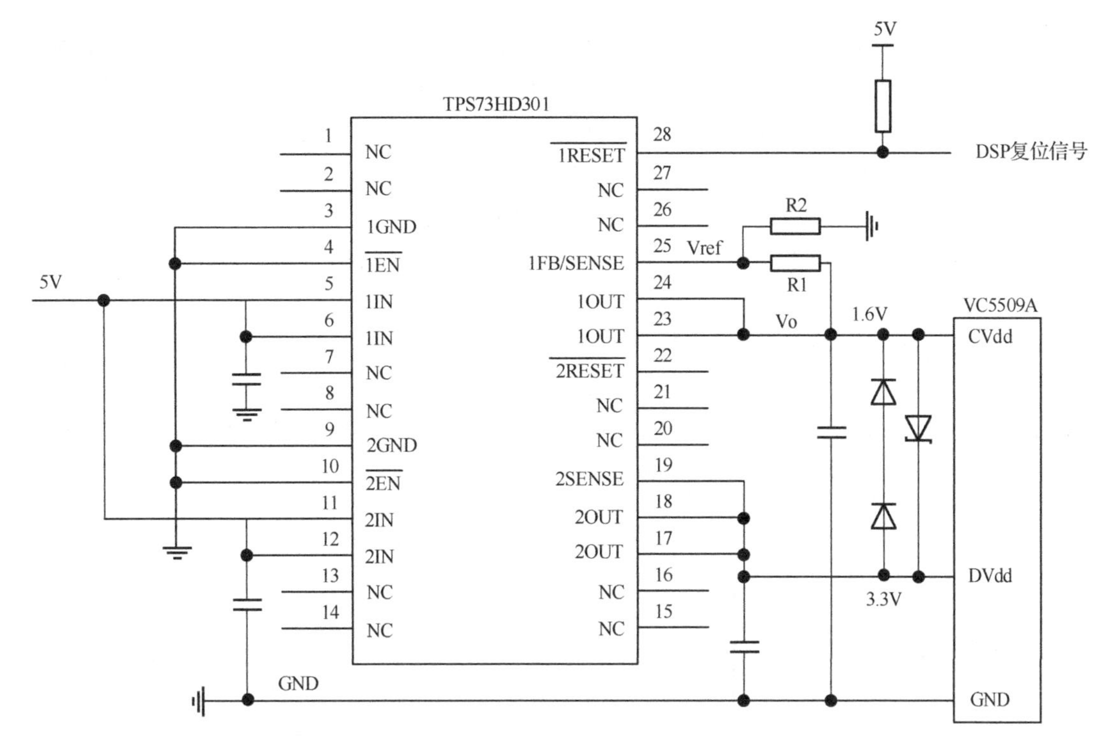

图 9-5　TPS73HD301 双电源应用电路

9.3.2　复位电路

DSP 芯片上有一个复位引脚$\overline{\text{RS}}$，用于外部对芯片进行复位。一般来说，复位信号都是低电平有效，即低电平对芯片复位，高电平芯片开始工作。

复位时间的长短取决于两个因素：一是 DSP 芯片本身对复位时间的要求，二是给 DSP 芯片提供工作时钟的晶体振荡器的稳定时间。对 DSP 芯片本身而言，为使芯片初始化正确，保证$\overline{\text{RS}}$低电平持续若干个 CLKOUT 时钟周期即可（可查阅芯片资料得到具体数值）；但是，在上电后，晶体振荡器需要一定时间的稳定期，一般为 100～200ms。因此，可靠复位的时间应保持到晶体振荡器稳定为止。复位电路一般可采用以下两种方式。

1. 简单 RC 复位电路

图 9-6 给出了一个简单的上电复位电路。电源刚加上时，DSP 芯片处于复位状态。图中的复位时间主要由 R 和 C 确定。A 点的电压 $V = V_{\text{CC}}(1-\text{e}^{-t/\tau})$，$\tau = RC$。设 $V_{\text{CC}} = 3.3\text{V}$，$V_1 = 0.8\text{V}$ 为低电平与高电平的分界点，则：

$$t_1 = -RC\ln\left[1-\frac{V_1}{V_{\text{CC}}}\right]$$

选择 $R = 100\text{k}\Omega$，$C = 4.7\mu\text{F}$，可得 t_1=130ms，随后的施密特触发器保证了低电平的持续时间至少为 130ms。

2. 专用复位芯片电路

实际上由于 DSP 系统的时钟频率较高，在运行时极有可能发生干扰和被干扰的现象，严重时系统可能会出现死机现象。为了克服这种情况，除了在软件上作一些保护措施外，硬件上也需要作相应的处理。硬件上最有效的保护措施就是采用具有监视（Watchdog）功能的自动复位电路，这种电路除了具有上电复位功能外，还具有监视系统运行、在系统发生故障或死机时再次进行复位的能力。其基本原理就是提供一个用于监视系统运行的信号，当系统正常运行时，应在规定的时间内向自动复位电路提供一个高低电平发生变化的信号，如果在规定的时间内这个信号不发生变化，自动复位电路就认为系统运行不正常并重新对系统进行复位。

根据上述原理，可以用常用的器件（如555定时器加上一些计数器）设计自动复位电路。现在普遍采用专用的自动复位电路，如Maxim公司的复位系列芯片。图9-7是采用MAX706实现的自动复位电路，其引脚6输入的信号WDI是系统提供的监视信号，引脚7输出的信号是复位信号，其低电平复位时长约200ms。

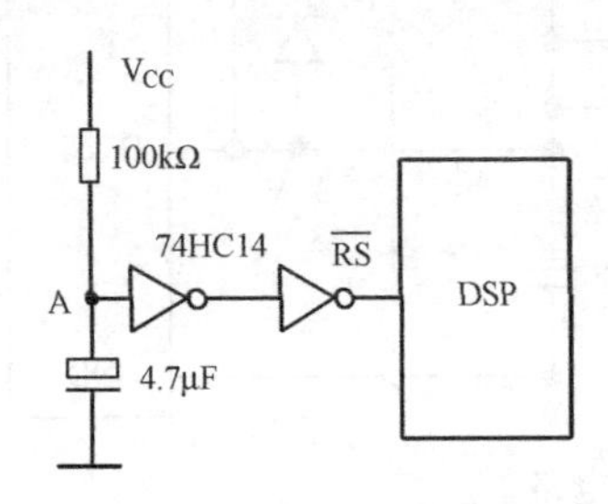

图9-6　简单复位电路

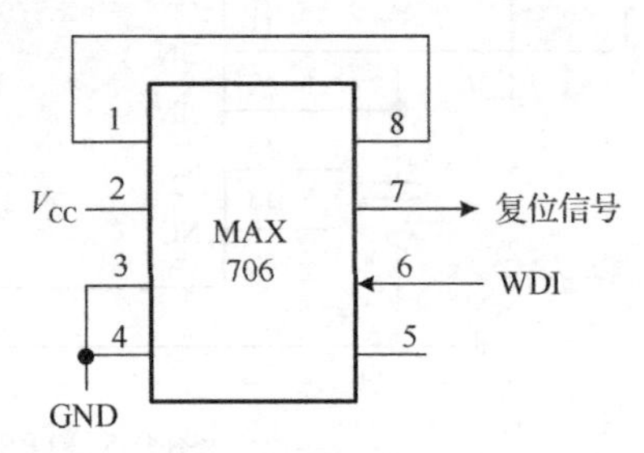

图9-7　具有Watchdog功能的复位电路

9.3.3　时钟电路

DSP芯片的时钟电路选择主要需要考虑以下几点：

（1）工作频率：系统需要多大的频率，即系统工作于什么频率。

（2）时钟类型：是有源晶振还是无源晶体等。

（3）信号电平：是5V还是3.3V，是TTL电平还是CMOS电平等。

（4）时钟的沿特性：上升沿和下降沿的时间。

（5）驱动能力：整个系统有多少芯片需要提供时钟。

一般地，DSP芯片的工作时钟有两种方式。

1．无源晶体方式

所谓的无源晶体方式实际就是指外部提供石英晶片，需要结合DSP芯片内部的电路才能起振。使用无源晶体的优点是价格便宜，但是它的驱动能力比较弱，一般不能提供多个器件共享，而且它可以提供的频率范围也比较小（一般在20kHz～60MHz），连接方式如图9-8所示，其中补偿电路的R_s、C_1、C_2需要参考相应的数据手册来确定。

2．有源晶振方式

有源晶振是指提供电源后本身就能起振的晶振模块。图9-9给出了一种常用有源晶振的引脚图。其中，引脚3为晶振输出，连接至DSP芯片的CLKIN引脚，为了提高信号的完整性，可在其中串接一个低阻值的电阻。晶振的电源输入引脚加入了一个磁珠，用于抑制电源的高频辐射和高频纹波。

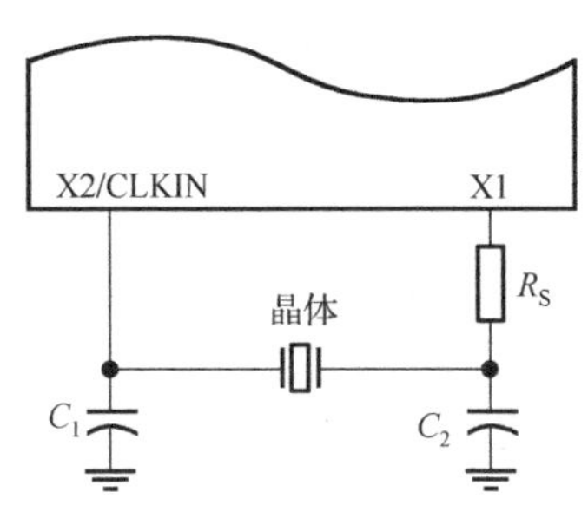

图 9-8　无源晶体电路

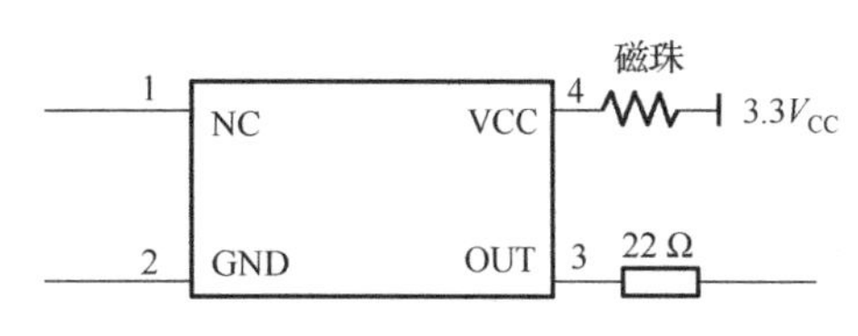

图 9-9　有源晶振电路

需要注意的是，使用有源晶振要注意输出时钟信号的电平，一般的晶振输出信号的电平为 5V 或者 3.3V，如果采用 5V 供电的有源晶振，那么在连接外围电压是 3.3V 的 DSP 芯片时，晶振的输出需要进行电平转换。由图 9-9 可以看到，该有源晶体振荡器采用 3.3V 低电压供电，因此可以直接连接到 DSP 芯片的 CLKIN 引脚上。

有源晶振驱动能力比较强，频率范围也很宽，如 1Hz～400MHz。当利用振荡器输出代替晶体时，DSP 芯片的 XTAL 输出信号不能用电容旁路到地，尽管这种方式在某些开发套件的电路原理中出现过，但大多数情况下并不推荐使用这样的连接方式。

DSP 芯片一般都要工作在较高的频率，因此都具有内部锁相环电路，可以实现对一个较低频率的外部时钟信号的内部倍频。在 DSP 芯片外部使用较低频率的晶振，对于整个电路板的电磁兼容性是很有好处的，不仅有效避免外部电路干扰时钟，而且还可避免高频时钟干扰电路板上的其他电路。

除了供给 DSP 芯片的内核时钟，某些 DSP 芯片还有其他的局部时钟域，如实时时钟（RTC）、以太网、USB 等。与内核时钟类似，这些时钟域也可以用晶体或者外部时钟驱动输入。如果应用中这些时钟域没有使用，则应当将时钟输入信号上拉或下拉，防止振荡。如没有使用到 RTC 时钟，则将其 RTC 时钟输入引脚通过电阻下拉到地电位。

 9.3.4　JTAG 电路

为了方便系统的调试和升级，电路设计时必须预留出 JTAG 调试接口，以便对 DSP 芯片进行仿真和调试。

JTAG 技术是一种嵌入式调试技术，简称为边界扫描技术，主要用于芯片内部 PCB 测试及芯片系统的仿真、调试。一般在芯片内部实现 JTAG 时，是通过封装专门的测试访问口（Test Access Port，TAP），使用专用的 JTAG 测试工具对内部节点进行测试。一个含有 JTAG 调试接口模块的 DSP 芯片，只要时钟正常，就可以通过 JTAG 接口访问内部寄存器和挂在总线上的设备，如 Flash、RAM、外设的寄存器（如 UART、定时器、GPIO 等寄存器）。

标准的 JTAG 接口的信号必须包含 TMS、TCK、TDI、TDO 等，分别为测试模式选择、测试时钟、测试数据输入和测试数据输出。TI 公司的 JTAG 接口详见 3.5.2 节介绍。值得注意的是，不同公司的 JTAG 的基本信号一样，顺序可能会不同，需要参考技术文档给出的具体定义。

9.3.5 引脚的电平转换与处理

1. 电平转换

C54x/C55x 等 DSP 芯片的 I/O 工作电压是 3.3V，因此，其 I/O 电平也是 3.3V 逻辑电平。在设计 DSP 芯片与其他外围芯片的接口时，如果外围芯片的接口电平也是 3.3V，那么直接连接就可以。但是，目前尚有一些外围芯片采用 5V 接口电平，因此，就存在一个如何实现 3.3V DSP 芯片与这些 5V 供电芯片的可靠接口的问题。

（1）各种电平的转换标准

图 9-10 所示为 CMOS 和 TTL 集成电路在 5V 和 3.3V 不同电压条件下的电平标准。5V 逻辑电平是通用的逻辑电平，3.3V 及以下的逻辑电平通常称为低电压（LV）逻辑电平。其中，V_{OH} 表示输出高电平的最低电压，V_{IH} 表示输入高电平的最低电压，V_{IL} 表示输入低电平的最高电压，V_{OL} 表示输出低电平的最高电压。从图中可以看出，5V TTL 和 3.3V TTL 的转换标准是一样的，而 5V CMOS 和 3.3V CMOS 的转换电平是不同的（它们的 V_{IH} 一般为 0.7Vcc，V_{IL} 一般为 0.2Vcc）。因此，在将 3.3V 系统与 5V 系统连接时，必须考虑到两者的不同。

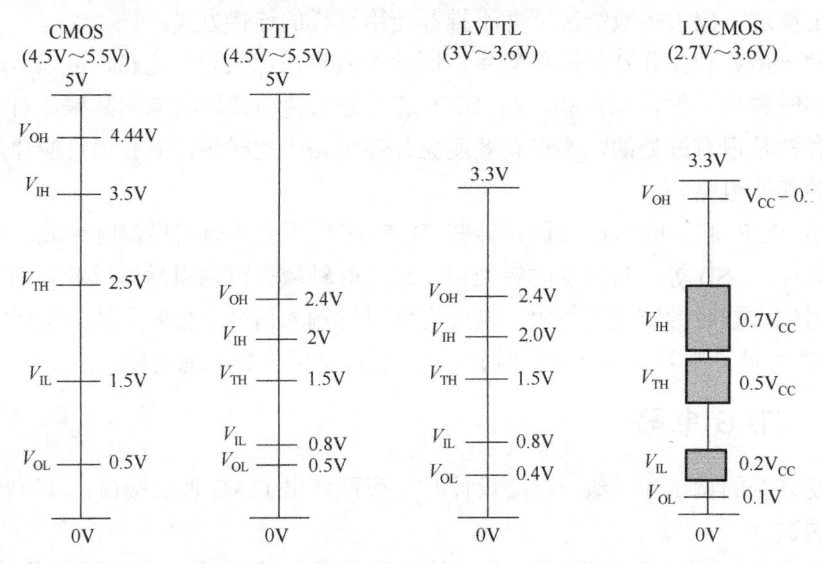

图 9-10 CMOS 和 TTL 的电平转换标准

（2）不同电平器件间的连接

一般而言，不同电平的器件可以按表 9-1 所示的连接方式相连。

表 9-1 不同电平器件的连接关系表

输出 \ 输入	5V TTL	3.3V TTL（耐压范围：5V）	3.3V TTL	5V CMOS	3.3V CMOS
5V TTL	直连	直连	需要转换	需要转换	需要转换
3.3V TTL	直连	直连	直连	需要转换	直连
5V CMOS	直连	直连	需要转换	直连	需要转换
3.3V CMOS	直连	直连	直连	需要转换	直连

下面具体分析不同电平间的 5 种互连情况。

① 5V TTL 器件与 3.3V LVTTL 器件连接

由于 5V TTL 和 3.3V TTL 的电平转换标准是一样的，因此，如果 3.3V 的器件能够承受 5V 电压，直接用 5V TTL 器件的输出驱动 3.3V TTL 器件输入从电平上来说是完全可以的。同时，用 3.3V 器件的输出也可以直接驱动 5V TTL 器件输入，虽然看起来不可思议。从图 9-10 可以看出，只要 3.3V 器件的 V_{OH} 和 V_{OL} 电平分别是 2.4V 和 0.4V，5V TTL 器件就可以将输入读为有效电平，因为它的 V_{IH} 和 V_{IL} 电平分别是 2V 和 0.8V。

② 5V CMOS 器件与 3.3V LVTTL 器件连接

显然，两者的转换电平是不一样的。进一步分析 5V CMOS 的 V_{OH} 和 V_{OL} 以及 3.3V LVTTL 的 V_{IH} 和 V_{IL} 的转换电平可以看出，虽然两者存在着一定的差别，但是能承受 5V 电压的 3.3V 器件能够正确识别 5V CMOS 器件送来的电平值。采用能够承受 5V 电压的 LVC 器件时，5V 器件的输出可以直接驱动 3.3V LVTTL 器件的输入。与此同时，3.3V 器件（LVC）的输出却不能直接驱动 5V CMOS 器件的输入。因为从图 9-10 可以看出，3.3V LV 器件的 V_{OH} 最低电压值是 2.4V（可以高到 3.3V），而 5V CMOS 器件要求的 V_{IH} 最低电压值是 3.5V。在这种情况下，可以采用双电压（一边是 3.3V 供电，另一边是 5V 供电）供电的驱动器转接，如 TI 的 SN74ALVC164245、SN74LVC4245 等。

③ 5V TTL 器件与 3.3V CMOS 器件连接

因为 3.3V CMOS 器件的输出逻辑电平接近电源电压和 0V，满足 5V TLL 器件的输入逻辑电平的范围要求，因此可以直接驱动 5V TTL 的输入引脚。而 5V TTL 器件的输出驱动 3.3V CMOS 电路时，需要通过 LVC/LVT 系列器件进行转换。

④ 5V CMOS 器件与 3.3V CMOS 器件连接

因为 CMOS 器件的输出逻辑电平与电源电压正比例，因此在电源电压不同的情况下，两个器件之间的逻辑电平并不兼容，因此不论是何种驱动关系，都要通过双电压供电的驱动器转接。

⑤ 3.3V TTL 器件与 3.3V CMOS 器件连接

由图 9-10 可以知道，3.3V TLL 和 3.3V CMOS 器件的逻辑电平可以相互兼容，因此两种器件的输出可以直接与另一种输入相连。

（3）DSP 与外围器件的接口实例

下面我们考虑两种情形。

① 与 3.3V 器件的接口：与 3.3V 器件（如 3.3V Flash）接口比较简单，由于两者电平一致，可以直接相接。

② 与 5V 器件的接口：首先需要仔细分析 5V 器件的电平转换标准，这可以从器件的电气性能说明中获得。一般来说 DSP 芯片输出给 5V 的电路（如 D/A），无需加任何缓冲电路，可以直接连接。DSP 芯片输入 5V 的信号（如 A/D），由于输入信号的电压>4V，超过了芯片的电源电压，DSP 芯片的外部信号没有保护电路，需要加缓冲，如 74LVC245 等，将 5V 信号变换成 3.3V 的信号。

下面以 VC5509A 与 AM27C010 EPROM 接口为例来说明接口的设计方法。首先分析 AM27C010 的电平转换标准。从 VC5509A 和 AM27C010 的电气性能说明可知它们的电平转换标准，如表 9-2 所示。

表 9-2　VC5509A 和 AM27C010 的引脚电平规定

器件	V_{OH}	V_{OL}	V_{IH}	V_{IL}
VC5509A	2.4V	0.4V	2.0V	0.8V
AM27C010	2.4V	0.4V	2.0V	0.8V

从表 9-2 中可以看出，VC5509A 与 AM27C010 的电平转换标准是一致的，因此，从 VC5509A 单向到 AM27C010 的地址线和信号线可以直接与之相接。但由于 VC5509A 不能承受 5V 电压，因此从 AM27C010 到 VC5509A 的数据线不能直接相接。解决的办法就是在中间增加一个缓冲器件，这个缓冲器件可以是双电压供电，也可以是能承受 5V 电压的 3.3V 单电压供电器件。可以选择 74LVC16245 作为缓冲器件来设计两者的接口。

先来看一下 74LVC16245 的基本功能。74LVC16245 是工作电压为 2.7～3.6V 的双向收发器，可以用作 2 个 8 位收发器或 1 个 16 位收发器，根据方向控制端（DIR）的电平可允许数据从 A 端传输到 B 端，或从 B 端传输到 A 端。输出使能控制线（$\overline{\text{OE}}$）可用来使器件有效或无效（双侧相互隔离）。操作方式如表 9-3 所示。

AM27C010 是 EPROM，其数据只是从 EPROM 向 DSP 芯片单向传输。DSP 芯片与 AM27C010 的接口示意图如图 9-11 所示。

表 9-3　74LVC16245 的操作方式

$\overline{\text{OE}}$	DIR	操作
L	L	B→A
L	H	A→B
H	X	隔离

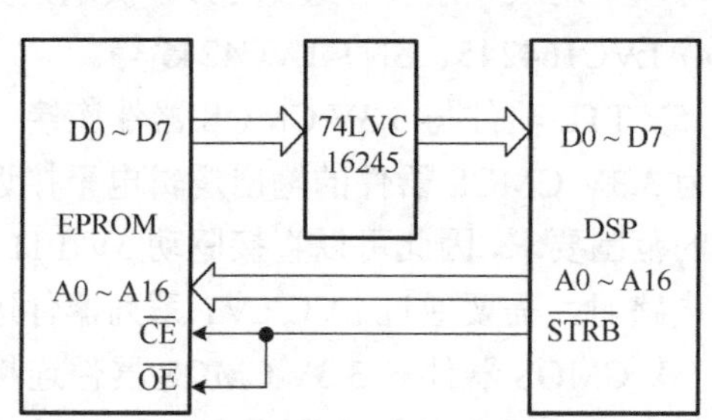

图 9-11　DSP 芯片与 5V EPROM 的接口

除了使用上面介绍的 74LVC16245 这类总线收发器（Bus Transceiver）进行电平转换外，还可以使用如下一些方法：

① 总线开关（Bus Switcher）：常用的器件有 SN74CBTD3384（10 位）、SN74CBTD16210（20 位）等，这类器件 5V 供电，无需方向控制，可以用于信号方向灵活、且负载单一的应用，如 McBSP 等外设信号的电平变换。

② 2 选 1 切换器（1 of 2 Multiplexer）：常用的器件有 SN74CBT3257（4 位）、SN74CBT16292（12 位）等，这类器件 5V 供电，无需方向控制，可以实现 2 选 1，适用于多路切换信号、且要进行电平变换的应用，如双路复用的 McBSP 等情况。

③ CPLD ：CPLD 一般都用 3.3V 供电，但其引脚的输入容限为 5V，可以用于增强输出驱动的情况。但这种方法延迟较大（通常＞7 ns），因此只适用于少量的对延迟要求不高的信号。

④ 电阻分压：利用大电阻串连的方法进行分压，这种方法由于增加了电流损耗，因此一般只适用于调试过程中或非产品化系统中。

另外，需要注意的是仿真器的 JTAG 口的信号也必须为 3.3V，否则有可能损坏 DSP 芯片。

2．未用引脚的处理

DSP 芯片上有很多引脚，在很多系统中有一些引脚没有使用。这些空闲引脚根据其性质不同，需要进行不同的处理。

（1）未用的输入引脚

未用的输入引脚不能悬空不接，否则容易在这些引脚上产生虚信号，影响芯片的正常工作。一般应将它们上拉或下拉为固定电平。

① 关键的控制输入引脚：Ready、Hold 等关键引脚应固定接为适当的状态。Ready 引脚应固定接为有效状态，Hold 引脚应固定接为无效状态。

② 无连接（NC）和保留（RSV）引脚：NC 引脚除特殊说明外，需要悬空不接；RSV 引脚应根据芯片手册具体决定接还是不接。

③ 非关键的输入引脚：这些引脚可以上拉或下拉为固定的电平。

（2）未用的输出引脚

未用的输出引脚可以悬空不接。

9.3.6 硬件系统的可靠性设计

硬件系统的设计实现过程中，常会遇到如下的情况：在实验室中，开发的样机一切工作正常，但实际运行过程中，却容易出现一个或者多个规律性或者随机的失效问题，影响系统的正常运行。要解决这种系统运行不可靠的问题，就需要在设计阶段找到基于失效机理的预防性设计方法，这就是通常所说的可靠性设计。

为提高 DSP 系统的可靠性，必须考虑接地、屏蔽、隔离等技术的应用。同时，由于 DSP 芯片的工作频率较高，芯片在运行过程中会产生较大的功耗，如果处理不当也将影响系统的可靠性。本节将针对这些问题进行分析。

1．接地

（1）接地方式

常用的接地方式有两种：安全接地和工作接地。为了电子设备和人身的安全，安全接地中将电子设备的外壳接地。这种方式是真正的接地，主要用于强电系统中。如果仅是为了电路工作需要，只将零电位参考点相连的方式称为工作接地。此时，工作的零电位相对大地是浮空的，因此这种工作地是“悬浮地”。一般的电子系统或便携系统都采用工作接地方式。

（2）接地系统的实现

DSP 系统应根据信号的指标和电源类别等分类接地。通常需要将系统中的小信号回路、控制回路、逻辑电路以及直流电源等弱信号器件连在一起共同接入弱信号地，将大功率器件连接在一起接入功率地，将外壳等金属构件连接在一起接入安全地。这几种接地系统可以相互独立，也可以成伞状接在一起（如图 9-12 和图 9-13 所示）。如果连接在一起，需要注意的是，不能将功率地和弱信号地接在一起后再与机壳地相连，这样有可能因为存在功率电路和弱信号回路间的阻抗而产生噪声，影响弱电回路。

在 DSP 单板上，经常会同时存在模拟信号通路和数字信号通路。虽然它们都是弱信号，但由于数字信号通常频率较高，会在数字器件的“地”引脚上引入高频干扰。而模拟信号通路需要保证高质量的模拟信号传输，需要抑制干扰。因此在弱信号地中，模拟地（AVss）和数字地（Vss）也不能随意混接。通常可以将所有的数字地接在一起，模拟地接在一起，然后两者利用磁珠相连或者单点相连，以减少互相的干扰。

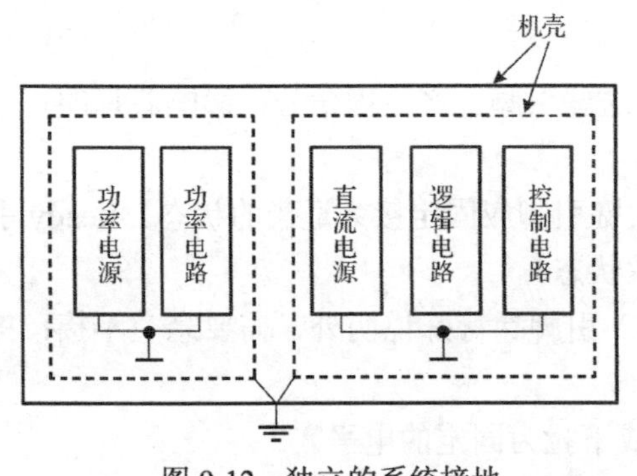

图 9-12　独立的系统接地

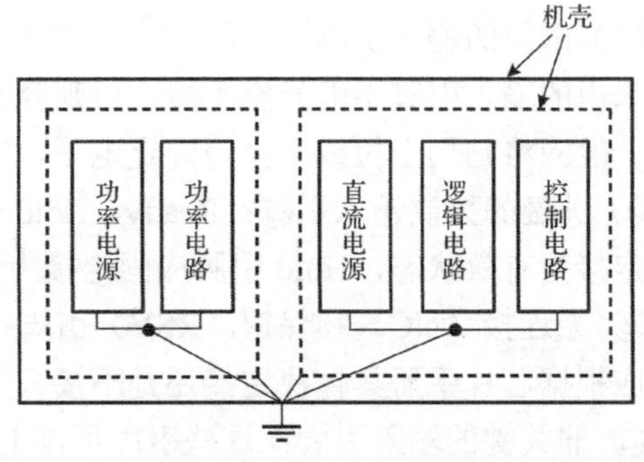

图 9-13　伞状系统接地

2. 屏蔽

高频电源、交流电源、强电设备产生的电火花，以及雷电等自然现象，都能产生电磁波，从而成为电磁干扰的噪声源。当距离较近时，电磁波会通过分布电容和电感耦合到信号回路形成电磁干扰，当距离较远时，电磁波会以辐射形式构成干扰。在利用 DSP 芯片处理高频信号时经常会遇到这样的情况。另外，DSP 芯片本身的振荡器由于频率较高，也可能产生电磁干扰，同时也极易受其他电磁干扰的影响。

利用屏蔽技术可以克服电磁波干扰的影响。屏蔽体通常可以采用金属板、金属网或金属盒构成，它以反射方式或吸收方式来削弱电磁波，从而形成对电磁波的屏蔽作用。为了消除屏蔽体和内部电路之间的寄生电容，应按照“一点接地”的原则设计屏蔽体的接地电路。

3. 隔离

隔离通常可以采用物理隔离和光电隔离两种。

物理隔离是指将高电平大功率信号和低电平小信号在物理空间中进行隔离，此时信号走线应尽量远离高电平大功率的信号线，以减少噪声和电磁场的干扰。

光电隔离一般通过光电耦合器实现。光电耦合器包括一个发光二极管和一个光敏三极管，两者之间用透明绝缘体填充。输入信号可以使发光二极管发光，其光线又使光敏三极管产生电信号输出。光电耦合器的示意图如图 9-14 所示。由于光电耦合器的输入和输出在电气上是绝缘的，且输出端和输入端之间没有反馈，因此光电耦合器既可以隔离两端电路的电信号，实现电平转换，又可以实现抗干扰。

此外，为提高接口的性能，经常需要在电路中采用滤波技术抑制噪声干扰。例如，如果电路中既存在模拟电路又存在数字电路，那么数字电路中状态的变化会在模拟的电源上产生一个尖峰电流，从而形成数字噪声。利用电容、电感等储能元件可以抑制这样的噪声，图 9-15 就是常用的一种滤波电路。通过在电源线的输入端并联两个电容，其中 50μF 的电解电容用于抑制电源噪声的低频分量，而 0.01μF 电容抑制高频分量。如果可以在电容前面的电源线上串连一个电感，滤波效果将会更好。

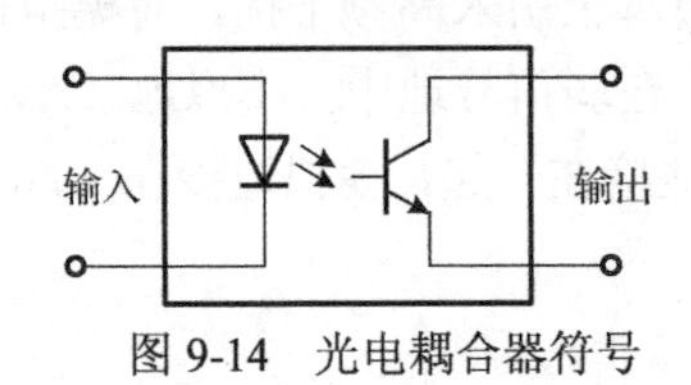

图 9-14　光电耦合器符号

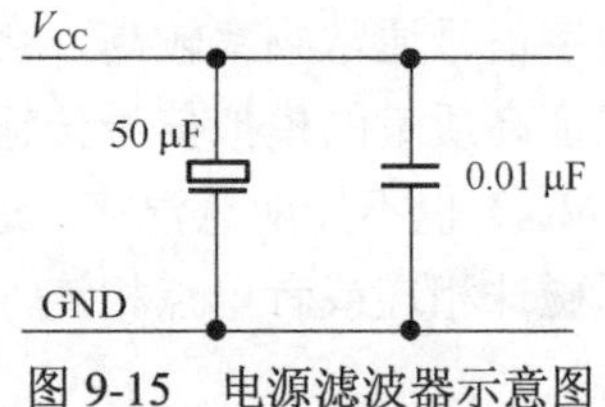

图 9-15　电源滤波器示意图

4. 散热

（1）芯片功耗

DSP芯片工作频率较高，在工作时的功耗相对低频器件更大一些，这是系统设计中需要考虑的问题。总的来说，TI公司的C5000和C6000两个系列的DSP芯片中，C6000系列DSP芯片主要应用于高端系统和大型系统中，功耗较大，而C5000系列DSP芯片主要应用于便携系统和低成本系统中，因此功耗得到了控制，尤其是C55x系列DSP芯片，和C54x芯片相比，每MIPS的功耗下降了5/6。在C6000系列芯片中，新推出的芯片在功耗设计上也作了很大改进，目前C6201仅在2W左右。

DSP芯片的实际功耗会随芯片的工作状态而变，芯片的工作状态决定于具体的应用程序，包括CPU占用程度等。为评估功耗，一般可以定义芯片的两种活动程度：High DSP activity和Low DSP activity，如表9-4所示。

表9-4 DSP活动程度定义

DSP活动程度	CPU	程序存储器访问率	数据存储器访问率	外部存储器100MHz I/O
High DSP activity	8条指令	100%	100%CPU，50%DMA	100%访问
Low DSP activity	2条指令	25%	25%CPU	0%访问

以C6000系列芯片为例，影响其功耗的主要因素包括芯片的工作频率、所处Power-down或IDLE状态、片内活动模块的数量、每周期运行的功能单元数、片内数据单元的存取率、片内程序单元的访问率、片内外设（DMA、串口等）的运行情况以及芯片的数据吞吐速度等。

（2）散热设计

对于C6000系列芯片来说，其高集成度、高时钟频率和较大的片内存储阵列设计，使得它与低端DSP芯片相比，具有更大的结温系数。为了保证器件稳定可靠地工作，芯片的结温不能超过某个最大的限度。因此，系统设计中应当考虑加入合适的散热系统，协助芯片通过外封装进行散热。常用的散热方法有无源散热片、风扇、水冷系统等，其中无源散热片是一种性价比较高的有效解决方案。

9.4 外部存储器接口设计

利用DSP芯片的片内外设，可以设计出多种不同的接口功能。由于每种接口都可以采用不同的方式实现，为方便阅读，本章后面内容将按照接口的功能分三节，选取存储器、数模/模数转换、通信等典型接口分别进行介绍。

目前DSP芯片的片内存储器RAM的容量越来越大，要设计高效的DSP系统，应该选择片内RAM较大的DSP芯片。与片外存储器相比，片内RAM具有如下优点：

（1）片内RAM的速度快，可以保证DSP芯片无等待运行。

（2）对于C5000系列，部分片内存储器可以在一个指令周期内访问两次，使得指令可以更加高效。

（3）片内RAM运行稳定，不受外部的干扰影响，也不会干扰外部。

（4）DSP芯片片内多总线，在访问片内RAM时，不会影响其他总线的访问，效率较高。

然而，当DSP芯片的程序量较大、处理的数据非常多，或者与外界其他芯片需要进行大量数据交互时，片内的 RAM 存储空间可能就无法满足系统要求。例如，在利用 C55x 芯片实现图像处理时，至少需要 RAM 能够存储一幅图像。数字图像中每个像素的灰度级至少要用 6bit 表示，彩色图像一般采用 8bit。一般分辨率的图像像素数为 256×256，高分辨率的图像像素数可达 1024×1024。这样的一幅原始图像有 1 兆个像素点需要存储。而典型的 C55x 芯片 VC5509A 片内只有 256K 字节的 RAM 空间，这时就需要对 RAM 存储器进行扩展。此外，对于存储程序和固定数据的 ROM 类存储器而言，虽然 DSP 芯片上带有一定容量的 ROM，但要利用片内的 ROM，需要由用户将程序代码提交芯片公司进行掩膜才能实现。由于这种方法成本大，对于小规模的系统开发并不合适。因此，一般外部存储器接口设计对 ROM 和 RAM 的扩展都需要考虑。

设计存储器接口时主要考虑存储器的接口类型和速度，以确定连线方式和时序控制。存储器的接口类型可以分为并行和串行两种。本节只讨论并行存储器的设计方法。TI DSP 芯片设计有外部数据总线、地址总线以及控制信号引脚，这些引脚可以与并行存储器适配。从 C55x 和 C6000 开始，DSP 芯片集成了 EMIF，与并行存储器的连接更加方便。

9.4.1 TMS320C54x 存储器接口设计

1. 内部 RAM 的使用

C54x 系列 DSP 芯片的内部存储器访问速度快，充分利用内部存储器可以使 DSP 系统的整体性能达到最佳。在该系列的 DSP 芯片中，不同的芯片具有不同数量的内部 RAM，但特性是相同的。下面以 VC5416 为例来介绍内部 RAM 的特性和使用方法。

VC5416 内部 RAM 和 ROM 可根据 PMST 寄存器中的 OVLY、DROM 位灵活设置。对于一般应用，应尽量采用内部 RAM，因此应作如下设置：

① 将芯片的 MP/$\overline{MC}$ 接低，使芯片工作在微计算机方式；

② 设置 OVLY=1，使片内的 80H～7FFFH 既映射在程序区，又映射在数据区；

③ 如果要在数据区访问片内的 ROM 区，应设置 DROM = 1。

片内存储空间的程序区和数据区可以重叠，在编程时需要注意。

2. 外部 RAM 接口的设计

除了内部存储空间外，VC5416 还可以扩展外部存储器。其中，数据空间总共为 64K 字（0000H～FFFFH），I/O 空间为 64K 字（0000H～FFFFH），程序空间为 8M 字。8M 字程序空间的寻址是通过额外的 7 根地址线（A16～A22）实现的，由 XPC 寄存器控制。

设计 C54x 系列 DSP 外部 RAM 的连接方案，核心是设计存储映射空间及控制信号逻辑。由于 C54x 系列 DSP 芯片分别利用独立的选通信号$\overline{PS}$和$\overline{DS}$进行程序空间和数据空间的选择，一般的做法是分别用$\overline{PS}$和$\overline{DS}$选择两个不同的地址空间。ROM 一般都映射在程序存储区，连接方法较为简单，而 RAM 既可以用作程序存储器，也可用作数据存储器，因此其电路连接较为复杂一些。为避免使用多个 RAM 分别作为程序存储器和数据存储器使用，可以利用程序和数据共用存储器，方法是将$\overline{PS}$和$\overline{DS}$信号线接至一个与非门形成 PDS 信号，这个信号不论是$\overline{PS}$有效（低电平）还是$\overline{DS}$有效（低电平）都呈现有效（高电平），将这个信号经反向用作片选信号就可保证将 RAM 同时用作程序和数据空间，如图 9-16 所示。

图 9-16 中，A15 与 PDS 接至与非门，从而保证了 $\overline{\text{PCS\_RAM}}$ 信号只有当 A15 和 PDS 同时为高电平时才变为有效的低电平，所以 $\overline{\text{PCS\_RAM}}$ 的寻址空间是 8000H～FFFFH。图示的电路使得不论是程序还是数据都可访问 8000H～FFFFH 中的任一地址。

为了保证系统的正确运行，一般需将这 32K 字空间划分为程序区和数据区，如程序占据 8000H～BFFFH 前 16K 字，数据占据 C000H～FFFFH 的后 16K 字，也可以是程序占 8K 字，数据占 24K 字等，划分完全取决于应用程序的需要。程序员可根据实际系统的情况灵活地划分程序和数据空间，但不管如何划分，必须保证程序和数据区的相互分离，以免形成冲突。

除此之外，可以直接利用选通信号实现扩展存储区的分离。下面介绍这样几种方法。

（1）外接一个 128K×16 的 RAM，程序区和数据区分开

图 9-17 为采用 128K 字 RAM 实现分开程序区和数据区的接口方法，采用程序选通线（$\overline{\text{PS}}$）接外部 RAM 的 A16 地址线实现。因此，程序区为 RAM 的前 64K 字（0000H～FFFFH），数据区为 RAM 的后 64K 字（10000～1FFFFH）。对 DSP 芯片而言，程序区和数据区的地址均为 0000H～FFFFH。

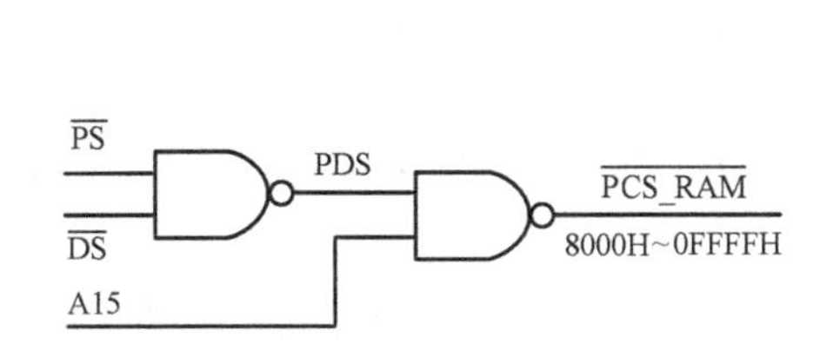

图 9-16　程序和数据共用 RAM

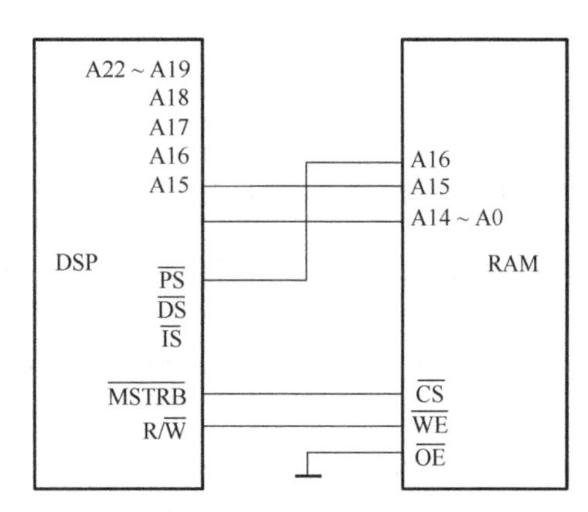

图 9-17　分开的程序和数据空间配置

采用这种外部存储器配置，需要注意以下几点：

- 如果内部 RAM 设置为有效，则相同地址的外部 RAM 自动无效；
- 当外部 RAM 的存取速度不能全速运行时，需要根据速度设置插入等待状态（设置 SWWSR 寄存器）。

（2）混合程序区和数据区

当 OVLY=1 时，内部 RAM 既是数据区又是程序区，这样设置的好处是程序可以在内部全速运行。缺点是由于程序和数据是共用的，存储区就变小了，此外，在链接时必须将程序和数据分开，以避免重叠。

外部存储器也可以采用这种方法。不采用 $\overline{\text{PS}}$ 和 $\overline{\text{DS}}$ 选通线，直接采用 $\overline{\text{MSTRB}}$ 接至 RAM 的片选端，这样外部 RAM 既作为程序区也作为数据区。当然，需要注意的是，如果 DSP 还外接其他外设，则必须注意地址的重叠。此外，由于数据区的寻址范围只能是 0000H～FFFFH，因此，SRAM 的高 64K 字地址不能被寻址到。如图 9-18 所示。

（3）一种优化的混合程序和数据区外接 RAM 方法

图 9-19 给出了一种优化的混合程序和数据区外接 RAM 方法，其中扩展 RAM 的 A16、A15 直接与 DSP 的 A18，A17 相连。这种方法省去了 DSP 芯片的 A16、A15 地址线，将 RAM 分为 32K 字长度的块。采用这种方法，可充分利用外接的 RAM，不会因内部 RAM 和外部 RAM 的地址重叠而造成外部 RAM 的浪费。下面分析一下外部 RAM 的地址分配。

① 外部 RAM 的 0000H～7FFFH 对应于 DSP 芯片的数据区的 8000H～FFFFH 和程序区的 08000H～0FFFFH 及 18000H～1FFFFH；

② 外部 RAM 的 8000H～FFFFH 对应于 DSP 芯片的程序区的 28000H～2FFFFH 和 38000H～3FFFFH；

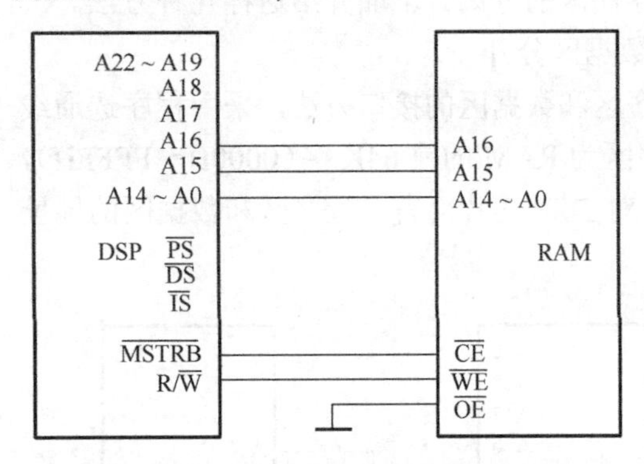

图 9-18　混合的程序和数据空间配置

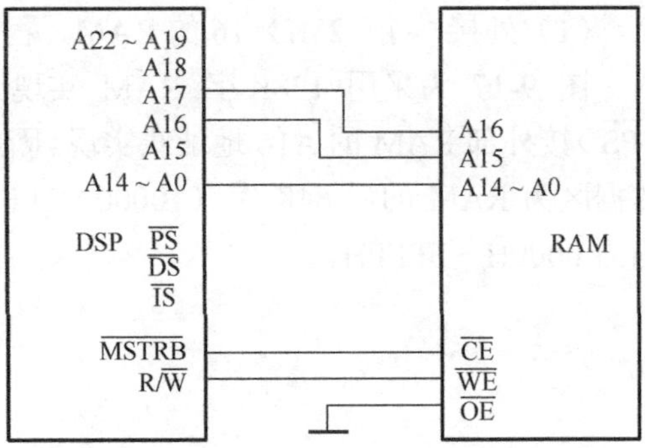

图 9-19　优化的混合程序和数据空间配置

③ 外部RAM的10000H～1FFFFH对应于DSP芯片程序区的48000H～4FFFFH和58000H～5FFFFH；

④ 外部RAM的18000H～1FFFFH对应于DSP芯片程序区的68000H～6FFFFH和78000H～7FFFFH。

当然，由于外部扩展的程序空间很大，DSP 芯片程序区的其他地址空间也能访问到外部 RAM。这种优化的外部 RAM 配置方法，使得在使用 DSP 芯片内部 RAM 的情况下能够充分利用外部扩展 RAM。

3．Flash 存储器的接口设计

Flash 存储器以其优良的性能价格比，在便携式存储设备中大量使用。由于 3.3V Flash 可直接与 DSP 芯片相连，因此，采用 Flash 作为存储程序和固定数据是一种比较好的选择。这里介绍一种 Intel 公司的 Flash 存储器（28F400B3）及其与 DSP 芯片的接口。

（1）Flash 的控制逻辑信号

Intel 28F400B3 有 6 根控制逻辑信号，如表 9-5 所示。

在读工作模式下，28F400B3 的读时序与典型的存储器读时序兼容（即 $\overline{CE}$ 和 $\overline{OE}$ 为逻辑低，$\overline{WE}$ 为逻辑高）。在编程/擦除模式下，28F400B3 的时序与典型的存储器写时序类似（即 $\overline{CE}$ 和 $\overline{WE}$ 为逻辑低，$\overline{OE}$ 为逻辑高）。

（2）C54x 与 Flash 的接口

图 9-20 给出了 C54x 与 Flash 的一种接口方法。

表 9-5 Intel 28F400B3 的控制逻辑信号

信号	定义及作用
$\overline{CE}$	片选
$\overline{OE}$	输出控制
$\overline{WE}$	写控制
$\overline{RP}$	复位
$\overline{WP}$	写保护
V_{PP}	电源

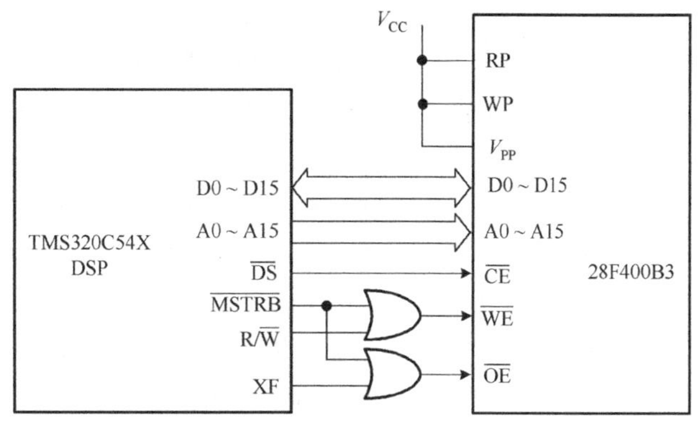

图 9-20 DSP 芯片与 Flash 的接口

图中，28F400B3 作为 DSP 芯片的外部数据存储器，地址总线和数据总线接至 DSP 芯片的外部总线，$\overline{CE}$ 接至 DSP 芯片的 $\overline{DS}$ 引脚。DSP 芯片上的 XF 引脚用于启动编程，当 XF 为低时，Flash 处于读状态，当 XF 为高时，Flash 可擦除或编程。为了满足 28F400B3 的时序要求，XF 与 $\overline{MSTRB}$ 相或后接至 $\overline{OE}$ 。R/$\overline{W}$ 引脚与 $\overline{MSTRB}$ 相或后接至 $\overline{WE}$ 。

 9.4.2 TMS320C55x 存储器接口设计

C55x 和 C6000 系列 DSP 芯片使用 EMIF 接口访问片外存储器。图 9-21 给出了 VC5509A 的 EMIF 接口和扩展存储器连接示意图，通过这个综合实例，我们来说明 C55x 存储器的接口设计。

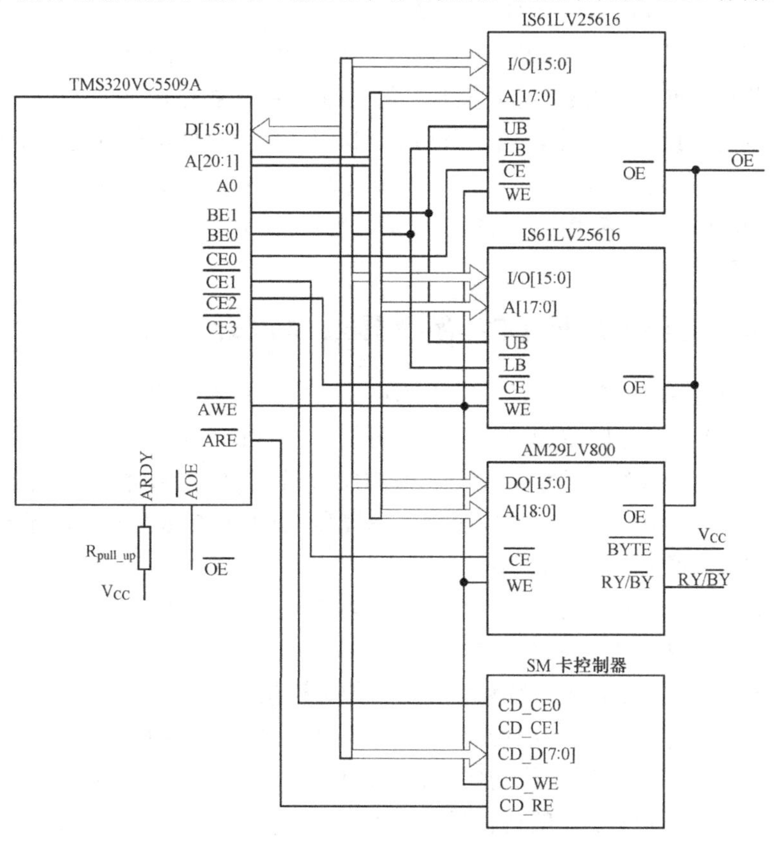

图 9-21 VC5509A 的 EMIF 扩展存储器电路示意图

VC5509A 的外部扩展空间分为 CE0-CE3 四个部分。由于 VC5509A 并行 BOOT 方式默认的空间是 CE1 空间。因此将 CE1 作为程序 ROM 空间进行扩展。C55x 的程序 BOOT 后从低地址开始存放，为保证程序的连续性，将最低位的扩展空间 CE0 也作为程序区，利用 RAM 进行扩展。外部数据存储区选择为 CE2，同时为方便与计算机的数据交换，系统中可以使用 SM 卡等存储媒质，SM 卡的存储空间对应于 CE3 空间。

具体实现时，ROM 存储器选用 ATMEL 公司的 AM29LV800 Flash 芯片，其容量为 8Mbit。RAM 存储器选用 ISSI 公司的 IS61LV25616 SRAM，其容量为 256K 字。由于需要分别扩展程序 RAM 和数据 RAM，因此可以使用两片 RAM。各种扩展的存储空间寻址范围为：

① 外部程序扩展：0x02,0000～0x05,FFFF（CE0 的空间范围为 0x02,0000～0x1F,FFFF）;

② SM 卡：由于不占用地址线，因此选择 CE3 空间地址都可以访问（CE3 的空间范围为 0x60,0000～0x7F,FFFF）。

由于 VC5509A 的外部数据总线为 16 位，为简化电路连接，在图 9-21 中均采用并行 16 位的存储器件。因此 VC5509A 的 EMIF 字节控制引脚 BE1 和 BE0 直接与 IS61LV25616 的字节控制引脚 UB 和 LB（UB 和 LB 分别是高字节和低字节控制引脚，用于该芯片与 8 位主机相连）相连。Flash 的 BYTE 引脚直接上拉高电平，选择为字接口模式。

在 VC5509A 的存储器扩展中，特别需要注意字节和字地址的区分。由于 VC5509A 内部的存储空间以字节为单位寻址，而这里 EMIF 接口均采用了 16 位接口器件，因此地址总线的最低位 A0 已不需要使用，VC5509A 的地址线 A[18:1]与 RAM 的 18 位地址线相连，VC5509A 的地址线 A[19:1]与 Flash 的 19 位地址线相连。

除此而外，Flash 的指示引脚 RY / $\overline{\text{BY}}$ 输出到控制逻辑中，用于判断 Flash 的内部状态。为了保持 DSP 芯片 CPU 对总线的有效控制，将 ARDY 接上拉电阻。

从图 9-21 中的连接可以看出，由于采用了 EMIF，多个存储器件的连接变得非常简单，不需要用户自己再进行地址编码/译码工作。同时 EMIF 接口控制也很丰富，既可与读写分离控制（两个控制引脚，$\overline{\text{WE}}$ 和 $\overline{\text{RE}}$ ）的器件连接，也可与读写联合控制（仅有一个控制引脚，R/$\overline{\text{W}}$ ）的器件连接。

 9.4.3 KeyStone 系列 DSP 存储器接口设计

KeyStone 系列 DSP 是多核器件，其引脚更为丰富，功能也更为全面。由于存在多核，不仅内部存储空间增大，存储空间的管理也更为复杂。例如 66AK2H06 芯片具有 4 个 C66x DSP 内核，其片上内存 ARM 可直接访问 4096KB，每个 C66x DSP 核可访问 1024KB，除此之外，片上内存还有 6144KB。由于片内时钟速率较高，此时外接 RAM 一般都采用动态 RAM（DRAM），如 DDR3 等类型的存储器件。

与 C55x 芯片不同，66AK2H06 芯片的 EMIF 有两个独立的接口设计，分别适配异步存储器和 DDR3。EMIF16 用于连接异步 RAM（SRAM）或 NOR Flash，基本方法与图 9-21 的方法一致。

由于 DDR3 所需的 CLKIN 时钟频率较高，如果连接结构设计不好，电路中不同长度的信号传输线将带来不同的延时，从而造成高速信号不能很好的同步。而 DDR3 采用了一种 fly-by 菊花链结构，可以降低对布线的要求。各类 DDR3 EMIF 信号顺序经过每个芯片，可以较好地保证板上多个 DDR3 芯片的传输延时一致性。由于 66AK2H06 的 DDR3_EMIF 可以支持 72 比特位宽，因此可将多片 DDR3 芯片并联扩展数据位宽，接入 DSP 中。

9.5 模数接口电路的设计

模数接口是 DSP 系统中一个重要的组成部分。目前，A/D 或 D/A 芯片在数字端采用的接口主要有以下两种。

（1）并行数字接口。这样的芯片与 DSP 芯片接口时需设计一定的译码电路，将转换芯片映射到 DSP 芯片的存储映射空间，DSP 通过对映射空间进行读写实现与模数接口芯片的数据交换。这种芯片一般都是高速转换芯片，有的时候需要和高速 RAM 配合使用。这种接口的设计与扩展异步 RAM 的设计方法相同。

（2）符合一定传输协议的串行接口。由于 DSP 芯片都设计有串行接口，而且模数接口的连接电路简单，因此在低速 A/D 和 D/A 情况下，可以利用 DSP 的串口与串行模数芯片相连实现模数转换。

通信系统中的许多设备都要实现数模、模数转换，如声码器、调制解调器、回波抵消器等这些设备会使用很多集成的 A/D、D/A Codec 芯片。本节即以两种典型的 Codec 芯片为例讨论利用 DSP 芯片的串行接口 McBSP 实现模数接口的设计方法。这两种芯片分别是 TI 公司生产的 TLV320AIC23B 芯片和 Motorola 公司的 PCM 芯片 MC145483。除此之外，C6000 中集成了一种多通道音频串行端口（Multichannel Audio Serial Port，McASP），可以更加方便地实现与外接音频设备（包括 ADC、DAC 以及 HDMI 接收器等）的连接，本节也将简要介绍。

 9.5.1 与 TLV320AIC23B 接口的设计

TLV320AIC23B（简写为 AIC23B）是 TI 公司的一款高性能的立体声音频 Codec 芯片，可以实现 A/D、D/A 转换。

AIC23B 的数字音频接口有 5 个主要引脚，分为两类：3 个时钟信号（LRCIN、LRCOUT、BCLK）和 2 个数据信号（DIN、DOUT）。其中，BCLK 是该数字音频接口的比特时钟信号，这个时钟信号可以工作在从模式，即该时钟由外部的主控 DSP 芯片产生；也可以工作在主模式，即该时钟由 AIC23B 产生（由该芯片的主时钟 MCLK 分频得到）。LRCIN 是该芯片数字音频接口 DAC 方向的帧同步信号；而 LRCOUT 则是 ADC 方向的帧同步信号，帧同步信号通常是字同步信号。DIN 是数字音频接口 DAC 方向的数据输入，DOUT 则是 ADC 方向的数据输出。

该接口可以和 TI-DSP 芯片的 McBSP 接口无缝连接，如图 9-22 给出了一个使用 VC5509A 与之相连的示意图。需要注意的是，DSP 芯片的 McBSP 接口有 6 个信号线，即接收和发送的帧同步信号、比特同步信号和数据信号，而 AIC23B 则只有 5 个信号线，因此 DSP 芯片的接收时钟和 AIC23B 的 BCLK 都由 McBSP 的发送时钟提供。

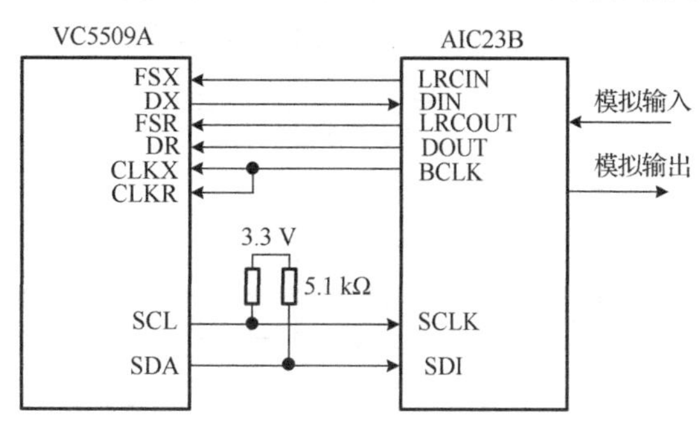

图 9-22　AIC23B 与 VC5509A 的硬件接口示意图

9.5.2 与 MC145483 接口的设计

MC145483 是 Motorola 公司生产的一种语音 PCM 编解码器，可以用于实现语音信号 13 位线性 A/D 和 D/A 转换。

MC145483 与 DSP 芯片的接口线包括：主时钟线 MCLK，数据输入 DR 和数据输出 DT，数据接收时钟 BCLKR 和数据发送时钟 BCLKT，以及数据接收帧同步时钟 FSR 和数据发送帧同步 FST。MC145483 与 C54x DSP 芯片的硬件接口电路如图 9-23 所示。其中，MC145483 的主时钟和收发时钟为 2.048MHz，帧同步时钟为 8kHz。C54x 的串行口工作于内时钟方式，MC145483 的两种时钟均由 DSP 芯片提供。

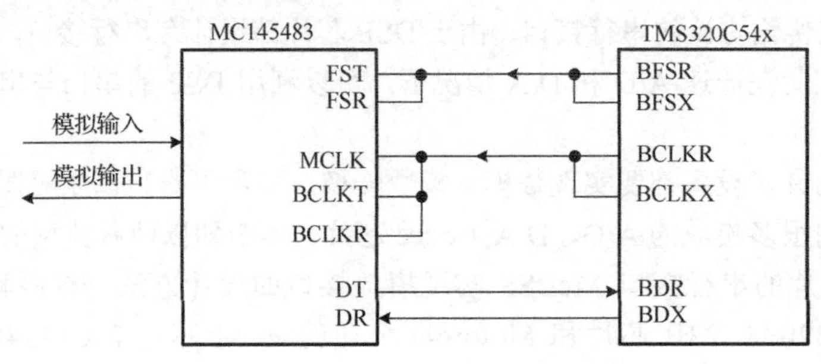

图 9-23　MC145483 与 C54x 的接口

9.5.3 与多种音频器件接口的设计

McASP 是专门用于与音频器件连接的接口，用于支持多路音频信号处理的场合。DSP 芯片的 McASP 接口与 McBSP 接口的信号线类似，也包括接收和发送的帧同步信号、比特同步信号和数据信号。所不同的是，McASP 可以支持高达 16 路的串行数据，因此其数据信号通常表示为 AXR[n]，而且引脚 AXR[n]可以配置成输入或者输出使用。McASP 信号的连线关系也很简单，与 McBSP 相同，由于 AXR[n]方向可配，因此选择更为方便。

图 9-24 给出了一个系统连接示意图，McASP 作为转接器接收 HDMI 数据并发送给 DAC，这种连接常见于音视频接收器（Audio Video Receiver，AVR）中。McASP 通过 ACLKR，AFSR，AXR[n]接收从 HDMI 发送器传送过来的时钟、帧同步和数据，经过处理后，再通过 ACLKX，

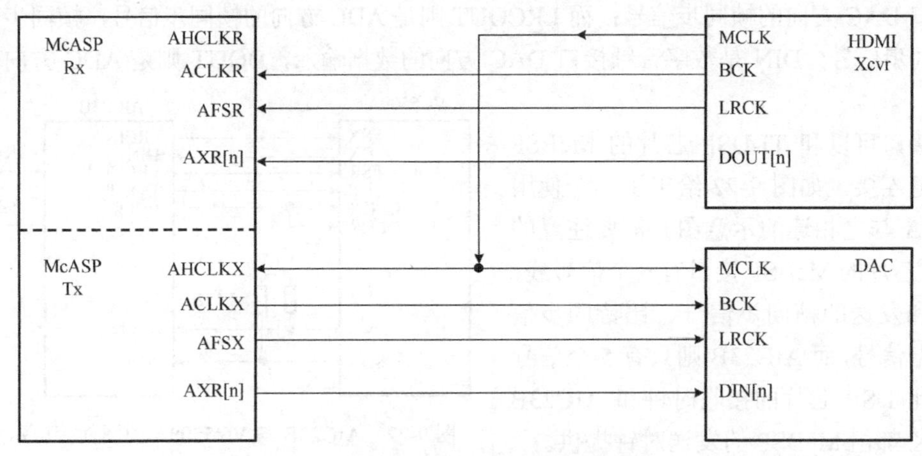

图 9-24　McASP 作为转接器接收 HDMI 数据并发送给 DAC 的示意图

AFSX 和另一路 AXR[n]将这些信号发送给具有同步串行接口的 DAC 上，实现 HDMI 音频的播放。图中给出的连线示意说明，DAC 的时钟由 HDMI 器件的主时钟提供。

9.6　通信接口的设计

DSP 芯片在通信系统中应用非常广泛，通信接口的设计是 DSP 系统硬件设计的重要内容。

在通信系统中，信息传输距离一般较远，为提高可靠性，一般不采用并行传输方式，而是利用数据线很少的串行传输方式。根据应用场合和要求的不同，串行通信接口可以分为通用串行接口和专用串行接口。通用串行接口规定了完成数据传输所必须的数据格式，对接口控制、使用逻辑并没有做具体的规定。通用异步接收发送（Universal Asynchronous Receive-Transmit，UART）就是这样一个典型的接口。随着电子系统应用越来越广泛，为适应不同场合的应用，很多公司在串行通信的基础上提出了不同的通信标准，例如串行外围设备接口总线（SPI）标准，通用串行总线（USB）标准，I^2C 总线标准，控制器局域网（CAN）总线标准等。这些标准利用简单的接口电路实现了高效的数据传输。

与通用的微处理器相比，DSP 芯片的硬件资源主要用于 DSP 处理功能，因此 I/O 引脚数相对较少。但灵活利用 DSP 芯片 I/O 资源，可以实现多种控制和通信功能。同时，DSP 芯片在发展过程中，也集成了越来越多的接口外设，例如 C2000 中就集成了 CAN 接口，C5509A 中集成了 I^2C 接口和 USB 接口等。这些接口均已实现了相应的设计标准，因此在接口电路设计中，只要严格参考相关标准就能实现相应功能。限于篇幅，这里仅对通用串行接口的设计进行介绍，专用串行接口的电路设计请感兴趣的读者参考相关文献。

9.6.1　通用串行接口

通用串行通信可以分为异步传输和同步传输，一般又称为异步串行通信和同步串行通信。

异步串行通信以字符为单位进行传输。每个字符传输时，需在数据位之外增添起始位、奇偶校验位和停止位，构成一个通信帧。其数据格式如图 9-25 所示。异步串行通信按帧进行，可以连续也可以断续。

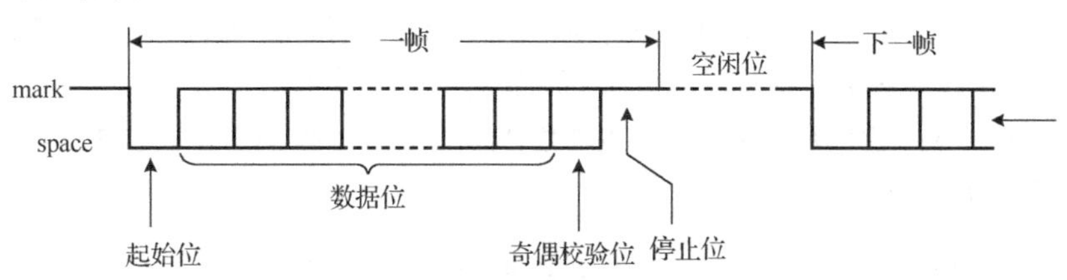

图 9-25　异步串行通信的数据格式

异步串行通信时需要不断重复起始位和停止位，占用大量通信时间，为提高传送速度，可以在数据块开始加一些特殊字符作为发送和接收双方的同步标志。同时在发送数据时给出时钟信号，以保持接收和发送的同步。这就是同步串行通信，其数据格式如图 9-26 所示。

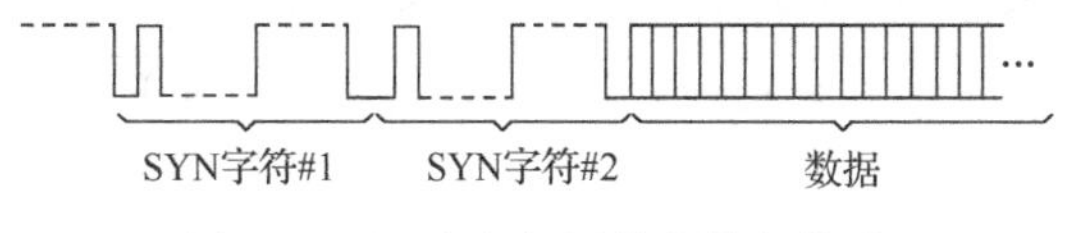

图 9-26　同步串行通信的数据格式

比较两种串行通信方式可以发现，同步通信只在数据块的开始使用同步字符串，而且数据块内各字符的格式必须相同，字符之间不允许有间隔，这个要求比异步通信更为严格，实现起来难度较大。但其传输速度快，适用于数据量大，对速度要求较高的串行通信场合。异步通信只要求每帧的时间内保持同步，实现方便，在小系统的通信中使用更多。

 9.6.2 同步串行通信接口电路设计

在通信终端设备中，同步串行通信是常用的一种通信方式。例如 MODEM 中采用的 V.24 通信标准就是一种典型的同步串行通信方式，在这种通信方式中，通信信号包括串行收发及其同步时钟，利用 C54x DSP 芯片附加一个非门就可以实现与外部（如 MODEM）设备的同步串行通信。图 9-27 是 DSP 芯片实现的同步接口示意图。

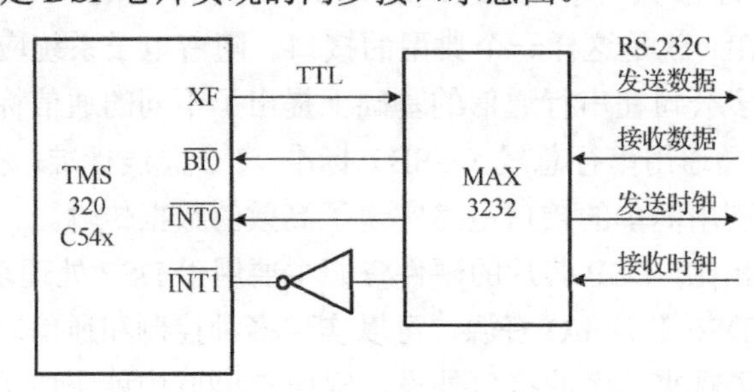

图 9-27　同步串行接口电路

在 V.24 接口标准中，串行数据（TXDATA）的发送是与外部提供的发送时钟（TXCLK）同步的，每一个比特与发送时钟的下降沿对齐，也就是说，每一个比特起始于时钟的一个下降沿而终止于下一个时钟的下降沿。因此，为保证可靠接收，应该在时钟的上升沿对接收数据进行采样。

图 9-27 中，XF 引脚和 $\overline{\text{BIO}}$ 引脚分别作为串行发送和接收的数据线，中断引脚 $\overline{\text{INT0}}$ 与外部提供的串行发送时钟（TXCLK）相接，而外部提供的串行接收时钟（RXCLK）经过一个非门与 $\overline{\text{INT1}}$ 中断引脚相接。数据发送是由 INT0 中断程序完成，当 TXCLK 下降沿到来时，触发一次 INT0 中断，DSP 芯片响应 INT0 中断并在中断程序内发送一个比特。与此类似，当 RXCLK 的上升沿到来时，经过反相形成下降沿触发 DSP 芯片的 INT1 中断，DSP 芯片响应中断并在中断程序内采样 $\overline{\text{BIO}}$ 引脚的状态从而完成一次比特接收。

图 9-27 中同步串行数据和时钟利用 RS-232C 标准接口传输，芯片 MAX3232 完成 RS-232C 到 TTL 的电平转换功能。

 9.6.3 异步串行通信接口电路设计

在需要与外部异步通信器件接口时，可以利用 XF 和 $\overline{\text{BIO}}$ 实现一个 UART 口（此时需要内部定时器和一个中断引脚）。用 XF 作为发送数据线，而用 $\overline{\text{BIO}}$ 作为接收数据线，异步通信格式则完全用软件实现。这种方法实际是一种软件模拟 UART 的方式，在通信速率较低时或仅在开机阶段用作程序引导时比较合适。如果异步通信速率高且需要灵活控制，则一般需外加接口芯片（如 TL16C550C 等）来实现。图 9-28 是用 XF 和 $\overline{\text{BIO}}$ 线实现异步通信接口的示意图。

实际上，还有一种利用 McBSP 同步串口的“硬件”来实现 UART 的方法。当 McBSP 工

作在 DSP 标准同步串行口方式时，可以将 McBSP 串口巧妙地连接为如图 9-29 所示的方式。对于 McBSP 而言，不论外部如何连接，始终认为工作在同步方式下。图中，串口的 TX 与 McBSP 的 DR、FSR 相连，当串口发送的数据中有帧信息和数据信息时，就可以将数据线上的电平跳变直接引入到 FSR 端；当 FSR 检测到数据线上一帧的第一个下跳沿时，McBSP 认为帧同步信号到来。

当然，为了实现 McBSP 与 UART 通信，在通信数据的处理上也要采取一个技巧——使用过采样的方法将同步串口模拟成异步串口进行通信，即将 McBSP 发送接收数据的时钟频率设置为 UART 发送接收波特率的 16 倍。当 McBSP 发送数据时，软件将每一位扩展为 16bit 发送出去，即 1 被编码为 0xFFFF，0 被编码为 0x0000；当 McBSP 接收数据时，软件同样也要将接收到的每个 16bit 字解码还原为 1bit。这样做使同步串口以比特为单位发送数据，可以很方便地模拟出异步串口的数据格式。同时，为了让 DSP 芯片不需要频繁地对 McBSP 进行读/写操作，一般采用 DMA 方式发送/接收数据，提高了 DSP 芯片的工作效率。

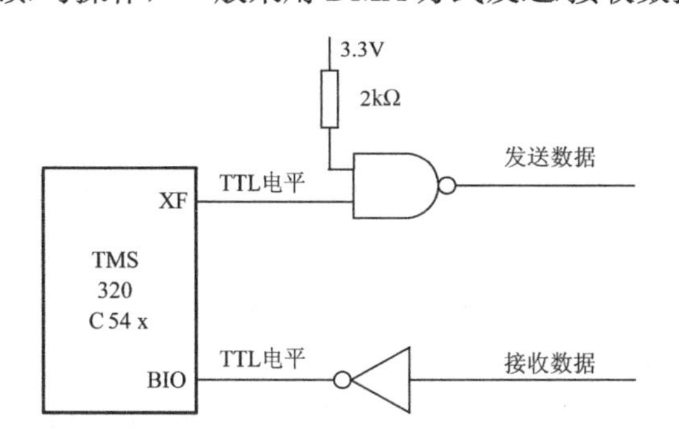

图 9-28　软件异步通信接口的示意图

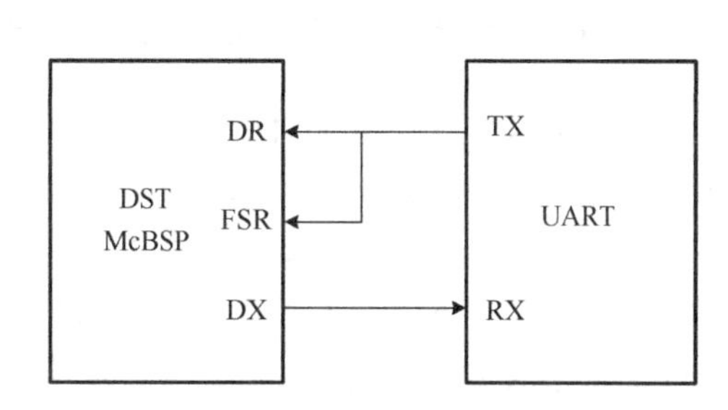

图 9-29　基于 McBSP 实现异步通信接口的示意图

9.7　主从式系统的设计

在 DSP 应用系统中，有些系统采用单个 DSP 芯片辅以必要的存储器、模数转换器和外设接口等就可以实现。但在有些应用场合，由于还有许多诸如与外部系统的通信、控制、人机接口等功能，如果仅用一个 DSP 芯片来实现，有可能会由于 DSP 处理能力所限而不能完成包括数字信号处理在内的所有功能，或者可能使得硬件系统过于复杂，加大调试开发的难度。在这种情况下，往往需要采用多个 DSP 芯片或是一个 DSP 芯片加一个通用的微处理器（MPU）来实现，每个处理器完成系统的一部分工作。

由于 DSP 芯片运算指令丰富，实现数字信号处理任务是其专长，因此一般来说，用一个 MPU 加上一个 DSP 芯片构成主从式系统是一个比较理想的方案，DSP 芯片主要完成系统的数字信号处理功能，而 MPU 则完成系统的其他功能，包括与外部的通信、控制等功能。在这种主从式硬件系统中，一般 MPU 作为主机，而 DSP 芯片则作为从机，主机可以控制从机的复位、运行和挂起，从机在主机的控制下完成所分担的部分工作。主机将从外部获得的数据交由从机处理，而从机则将处理后得到的有关结果传递给主机，由主机将处理结果发送至其他系统。

主从式硬件系统设计的关键是主机与从机之间的数据通信。一般实现双机通信的方式主要有串行通信、并行通信和共享存储器几种方式。其中串行通信相对来说比较简单，适合于双机通信量不是很大的应用场合。例如 DSP 可以利用 XF 线去中断 MPU，同时利用 $\overline{\text{BIO}}$ 线判断 MPU 输出信号的电平高低，从而根据 MPU 的工作状态来执行相应的子程序。并行通信利用处理器的 I/O 功能，在 MPU 和 DSP 芯片之间增加缓冲器或锁存器实现双机通信，与串行通信方式相比，效率稍高些。共享存储器实现时可以分为两种，一种主机和从机不能同时访问共享存储器，另一种是主机和从机可以同时访问共享存储器（当然不能同时访问同一个单元）。前一种共享存储器方式通常是利用 DSP 芯片提供的 DMA 功能，而后者则常采用双端口存储器来实现。

TI 公司生产的很多芯片中集成了这种主从式架构，例如 DaVinci 系列中的 DM816x 芯片就集成了 ARM Cortex-A8 核作为主机，C674x DSP 作为信号处理器；OMAP 系列中的 DMAP5910 芯片就集成了 ARM9TDMI 核作为主机，C55x DSP 核作为信号处理器。这种多核芯片中同样存在主、从内核数据通信的问题。

本节就分别讨论这些主从式系统的数据通信方式。

9.7.1 共享存储器实现双机通信

共享存储器可以采用 DMA 方法实现双机通信，其优点是适合通信量大的应用场合，但缺点是双机不能同时访问存储器，在某一时刻存储器只能作为某一个处理器的存储器。而用并行锁存方法实现的双机通信可以做到真正的并行通信，但通信量受到限制。解决上述两种方法缺点的一种双机通信方法是采用双端口 RAM。

与普通的 RAM 不同，双端口 RAM 是一种特殊的存储器，它具有两组数据总线和地址总线，两组总线可以同时访问不同的存储器单元，当两组地址总线完全相同时，由片内总线仲裁逻辑向后访问的一方发出等待信号，使该方进入等待，待另一方访问结束之后等待撤销，等待方继续访问这一地址。由于双端口 RAM 的特殊结构，使得双机可以方便快速地进行数据交换，从而大大提高了 MPU 与 DSP 芯片的并行处理能力。

下面介绍一种双端口 RAM 芯片 IDT71342 及其工作原理。这种芯片由 IDT 公司推出，容量 4K×8 位，利用它可以不加任何逻辑构成 4K×8 位的双端口存储器系统。如果要构成 4K×16 位，采用两片 IDT71342 即可。

IDT71342 具有两组独立的数据总线、地址总线和相应的控制信号线，它允许主、从两个 CPU 同时访问双端口 RAM 中的不同单元。双端口 RAM 的两个端口与普通的 RAM 一样，可读可写。唯一可能发生冲突的是两个 CPU 对双端口 RAM 的同一个存储单元同时读或同时写。为了避免这种情况的发生，双端口存储器采用所谓的 Semaphore 信号（以下简称 SEM 信号）来避免这种冲突。SEM 逻辑是与双端口 RAM 存储单元无关的 8 个单元，这些单元用来产生并存储一个标志，以向另外一侧说明共享的资源一侧正占用。IDT71342 的 SEM 逻辑如图 9-30 所示。

SEM 信号为低电平有效，将“0”写入寄存器申请控制权，写入“1”释放控制权。如果对没有使用过的 SEM 寄存器一侧写入“0”，则写入侧读出也为“0”，而另一侧读出则为“1”。此时 SEM 信号只有读入为“0”的一侧才能修改，如果该侧写入“1”，则两侧寄存器都置为“1”，之后两侧都可以设置 SEM 信号。如果一侧已经设置了 SEM 信号，另一侧再设置，则另一侧的申请一直锁存直至获得控制权的一侧放弃申请，另一侧才能获得控制权。表 9-6 是 SEM 信号的应用例子。

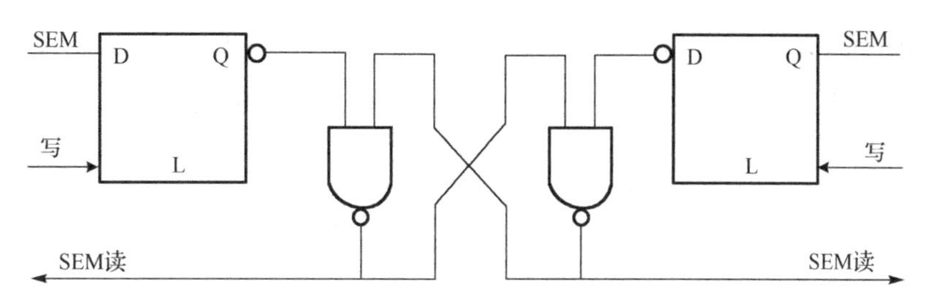

图 9-30　SEM 信号逻辑

表 9-6　SEM 信号的应用

功　　能	SEML	SEMR	状　　态
无操作	1	1	共享区空闲
左端写“0”	0	1	左端获控制权
右端写“0”	0	1	不变，右端未获控制权
左端写“1”	1	0	右端获控制权
左端写“0”	1	0	不变，左端未获控制权
右端写“1”	0	1	左端获控制权
左端写“1”	1	1	共享区空闲
右端写“0”	1	0	右端获控制权
右端写“1”	1	1	共享区空闲
左端写“0”	0	1	左端获控制权
左端写“1”	1	1	共享区空闲

将 4K×8 位分成多少块以及块的大小可以完全由软件决定。最简单的例子是将 4K×8 位分为两个 2K×8 位的 RAM 区。这样双方都可以获得一定资源的 RAM 区。采用两个 SEM 寄存器用来指示两块 RAM 被哪一侧的 CPU 所占用。可使用 SEM_A 指示低 2K×8 RAM 被哪一侧 CPU 占用，而使用 SEM_B 指示高 2K×8 RAM 被哪一侧 CPU 占用。设一侧为 MPU，另一侧为 C54x DSP。若 MPU 向 SEM_A 写入“0”，然后读出也是“0”，则说明 MPU 可以读写低 2K×8 RAM，低 2K×8 被 MPU 控制。如果读出为“1”，则说明低 2K×8 被 C54x 芯片所占用。同样，也可以对 SEM_B 进行相同的处理。MPU 完成低 2K×8 RAM 操作后，对 SEM_A 写入“1”，以释放 2K×8 的控制权。由此可见，SEM 逻辑能增加双机系统的数据交换能力。采用双端口 RAM 是实现双机通信的一种比较理想的方法。

 9.7.2　利用 HPI 实现双机通信

HPI 模块可以用于和外部主机实现并行通信。这里介绍一种利用 HPI-8 实现 C54x 与单片机实现通信的接口方法。

图 9-31 是单片机和 DSP 芯片的 HPI 口硬件接口电路图。单片机为双机系统的主控部分，采用端口方式直接访问 HPI 口。双方通过共享 C54x 的片上存储器完成通信。

对 HPI 口进行数据读写操作需要三个步骤：设置控制寄存器，写地址寄存器，读写数据寄存器。在寄存器读写过程中，单片机通过端口发送控制信号，检测状态信号，完成对 HPI 口访问的时序模拟。

HPI 口的存储器访问有共用寻址（SAM）和单主机寻址（HOM）两种工作方式。在 SAM

方式下，主机和 DSP 都能访问 HPI 存储器；在 HOM 方式下，只有主机才能访问 HPI 存储器。一般采用共用寻址方式。整个通信过程以各部分状态的变化来推进。DSP 和单片机通过向对方发送中断通知对方数据已准备好，通过检测对方设置的状态判断对方是否准备好接收数据。

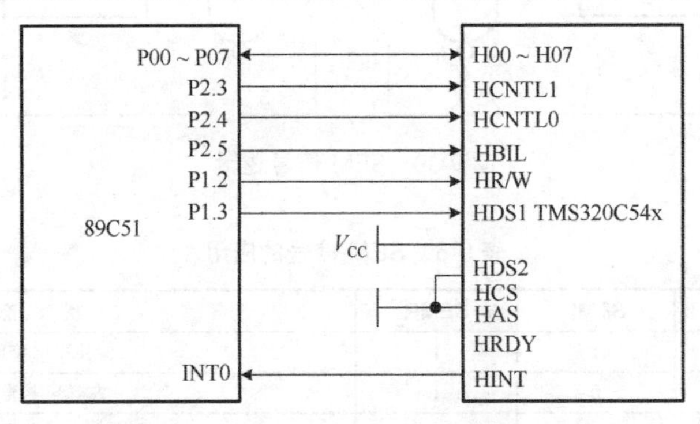

图 9-31　单片机和 DSP 芯片的 HPI 口硬件接口

9.7.3　OMAP5910 芯片的双核通信

OMAP5910 是双核器件，同时集成了 ARM9 内核和 C55x DSP 内核。其中 ARM9 内核可以访问的内存空间为 192KB 的静态 RAM，16MB 的 DSP 公共内存空间。C55x 内核可访问的片内空间为 32K 字的双访问 RAM（DARAM），48K 字的单访问 RAM（SARAM），16K 字的片上 ROM 和 24KB 的指令 Cache。除此之外，每个内核也都可以访问不同的外部存储空间，如图 9-32 所示。

OMAP5910 利用流量控制器（Traffic Controller，TC）实现了共享内存结构，这样片内的 192KB 存储空间就由 ARM9 和 C55x 内核共享，同时两个内核均可访问 EMIFF（EMIF Flash）和 EMIFS（EMIF SRAM）存储空间。通过 DSP 内存管理单元（Memory Management Unit，MMU），ARM9 控制了 DSP 能够访问的共享内存空间。

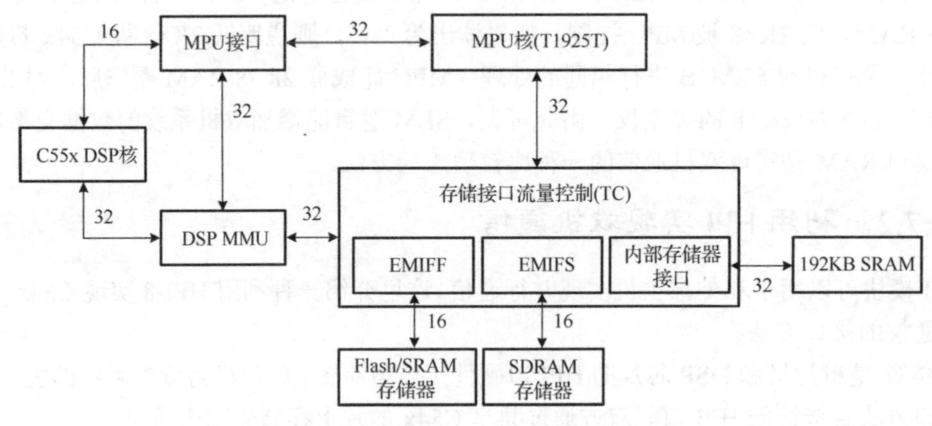

图 9-32　OMAP5910 内存控制结构示意图

OMAP5910 芯片内部实现了基于共享存储器方式的双核交互。芯片设定了共享内存的区域，并定义了 MPU 和 DSP 访问共享内存的协议。在双核交互过程中，每个内核都可以向内存写入数据，并和邮箱寄存器联合使用，来实现握手中断，以便正确地同步 MPU 和 DSP 对内存空间的访问。利用共享内存和一组邮箱命令和数据寄存器，可以方便的传输大于 2 个字长的数据，实现 MPU 和 DSP 间数据的高效传输。例如，如果 MPU 需要向 DSP 提供一组指针来实现一个特定的任务，而不是传输单个指令和单个指针。使用共享内存和邮箱，在接收到 MPU 写入邮箱命令寄存器引起的中断后，DSP 就可以从共享内存中读取这些指针列表。

本 章 小 结

本章讨论了 DSP 硬件系统设计的常用方法，包括复位电路、电源电路以及硬件设计的可靠性技术等，在此基础上介绍了外部存储器接口电路、模数接口电路、通信电路和主从式系统的一般设计方法。掌握了这些基本硬件设计方法和典型电路的设计，读者就可以根据实际应用设计一个独立完整的 DSP 硬件系统。

习题与思考题

1．一个 DSP 最小硬件系统一般包括哪些部分？

2．一个 DSP 系统中采用 VC5509A DSP 芯片，系统中还有若干 5V 器件，试为该系统设计合理的电源。

3．如何保证硬件系统的稳定可靠？主要有哪些方法？

4．如何设计 DSP 芯片的外部存储器接口？C54x 和 C55x 芯片的存储器接口设计有何区别？

5．如何设计 DSP 芯片的模数接口电路？如果模数转换芯片不是串行接口，如何设计与 DSP 芯片之间的接口？

6．通用异步收发（UART）是通信系统中经常使用的异步串行通信方式，由于其接线简单，协议实现方便得到了广泛的应用。请查阅一些参考资料，利用 DSP 芯片的通用 I/O 接口，完整地设计 UART 电路。

7．实现双机通信有哪些方法？各种方法的基本原理是什么？

8．利用 C55x 的 HPI 接口，设计实现单片机与 DSP 芯片之间的通信。

第 10 章　DSP 芯片外设驱动程序的开发

10.1　引　　言

DSP 芯片内部提供了多种外设和接口资源。DSP 系统开发人员可以利用这些外设和接口，方便地与外部芯片相连，实现特定功能的电路系统。DSP 芯片的运算结果只有通过接口与其他器件相连才能实现输入/输出。因此，正确合理地使用 DSP 芯片的外设，对于实现一个完整的 DSP 系统十分重要。

DSP 系统开发人员不仅要在**硬件设计**时针对外设和接口设计合适的硬件电路，还要在**软件编程**时针对外设和接口编写相应的配置和控制程序（通常可称之为驱动程序），在**硬件调试**时还要对电路、控制软件进行测试和改进。DSP 芯片外设的开发是 DSP 系统开发中的一个重要内容。

DSP 芯片中的各种外设和接口资源，一般都需要通过控制寄存器来访问。因此，外设驱动程序的主要任务是根据电路中各个器件的连接关系，通过设置 DSP 芯片内相应的控制寄存器，使得 DSP 芯片对应接口能够完成系统设计的功能。例如，在系统电路设计中，利用 DSP 芯片的 McBSP 接口来与外部的 RS-232 接口实现 UART 通信，就需要在软件中针对 McBSP 外设模块来设计 UART 通信的驱动程序，以实现系统设计要求。

在驱动程序设计过程中，开发人员需要编写代码来访问、操作外设模块中的控制寄存器。由于各种新型接口不断涌现，接口功能也越来越丰富，DSP 芯片外设模块的控制寄存器变得越来越多，其中的功能比特也十分复杂。任何一个寄存器或功能比特定义的不合适，都会影响整个接口的工作。

通常，汇编语言程序是控制这些寄存器资源最直接、最高效的软件实现形式。但是，由于接口功能的比特定义很繁杂，内在的控制逻辑关系也比较复杂，因此在编写这些汇编程序时，需要编程人员对具体芯片型号中的寄存器地址、比特定义域以及各比特定义含义非常清楚，这些都增大了开发 DSP 外设驱动程序的难度。同时，汇编语言程序的可读性较差，可移植性也不好，这些特点也降低了外设驱动程序的可维护性，增加了系统设计的工作量。

为了降低外设驱动程序的开发难度，提高开发效率，减轻开发人员的负担，TI 公司基于 C/C++语言设计了芯片支持库（Chip Support Library，CSL）。

本章将介绍利用 CSL 开发常用外设驱动程序的方法。首先对 CSL 资源和 CSL 程序编写方法进行介绍，然后介绍 CSL 中断服务程序的编写方法，在此基础上，按照存储、A/D、通信等功能分别介绍 CSL 程序设计方法，最后介绍一种重要的控制机制 DMA，并介绍如何利用 CSL 来开发 DMA 控制程序。

10.2 基于 CSL 的外设程序设计

10.2.1 CSL 简介

CSL 是一套 C /C++函数（宏）库，定义了大量便于阅读和记忆的变量、函数（宏）。使用人员只需要遵守 CSL 的变量、函数命名规则，就能方便地访问各个外设模块的控制寄存器和设置功能比特。由于 CSL 很好地屏蔽了芯片寄存器的映射地址等内容，简化了寄存器访问细节，有效地降低了编写外设资源控制程序的难度，目前已成为 DSP 芯片驱动程序的一种主流软件实现方法。

1. CSL 文件组成

CSL 和其他在 C/C++程序编写过程中使用的库（如 rtx55.lib）相同，由库文件（.lib）和相关头文件（.h）组成。这些文件需要开发人员引入到工程中。

CSL 库采用了模块化设计，对不同资源的控制集中在一个模块中。这些不同的模块分别有与之对应的头文件，在这些头文件中声明了相应的常量、数据结构、API 函数。常用的头文件包括：

- Csl.h：声明了 CSL 顶层模块；
- Csl_dat.h：声明了与器件无关的数据拷贝/填充 DAT 模块；
- Csl_chip.h：声明和器件相关的定义 CHIP 模块；
- Csl_dma.h：声明了直接存储器访问 DMA 模块；
- Csl_gpio.h：声明了通用 I/O 模块；
- Csl_hpi.h：：声明了主机接口 HPI 模块；
- Csl_irq.h：声明了中断控制 irq 模块；
- Csl_mcbsp.h：声明了多通道缓冲串口 MCBSP 模块；
- Csl_timer.h：声明了定时器 TIMER 模块。

在头文件中，CSL 库对硬件进行了抽象，提取符号化的片内外设描述，大部分常用寄存器及其域值都已经通过宏进行了定义，便于用户直接利用宏进行访问和设置。

CSL 库包含了众多型号 DSP 芯片的接口 API 函数实现，为了区分不同的型号，lib 文件通常命名为 Csl****(x).lib，其中****对应的是芯片型号，如果编译时采用的是 small 寻址模式，则 lib 文件名不带 x；如果编译时采用的是扩展寻址模式，则 lib 文件名带 x。例如 csl5509ax.lib 就是针对 VC5509A 扩展寻址的 CSL 库文件。

虽然所有模块对应的程序实现均保存在库文件中，但在程序链接中，CSL 库内只有被使用的模块才被包含到程序中。因此利用 CSL 实现外设驱动并没有增加太多的程序量。

2. CSL 文件安装

早期，TI 公司将 CSL 整合在 CCS 集成开发环境中，用户在自建工程中直接包含头文件和对应的库文件即可使用。CCS V3.3 之后的版本不再包含 CSL，用户需要从 TI 官方网站下载芯片对应的 CSL，然后运行自解压文件，将库文件和头文件解压到 CSL 工作目录，完成

CSL 的安装。安装完毕后，在自建工程中包含头文件和库文件即可正常使用 CSL。

以 C55x 系列芯片的 CSL 使用为例，首先从 TI 官方网站下载 C55x 系列芯片对应的文件：sprc133.zip，该压缩包里包含一个目录 sprc。该目录中包含两个文件：ReadMe.txt 和 C5500.exe，其中 ReadMe.txt 是说明文件，C5500.exe 是安装文件。

双击 C5500.exe 开始安装，会弹出 C55xxCSL Version C55x_2.31.00.9 for C5500 的提示界面（不同版本中提示界面会有所不同），并出现对话框提示安装信息，如图 10-1 所示。单击“Next >”按钮，进入下一步，进入阅读许可声明阶段，如图 10-2 所示。

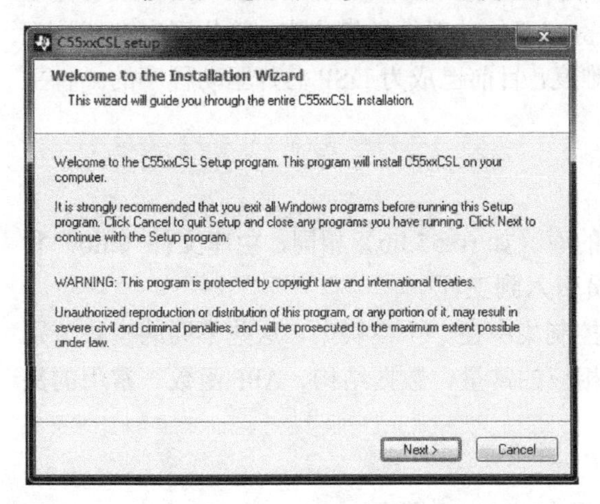

图 10-1　CSL 安装提示对话框

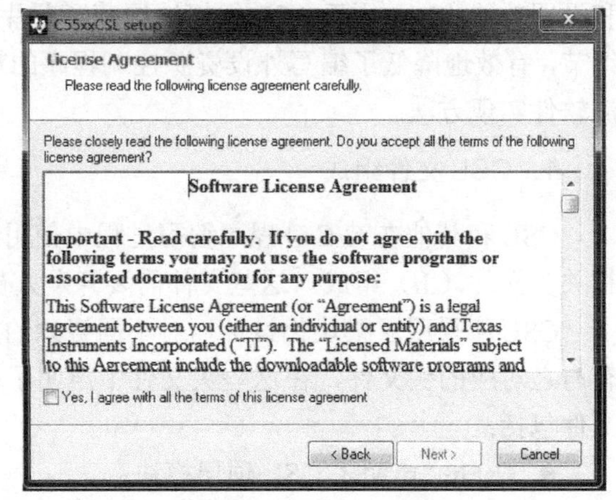

图 10-2　许可声明示意

阅读完毕许可声明，然后单击“Yes，I agree with all the terms of this license agreement”，该选项前面出现小勾表示同意此许可声明，单击“Next >”按钮，进入选择安装目录阶段，如图 10-3 所示。

默认安装目录为“C:\Program Files\C55xxCSL”，如果需要安装到其他目录，可以在文本框中填入完整的目录路径，或者单击“Browse”按钮选择对应的目录即可。单击“Next>”按钮，进入安装确认阶段，如图 10-4 所示。如果此时想要修改前面几个阶段设置的参数，单击“<Back”按钮返回到对应阶段修改参数；如果没有需要修改的参数，单击“Next>”按钮，进入安装阶段，如图 10-5 所示。

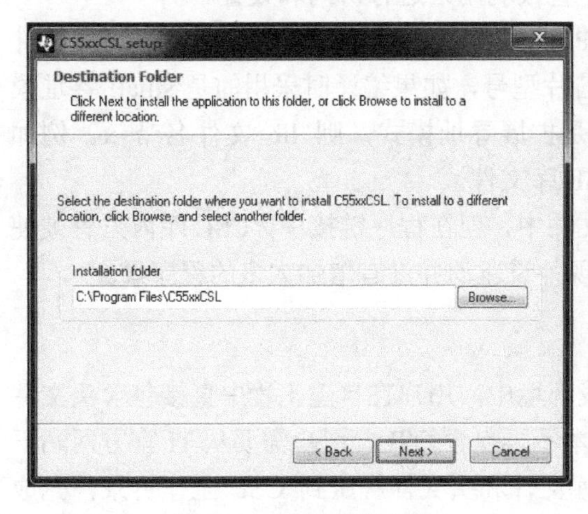

图 10-3　选择安装目录

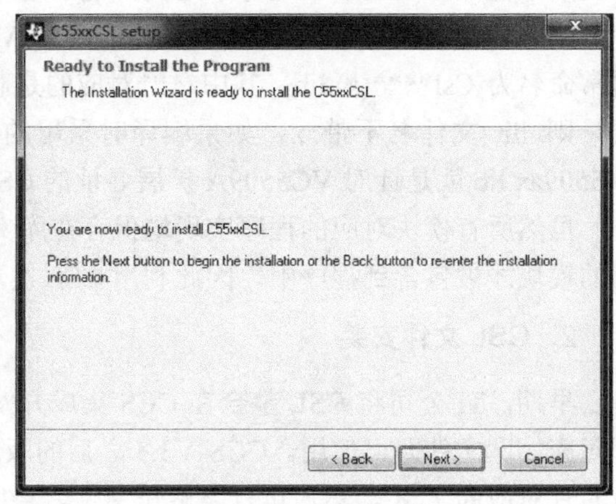

图 10-4　安装确认阶段

稍等几分钟，安装结束，会出现提示界面，此时单击“Finish”按钮完成 CSL 的安装。此时，CSL 的头文件和库文件分别保存在 C:\Program Files\C55xxCSL 目录下的 include 子目录和 lib 子目录，如图 10-6 所示。

Win7 64 位操作系统安装完毕后可能会出现兼容性的警告，用户可以选择“该程序已经正确安装”选项，或者在安装阶段选择安装目录为“C:\Program Files (x86)\C55xxCSL”。

CSL 安装完毕后，用户就可以在工程中包含头文件和库文件，正常使用 CSL 了。

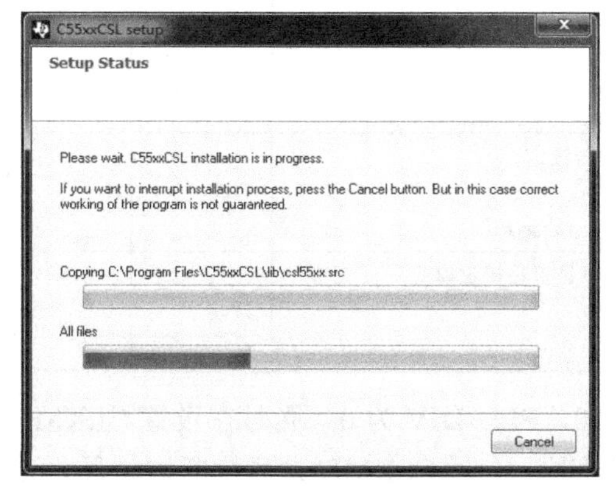

图 10-5　安装阶段

图 10-6　CSL 目录

10.2.2　CSL 的特点

为了更直观地展示 CSL 和汇编语言在实现控制程序时的不同，这里用一个 PLL 配置实例进行说明。例如，系统需要将 DSP 芯片外接的低频输入倍频后作为工作时钟使用，那么在程序中需要配置 PLL 模块使其工作在倍频模式。

如果 VC5509A 外接时钟的频率为 12MHz，系统需要 VC5509A 的工作主频为 120MHz，那么需要设置内部的 PLL 模块对输入时钟 10 倍频。查阅芯片手册可以知道，VC5509A 的时钟生成模块在 PLL 锁定模式下产生的时钟频率为：

$$\text{输出时钟频率}=\frac{\text{PLL MULT}}{(\text{PLL DIV}+1)}\times\text{输入时钟频率}$$

而 PLL MULT 和 PLL DIV 均为 5509A 芯片中 CLKMD 寄存器的相关控制比特，因此要实现芯片时钟的倍频，需要根据 CLKMD 中相应比特的定义，按照要求的步骤设置。VC5509A 中的 CLKMD 寄存器地址为 0x1C00，其中的比特定义如表 10-1 所示。

表 10-1　VC5509A 的 CLKMD 寄存器

比特	定　义	说　明	允许操作	默认值
14	IAI (Initialize after idle)	空闲后初始化比特，决定时钟生成器在退出空闲模式后 PLL 如何重新获得相位锁定。 0，PLL 不重新启动相位锁定过程； 1，PLL 重新启动相位锁定过程	读/写	0
13	IOB (Initialize on break)	中止后初始化比特，在相位没有锁定的情况下决定时钟生成器是否初始化相位锁定过程。当 PLL 指示相位不再锁定时， 0，时钟生成器不中断 PLL； 1，时钟生成器切换到旁通模式，并重新开始相位锁定过程	读/写	1

续表

比特	定　义	说　明	允许操作	默认值
11-7	PLL MULT	PLL 倍频值。PLLMULT 的值可以从 2 到 31。当 PLL ENABLE=1 时，输入时钟的频率会乘以该值，并根据 PLL DIV 比特分频	读/写	0
6-5	PLL DIV	PLL 分频值。当 PLL 使能（PLL ENABLE=1）时，根据该值选择一种分频方式	读/写	0
4	PLL ENABLE	PLL 使能比特。 0，禁止 PLL，此时时钟生成器工作在旁通（BYPASS）模式； 1，使能 PLL	读/写	0
3-2	BYPASS DIV	BYPASS 模式的分频值。在该模式下，决定输出时钟信号的频率	读/写	0
1	BREAKLN	锁相环中断指示，指示 PLL 是否锁定。 0，没有锁定； 1，锁相环恢复或 CLKMD 发生了写操作	只读	1
0	LOCK	锁定模式指示，指示时钟产生器是否在锁定模式。 0，旁通（BYPASS）模式； 1，锁定模式	只读	0

为了实现 10 倍频，需要设置 PLL MULT 等于 10，PLL DIV 为 0。同时在设置 CLKMD 寄存器时，还需要按照时钟产生器中锁相环的工作原理，在写 CLKMD 之后判断锁相环是否可靠锁定，否则配置没有成功。因此，可以写出如图 10-7 所示的汇编语句。

```
  (1)MOV#7168, AR3                  ;7168=0x1c00，CLKMD 寄存器对应的物理地址
  (2)MOV port*(AR3),AR3             ;将 CLKMD 中的值保存到 AR3 中
  (3)AND #65519,AR3,AC0             ;65519=0x0ffef，将原 CLKMD 的值 bit4 值 PLL ENABLE
                                    ;清零，其他不变
  (4) MOV AC0,port(*AR3)            ;将修改后的 CLKMD 值写入寄存器中，禁止 PLL
  (5)MOV #7168, AR3
LOOP1:
  (6)BTST #0,port(*AR3),TC1         ;判断 CLKMD 的 bit0，即 LOCK 模式是否为 0
  (7) BCC #LOOP1,TC1                ;如果不为 0，跳转回第 6 条语句
  (8) MOV  #PLLMULT,AC2             ;将 PLLMULT 值赋予 AC2
  (9) MOV  #0x10,AC0                ;将 0x10 赋予 AC0，即第 4 个比特置 1
  (10) OR   AC2<<#7, AC0            ;将 AC2 的值左移 7 位与 AC0 相或，即 PLLMULT 的值
                                    ;存入 AC0 的第 11 至第 7 位
  (11)MOV  AC0,AR1                  ;将 AC0 的值赋予 AR1
  (12)MOV  AR1,port(*AR3)           ;将 AR1 值写入 CLKMD 寄存器
LOOP2:
  (13)BTST #0,port(*AR3),TC1        ;判断 CLKMD 的 bit0，即 LOCK 模式是否为 0
  (14)BCC LOOP2,!TC1                ;如果为 0，跳转回第 13 条语句
  (15)RET
```

图 10-7　配置 CLKMD 寄存器的汇编语句

利用 CSL 来实现倍频时，只需要定义一个合适的 PLL 模块配置变量，然后通过配置函数对 PLL 进行配置即可。图 10-8 的例子中定义的配置模块变量为 myConfig。PLL_Config 是 CSL 中预定义的数据类型，其中包含了 4 个参数，分别对应于 PLL 模块的控制比特：IAI、IOB、PLL MULT 和 PLL DIV。例中定义的 myConfig 参数满足 10 倍频的要求。之后在程序中利用 PLL_config(&myConfig)；即可实现和汇编语句相同的控制效果。

```
/* main.c */
#include <csl.h>            // CSL 的头文件，必须要包含
#include <csl_pll.h>        // PLL 的 CSL 头文件，有 PLL 的控制语句时需要包含

PLL_Config  myConfig  =
{                  // PLL 的配置结构，定义了 IAI，PLL 倍频值等参数
   0,              // IAI: PLL 锁定
   1,              // IOB: 如果 PLL 在相位锁定中出现了中断，将变会 bypass 模式并重新开始相
                   // 位锁定过程
  10,              // PLL MULT:倍频值，乘以 10 倍
  0                // PLL DIV:分频比，0 表示除以 1，不分频
};

  void main()
{
    CSL_init();
......
    PLL_config(&myConfig);
......
}
```

图 10-8　配置 CLKMD 寄存器的 CSL 语句

调用 PLL_config(&myConfig)对应的汇编语句如图 10-9 所示。

```
AMAR  *(#08000h),XAR0        ;将 myConfig 的地址 0x08000 保存到 AR0 中
CALL   PLL_config            ;调用 PLL_config
```

图 10-9　调用 PLL_config 对应的汇编语句

PLL_config 函数编译之后的汇编语句如图 10-10 所示。

对比以上两种外设配置的编程方法，可以看出：

（1）汇编语句的控制更为高效，但需要开发人员认真阅读芯片相关资料，不能放过任何一个芯片的工作细节。这需要开发人员具有丰富的经验。而 CSL 实现的程序可读性强，不需要开发人员关注过多的芯片控制细节，降低了程序开发难度。

（2）汇编语句的代码量较小，但其中的比特定义等需要手工分析，可读性差。而 CSL 的具体实现代码虽然长度有所增加，但程序的所有变量和函数名称都十分直观，便于理解和使用，代码的可维护性和可读性较好。

（3）由于不同 DSP 芯片支持的汇编指令系统不同，各个模块的寄存器地址不同，控制比特的定义也有差异，因此直接利用汇编语言编写的外设驱动程序，移植性很差。对新的电路系统，通常需要重新开发。而 TI 公司提供了一系列针对不同型号 DSP 芯片的 CSL 库。虽然不同型号的 CSL 具体实现代码不一样，但函数接口都是相同的。用户可以利用 C 语言直接调用 CSL 函数，实现对片内资源的访问和控制，从而缩短开发时间，增加代码的可移植性。

10.2.3　CSL 程序开发基本步骤

由于 CSL 库可以支持 TI 公司的不同型号 DSP 芯片，而不同的芯片外设和接口资源有所区别，同时 CSL 库中提供的资源非常丰富，同一个功能可以采用不同的控制方法实现，因此在使用 CSL 库函数时，需要遵循一定的步骤和方法，才能高效准确地使用好 CSL，完成 CSL 程序的开发。

```
 (1)MOV #7168, AR3                      ;7168=0x1c00, CLKMD 寄存器的物理地址
 (2)MOV port*(AR3),AR3                  ;将 CLKMD 中的值保存到 AR3 中
 (3)MOV *AR0,T1                         ;将 myConfig 中的第一个值 IAI 保存到 T1 中
 (4)AND #65519,AR3,AC0                  ;65519=0x0ffef, 将原 CLKMD 的值 bit4 清零,
                                        ;其他不变, 禁止 PLL
 (5)MOV #7168, AR3                      ;7168=0x1c00, CLKMD 寄存器的物理地址
 (6)MOV *AR0(short(#2)),AR1             ;将 myConfig 中的第 3 个参数 (PLL MULT) 保存到 AR1 中
 (7)MOV *AR0(short(#1)),AR4||MOV #1,AR2 ;将myConfig中的第2个参数 (IOB) 保存到AR4中, 同时对AR2赋值1
 (8)MOV *AR0(short(#3)),AC1||CMPU AR1==AR2,TC1
                                        ;将myConfig中的第4个参数 (PLLDIV) 保存到AC1中, 并比较
                                        ;PLL MULT 是否为 1, 若为 1, 则 TC1 为 1, 否则 TC1 为 0
 (9)XCCPART TC1 || MOV #0,AR2           ;判断 TC1 的值, 若为 1 则更新 AR2 为 0, 否则不执行 AR2 赋值语句
 (10)MOV AC0,port(*AR3)                 ;将修改后的 CLKMD 值写入寄存器中, 禁止 PLL
0x0129e1                                ;第 11 条语句的物理地址, 受内存分配影响在不同程序中会有所不同
 (11)BTST #0,port(*AR3),TC1             ;判断 CLKMD 的 bit0, 即 LOCK 模式是否为 0
 (12)BCC #0x0129e1,TC1                  ;如果不为 0, 跳转回第 11 条语句
 (13)AND #1,AR4,AC0                     ;IOB 的值与 1 相与后存入 AC0
 (14)AND #1,T1,AC2                      ;IAI 的值与 1 相与后存入 AC2
 (15)SFTL AC0,#13,AC0                   ;AC0 左移 13 位, 此时 IOB 的值位于 AC0 的第 13 位
 (16)OR AC2<<#14,AC0                    ;IAI 左移 14 位与 AC0 相与, 此时 IAI 的值位于 AC0 的第 14 位
 (17)AND #31,AR1,AC2                    ;PLLMULT 的值与 31 相与, 保留低 5 位, 存入 AC2 中
 (18)OR AC2<<#7,AC0                     ;PLLMULT 的值左移 7 位与 AC0 或, PLLMULT 的值存入了 AC0 的
                                        ;第 11 至第 7 位上
 (19)AND #3,AC1,AC2                     ;PLLDIV 与 3 相与, 保留低 2 位后存入 AC2
 (20)OR AC2<<#5,AC0                     ;PLLDIV 左移 5 位后与 AC0 相或, PLLDIV 的值存入 AC0 的第 6 至第 5 位
 (21)SFTL AC1,#2,AC1                    ;PLLDIV 左移 2 位, 存入 AC1
 (22)AND #1,AR2,AC2                     ;1 与 AR2 中的值 (若 PLLMULT 为 1, 该值为 0, 否则该值为 1)
                                        ;相与, 存入 AC2 (此时为 0)
 (23)OR AC2<<#4,AC0||AND #15,AC1,AR1    ;AC2 左移 4 位与 AC0 或, 并存入 AC0, 设置 PLL ENABLE,
                                        ;AC1 与 15 相与保留低 4 位后存入 AR1
 (24)OR AC0,AR1                         ; AC0 与 AR1 相或, 存入 AR1
 (25)MOV AR1,port(*AR3)                 ;将 AR1 的值写入 CLKMD 寄存器
 (26)MOV #1,AR1                         ; AR1 赋值为 1
 (27)CMPU AR2!=AR1, TC1||NOP            ;判断 AR2 是否等于 AR1,
 (28)BCC #0x012a20,TC1                  ;如果相等, 跳转至第 31 条语句
0x012a19                                ;第 29 条语句的物理地址, 受内存分配影响在不同程序中会有所不同
 (29)BTST #0,port(*AR3),TC1             ;判断 CLKMD 的 bit0, 即 LOCK 模式是否为 0
 (30)BCC #0x012a19,!TC1                 ;如果为 0, 跳转回第 29 条语句
0x012a20                                ;第 31 条语句的物理地址, 受内存分配影响在不同程序中会有所不同
 (31)RET
```

图 10-10 PLL_config 函数对应的汇编语句

本节以 VC5509A 开发板为实际硬件电路，通过一个 GPIO 引脚 XF 控制实例，来介绍 CSL 程序开发的基本步骤。以下所有过程均在 CCS V5.5 中实现。由于需要在硬件开发平台上开发调试硬件控制程序，因此整个开发过程依然遵循**新建工程、编写代码、分配空间、设置工程编译属性、编译链接和调试**的步骤。不过，由于需要使用 CSL 资源，因此在编写代码和设置工程编译属性时有所差别。

1. 新建工程

（1）在 CCS Edit 视图中单击“Project”下拉菜单中的“New CCS Project”子菜单，在弹出的新建工程对话框中，进行如下设置：

- 填入新建工程的名字：fd_test_pll；
- 选择输出类型为可执行文件，在“Output type:”下拉列表中选择“Executable”；
- 选择待开发芯片系列，在“Family:”下拉列表中选择“C5500”；
- 选择芯片系列中的不同子系列和具体的芯片在“Variant:”右侧的下拉列表中分别选择“C550x”和“DSK5509A”；
- 选择仿真器类型，本例选择一款 XDS510PLUS 仿真器，可以从“Connection”下拉列表中选择“XDS510PLUS Emulator”，如图 10-11 所示。

单击“Advanced settings”设置工程的高级设置，选择链接器命令文件，本例选择 CCS 自带的 VC5509.cmd 文件，在“Linker command file”下拉列表中选择“vc5509.cmd”，其他选项保持默认值，高级设置完成效果如图 10-12 所示。

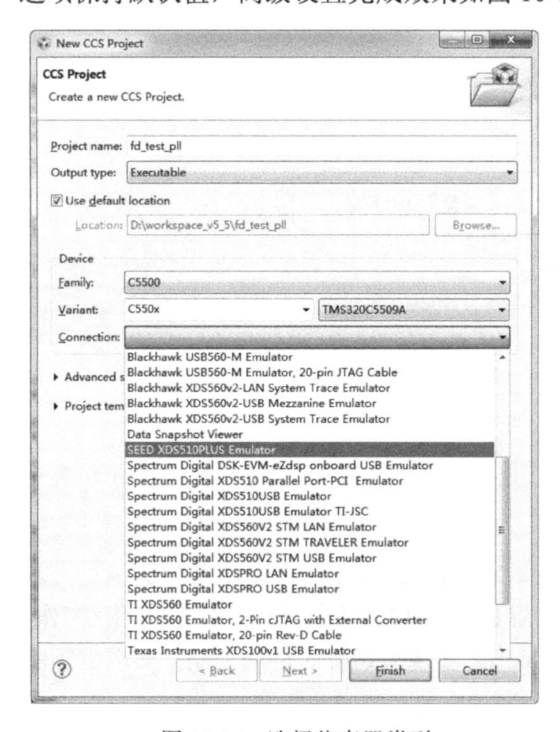

图 10-11　选择仿真器类型

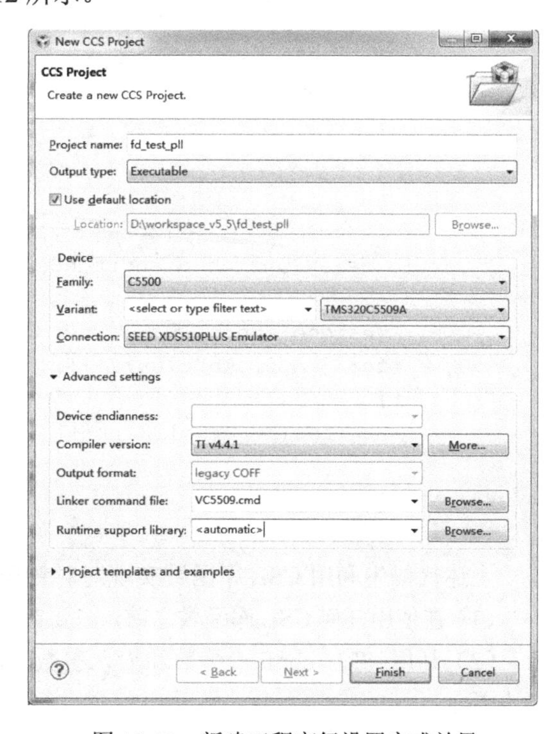

图 10-12　新建工程高级设置完成效果

单击“Project templates and examples”选择工程模版和案例，选择带有 main.c 文件的空工程模版；单击“Finish”按钮完成新建工程步骤。

2. 编写代码

在 CCS Edit 视图中，双击 main.c 文件对该文件进行编辑，实现的代码如下所示。程序中使用的 CSL 函数会简要说明，详细说明请查阅 CSL 使用手册。

```
/* main.c */
#include <csl.h>          // CSL 的头文件，必须要包含
```

```
#include <csl_pll.h>     // PLL 的 CSL 头文件，有 PLL 的控制语句时需要包含
#include <csl_chip.h>    // CHIP 资源的 CSL 头文件，控制片内 CHIP 资源时需要包含

void delay();
/* 锁相环的设置结构 */
PLL_config myConfig ={......};

int main(void)
{
    CSL_init();/*初始化 CSL 库*/

    PLL_config(&myConfig);   /*设置系统的运行速度为 120MHz*/

    while(1)
    {
        CHIP_FSET(ST1_55,XF,0);
        delay(2500);
        CHIP_FSET(ST1_55,XF,1);
        delay(2500);
    }
    return 0;
}

void delay(unsigned short nDelay)
{
    unsignd short  j = 0,k = 0;
    for(j = 0;j<nDelay;j++)
    {
        for(k= 0;k<1024;k++)
        {}
    }
}
```

CSL_init 语句在使用 CSL 库时一定要最先使用

PLL_config 语句使用 PLL 配置结构对 PLL 的寄存器进行配置

CHIP_FSET 语句对 ST1_55 寄存器中的 XF 域进行赋值

delay 函数是延时程序

上述代码中利用 CSL 库函数实现对时钟模块、XF 信号的控制。需要注意的是：

（1）在使用任何 CSL 库函数之前，需要首先调用 CSL_init()函数完成 CSL 库的初始化工作。

（2）利用 PLL_config()函数和输入参数 myConfig 实现对运行时钟的控制，实现主频的 10 倍频。

（3）利用“CHIP_FSET(ST1_55,XF,0);”语句设置 XF 信号为低电平；利用“CHIP_FSET(ST1_55,XF,1);”设置 XF 信号为高电平。

（4）由于 DSP 芯片工作主频设置为 120MHz，则指令周期为 1/（120MHz）=8.3ns。在 delay 函数的内部循环 for(k= 0;k<1024;k++) { }中，设置循环次数为 1024，该循环语句编译后的汇编指令如图 10-13 所示。

读者可以根据 C55x 汇编指令的具体说明，来分析每次循环所需的机器周期数，并计算执行循环消耗的时间。利用 delay 函数中的双重循环结构，内层循环次数为 1024 时，外层循环每执行 1 次，大约消耗 100μs。所以 2500 次外层循环，实现的 XF 更新周期约为 25ms。XF 输出信号的电平变化示意图如图 10-14 所示。

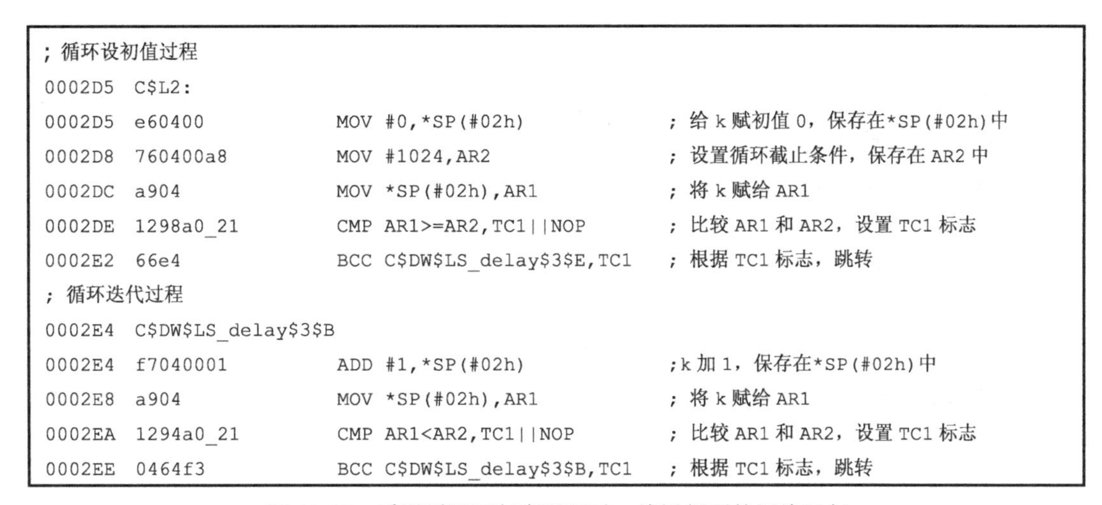

```
; 循环设初值过程
0002D5  C$L2:
0002D5  e60400       MOV #0,*SP(#02h)              ; 给 k 赋初值 0，保存在*SP(#02h)中
0002D8  760400a8     MOV #1024,AR2                 ; 设置循环截止条件，保存在 AR2 中
0002DC  a904         MOV *SP(#02h),AR1             ; 将 k 赋给 AR1
0002DE  1298a0_21    CMP AR1>=AR2,TC1||NOP         ; 比较 AR1 和 AR2，设置 TC1 标志
0002E2  66e4         BCC C$DW$LS_delay$3$E,TC1     ; 根据 TC1 标志，跳转
; 循环迭代过程
0002E4  C$DW$LS_delay$3$B
0002E4  f7040001     ADD #1,*SP(#02h)              ;k 加 1，保存在*SP(#02h)中
0002E8  a904         MOV *SP(#02h),AR1             ; 将 k 赋给 AR1
0002EA  1294a0_21    CMP AR1<AR2,TC1||NOP          ; 比较 AR1 和 AR2，设置 TC1 标志
0002EE  0464f3       BCC C$DW$LS_delay$3$B,TC1     ; 根据 TC1 标志，跳转
```

图 10-13　采用循环语句实现延时，编译得到的汇编语句

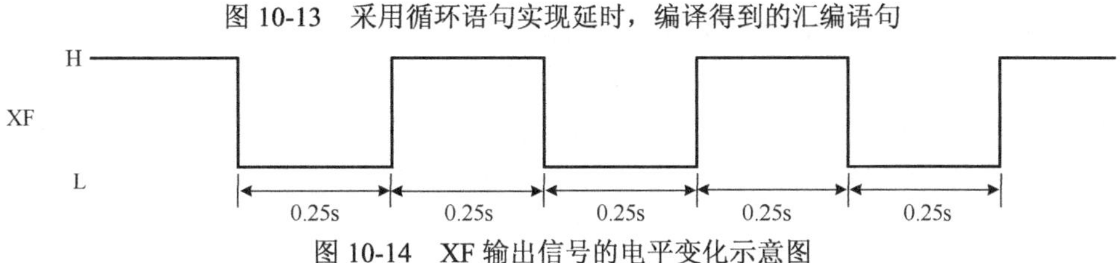

图 10-14　XF 输出信号的电平变化示意图

3. 分配空间

修改 vc5509.cmd 文件中 SECTIONS 的分块，为 CSL 库使用的数据保留一块内存，在大括号内添加一行：

```
    .csldata     >  DARAM0
```

将.csldata 数据块分配到内存中，如图 10-15 所示。

```
main.c    TI Resource Explorer    VC5509.cmd
36     SARAM8:   o = 0x020000  l = 0x002000  /* 8kB Single Access RAM 8 */
37     SARAM9:   o = 0x022000  l = 0x002000  /* 8kB Single Access RAM 9 */
38     SARAM10:  o = 0x024000  l = 0x002000  /* 8kB Single Access RAM 10 */
39     SARAM11:  o = 0x026000  l = 0x002000  /* 8kB Single Access RAM 11 */
40     SARAM12:  o = 0x028000  l = 0x002000  /* 8kB Single Access RAM 12 */
41     SARAM13:  o = 0x02A000  l = 0x002000  /* 8kB Single Access RAM 13 */
42     SARAM14:  o = 0x02C000  l = 0x002000  /* 8kB Single Access RAM 14 */
43     SARAM15:  o = 0x02E000  l = 0x002000  /* 8kB Single Access RAM 15 */
44     SARAM16:  o = 0x030000  l = 0x002000  /* 8kB Single Access RAM 16 */
45     SARAM17:  o = 0x032000  l = 0x002000  /* 8kB Single Access RAM 17 */
46     SARAM18:  o = 0x034000  l = 0x002000  /* 8kB Single Access RAM 18 */
47     SARAM19:  o = 0x036000  l = 0x002000  /* 8kB Single Access RAM 19 */
48     SARAM20:  o = 0x038000  l = 0x002000  /* 8kB Single Access RAM 20 */
49     SARAM21:  o = 0x03A000  l = 0x002000  /* 8kB Single Access RAM 21 */
50     SARAM22:  o = 0x03C000  l = 0x002000  /* 8kB Single Access RAM 22 */
51     SARAM23:  o = 0x03E000  l = 0x002000  /* 8kB Single Access RAM 23 */
52
53     CE0:     o = 0x040000  l = 0x3C0000  /* 4MB CE0 external memory space */
54     CE1:     o = 0x400000  l = 0x400000  /* 4MB CE1 external memory space */
55     CE2:     o = 0x800000  l = 0x400000  /* 4MB CE2 external memory space */
56     CE3:     o = 0xC00000  l = 0x3F0000  /* 4MB CE3 external memory space */
57     ROM:     o = 0xFF0000  l = 0x00FF00  /* 64kB ROM (MPNMC=0) or CE3 (MPNMC=1) */
58     VECS:    o = 0xFFFF00  l = 0x000100  /* reset vector */
59 }
60
61 SECTIONS
62 {
63     vectors (NOLOAD) >  VECS  /* If MPNMC = 1, remove the NOLOAD directive */
64     .cinit          >  DARAM0
65     .text           >  DARAM1
66     .stack          >  DARAM0
67     .sysstack       >  DARAM0
68     .sysmem         >  DARAM4
69     .data           >  DARAM4
70     .cio            >  DARAM0
71     .bss            >  DARAM5
72     .const          >  DARAM0
73     .csldata        >  DARAM0
74 }
75
```

图 10-15　cmd 文件示意图

4．设置工程编译属性

本例中使用CSL库控制芯片硬件资源，需要增加如下的一些操作，以便编译链接程序时能够支持CSL的各种函数。

（1）设置一些环境变量，明确CSL库函数针对的芯片类型

不同类型的DSP芯片外设和接口资源不同，针对这些芯片的CSL函数具体实现也有差异，因此在使用CSL库函数时，只有明确了具体的芯片类型才能正确使用对应的函数，否则会出错。

（2）添加CSL库使用的库文件，增加CSL库使用的头文件的搜索目录

在编译链接工程时，需要保证代码生成工具能正确找到所需的头文件和库文件，以便CSL库中的相关函数能够正确使用。因此需要在工程中指定CSL头文件、库文件的搜索路径。

具体操作如下：

（1）添加预定义符号，明确CSL库函数针对的芯片类型

选择工程名，右键单击，弹出下拉菜单，选择“Properties”子菜单，在弹出的工程设置对话框中，选择“Build”类别下的“Advanced Options”子类别，单击“Predefined Symbols”菜单项，单击图10-16中黑色框内的“添加预定义符号”按钮。

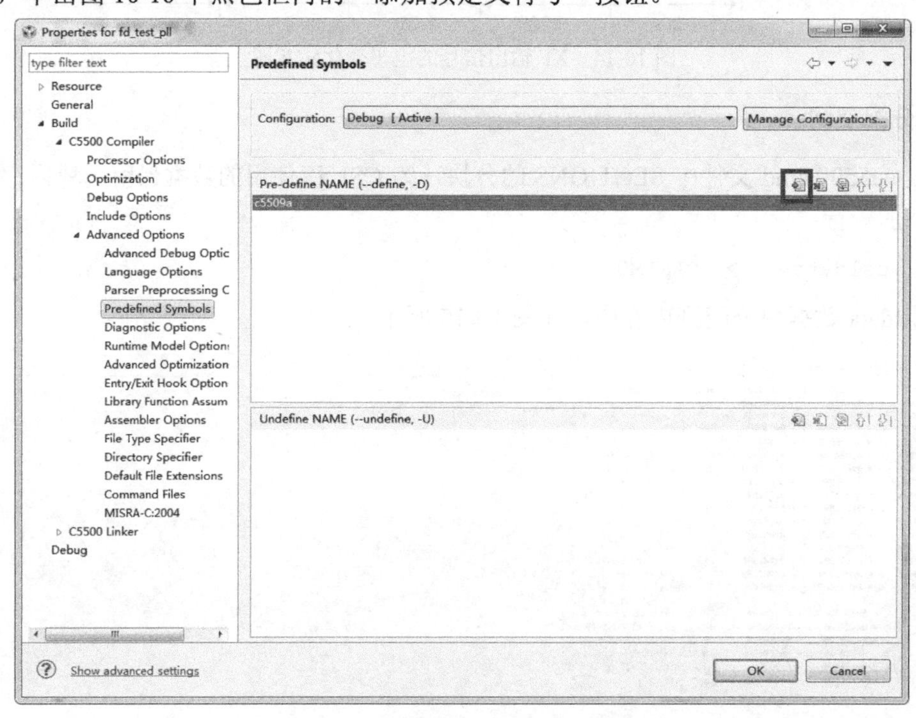

图10-16 添加预定义符号示意图

此时会弹出预定义符号新增对话框，在文本框中填入“CHIP_5509A”，单击“OK”按钮，即添加完新增的预定义符号，效果如图10-17所示。

（2）修改头文件包含路径，以便编译器能找到CSL库函数对应的头文件

在工程设置对话框，选择“Build”类别下的“C5500 Compiler”子类别，单击“Include Options”，右侧可以设置头文件包含路径，单击图10-18中黑色框内的“添加文件包含路径”按钮。

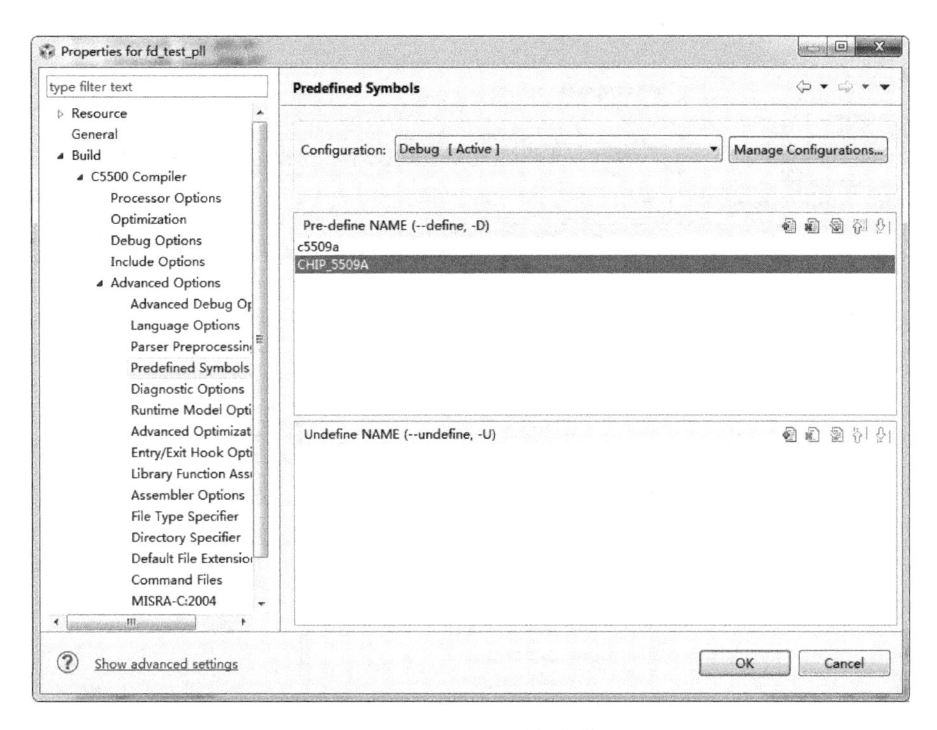

图 10-17　添加的预定义符号

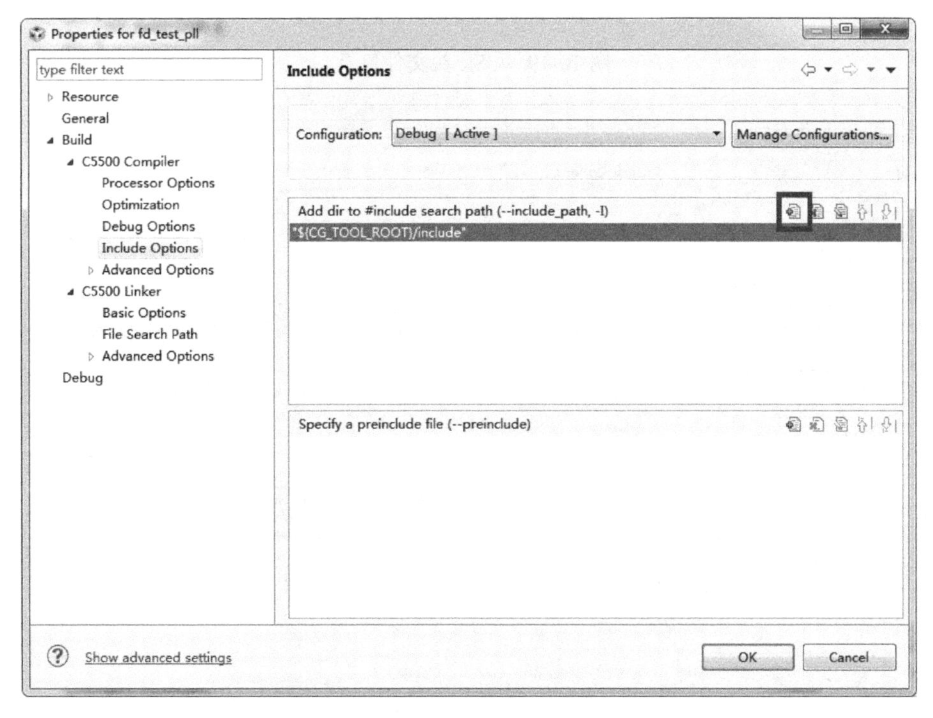

图 10-18　添加头文件包含路径示意图

弹出文件包含路径新增对话框，单击“File System”按钮选择 CSL 库的头文件目录；在弹出的目录选择对话框中，选择 CSL 库安装目录下的头文件目录，如图 10-19 所示；单击“确定”按钮，完成 CSL 库的头文件目录选择，如图 10-20 所示。

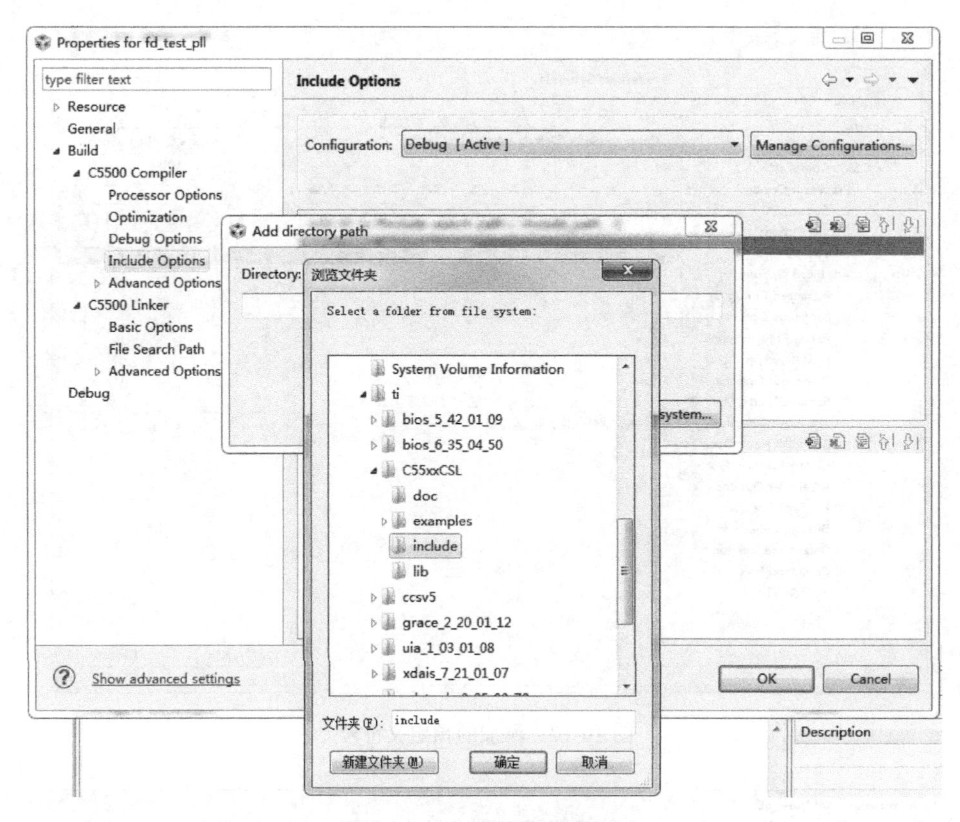

图 10-19 CSL 头文件目录

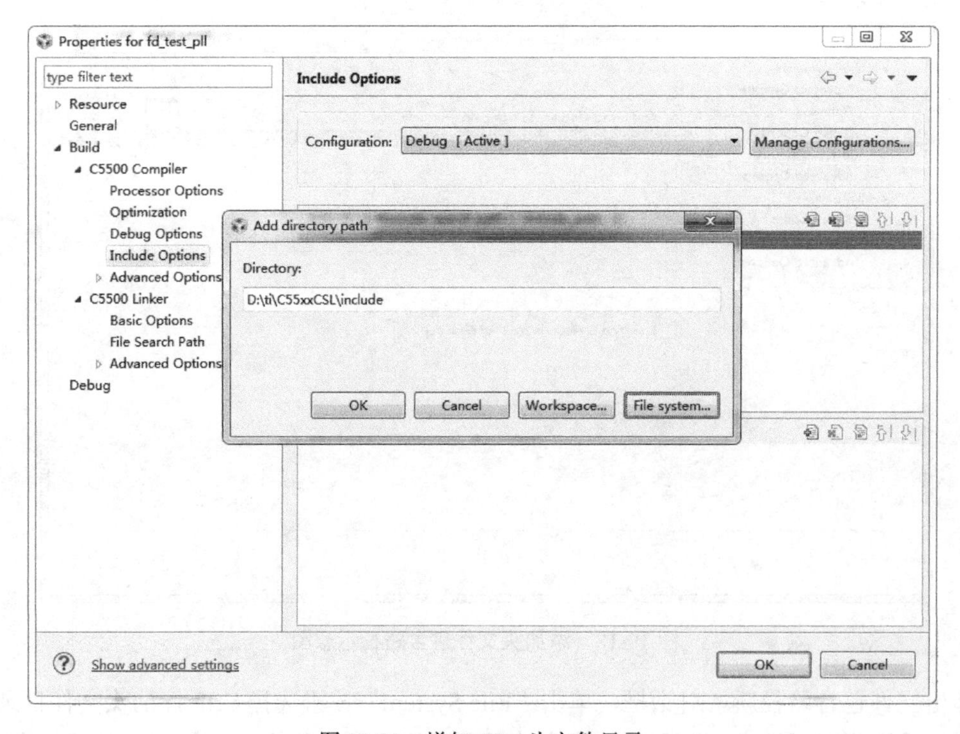

图 10-20 增加 CSL 头文件目录

单击“OK”按钮，完成文件包含目录新增设置，如图 10-21 所示。

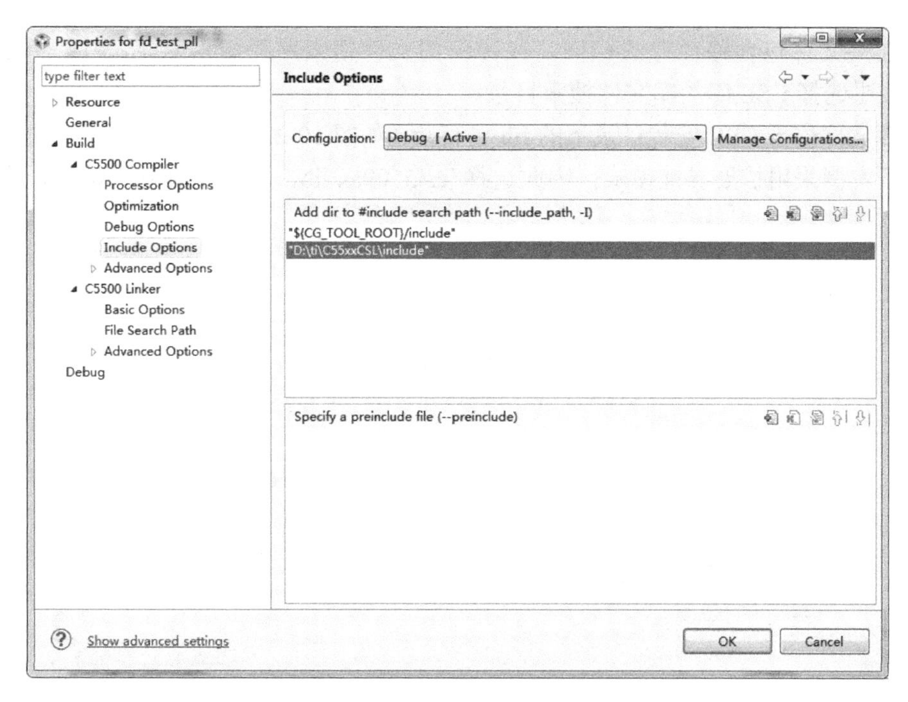

图 10-21　增加头文件目录结果示意图

（3）增加库文件，以便链接器能找到对应的 CSL 库函数

在工程设置对话框，选择“Build”类别下的“C5500 Linker”子类别，单击“File Search Path”，右侧可以设置库文件搜索路径，单击图 10-22 中黑色框内的“添加文件搜索路径”按钮。

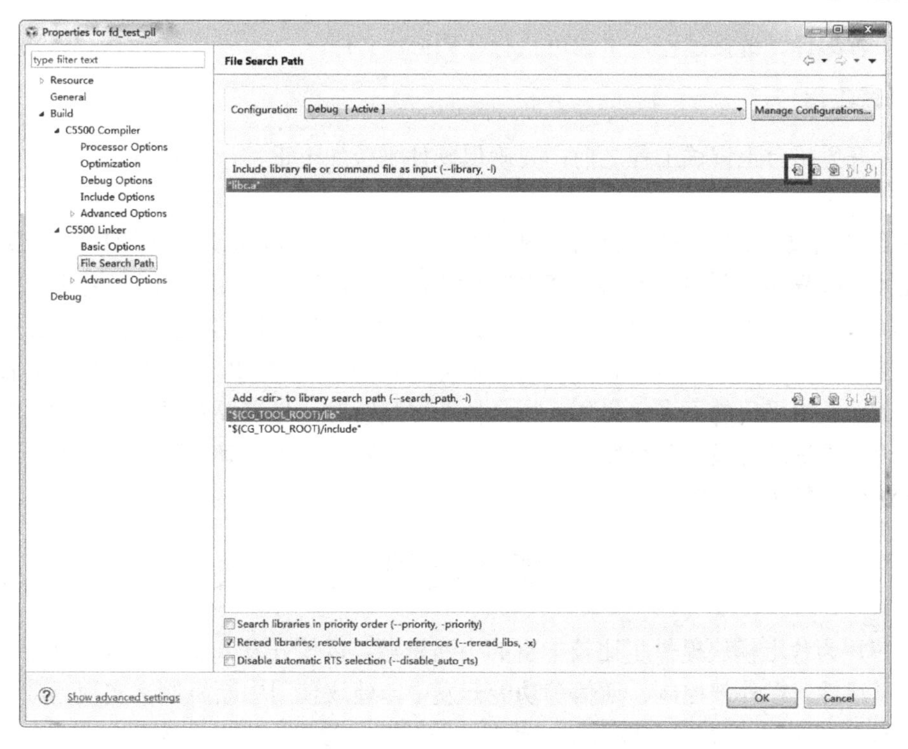

图 10-22　添加库文件包含路径示意图

与添加头文件包含路径方法相同，在弹出的文件搜索路径新增对话框中，单击“File System”按钮选择CSL库的库文件搜索目录。

CSL库文件位于CSL安装目录下的lib子目录（如图10-23所示），选择对应芯片的库文件名。由于本例采用扩展寻址模式，因此选择 csl5509ax.lib，单击“打开”按钮，完成库文件选择。

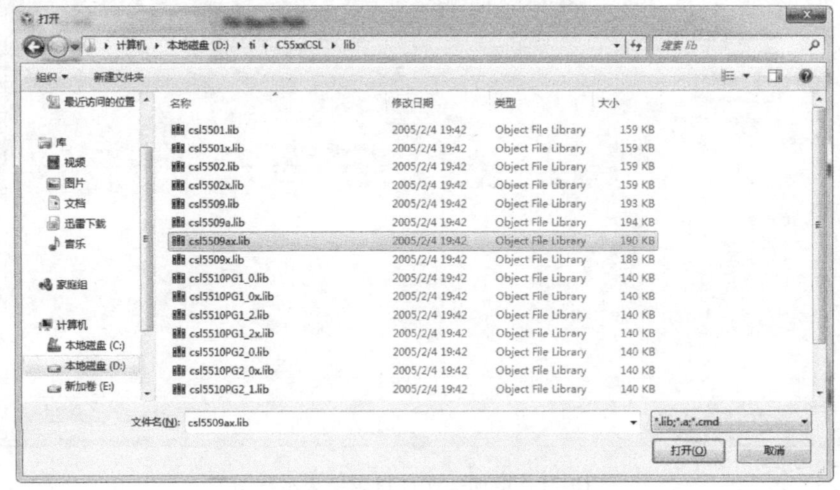

图10-23 CSL库文件目录

单击“OK”按钮，完成新增库文件设置；再次单击“OK”按钮完成整个工程参数的设置。

5. 编译链接工程

完成工程编译、链接过程，生成可执行代码.out文件。

6. 调试工程

在硬件开发平台上调试工程之前，要确保硬件平台加电正常，仿真器连接正常，驱动正常加载。

CCS自动加载.out文件进入调试视图，可以利用单步调试方法来观察XF寄存器的变化，也可以连续运行程序，利用示波器观察XF引脚上信号的变化，从而验证实例的功能。

本节实现的程序采用了延时处理方式，虽然外部资源使用很少，但此时DSP芯片的CPU为了控制接口的电平变化只是等待。这种控制方式不适合于DSP芯片要处理很多任务的情况，在复杂系统中采用的不多。另外，在具体计算延时时，也需要对机器指令的执行情况较为熟悉，否则无法准确设定各个循环的参数。如果参数设置不准确，最终设置的周期将是近似的，无法用于精确的时钟控制。

10.3 中断控制程序的开发

DSP芯片为片上模块提供了比较丰富的中断资源，以便开发人员可以合理使用，提高控制方式的灵活性。在外部控制、通信等功能开发中，建议使用中断机制来实现高效的控制。

利用DSP芯片中断机制实现系统功能时，需要开发的软件可以分为两个部分：**中断初始化程序和中断服务程序**。

中断初始化程序主要完成中断信号的选择、中断矢量表的建立、中断控制寄存器的设置（全局中断、单个中断）等操作。初始化通常在 DSP 芯片上电复位后执行。

DSP 芯片可以自动完成对中断请求信号的检测、中断标志的设置，以及程序指针的自动跳转等操作，因此中断服务程序主要完成用户所要实现的应用任务。由于中断矢量表为每个中断保留的代码空间很小，因此对于较长的中断服务代码，需要通过在中断矢量表中进行跳转实现。

10.3.1 中断初始化

1. 中断矢量表的实现

中断矢量表是 DSP 芯片检测到中断信号并响应时，PC 自动跳转的目的地址。为了能够自动跳转，不同中断对应的入口地址必须按照预先规定好的顺序排列。同时，中断矢量表要能够支持不同长度的服务程序的实现。由于中断矢量表自身空间有限，因此通常可以采用 PC 先进入入口地址、然后再次跳转的方式去执行相应的服务程序。此时中断矢量表的作用相当于邮局，任何一个中断事件就像邮件一样都集中到邮局中，然后通过邮局分发到不同的处理地址处。这种跳转功能通常直接采用汇编语句实现，主要有如下两种：

① 直接在每个中断入口地址处通过汇编语句实现到中断服务程序的跳转；

② 在每个中断入口地址完成一个无意义的跳转处理，实现一个初始化的中断矢量表框架，然后在中断信号使能的时候利用 CSL 函数将中断信号和中断服务程序关联起来。

第二种方法由于对汇编语句的要求较低，使用较为广泛。图 10-24 给出了一个 VC5509A 的中断矢量表框架实例。这个实例中_VECSTART、nmi、int0、int1 等标号的位置都对应于一个中断信号的中断服务入口地址。除了_VECSTART 地址后跟的是_c_int00 程序，其他入口地址后面接的都是 no_isr 这个程序段。

```
            .sect   ".vectors"
            .global  _VECSTART
            .ref     _c_int00
            .def     nmi, int0, int1, int3, int3
            _VECSTART:
                     .ivec _c_int00,use_reta
            nmi      .ivec no_isr
                     nop_16
            int0     .ivec no_isr
                     nop_16
            int1     .ivec no_isr
                     nop_16
            int2     .ivec no_isr
                     nop_16
......


                 .text
                     .def no_isr
            no_isr:
            b #no_isr
```

图 10-24　中断矢量表框架实例示意图

需要说明的是：

(1) 该矢量表是利用汇编语言实现的，所有的语句都是汇编语句，保存为汇编源文件（保存文件名本例中为 vectors.s55）。

（2）_VECSTART 是这段汇编语言程序中的一个记号，记录了矢量表的起始地址。_VECSTART 最前面的“_”可以让 C 语言函数能够识别该记号，并作为 C 语言的一个函数或者地址使用，在 C 语言程序中对应为 VECSTART。.global 声明了_VECSTART 是个全局的符号，别的文件中的程序可以使用该符号。

（3）和_VECSTART 一样，_c_int00 在 C 语言程序中对应为 c_int00 函数，该函数是 C 语言程序的环境初始化函数。在 DSP 的程序中，所有 C 程序在执行时都会首先执行该段代码对程序执行环境进行初始化（包括.cinit 段数据的更新，堆栈空间的分配，跳转到 main 等）。.ref 表明该函数在该文件外部定义，这里只是引用。

（4）_VECSTART 对应的是复位中断入口地址。第一条语句表明 DSP 芯片复位后 PC 将通过_VECSTART 入口地址跳转到 c_int00 去初始化 C 语言执行环境进行初始化并执行 main 函数。

（5）nmi、int0、int1 等也是这段汇编语言程序中的记号，它们对应于其他类型中断的入口地址。

（6）.ivec 是汇编语言中的一个助记符，表示后面所跟的指令 no_isr、_c_int00 等都是作为中断矢量使用的。

（7）.text 声明之后的代码属于.text 程序段。而.sect “vectors”声明之后的代码属于 vectors 的自定义段。可以在 cmd 命令文件中为.text 和 vectors 这两个段分别指定存储位置。

（8）no_isr 是自定义的一个记号，它表示一段独立的汇编程序。这个记号紧跟的指令是 b #no_isr，这条语句表示跳转到绝对地址 no_isr 处，b 是跳转指令，no_isr 之前加#表示此处将 no_isr 当作绝对地址使用。这句话的含义是当程序指针运行到此处时就永远在此死循环。

（9）nop_16 是一条空操作指令，它在此处的作用是填满每个中断矢量对应的固定矢量表宽度，保证每个中断矢量都位于对应的起始位置上。

2．中断初始化程序的编写

在 CSL 框架中，为保证中断资源能够正常初始化，通常需要实现如下的代码。

（1）中断矢量表

可以按照前述的方法创建中断矢量表文件，例如在 5509A 的工程中，可以创建 vectors.s55 源文件，将该文件添加到工程中。

（2）中断矢量表重定位

VC5509A 的中断矢量表可以重新定位，便于用户自行选择合适的位置存放中断矢量表。因此在 DSP 芯片复位之后，需要完成的一项主要任务就是中断矢量表的重定位。

利用 CSL 程序中断矢量表重定位，不需要用到具体的储存地址，而是通过函数地址传递的方式实现的。

首先，在分配空间时，可以分配一块用于存放中断矢量表的存储空间，例如可以分配起始地址为 0x100，长度为 0x100 的一段空间来存放中断矢量表，那么可以在 cmd 文件中做如图 10-25 所示的配置。

之前实现的中断矢量表框架中自定义了 vectors 段，因此利用 VECSTART 定义的矢量表就会被存放到 VECT 这段存储空间中。

其次，DSP 在响应中断自动跳转时，根据中断矢量表地址寄存器 IVPH 和 IVPD 来查找中断矢量表的位置。因此在中断初始化中，需要将中断矢量表的起始地址赋值给 IVPH 和 IVPD，这个功能可以利用 CSL 函数 IRQ_setVecs 来完成（该函数的声明位于 csl_irq.h 中，需要在程序中包含）。图 10-26 中的语句就将 VECSTART 对应的地址写入到中断矢量表地址寄存器 IVPH 和 IVPD 中。

```
MEMORY
{
        ……
        VECT      (RW):  origin = 0000100h  length = 000100h
        ……
}
SECTIONS
{
        ……
        vectors             :    > VECT
        ……
}
```

图 10-25 中断矢量表的存储空间分配

```
/*修改寄存器 IVPH，IVPD，重新定义中断矢量表*/
IRQ_setVecs((Uint32)(&VECSTART));
```

图 10-26 中断矢量表地址寄存器的更新

由于很多中断信号在 DSP 芯片上电后就会产生，因此在中断矢量表重定位时，为避免已产生的中断信号无法正常处理，通常需要屏蔽所有的中断服务，此时可以调用 IRQ_globalDisable 函数实现，如图 10-27 所示。

```
/*屏蔽全局中断，禁止所有可屏蔽的中断源*/
old_intm = IRQ_globalDisable();
```

图 10-27 屏蔽全局中断

（3）中断信号的关联

在配置具体某个中断时，首先需要获得该中断信号使用的外设资源控制权，然后再关联中断服务程序。例如，图 10-28 中的示例就通过 TIMER_open 函数获取了对定时器 0 的控制，得到了一个控制句柄 mhTimer0，也就是一个指向该设备控制寄存器的指针。利用该句柄，可以完成该设备的各种控制功能。随后利用该句柄来获取定时器 0 对应的中断号 eventId0。每个中断都有一个与之相对应的中断号，通过该中断号可以访问相应的中断标识比特和中断屏蔽比特。IRQ_clear 函数就可以将 eventId0 对应的中断状态标识位清 0，避免响应当前的中断。然后，IRQ_plug 函数实现了将定时器 0 中断这个事件与函数 timer0Isr 关联起来，也就是说在定时器 0 对应的中断矢量位置填写了一个跳转到 timer0Isr 的语句。

```
/*打开定时器 0，设置其为上电的的默认值，并返回其控制句柄*/
mhTimer0 = TIMER_open(TIMER_DEV0, IMER_OPEN_RESET);
eventId0 = TIMER_getEventId(mhTimer0);          /*获取定时器 0 的中断 ID 号*/
IRQ_clear(eventId0);                            /*清除定时器 0 的中断状态位*/
IRQ_plug(eventId0,&timer0Isr);                  /*为定时器 0 设置中断服务程序*/
```

图 10-28 定时器 0 中断的关联

（4）外设资源的配置

利用 TIMER_config 函数可以按 timCfg0 对定时器 0 进行配置，这个函数的使用方法和之前的 PLL_config 完全相同。预设的配置 timCfg0 一般根据系统工作配置情况来设置，作为一个初始化变量在程序中出现。定时器 0 的配置如图 10-29 所示。

```
/*设置定时器 0 的控制与周期寄存器*/
TIMER_config(mhTimer0, &timCfg0);
```

图 10-29　定时器 0 的配置

例如，如果需要设置定时器控制寄存器中的周期寄存器为：

① TDDR 为 11（此时 TDDR 的分频比为 12）;

② PRD 为 49999（此时 PRD 的分频比为 50000）。

此时，定时器的中断速率为：

$$\text{TINT速率}=\frac{120\text{MHz}}{(\text{TDDR}+1)\times(\text{PRD}+1)}=200\text{Hz}$$

因此，可以配置如图 10-30 所示的定时器配置结构。

```
TIMER_Config timCfg0 = {          //定时器配置结构
   TIMER_CTRL,                    /* TCR0 */
   0xc34f,                        /* PRD0, PRD=49999 */
   0x000b                         /* PRSC, TDDR=11 */
};
```

图 10-30　定时器 0 的配置结构

（5）对应中断资源和全局中断的使能

利用定时器对应的中断号 eventId0，可以通过 IRQ_enable 来使能与之对应的中断服务。此时，DSP 芯片还不能响应这个中断信号，还需要利用 IRQ_globalEnable 来使能全局中断。只有这个中断控制标志使能后，DSP 芯片才能正常响应可屏蔽中断，如图 10-31 所示。

```
IRQ_enable(eventId0);          /*使能定时器的中断*/
IRQ_globalEnable();            /*使能全局中断，此时中断信号能够响应*/
```

图 10-31　中断的使能

（6）外设资源的启动

如果中断信号涉及到的外设资源有空闲和运行的控制比特，需要通过×××_start 函数来启动这个外设资源，否则将不会产生中断信号或响应中断信号。

本例中，可以利用 TIMER_start 来启动定时器，语句实现如图 10-32 所示。

```
TIMER_start(mhTimer0);              /*启动定时器 0*/
```

图 10-32　定时器 0 的启动

10.3.2　中断服务程序的开发

中断服务程序也是一个函数，其与普通函数不同的是，中断服务程序的调用是 DSP 芯片硬件自动完成的，而普通函数是通过其他函数的调用来执行的；两者的返回也有不同，中断服务程序的返回汇编指令为 rete，而普通函数的返回汇编指令是 ret。因此，利用 C 语言来实现中断服务程序，需要使用 interrupt 关键字。除了在硬件操作中需要使用一些 CSL 函数外，其他的实现方法和普通 C 语言程序一样。

下面对 10.2 节中的实例进行适当的修改，通过定时器中断服务程序来完成 XF 电平的周期切换。按图 10-30 的分频比来配置定时器 0，此时定时器的中断速率是 200Hz。若在每次中断时都改变 XF 比特的值，则 XF 电平一次周期变化的时间长度为 10ms。要达到图 10-14 的设计效果，需要再利用软件实现一个计数周期为 50 的定时器 timer0_cnt，利用它对中断次数进行计数，当从 0 累加到 50 后再更新 XF 的状态。

图 10-33 给出了中断服务程序的示例，利用这种实现方法，也能控制 LED 周期闪烁，而且定时周期控制更为准确。

从程序实例中可以看到：

① 中断服务函数通过关键字 interrupt 定义；

② 中断服务函数的返回值类型为 void；

③ 中断服务函数没有调用参数，可用 void 声明。

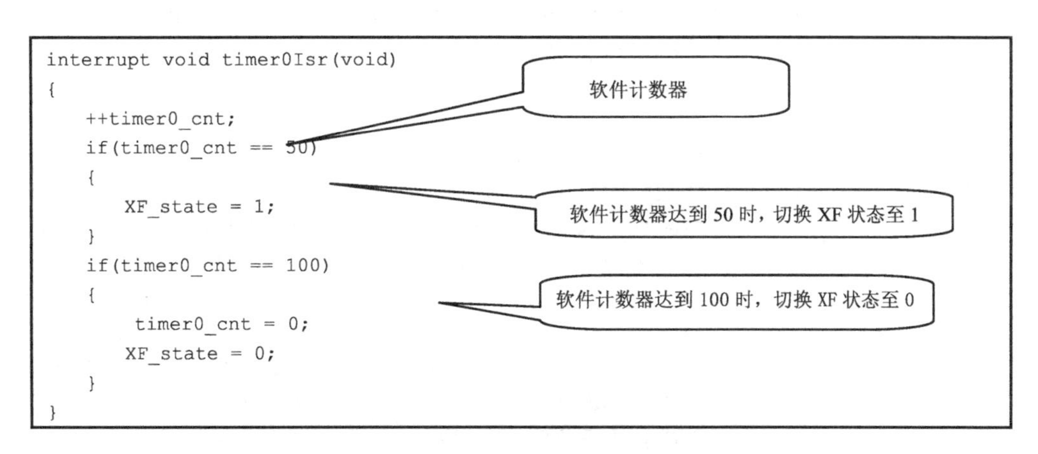

图 10-33　定时器 0 中断服务程序示例

10.3.3　中断控制程序实例

实现硬件资源和算法处理的数据交互，一般有以下三种方式：

① 在程序中**轮询**硬件资源的状态比特位，在满足条件的情况下执行数据交互，进行相应的处理操作；

② 使能硬件**中断**，待中断发生后响应中断，CPU 执行中断服务程序，在服务程序中执行相应的处理操作；

③ 利用 **DMA** 来完成相应的数据搬移工作，使用硬件资源的状态同步事件作为触发条件，再利用 DMA 中断机制完成更为复杂的处理操作。

其中对于数据吞吐量不大的处理任务来说，利用中断来处理非常方便，可以有效降低 CPU 的负荷。因此掌握中断控制程序的开发方法，对于 DSP 程序的开发非常重要。为便于读者准确掌握中断控制程序的开发，本节给出完整的定时器中断控制源程序，希望读者结合本节的说明阅读该段程序，并撰写出自己所需要的中断控制程序。

需要指出的是，由于 interrupt 关键字声明的中断服务程序会将所有的 CPU 状态寄存器压栈保存，在结束服务时将这些寄存器弹栈恢复，因此如果在中断服务程序中直接修改 XF 的值将无法实现 XF 电平周期变化的效果。本例在中断服务程序中更改 XF_state，在主程序中根据 XF_state 状态设置 XF 的值。

```
/* main.c */
#include <csl.h>                 // CSL 的头文件，必须要包含
#include <csl_pll.h>             // PLL 的 CSL 头文件，有 PLL 的控制语句时需要包含
#include <csl_chip.h>            // CHIP 资源的 CSL 头文件，控制片内 CHIP 资源时需要包含
#include <csl_timer.h>           // TIMER 的 CSL 头文件，使用定时器时需要包含
#include <csl_irq.h>             // IRQ 的 CSL 头文件，使用中断时需要包含
extern void VECSTART(void); // 中断矢量表起始位置，在 vectors.s55 中定义
interrupt void timer0Isr(void);// 中断服务程序的声明
/* 锁相环的设置结构 */
PLL_config myConfig =
{        // PLL 的配置结构
  0,     // IAI: PLL 锁定
  1,     // IOB: 如果 PLL 在相位锁定中出现了中断，将变回 bypass 模式并重新开始相位锁定过程
  10,    // PLL MULT:倍频值，乘以 10 倍
  0      // PLL DIV:分频比，0 表示除以 1，不分频
};
#define TIMER_CTRL  TIMER_TCR_RMK(\
                    TIMER_TCR_IDLEEN_DEFAULT,/* IDLE 使能比特，IDLEEN = 0 */ \
                    TIMER_TCR_FUNC_OF(0),    /* 定时器功能比特，FUNC  = 0 */ \
                    TIMER_TCR_TLB_RESET,     /* 定时器加载比特，TLB   = 1 */ \
                    TIMER_TCR_SOFT_BRKPTNOW, /* 软停止比特，SOFT   = 0 */ \
                    TIMER_TCR_FREE_WITHSOFT, /* 自由运行比特，FREE   = 0 */ \
                    TIMER_TCR_PWID_OF(0),    /* 输出脉冲宽度比特，PWID  = 0 */ \
                    TIMER_TCR_ARB_RESET,     /* 自动重加载比特，ARB   = 1 */ \
                    TIMER_TCR_TSS_START,     /* 停止状态比特，TSS    = 0 */ \
                    TIMER_TCR_CP_PULSE,      /* 时钟模式/脉冲模式比特，CP = 0 */ \
                    TIMER_TCR_POLAR_LOW,     /* 输出极性比特，POLAR  = 0 */ \
                    TIMER_TCR_DATOUT_0       /* 数据输出比特，DATOUT = 0 */ \
)
/* 定时器的设置结构 */
TIMER_Config timCfg0 =
{                   // 定时器配置结构
   TIMER_CTRL,               /* TCR0 */
   0xc34f,                   /* PRD0，PRD=49999 */
   0x000b /* PRSC，TDDR=11 */
 };

Uint16 eventId0;
TIMER_Handle mhTimer0;       /* 利用 TIMER_open 创建一个定时器句柄对象 */

short XF_state=0;
```

```
short timer0_cnt = 0;
int main(void)
{
    int old_intm;
    CSL_init();                    /*初始化 CSL 库*/

    PLL_config(&myConfig);              /*设置系统的运行速度为 120MHz*/

    old_intm = IRQ_globalDisable();/*屏蔽全局中断，禁止所有可屏蔽的中断源*/
    IRQ_setVecs((Uint32)(&VECSTART));  /*修改寄存器 IVPH，IVPD，重新定义中断矢量表*/

    mhTimer0 = TIMER_open(TIMER_DEV0, IMER_OPEN_RESET);
                                        /*打开定时器 0，设置其为上电的的默认值，
                                          并返回其控制句柄*/
    eventId0 = TIMER_getEventId(mhTimer0); /*获取定时器 0 的中断 ID 号*/
    IRQ_clear(eventId0);                   /*清除定时器 0 的中断状态位*/
    IRQ_plug(eventId0,&timer0Isr);         /*为定时器 0 设置中断服务程序*/

    IRQ_enable(eventId0);                  /*使能定时器的中断*/
    IRQ_globalEnable();                    /*使能全局中断，此时中断信号能够响应*/

TIMER_start(mhTimer0); /*启动定时器 0*/

    while(1)
    {
        if (XF_state == 1)
            CHIP_FSET(ST1_55,XF,0);
        else
            CHIP_FSET(ST1_55,XF,1);
    }
    return 0;
}

interrupt void timer0Isr(void)
{
    ++timer0_cnt;
if(timer0_cnt == 50)
    {
        XF_state = 1;
    }
if(timer0_cnt == 100)
    {
        timer0_cnt = 0;
        XF_state = 0;
    }
}
```

CSL_init 语句在使用 CSL 库时一定要最先使用

CHIP_FSET 语句对 ST1_55 寄存器中的 XF 域进行赋值

中断服务程序

另外，除了可以选择 XXX_config 函数来实现硬件模块的配置，CSL 还提供了另外一个基于功能的配置方法，两者的对比如下：

（1）**基于寄存器的配置**（XXX_config()）：通过设置存储器映射寄存器的值来设置外设，直接利用寄存器进行配置，其代码大小和运行周期更为优化。例如，实例中使用的 PLL_config 函数和 TIMER_config 函数。

（2）**基于功能函数的配置**（XXX_setup()）：通过一组功能函数来配置外设，和基于寄存器的配置方式相比，其代码大小和运行周期没有优势，但更为精炼。例如，要配置 UART，可以调用 UART_setup 函数来设置。

10.4 典型接口功能的控制程序开发

一个 DSP 系统可能是一个接口功能极其简单的最小系统，也可能需要多个接口实现与外部器件的通信。虽然不同系统的硬件方案会有较大区别，但在接口控制程序的开发上，却存在着一个很朴素的规律，那就是开发人员可以根据芯片外设手册中的时序规定，选择合适的模块工作方式，并按照**先配置**、**后使用**的方式分别编写初始化配置程序和驱动程序，如图 10-34 所示。

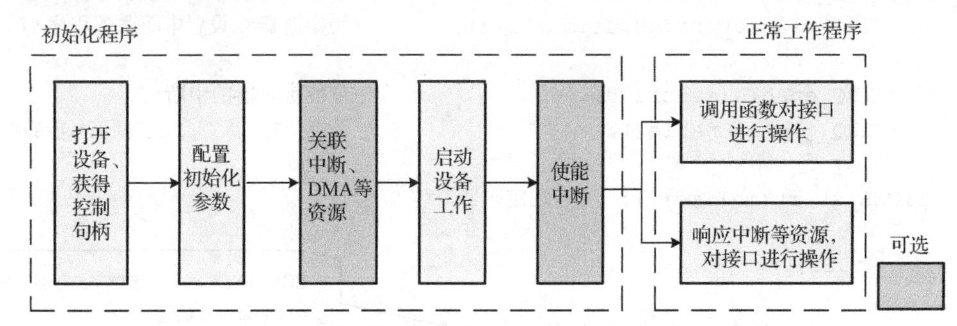

图 10-34 接口驱动程序的两个部分

本节按照功能分类，分别介绍存储器、A/D 和 D/A 以及主机通信接口的控制程序开发。通过这些功能控制程序的介绍，向读者展现 DSP 芯片典型外设 EMIF、McBSP 和 HPI 的使用方法。

 10.4.1 外部存储的控制程序

DSP 系统经常需要在外部扩展存储空间，以便能存储更多的代码和数据。VC5509A 提供了 EMIF 接口，用于连接不同类型的存储器件。一方面，5509A 芯片具有 4 个不同的片选信号 $\overline{\text{CE0}}$ ～ $\overline{\text{CE3}}$，可以支持 4 个不同的器件分别与之连接；另一方面，5509A 支持与不同工作机制、不同位宽的存储芯片通信。第 9 章中的图 9-21 就是一个典型的设计实例。

1. 初始化配置

从图 9-21 的设计可以知道，DSP 芯片的 CE0～CE3 空间分别连接了 2 片 IS61LV25616、1 片 AM29LV800 和一个 SM 卡控制器。其中 CE0～CE2 连接的器件都是 16 位数据总线，CE3 连接的器件是 8 位数据/地址总线。另外，查阅芯片手册可以知道，IS61LV25616 和 AM29LV800，以及 SM 卡控制器都是按异步存储方式工作的。根据以上信息，可以利用 CSL 的 EMIF 配置结构实现如下的初始化配置程序。

```
#include <csl.h>
#include <csl_emif.h>
EMIF_Config myEmifConfig =
 {
  0x0020,    // EMIF 全局控制寄存器 EGCR，MEMFREQ = 00，存储器时钟等于 CPU 频率
             //                WPE = 0，调试 EMIF 时禁止 writing posting
             //                MEMCEN = 1，存储器时钟反映在 CLKMEM 引脚上
             //                NOHOLD = 1，EMIF 不识别 HOLD 请求
  0x0000,    // EMIF 复位寄存器 EMI_RST，向该寄存器写数将复位 EMIF 接口状态
  0x1FFF,    // CE0_1:  CE0 空间控制寄存器 1
             //           MTYPE = 001，异步 RAM，16 位数据总线宽度
             //           读时序参数 RDSETUP，RDSTROBE，RDHOLD 均为最大值
  0x5FFF,    // CE0_2:  CE0 空间控制寄存器 2
             //          读写扩展保持周期 RDEXHLD，WREXHLD 为 1，
             //          写时序参数 WRSETUP，WRSTROBE，WRHOLD 均为最大值
  0x5FFF,    // CE0_3:  CE0 空间控制寄存器 3
             //           超时数 TIMEOUT = 0xFF;
  0x1FFF,    // CE1_1:  CE1 空间控制寄存器 1
             //           MTYPE = 001，异步 RAM，16 位数据总线宽度
  0x5FFF,    // CE1_2:  CE1 空间控制寄存器 2
  0x5FFF,    // CE1_3:  CE1 空间控制寄存器 3
  0x1FFF,    // CE2_1:  CE2 空间控制寄存器 1
             //           MTYPE = 001，异步 RAM，16 位数据总线宽度
  0x5FFF,    // CE2_2:  CE2 空间控制寄存器 2
  0x5FFF,    // CE2_3:  CE2 空间控制寄存器 3
  0x0FFF,    // CE3_1:  CE3 空间控制寄存器 1
             //           MTYPE = 000，异步 RAM，8 位数据总线宽度
  0x5FFF,    // CE3_2:  CE3 空间控制寄存器 2
  0x5FFF,    // CE3_3:  CE3 空间控制寄存器 3
  0x2911,    // SDRAM 控制寄存器 1，SDC1
             //        SDRAM 中 tRC 取值，TRC = 5，6 个 CLKMEM 周期
             //        SDRAM 类型，SDSIZE = 0;SDWID = 0，4M*16 比特（64M 比特）
             //        自动刷新命令使能，RFEN = 1
             //        SDRAM 中 tRCD 取值，TRCD = 1，2 个 CLKMEM 周期
             //        SDRAM 中 tRP 取值，TRP = 1，2 个 CLKMEM 周期
  0x0410,    // SDRAM 周期寄存器，SDPER
             //        1040 个 CLKMEM 周期
  0x07FF,     // SDRAM 初始化寄存器，SDINIT
             // 向该寄存器写入任何值都会初始化 CE 空间
             // 在对 C55x 芯片硬件复位或上电后执行
  0x0131     // SDRAM 控制寄存器 2，SDC2
             //         数据总线宽度，SDACC = 0;16 位宽
             //         SDRAM 中 tMRD 取值，TMRD = 1，2 个 CLKMEM 周期
             //         SDRAM 中 tRASh 取值，TRAS = 3，4 个 CLKMEM 周期
             //         SDRAM 中 tRRD 取值，TACTV2ACTV = 1，2 个 CLKMEM 周期
};
void main(void)
{
```

每个 CE 空间的控制寄存器，决定位宽和存储类型

以下为 SDRAM 的配置寄存器，由于本例中没有使用 SDRAM，因此无需关注

```
    CSL_init();
    EMIF_config(&myEmifConfig);     // 配置 EMIF 接口
    ……
}
```

2. 正常工作驱动

对于 DSP 系统而言，外部存储的作用是扩展了 DSP 芯片的实际访问地址空间。因此在 DSP 程序中，外部存储的扩展就反映在程序、变量存储地址的扩展。除了需要对 EMIF 接口进行合理的初始化配置外，正常工作不需要撰写单独的控制程序，只要在 cmd 命令文件中加入扩展的存储空间，并正常使用这些空间即可。图 10-35 给出 cmd 命令文件和程序中使用外部空间的方法。

在图 10-36 中给出了两种使用外部空间访问数据的方法。一种是直接利用映射到外部空间的地址作为指针来访问外部空间，例如图中的 Flash_addr 指针就指向了 CE1 空间的起始地址。需要注意的是 Flash_addr 是指向 16 位短整型的指针，因此对应的地址是字地址。另一种方法是利用 pragma 来为代码或数据指定 CODE_SECTION 或 DATA_SECTION 的存储段，并在 cmd 命令文件中将这些段映射到外部空间中。例如图 10-36 中的 ad_bufferA 就保存在.extdata 数据段中，而在图 10-35 中.extdata 段映射到了 CE2 空间中。这样就能实现在外部空间存储数据。程序中对 ad_bufferA 的访问和存储在片内的数据没有区别。

```
MEMORY
{
……
    CE0  (RW) :  origin = 040000h  length = 3c0000h
    CE1  (R):    origin = 400000h  length = 400000h
    CE2  (RW) :  origin = 800000h  length = 400000h
    CE3  (RW) :  origin = c00000h  length = 400000h
……
}
SECTIONS
{
……
.text1          :    >CE0          /* CE0 空间用于存放代码 */
.bootdata       :    > CE1         /* CE1 空间用于代码 BOOT */
.extdata        :    > CE2         /* CE2 空间用于存放数据 */
.smdata         :    > CE3         /* CE3 空间用于存放 SM 卡数据 */
……
}
```

图 10-35 扩展存储空间的命令文件示例

```
/*直接使用地址作为指针访问外部空间*/
#define FLASH_ADDR            (0x200000)               // CE1 空间对应的起始字地址
volatileunsigned short      *Flash_addr = (unsigned short *)FLASH_ADDR;
                                                       // FLASH 对应的起始地址
/*定义存储在外部空间的数据以访问外部空间*/
#define FRAME 512
#pragma DATA_SECTION(ad_bufferA,".extdata");          // 乒乓数据区
volatile short ad_bufferA[FRAME];
#pragma DATA_SECTION(ad_bufferB,".extdata");
volatile short ad_bufferB[FRAME];
```

图 10-36 扩展存储空间的使用方法示例

10.4.2 串行 A/D 和 D/A 功能的控制程序

在 DSP 系统中，A/D、D/A 功能实现的好坏直接影响了 DSP 系统的性能。在设计 DSP 的 A/D、D/A 功能驱动程序时，主要的工作就是根据 A/D、D/A 转换器与 DSP 芯片连接的接口类型和时序要求，设计和编写合适的 DSP 外设驱动程序。当使用并行 A/D、D/A 转换器时，通常使用 EMIF 接口与之相连，因此可以参照 10.4.1 节的方法设置接口。当使用串行 A/D、D/A 转换器时，可以选用多通道缓冲串口（McBSP）或多通道音频串口（McASP）等串行接口与之相连。本节就以 DSP 芯片与串行 PCM 编译码器芯片 MC145483 的接口为例，介绍 McBSP 外设的驱动程序开发方法。

MC145483 是 Motorola 公司生产的一种 PCM 编译码器（Codec），可以实现 13 位线性 A/D 和 D/A 变换。MC145483 的数字接口包括数据输入输出 DR 和 DT，主时钟 MCLK，收发时钟 BCLKR 和 BCLKT，收发帧同步时钟 FSR 和 FSX。这个接口可以方便地与 DSP 芯片的 McBSP 相连。图 10-37 即为两个芯片的连接示意图。

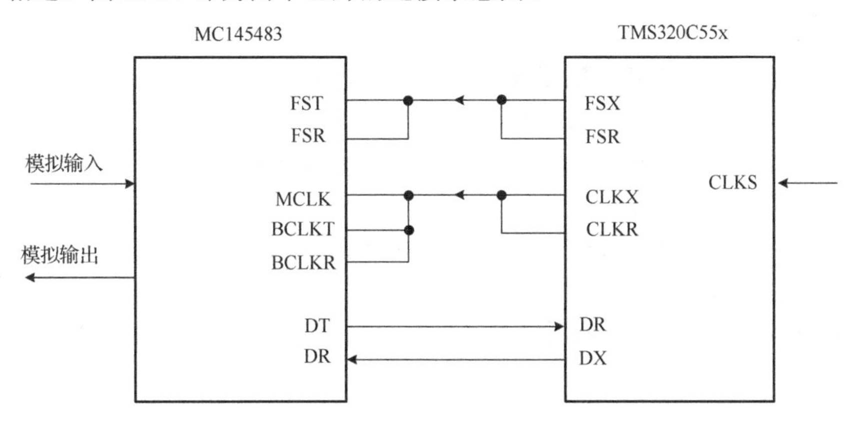

图 10-37　Codec 与 DSP 的 McBSP 连线示意图

从图中可以看出，数字接口的主时钟 MCLK 和收发时钟 BCLKT、BCLKR 均短接，连接到 DSP 芯片的 McBSP 收发时钟上；帧信号 FST 和 FSR 也短接在一起，连接在 DSP 芯片的 McBSP 的帧信号 FSX 和 FSR 上。数据接口收发互相直接连接。由于两侧芯片的电平都是 3.3V，因此所有信号可以直接连接。这种信号连接关系非常简单。

1. McBSP 的配置参数

DSP 芯片的 McBSP 可以实现的功能非常丰富，但为了适配某一种特定的工作模式，开发人员必须对其众多的参数（包括时钟源、时钟频率、数据传输模式、信号极性模式等）进行合理配置，否则接口将无法按设想的方式工作。

（1）时钟源的配置

由于 McBSP 的 CLKR 和 CLKX 短接，因此可以将 CLKX 设置为输出，CLKR 设置为输入；由于 McBSP 的 FSR 和 FSX 短接，因此可以将 FSX 设置为输出，FSR 设置为输入。

（2）采样率的配置

为了提高采样时钟的稳定度，利用外部 CLKS 信号作为 McBSP 时钟的输入，频率为

18.432MHz。在语音信号处理系统中，通常采用的语音信号采样率为 8kHz，也即每 1/8k 秒采样一个样点，因此对应于帧同步信号的周期为 8kHz。为了保证每帧能够传输一个样点，时钟周期至少应为帧周期的 13 倍，也即大于 104kHz。通常，可以设定时钟周期为 2.048MHz。这样，时钟分频比为 9，帧长度为 256 个时钟周期。

（3）数据传输模式的配置（见图 10-38）

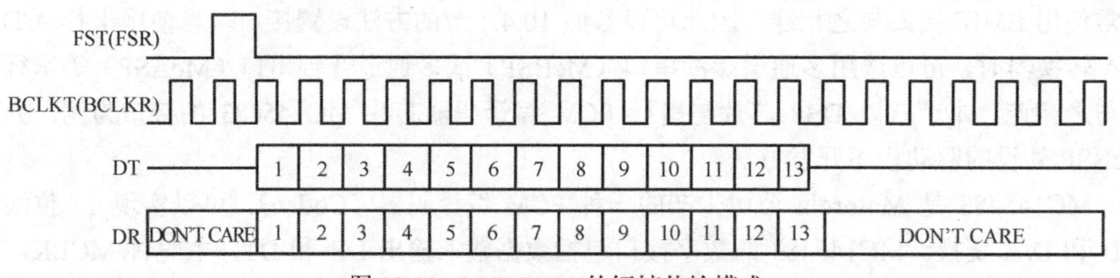

图 10-38　MC145483 的短帧传输模式

从图 10-38 中可以看出，MC145483 的短帧传输模式符合 McBSP 的标准传输模式。因此可以确定的传输参数包括：

① 帧同步信号 FSX（FSR）的宽度为 1 个时钟周期；

② 发送/接收比特延时是 1 个比特；

③ 由于传输的是 13 位线性 PCM 码字，因此可以设每帧为 1 个相位，相位的长度为 1 个字，字的长度为 16 个比特；

④ 码字是按高位排列的，16 个比特中低 3 个比特不用考虑。

（4）信号极性的配置

分析 MC145483 的发送和接收时序图（见图 10-39 和图 10-40），可以确定有关同步和时钟的配置为：

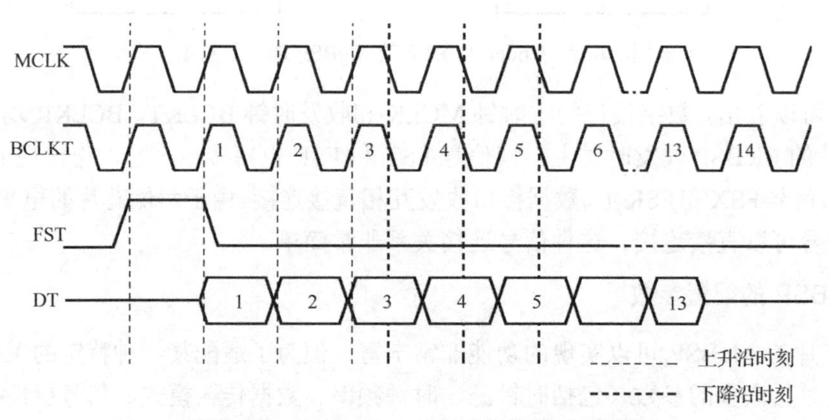

图 10-39　MC145483 的数字口发送时序图

① MC145483 的帧同步信号 FST 和 FSR 高电平有效，在时钟上升沿变高；

② MC145483 在时钟 BCLKT 的上升沿发送数据 DT，在时钟 BCLKR 的下降沿接收数据 DR。

根据以上相关配置的分析，就可以开始设计 McBSP 的初始化程序和正常工作驱动程序。

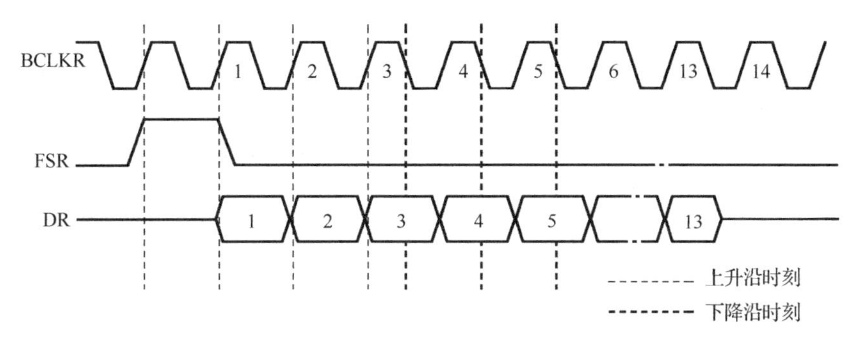

图 10-40　MC145483 的数字口接收时序图

2. 初始化配置

可以利用 CSL 提供的 McBSP 配置结构 MCBSP_Config 来设置 McBSP 模块的所有参数，并在程序中对该模块进行配置。

```
#include <csl.h>
#include <csl_mcbsp.h>
MCBSP_Config Mcbsp1Config = {
MCBSP_SPCR1_RMK(
        MCBSP_SPCR1_DLB_OFF,          // DLB = 0，不自环
        MCBSP_SPCR1_RJUST_LZF,        // RJUST = 0，右移数据，MSB 填 0
        MCBSP_SPCR1_CLKSTP_DISABLE,   // CLKSTP = 0，时钟 STOP 模式禁止
        MCBSP_SPCR1_DXENA_ON,         // DXENA = 1，DX 延迟使能
        0,                            // Reserved = 0
        MCBSP_SPCR1_RINTM_RRDY,       // RINTM = 0，接收中断模式，收到一个字
                                         就产生中断
        MCBSP_SPCR1_RSYNCERR_NO,      // RSYNCER = 0，接收帧同步错指示，没有错
        MCBSP_SPCR1_RFULL_NO,         // RFULL = 0，接收满标志
        MCBSP_SPCR1_RRDY_NO,          // RRDY = 0，接收准备好标志
        MCBSP_SPCR1_RRST_DISABLE      // RRST = 0，接收器复位比特，禁止状态
        ),
MCBSP_SPCR2_RMK(
        MCBSP_SPCR2_FREE_NO,          // FREE = 0，自由运行模式，受 SOFT 影响
        MCBSP_SPCR2_SOFT_NO,          // SOFT = 0，软停止比特，硬停止
        MCBSP_SPCR2_FRST_FSG,         // FRST = 0，帧同步逻辑复位比特
        MCBSP_SPCR2_GRST_CLKG,        // GRST = 0，采样速率生成器复位比特
        MCBSP_SPCR2_XINTM_XRDY,       // XINTM = 0，发送中断模式，发送完一个字
                                        就产生中断
        MCBSP_SPCR2_XSYNCERR_NO,      // XSYNCER =0，发送帧同步错误指示，没有错
        MCBSP_SPCR2_XEMPTY_NO,        // XEMPTY = 0，发送空标志
        MCBSP_SPCR2_XRDY_NO,          // XRDY = 0，发送准备好标志
        MCBSP_SPCR2_XRST_DISABLE      // XRST = 0，发送器复位比特，禁止状态
        ),
    // 单数据相，接收数据长度为 16 位，每相位 1 个数据
    MCBSP_RCR1_RMK(
        MCBSP_RCR1_RFRLEN1_OF(0),     // RFRLEN1 = 0，第 1 个相位帧长度，1 个字
        MCBSP_RCR1_RWDLEN1_16BIT      // RWDLEN1 = 2，第 1 个相位字长度，16 位比特
```

```
),
    MCBSP_RCR2_RMK(
        MCBSP_RCR2_RPHASE_SINGLE,   // RPHASE = 0，单相位，此时第 2 个相位
                                       参数不起作用
        MCBSP_RCR2_RFRLEN2_OF(0),   // RFRLEN2 = 0，第 2 个相位帧长度，1 个字
        MCBSP_RCR2_RWDLEN2_8BIT,    // RWDLEN2 = 0，第 2 个相位字长度，8 位比特
        MCBSP_RCR2_RCOMPAND_MSB,    // RCOMPAND = 0，不扩展，数据大小任意，
                                       MSB 先接收
        MCBSP_RCR2_RFIG_YES,        // RFIG = 1，忽略非正常的帧同步
        MCBSP_RCR2_RDATDLY_1BIT     // RDATDLY = 1，1 比特延时
        ),
    MCBSP_XCR1_RMK(
        MCBSP_XCR1_XFRLEN1_OF(0),   // XFRLEN1 = 1，第 1 个相位帧长度，1 个字
        MCBSP_XCR1_XWDLEN1_16BIT    // XWDLEN1 = 2，第 1 个相位字长度，16 位比特
        ),
    MCBSP_XCR2_RMK(
        MCBSP_XCR2_XPHASE_SINGLE,   // XPHASE = 0，单相位，此时第 2 个相位
                                       参数不起作用
        MCBSP_XCR2_XFRLEN2_OF(1),   // XFRLEN2 = 0，第 2 个相位帧长度，1 个字
        MCBSP_XCR2_XWDLEN2_8BIT,    // XWDLEN2 = 0，第 2 个相位字长度，8 位比特
        MCBSP_XCR2_XCOMPAND_MSB,    // XCOMPAND = 0，不扩展，数据大小任意，
                                       MSB 先接收
        MCBSP_XCR2_XFIG_YES,        // XFIG = 1，忽略非正常的帧同步
        MCBSP_XCR2_XDATDLY_1BIT     // XDATDLY = 1，1 比特延时
        ),
MCBSP_SRGR1_RMK(                    // SRGR1，采样速率生成器寄存器 1，
        MCBSP_SRGR1_FWID_OF(0),     // FWID = 0 帧同步宽度为 1 个时钟周期
        MCBSP_SRGR1_CLKGDV_OF(8)    // CLKGDV = 8 CLKG 分频比为 9
        ),
 MCBSP_SRGR2_DEFAULT(               // SRGR2，采样速率生成器寄存器 2
        MCBSP_SRGR2_GSYNC_FREE,     // GSYNC = 0，自由运行
        MCBSP_SRGR2_CLKSP_RISING,   // CLKSP = 0 上升沿有效
        MCBSP_SRGR2_CLKSM_CLKS,     // CLKSM = 0 时钟输入源为 CLKS
        MCBSP_SRGR2_FSGM_FSG,       // FSGM = 1， FSG 产生帧信号
        MCBSP_SRGR2_FPER_OF(255)    // FPER = 255，帧周期为 256 个时钟周期
        ),
MCBSP_MCR1_DEFAULT,                 // 多通道控制寄存器 1，默认参数
        MCBSP_MCR2_DEFAULT,         // 多通道控制寄存器 2，默认参数
MCBSP_PCR_RMK(
        MCBSP_PCR_IDLEEN_RESET,     // IDLEEN = 0，IDLE 使能模式，禁止
        MCBSP_PCR_XIOEN_SP,         // XIOEN = 0，发送 IO 模式，禁止，串口模式
        MCBSP_PCR_RIOEN_SP,         // RIOEN = 0，接收 IO 模式，禁止，串口模式
        MCBSP_PCR_FSXM_INTERNAL,    // FSXM = 1，发送帧同步内部产生
        MCBSP_PCR_FSRM_EXTERNAL,    // FSRM = 0，接收帧同步由 FSX 短接提供
        MCBSP_PCR_CLKXM_OUTPUT,     // CLKX 输出，内部产生
        MCBSP_PCR_CLKRM_INPUT,      // CLKR 由 CLKX 短接提供
        MCBSP_PCR_SCLKME_NO,        // SCLKME=0，CLKG 由 CLKS 提供
```

```
        MCBSP_PCR_CLKSSTAT_0,        // CLKS 引脚上的信号为低电平
        MCBSP_PCR_DXSTAT_0,          // DX 引脚上的信号输出为低电平
        MCBSP_PCR_DRSTAT_0,          // DR 引脚上的信号为低电平
        MCBSP_PCR_FSXP_ACTIVEHIGH,   // FSXP = 0，高电平有效
        MCBSP_PCR_FSRP_ACTIVEHIGH,   // FSRP = 0，高电平有效
        MCBSP_PCR_CLKXP_RISING,      // CLKXP = 0，上升沿发送数据
        MCBSP_PCR_CLKRP_FALLING      // CLKRP = 0，下降沿接收数据
        ),
    MCBSP_RCERA_DEFAULT,
     MCBSP_RCERB_DEFAULT,
     MCBSP_RCERC_DEFAULT,
     MCBSP_RCERD_DEFAULT,
     MCBSP_RCERE_DEFAULT,
     MCBSP_RCERF_DEFAULT,
     MCBSP_RCERG_DEFAULT,
     MCBSP_RCERH_DEFAULT,
     MCBSP_XCERA_DEFAULT,
     MCBSP_XCERB_DEFAULT,
     MCBSP_XCERC_DEFAULT,
     MCBSP_XCERD_DEFAULT,
     MCBSP_XCERE_DEFAULT,
     MCBSP_XCERF_DEFAULT,
     MCBSP_XCERG_DEFAULT,
     MCBSP_XCERH_DEFAULT
    };
    MCBSP_handle bhMcbsp;
    void main(void)
    {
        CSL_init();
    // 打开 McBSP 端口 1，并获取 McBSP 类型句柄
    hMcbsp = MCBSP_open(MCBSP_PORT1,MCBSP_OPEN_RESET);

    // 利用定义好的结构来配置 McBSP 端口 1
    MCBSP_config(hMcbsp,&Mcbsp1Config);

    // 启动 McBSP 端口 1 的发送和接收
    MCBSP_start(hMcbsp,MCBSP_RCV_START | MCBSP_XMIT_START, 0);
    // 启动 McBSP 端口 1 的采样率生成器
    MCBSP_start(hMcbsp, MCBSP_SRGR_START | MCBSP_SRGR_FRAMESYNC, 0);
    ……
    }
```

3. 正常工作驱动程序

在以下的程序中，利用轮询方法实现了 McBSP 的数据收发。MCBSP_rrdy 和 MCBSP_xrdy 分别是读取 McBSP 寄存器中 rrdy 和 xrdy 比特状态的函数，它们返回当前 rrdy 和 xrdy 的值。在第 1 个语句中，程序轮询 McBSP 的接收状态，若接口已准备好接收下一个数据，则

MCBSP_rrdy 返回为 1，循环条件不再成立，执行第 2 条语句，利用 MCBSP_read16 函数从 McBSP 的数据接收寄存器中读取一个 16 位的数据，保存在 DataTemp 中。相同的，若接口已准备好发送一个新数据，则不再执行第 3 条语句，将 DataTemp 发送到 McBSP 的数据发送寄存器中。

```
/*--------------------------------------------------------------------*/
 // DSP 接收 CODEC 中模数转换器的输出，并将其输出到数模转换器中
/*--------------------------------------------------------------------*/
while(TRUE)
    {
    while(!MCBSP_rrdy(hMcbsp)){};               // 第 1 句，判断接收状态
        DataTemp = MCBSP_read16(hMcbsp);        // 第 2 句，数据读入

        while(!MCBSP_xrdy(hMcbsp)) {};          // 第 3 句，判断发送状态
        MCBSP_write16(hMcbsp,DataTemp);         // 第 4 句，数据输出
    };
```

 10.4.3 外部主机通信功能的控制程序

DSP 芯片与外部主机利用 HPI 模块可以实现内存共享，为 DSP 芯片与外部主机通信提供了一个高速的并行实现方式。由于通信中外部主机可以 DSPINT 来中断 DSP 程序的执行，而 DSP 芯片也可以通过触发 HINT 引脚中断外部主机，因此利用 HPI 实现双机通信，最常用的交互方式是中断。

1. 初始化配置

下面给出一个利用 CSL 实现的通用 HPI 接口寄存器配置结构，以及利用 HPI_config 进行配置的示例。

```
#include <csl.h>
#include <csl_hpi.h>

HPI_Config myConfig = {
    0x3,     /* HPI 上电/调试管理寄存器 HPWREMU，FREE = SOFT = 1 */
    0x0,     /* HPI GPIO 引脚使能寄存器 HGPIOEN，禁止所有 GPIO 引脚 */
    0x0,     /* HPI GPIO 方向寄存器 HGPIODIR，默认 GPIO 引脚均为输出 */
    0x80     /* HPI 控制寄存器 HPIC，复位 HPI */
};

interrupt void HPIISR(void);

void main(void)
{
    CSL_init();

    HPI_config(&myConfig);
    IRQ_plug(IRQ_EVT_DSPINT,&HPIISR);  // IRQ_EVT_DSPINT 是 DSPINT 对应的中断号
```

```
        IRQ_enable(IRQ_EVT_DSPINT);
        ……
    }
```

在这个示例中，没有利用 XXX_getEventId（外设句柄）函数去获取 HPI 中断对应的中断号 eventId0，而是直接使用预定义的 IRQ_EVT_DSPINT（该常量在 csl_irq.h 中定义，所有中断矢量表中的入口地址都有相对应的序号）来初始化该中断，这是另一种中断初始化的方法。

2. 正常工作驱动程序

在正常的工作中，DSP 程序需要完成 HPI 通信数据的发送准备和接收处理。由于 HPI 模块对应的数据空间本身就是 DSP 芯片的片内内存，因此对这些数据的访问按一般的变量访问即可，只要保证该数据的地址在定义好的 HPI 交互区即可。

图 10-41 和图 10-42 分别给出了 DSP 发送和接收的 HPI 通信程序。其中在设置 HINT 引脚时，需要使用 CHIP_FSET 宏，这个宏在 csl_chip.h 中声明，实现完整的程序时需要包含。

```
#pragma DATA_SECTION(Output2Host,"HPIRAM");
Uint16 Output2Host[160];

void HPIsend(void)              // HPI 发送程序，可以由其他函数周期调用
{
updateData(Output2Host,160);    // 更新长度为 160 的数据，准备发送
CHIP_FSET(ST3_55,HINT,0);       // 设置 HINT 为 0，中断主机
……
CHIP_FSET(ST3_55,HINT,1);       // 间隔一定时间，拉高 HINT
}
```

图 10-41　HPI 发送程序示例

```
#pragma DATA_SECTION(Input4Host,"HPIRAM");
Uint16 Input4Host[160];

interrupt void HPIIsr(void)     // HPI 中断服务程序，
{
MoveData(Input4Host,160);       // 搬移长度为 160 的数据到其他地址，准备处理
}
```

图 10-42　HPI 中断服务程序示例

10.5　DMA 的控制程序开发

信号处理中经常涉及大量的数据传输，其中很多数据的传输是周期性的，传输的地址也是相对固定的。例如视频处理中，DSP 芯片需要每秒从视频采样芯片中读取 24 次采样数据，这个周期是固定的，而且每次读取的数据大小也是固定的。在 DSP 程序中，利用 DSP 的指令可以完成这些数据的搬移，但这会占用大量的 CPU 资源。为降低 CPU 的负荷，DSP 芯片内都集成有多通道的直接存储器访问（DMA）控制器。DMA 控制器是独立于 CPU 的设备，一旦正确初始化后，就能独立于 CPU 工作，在 CPU 操作的同时实现片内存储器、片内外设

以及外围器件间的数据传输。那么，视频数据采集这样的任务就可以使用 DMA 来完成。合理地使用 DSP 芯片中的 DMA 实现数据传输，将大大提高 DSP 系统的效率。

在 C55x 系列 DSP 芯片中，DMA 控制器包含有六个独立的可编程通道，可以支持六个不同内容的 DMA 传输。DMA 控制器提供了与 DARAM、SARAM、EMIF 和外设控制器的接口，同时，HPI 接口也可以使用 DMA 总线进行传输。

DMA 传送时，需要使用系统的地址和数据总线以及一些控制信号线，但这些总线一般都是由 CPU 控制的，因此为了能够实现 DMA，需要由硬件自动实现总线的控制权的仲裁和转移，为此一般的 DMA 控制器需要具有以下功能：

① 可以向 CPU 发出 HOLD 信号，请求 CPU 让出总线，即 CPU 连在这些总线上的引线处于高阻状态；

② CPU 让出总线后，可以接管对总线的控制；

③ 可以在总线上进行寻址和读写控制；

④ 可以决定传送的数据个数；

⑤ 可以启动数据的传送，可以判断数据传送是否结束并发出结束信号；

⑥ 可以在结束传送后自动交出总线控制权，恢复 CPU 正常工作状态。

尽管 DMA 控制器具有强大的功能，但它的工作机制较为复杂，涉及到不同的传输模式，不同的数据传输源、目的配置方式，配置和使用的难度也很大。要使用好 DMA，写出一个可靠的 DMA 驱动程序，需要 DSP 芯片开发人员对信号传输过程有着十分清晰的理解，同时能够熟练地应用 CSL 函数或者汇编语言。因此，在本章的最后，专门针对 DMA 的控制驱动程序开发进行介绍，以期读者能够在之前的基础上真正理解 DMA 程序的工作过程。

 10.5.1 DSP 芯片的 DMA 数据传输模式

虽然不同的芯片中 DMA 控制器实现的功能不同，但 DMA 控制器完成的基本操作都是读操作和写操作。其中在读操作中，DMA 控制器从存储空间中的源地址处读取数据，在写操作中，DMA 控制器将读操作中读取的数据写入到存储空间中的目的地址处。源地址和目的地址对应的存储空间可以为程序空间、数据空间和 I/O 空间。

为便于数据传输，在基本操作的基础上，DSP 芯片的 DMA 控制器将数据进行了分块（block）管理，每一块又可以分为若干帧（frame），每帧由一定长度的数据元素（element）组成。这些不同粒度等级的数据分类如下：

字节：一个 8 比特数据，它是 DMA 通道传输中的最小数据单位；

元素：几个字节作为一个整体进行传输的数据单元。根据程序中使用的数据类型，元素可以是 8 比特宽度、16 比特宽度或者 32 比特宽度。元素的传输过程无法打断，只有等它所有的字节传完，别的通道才能控制传输端口。

帧：几个元素作为一个整体进行传输的数据单元。帧的传输过程是可以在元素传输的间隔时被打断的。

块：几帧作为一个整体进行传输的数据单元。每个通道都能传输数据块。块传输可以在帧传输和元素传输的间隔间被打断。

每个粒度的数据都有自己的传输方式：元素传输、帧传输、块传输。用户可以针对每个

DMA 通道，自行定义所需的数据块大小（DMACFN，块内帧数寄存器）、数据帧大小（DMACEN，帧内元素数寄存器）、数据元素大小（DMACSDP 寄存器中的 DATAYPE 比特），实现不同模式的数据传输。

 10.5.2 DSP 芯片的 DMA 传输地址

在 DMA 的传输中，除了需要确定数据类型，还需要确定数据的寻址方式。

如图 10-43 所示，每个 DMA 传输都包含了一个读操作和写操作，因此 DMA 每个通道的源和目的地址都提供了可配置的寻址方式。VC5509A 提供了 DMA 源起始地址寄存器（DMACSSAL，DMACSSAU，分别是源起始地址的低位和高位）和 DMA 目的起始地址寄存器（DMACDSAL，DMACSSAU，分别是目的起始地址的低位和高位）。

图 10-43　DMA 通道传输示意图

DMA 传输支持不同的地址空间，用户可以通过寄存器设置传输源地址和目的地址的空间属性，可以选择为程序空间、数据空间和 I/O 空间。由于 DMA 地址寄存器里记录的都是字节地址，因此在设置 DMA 的起始传输地址时，首先需要判断元素的类型。如果传输的是 16 位字，那么就需要将字地址左移 1 位再存入寄存器中。在存放时，由于 C5509A 数据空间地址总线是 24 位的，因此需要将地址的低 16 位比特存入 DMACSSAL 或 DMACDSAL，将高 8 位存入 DMACSAU 或 DMACDSAU 中。如果利用 DMA 传输 IO 空间数据，由于 IO 空间的字节地址总线是 17 位的，同样要将地址分成 1 位高位和 16 位低位存放到地址寄存器中。

在 DMA 通道传输中，DMA 控制器总是从起始地址寄存器记录的地址开始读操作和写操作。在不同的数据传输可能还需要更新，例如一幅 256×256 的灰度图像数据通常会需要 64K 字节的存储空间，那么在存储时需要 DMA 控制器能自动的从起始地址开始逐地址的存放所有图样样点。为了适应不同的传输要求，DMA 实现了多种地址更新方式，包括块地址自动更新、元素地址固定、元素地址自动增/减 1 以及可编程的地址调整等。在块地址自动更新模式下，当块传输结束后，块地址可以自动利用初始化的起始地址更新。在元素地址更新的方式中，当每次元素传输结束后，地址选择为不修改、预先增 1、滞后增 1、滞后增加预设的索引值等。这些都可以通过设置 DMA 通道控制寄存器 DMACCR 等寄存器实现。

 10.5.3 DSP 芯片的 DMA 事件和中断

为了实现数据的自动传输，DMA 控制器实现了与外部中断等事件的同步功能。相应的事件发生后，都将自动触发 DMA 传输，避免了用户对 DMA 过多的控制。为了方便不同的外设使用 DMA 传输数据，DMA 控制器可以利用 DSYN 比特域确定触发该通道 DMA 传输的同步事件。VC5509A 支持的同步事件如表 10-2 所示。

表 10-2　VC5509A 支持的同步事件

SYNC 比特	同步模式
00000b	没有事件同步
00001b	McBSP0 接收事件（REVT0）
00010b	McBSP0 发送事件（XEVT0）
00101b	McBSP1/MMC-SD1 接收事件。串口 1 模式： 00=McBSP1 接收事件（REVT1）； 01=MMC/SD1 接收事件（RMMCEVT1）
00110b	McBSP1/MMC-SD1 发送事件。串口 1 模式： 00=McBSP1 发送事件（XEVT1）； 01=MMC/SD1 发送事件（XMMCEVT1）
01001b	McBSP2/MMC-SD2 接收事件。串口 2 模式： 00=McBSP2 接收事件（REVT2）； 01=MMC/SD2 接收事件（RMMCEVT2）
01010b	McBSP2/MMC-SD2 发送事件。串口 2 模式： 00=McBSP2 发送事件（XEVT2）； 01=MMC/SD2 发送事件（XMMCEVT2）
01101b	定时器 0 中断事件
01110b	定时器 1 中断事件
01111b	外部中断 0 事件
10000b	外部中断 1 事件
10001b	外部中断 2 事件
10010b	外部中断 3 事件
10011b	外部中断 4 事件/I2C 接收事件（REVTI2C）
10100b	I2C 发送事件（XEVTI2C）

当同步事件发生后，DMA 启动传输。根据 FS 比特的设置，可以实现元素传输（FS=0）和帧传输（FS=1）两种方式。当 FS 为 0 时，每个元素传输都需要等待一个同步事件的发生，而 FS 为 1 时，每个帧传输都需要等待一个同步事件发生。

DMA 传输完毕后，也可以向 CPU 提供中断，方便用户在数据传输后进行相应的处理。VC5509A 的中断矢量表中设置了 6 个 DMA 中断跳转入口，可以同时支持 6 个通道的 DMA 传输。为灵活处理搬移后的数据，用户也可以为每个通道选择不同的中断源。例如，在图像数据传输时，可以定义整幅图像为一块数据，一行图像数据为一帧，那么如果选择帧传输结束产生中断，就可以在中断服务程序中完成该行数据的预处理；如果选择块传输结束产生中断，就可以在中断服务程序中完成整幅图像的 DCT 变换等处理。VC5509A 的 DMA 模块提供了 6 种不同的中断触发事件，如表 10-3 所示。同时不同通道的 DMA 传输也可以设置不同的优先级，方便用户的选择。

表 10-3　DMA 控制器操作事件和他们关联的比特及中断

操作事件	中断使能比特	状态比特	关联中断
块传输结束	BLOCKIE	BLOCK	通道中断
上一帧传输启动	LASTIE	LAST	通道中断
帧传输结束	FRAMEIE	FRAME	通道中断
当前帧的一半已传输	HALFIE	HALF	通道中断
同步事件已丢弃	DROPIE	DROP	通道中断
传输超时	TIMEOUTIE	TIMEOUT	总线错误中断

10.5.4 DMA 控制程序举例

由于 DMA 传输不需要 CPU 处理，因此在启动 DMA 传输之前，需要对 DMA 传输通道进行初始化，提前确定好源地址、目的地址以及各自的修改方式、数据传输的宽度、数量以及传输触发方式等很多因素。在数据传输的过程中，DMA 控制器需要与 CPU 进行一定的事件交互，这需要通过中断或同步事件来完成。因此对 DMA 的控制重点是对 DMA 寄存器的初始化配置以及 DMA 传输事件的管理。

下面的代码示例利用 DMA 将数据从数据空间搬移到 McBSP1 的发送数据寄存器中，实现 McBSP 数据的自动发送。这个示例是 10.4.2 节中程序的改进。DMA 控制器配置为每个块为 1 帧，每帧包含 160 个数据元素，每个元素都是 16 位的数据。传输的源地址在一个单元传输完成后自增 1，而目的地址是 McBSP1 发送数据寄存器的地址，固定不变。整个传输自由运行。

1．初始化配置

下面利用 CSL 中的 DMA 模块实现 DMA 的初始化配置，使用了 DMA_Config 配置结构、DMA_open、DMA_config 等函数进行配置。

```
#include <csl.h>
#include <csl_dma.h>
#include <csl_irq.h>
#define LENGTH  160                               // 数据块长度
#pragma DATA_SECTION(txbuf_mcbsp1,".DMA_buffer"); // 定义DMA缓存数据块DMA_buffer
Uint16   txbuf_mcbsp[LENGTH];

DMA_Config  dmaXmt1Config = {
  DMA_DMACSDP_RMK(
    DMA_DMACSDP_DSTBEN_NOBURST,             // 目的突发使能，禁止
    DMA_DMACSDP_DSTPACK_OFF,                // 目的打包使能，禁止
    DMA_DMACSDP_DST_PERIPH,                 // 目的地址选择，目的地址是片内外设
    DMA_DMACSDP_SRCBEN_NOBURST,             // 源突发使能，禁止
    DMA_DMACSDP_SRCPACK_OFF,                // 源打包使能，禁止
    DMA_DMACSDP_SRC_DARAM,                  // 源地址选择，源地址在DARAM空间
    DMA_DMACSDP_DATATYPE_16BIT              // 传输数据类型是16位数据
  ),                                        /* DMACSDP */
  DMA_DMACCR_RMK(
    DMA_DMACCR_DSTAMODE_CONST,              // 目的地址更新模式，固定不变
    DMA_DMACCR_SRCAMODE_POSTINC,            // 源地址更新模式，后增1，即传输之后地址加1
    DMA_DMACCR_ENDPROG_OFF,                 // 编程结束比特，准备编程
    DMA_DMACCR_REPEAT_OFF,                  // 重复条件比特，只在ENDPROG为1时重复
    DMA_DMACCR_AUTOINIT_OFF,                // 自动初始化比特，不自动初始化
    DMA_DMACCR_EN_STOP,                     // 通道使能比特，禁止
    DMA_DMACCR_PRIO_LOW,                    // 通道优先级比特，低优先级
    DMA_DMACCR_FS_DISABLE,                  // 帧/元素同步比特，元素同步
    DMA_DMACCR_SYNC_XEVT1                   // 同步事件，McBSP1发送事件
  ),                                        /* DMACCR */
```

```
 DMA_DMACICR_RMK (
   DMA_DMACICR_BLOCKIE_ON,                    // BLOCKIE 使能
   DMA_DMACICR_LASTIE_OFF,                    // LASTIE 禁止
   DMA_DMACICR_FRAMEIE_OFF,                   // FRAMEIE 禁止
   DMA_DMACICR_FIRSTHALFIE_OFF,               // FIRSTHALFIE 禁止
   DMA_DMACICR_DROPIE_OFF,                    // DROPIE 禁止
   DMA_DMACICR_TIMEOUTIE_OFF                  // TIMEOUTIE 禁止
 ),                                            /* DMACICR */
   (DMA_AdrPtr)&txbuf_mcbsp[0],                /* DMACSSAL */
   0,                                          /* DMACSSAU */
   (DMA_AdrPtr)(MCBSP_ADDR(DXR11)),           /* DMACDSAL */
   0,                                         /* DMACDSAU */
   LENGTH,                                    /* DMACEN */   // 帧内元素个数
  1,                                          /* DMACFN */   // 块内帧个数
   0,                                         /* DMACFI */
   0                                          /* DMACEI */
};
DMA_handle mhDmaXmt1;                         // DMA 控制句柄
interrupt void dmaXmt1Isr(void);              // DMA 中断服务程序
void main(void)
{
Uint16 srcAddrHi, srcAddrLo;
    Uint16 dstAddrHi, dstAddrLo;
    Uint16 xmtEventId1;          // McBSP 的事件
    Uint16 dmaEventId_xmt1;      // DSP 的事件

CSL_init();
      /* 默认情况下，C55x 的寄存器或数据存储单元的地址是以字为单位，然而 DMA 存储单元
的地址以字节为单位，因此寄存器或数据存储器的地址乘以 2 转化为字节地址传递给 DMA 的存储单元
地址*/
srcAddrHi = (Uint16)(((Uint32)(&txbuf_mcbsp[0])) >> 15) & 0xFFFFu;
srcAddrLo = (Uint16)(((Uint32)(&txbuf_mcbsp[0])) << 1) & 0xFFFFu;
dstAddrHi = (Uint16)(((Uint32)(MCBSP_ADDR(DXR11))) >> 15) & 0xFFFFu;
dstAddrLo = (Uint16)(((Uint32)(MCBSP_ADDR(DXR11))) << 1) & 0xFFFFu;

   dmaXmt1Config.dmacssal = (DMA_AdrPtr)srcAddrLo;
   dmaXmt1Config.dmacssau = srcAddrHi;
   dmaXmt1Config.dmacdsal = (DMA_AdrPtr)dstAddrLo;
   dmaXmt1Config.dmacdsau = dstAddrHi;

  /*打开 DMA 通道 3，设置其为上电的默认值，返回其句柄，并获取 DMA 通道 3 中断 ID 号*/
   mhDmaXmt1 = DMA_open(DMA_CHA3,DMA_OPEN_RESET);
dmaEventId_xmt1 = DMA_getEventId(mhDmaXmt1);
```

```
        /*清除 DMA 通道 3 中断状态位，并使能该通道*/
        IRQ_clear(dmaEventId_xmt1);
        IRQ_enable(dmaEventId_xmt1);

        /*为该 DMA 通道关联中断服务程序*/
        IRQ_plug(dmaEventId_xmt1,&dmaXmt1Isr);

        /* 设置 DMA 通道 3 的控制寄存器参数*/
       DMA_config(mhDmaXmt1,&dmaXmt1Config);

       /*配置并启动相关联的 MCBSP1 模块，由于 MCBSP 的传输由 DMA 自动控制，因此不需要使
能 MCBSP 的中断*/
        mhMcbsp1 = MCBSP_open(MCBSP_PORT1, MCBSP_OPEN_RESET);
        xmtEventId1 = MCBSP_getXmtEventId(mhMcbsp1);
        IRQ_clear(xmtEventId1);
        MCBSP_config(mhMcbsp1, &McBSP1Config);
        MCBSP_start(hMcbsp,MCBSP_RCV_START | MCBSP_XMIT_START, 0);
        MCBSP_start(hMcbsp, MCBSP_SRGR_START | MCBSP_SRGR_FRAMESYNC, 0);
        ……
    }
```

2. 正常工作驱动程序

配置好 DMA 工作参数后，即可以启动 DMA 的传输。正常工作的驱动程序主要实现 DMA 传输数据的发送准备和接收处理。本例中的数据传输是从数据空间发送至外设的，因此发送准备需要由驱动程序完成。由于本例中 DMA 的传输没有选择自动初始化（AUTOINIT 为 0），因此 DMA 的启动、停止等均由程序控制。通常可以由定时程序在处理数据满一个块长度之后调用 DMA_start 来触发数据发送，在传输结束的中断中调用 DMA_stop 来停止数据发送，并设置相应状态参数，供程序检测。

图 10-44 和图 10-45 分别给出了 DMA 中断服务程序和一个定时服务程序中启动 DMA 传输的示例。

```
interrupt void dmaXmt1Isr(void)       // DMA 中断服务程序，本例中的中断由块传输结束
                                      // 触发
{
DMA_stop(mhDmaXmt1);                  // 停止 DMA 传输
Flag_XmtReady= 1;                     // 设置标志供程序检测
}
```

图 10-44　DMA 中断服务程序示例

```
interrupt void timer1Isr(void)        // 定时器中断服务程序，本例中的中断由定时器 1 溢出
                                      // 触发
{
updateData(txbuf_mcbsp,LENGTH);       //更新长度为 LENGTH 的数据，准备发送
DMA_start(mhDmaXmt1);                 // 启动 DMA 传输
}
```

图 10-45　定时器服务程序中启动 DMA 传输的示例

本 章 小 结

本章介绍了 DSP 芯片常用外设的配置和使用方法，通过定时器、GPIO 等接口的开发，说明了使用 CSL 函数开发 DSP 程序的过程和思路、中断服务程序的设计过程，以及软件、硬件结合的程序开发思路。要设计 DSP 系统，DSP 芯片的外设开发是一个必要的环节，需要读者根据系统的要求和工作特点灵活选择和实现。

习题与思考题

1. 使用 CSL 函数库来实现外设控制有什么优点？

2. 利用中断机制控制外设时，一般需要在软件中做哪些设置？

3. 中断服务程序和一般的函数实现时有什么不同之处？

4. 请设计一个 DSP 系统，利用 GPIO 控制多个 LED 等闪烁，闪烁的周期不同，编程实现控制程序。

第 11 章　DSP 脱机系统的开发

DSP 芯片开发最终实现的系统通常需要脱离开发系统独立运行。系统加电后，DSP 芯片能自动运行设计好的软件代码，实现目标功能，这与开发时需要通过计算机、仿真器等启动 DSP 的程序运行截然不同。本章首先介绍联机系统和脱机系统的概念，然后以 VC5509A 为例，介绍 DSP 芯片的 BOOT 以及 DSP 脱机系统的实现方法。

11.1　联机系统和脱机系统

DSP 程序开发过程中，通常在计算机上使用 CCS 进行编辑、编译、链接，生成执行代码，然后利用仿真电路将计算机与 DSP 芯片相连，通过 CCS 将 DSP 程序加载（load）到 DSP 芯片中调试、运行。这种过程称为**联机调试**，计算机、仿真电路和 DSP 电路共同构成一个**联机系统**。图 11-1 所示是联机系统的示意图。

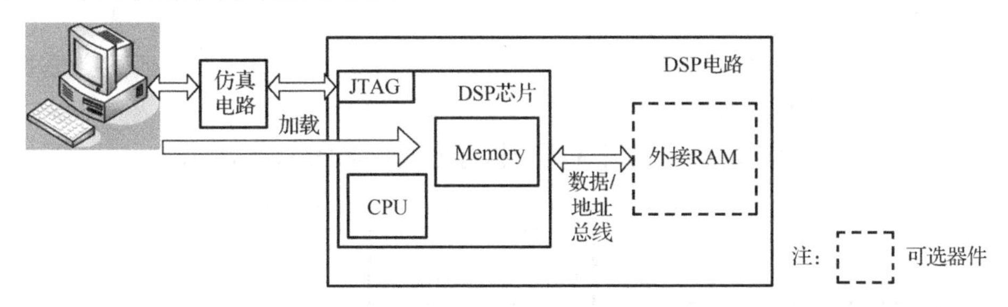

图 11-1　DSP 联机系统示意图

然而，当 DSP 系统能够脱离开计算机独立工作时，需要将用户软件固化到 DSP 系统（可以利用片内 ROM、外接 ROM 芯片、外接 FLASH 芯片等实现固化）中，系统工作时，DSP 芯片可以自动执行用户程序，或者由其他芯片传输给 DSP 芯片后执行用户程序。通常称这种可以脱离计算机独立运行的系统为**脱机系统**，如图 11-2 所示。

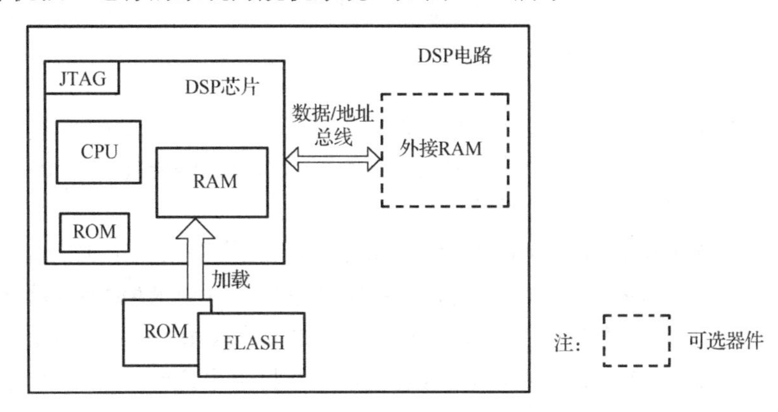

图 11-2　DSP 脱机系统示意图

联机系统中，用户编写的可执行代码按如图 11-3 所示的过程启动运行，即将计算机内编译、链接好的 DSP 程序代码，通过 JTAG 口加载到 DSP 芯片的内存中，利用集成开发环境启动用户代码的运行，这个过程实际就是 **Emulator** 的调试过程。这个执行过程由于无法脱离计算机，并不适用于实用的 DSP 系统，只能在 DSP 系统的开发、调试、维护时使用。

图 11-3 DSP 联机系统程序启动过程

实用的 DSP 系统中，用户设计开发的可执行代码需要做到掉电不丢失，系统开机加电后能够自动运行。这就需要能够实现如图 11-2 所示的脱机系统。

在脱机系统中，有以下几种方式可用来存储 DSP 程序：

① 利用 DSP 芯片内部的 ROM 存储 DSP 程序；

② 利用 DSP 芯片内部的 FLASH 存储 DSP 程序；

③ 利用外接的存储器件（如 E^2PROM、FLASH）存储 DSP 程序。

很多 DSP 芯片自身都带有 ROM，我们可以将 DSP 程序代码通过掩膜的方法存储在这些 ROM 中。但是，ROM 的掩膜需要将程序提供给 TI 公司，TI 公司收取相当的开发费用后完成掩膜。由于实现成本较高，因此一般小规模的系统开发，都不采用这种方式。

有的 DSP 芯片（如 TMS320F28x）片内自带有 FLASH，用户可以将调试完成的代码自行烧录到片内 FLASH 中直接运行。

在第三种方式下，用户可执行代码有两种执行方式，如图 11-4 所示。

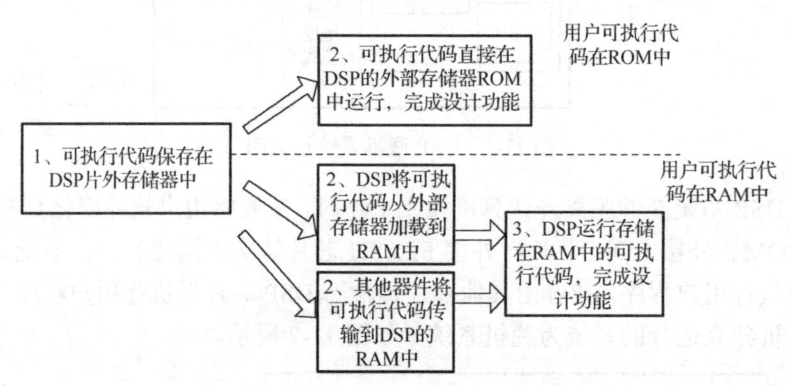

图 11-4 DSP 脱机系统程序启动过程

一种是 DSP 芯片在扩展程序空间（即 ROM 的映射空间）中**直接运行**用户代码（这相当于计算机在硬盘上执行程序）；另一种是 ROM 中保存的用户代码**先搬移**到 RAM 中，**再运行**该代码（这相当于计算机在内存中执行程序）。

由于 DSP 芯片访问外部器件的总线时钟通常低于内部总线时钟，在片外运行程序会降低系统的运行速度，延长程序执行时间，因此如果 DSP 芯片的片内 RAM 空间足够存放用户代码，则优先考虑将用户代码搬移至片内 RAM 执行。如果片内 RAM 空间无法完全存放所有用户代码，可以选择高速 RAM 器件扩展 RAM 空间，并将用户代码合理安排在 RAM 空间中运行。

要设计和开发脱机系统，开发人员需要清楚地了解如下内容：

（1）系统加电后，DSP 芯片是如何开始运行程序的？

（2）当需要将用户程序从 ROM 或 FLASH 搬移到 RAM 执行时，DSP 芯片如何判断从何处搬移用户程序？搬移完程序后如何开始执行用户程序？

（3）为支持不同的系统实现方案，DSP 芯片有哪些搬移模式？在这些模式中，用户程序需要以什么方式存储在 ROM 中？

（4）如何将调试成功的用户可执行代码（.out）存储到外接存储器中？

下面我们来回答这些问题。

11.2　DSP 芯片的 BOOT

 11.2.1　BOOT 简介

在大多数系统中，开发人员都选择在 RAM 中运行用户代码的方式。此时，DSP 脱机系统设计的核心是如何将代码从外部存储器中搬移到片内 RAM，根据不同的搬移方式优化设计硬件电路和软件。

就像计算机启动时 CPU 会通过 BIOS 的一段程序来读取安装在硬盘上的操作系统，并在内存中运行它一样，DSP 芯片的启动过程中也会通过一段程序来读取存储设备中的用户代码。这个过程通常称之为 **BOOT**（自举），也就是“自引导”或“自启动”的意思。完成这个 BOOT 过程的程序称为**引导程序**（又称为 **Bootloader 程序**）。Bootloader 程序存储于 DSP 芯片的片内 ROM 中。

VC5509A 的片内集成有 64K 字节大小的单等待状态 ROM（一个 32K 字节的块和两个 16K 字节的块），映射地址为 FF0000h～FFFFFFh，如图 11-5 所示。在这块 ROM 中，就驻留有 Bootloader 程序，以及正弦表、工厂测试代码、中断矢量表等内容，如表 11-1 所示。

VC5509A 的 ROM 存储区是复用的。当设置 DSP 芯片为微计算机模式（MPNMC=0）时，这个地址空间映射为片内 ROM，当设置为微处理器模式（MPNMC=1）时，该空间映射到扩展 CE3 存储空间中。MPNMC 比特可以软件修改，但当 VC5509A 加电或硬件复位时，该比特始终为 0。因此，该区域在加电或硬件复位时，始终映射为 ROM。

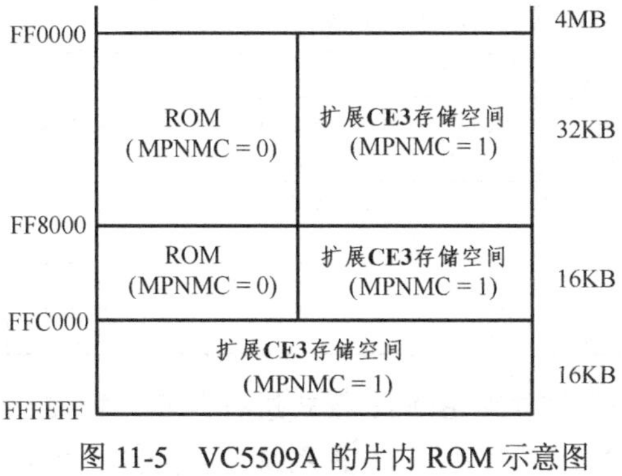

地址	MPNMC = 0	MPNMC = 1	大小
FF0000	ROM (MPNMC = 0)	扩展CE3存储空间 (MPNMC = 1)	32KB
FF8000	ROM (MPNMC = 0)	扩展CE3存储空间 (MPNMC = 1)	16KB
FFC000～FFFFFF	扩展CE3存储空间 (MPNMC = 1)		16KB

4MB

图 11-5　VC5509A 的片内 ROM 示意图

表 11-1　VC5509A 的片内 ROM 存储映射

起始地址	内　容
FF0000h	USB Bootloader 程序
FF8000h	Bootloader 程序的主代码
FFFA00h	正弦表
FFFC00h	工厂测试代码
FFFF00h	中断矢量表
FFFFFCh	ID 代码

VC5509A 芯片加电复位后，程序指针（Program Counter，PC）会被初始化为 FF8000h。当 RESET 信号变高后，VC5509A 芯片即从该程序空间位置开始执行程序。由于 VC5509A

ROM 中 FF8000h 驻留的是 Bootloader 程序，因此 VC5509A 芯片将运行 Bootloader 程序，启动 BOOT 过程：通过这个程序判断如何处理用户可执行代码，需要搬移代码时采用合适的方式将存放在外部的用户程序加载到 RAM（片内 RAM 或片外 RAM）中。当 BOOT 结束之后，程序指针（PC）将跳转到用户程序的入口处，开始运行用户程序。DSP 芯片加电后 BOOT 过程示意图如图 11-6 所示。

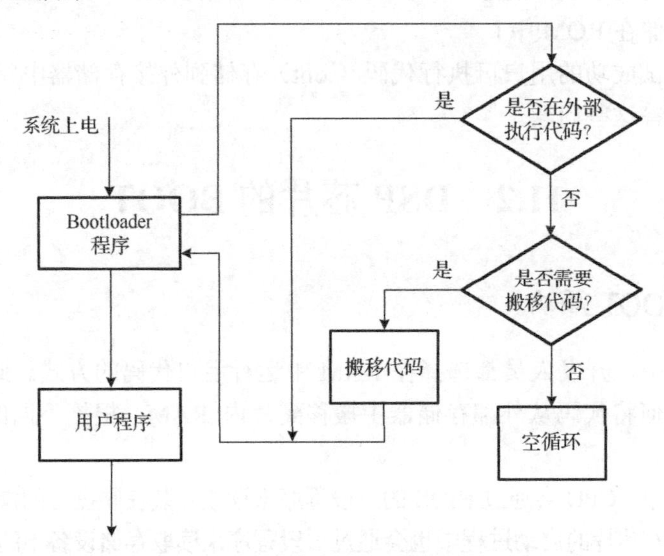

图 11-6　DSP 芯片加电后 BOOT 过程示意图

11.2.2　BOOT 过程

下面以 VC5509A 为例来详细解释 DSP 芯片的 BOOT 过程。

为了保证 Bootloader 程序运行可靠，VC5509A 芯片加电后，Bootloader 程序首先需要对芯片进行初始化配置，配置内容如表 11-2 所示。

表 11-2　VC5509A 的 Bootloader 程序初始化配置

配 置 对 象	初始化配置	说　明
堆栈寄存器	SP：000090h SSP：000080h	数据堆栈寄存器和系统堆栈寄存器
堆栈配置	32 位	堆栈宽度
可寻址寄存器	000060h 000061h	保留为入口地址的暂存区，在 Bootloader 结束时，PC 跳转到该寄存器保存的地址处开始执行
符号扩展	SXMD：0（代码复制完毕之前） SXMD：1（代码复制之后，执行之前）	为 0 时禁止符号扩展，所有数据均视为无符号数； 为 1 时使能符号扩展
中断	INTM：1	禁止响应中断
兼容模式	54CM：1	兼容 C54x 的代码

在初始化必要的比特和寄存器后，Bootloader 程序需要对 BOOT 模式进行判断。目前存储设备的种类很多，接口也多种多样（串口、并口等），同时不同 DSP 系统的组成结构也有很大差异，既有单 DSP 芯片的系统，也有多 DSP 芯片构成的合作系统，同时也有 DSP+ARM 等芯片构成的协同系统。为了满足不同系统的设计需求，DSP 芯片均设计了多种 BOOT 模式。

开发人员需要在硬件设计时根据系统工作场合和性能需求选择合适的BOOT模式，例如如果系统需要便于携带，为了减小电路尺寸，可以选用引脚数较少、芯片尺寸较小的串行存储器；再如，如果系统中ARM芯片或单片机做主控芯片，DSP芯片作为信号处理的协处理器，那么可以将ARM程序和DSP程序存放在同一个存储芯片中，由ARM芯片向DSP芯片传输DSP的程序代码。

VC5509A支持10种不同的BOOT模式，可通过片上的BOOT模式选择比特BOOTM[3:0]来进行配置，加电时BOOTM的四个比特分别对应于芯片的GPIO引脚GPIO0，GPIO3～GPIO1。不同配置对应的BOOT数据源如表11-3所示。

表11-3 VC5509A的BOOT模式选择

BOOTM[3:0]				BOOT的数据源
IO.0	IO.3	IO.2	IO.1	
0	0	0	0	保留
0	0	0	1	通过McBSP0从串行EEPROM（24位地址的SPI接口）BOOT
0	0	1	0	USB
0	0	1	1	I^2C EEPROM
0	1	0	0	保留
0	1	0	1	增强HPI（复用模式）BOOT
0	1	1	0	增强HPI（非复用模式）BOOT
0	1	1	1	保留
1	0	0	0	在外部16位异步存储器上运行
1	0	0	1	通过McBSP0从串行EEPROM（16位地址的SPI接口）BOOT
1	0	1	0	保留
1	0	1	1	并口EMIF BOOT（16位异步存储器）
1	1	0	0	保留
1	1	0	1	保留
1	1	1	0	通过McBSP0从标准串口（16位数据）BOOT
1	1	1	1	通过McBSP0从标准串口（8位数据）BOOT

根据适应的接口和工作方式不同，可以将表11-3中VC5509A支持的10种模式归纳为表11-4所示的几类。

表11-4 VC5509A的BOOT模式分类

序 号	BOOT模式分类	BOOTM	存 储 设 备	使 用 接 口
1	在外部直接执行	1000	异步存储器	EMIF16接口
2	并行BOOT	1011	异步存储器	EMIF16接口
3	EHPI BOOT	01xx（0101，0110）	——	HPI接口
4	SPI串行BOOT	x001	串行SPI接口的EEPROM	McBSP0串口
5	I2C串行BOOT	0011	串行I2C接口的EEPROM	I2C接口
6	USB串行BOOT	0010	——	USB接口
7	标准串行BOOT	111x	——	McBSP0串口

在每种配置模式下，DSP芯片都要按照规定好的方法来读取数据，否则将无法正确工作。

根据表11-4的分类，下面对其中的6个模式进行介绍。由于“USB串行BOOT”模式会涉及很多USB接口的概念，限于篇幅，这里就不作介绍了。

1. 在外部直接执行代码

在这种模式下，DSP 芯片的 Bootloader 程序将 EMIF 配置成 16 位异步存储器模式，并从外部程序区字节地址 40 0000h 开始执行，如图 11-7 所示。因此，此处存放的必须是可执行代码。为了与外部慢速存储器的速度适配，Bootloader 程序将 EMIF 接口控制寄存器中的 READ SETUP（读建立）、READ STROBE（读选通）、READ HOLD（读保持）和 READ EXTENDED HOLD（读扩展保持）参数都设置为最大。在这种模式下，DSP 程序的运行速度较慢，实际系统中采用此种方式的不多。

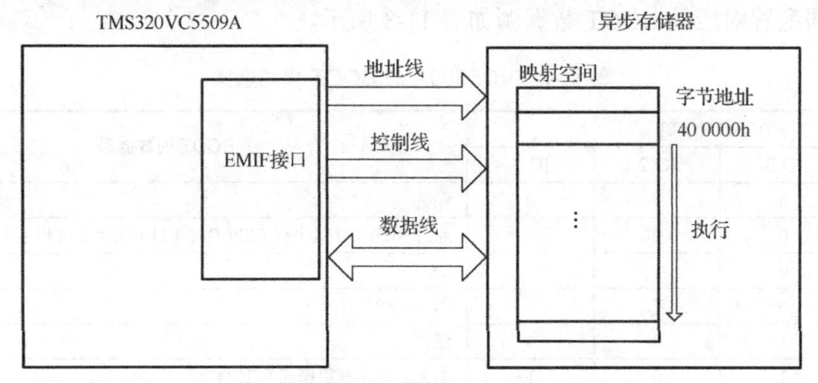

图 11-7　DSP 芯片在外部执行用户程序

2. 并口 EMIF 的 BOOT 模式

在这种模式下，DSP 芯片的 Bootloader 程序从外部的 8 位或 16 位异步存储器中读取用户代码和已初始化的数据，并将这些内容放置到片内存储器中。

并口 EMIF 模式从 CE1 空间的地址 20 0000h 开始读取代码和数据。因此，存储代码的异步存储器必须连接在 CE1 空间中。这个过程如图 11-8 所示。

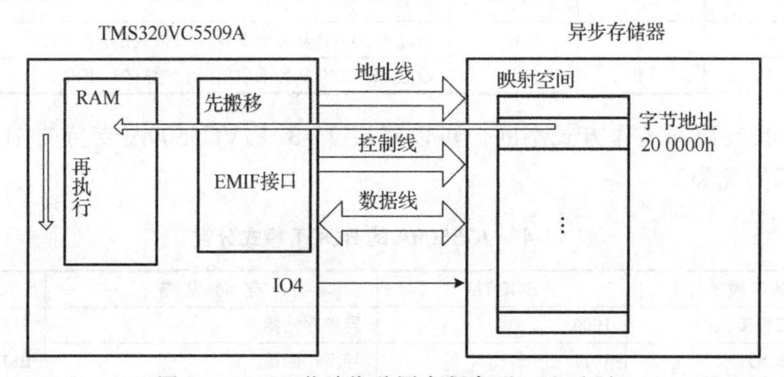

图 11-8　DSP 芯片搬移用户程序至 RAM 运行

为慢速存储器的速度适配，Bootloader 程序将 EMIF 接口控制寄存器中的 READ SETUP（读建立）、READ STROBE（读选通）、READ HOLD（读保持）和 READ EXTENDED HOLD（读扩展保持）参数都设置为最大。当然，这种设置可能会让数据传送太慢，这时可以通过设置端口寄存器的方式来修改。但要注意的是，在 BOOT 过程中调整时间参数，可能会导致 BOOT 失败。对于 EMIF 控制寄存器的调整也可能导致一些潜在的问题，因此在 BOOT 之初对 EMIF 重配置参数后必须跟随不小于 10 个周期的延迟，以保证接口时序的稳定。

在这个 BOOT 模式中，GPIO 接口中的 IO4 在 BOOT 进程的开始时为低。当执行参数配置后的延迟时，IO4 变高；延迟结束，IO4 为低。BOOT 进程结束后，IO4 变为高。IO4 的这种变化可以用于辅助控制外部的异步存储器，以便于 BOOT 进程的进行。

3. EHPI 的 BOOT 模式

在这种模式下，DSP 芯片根据 BOOTM 的选择进行相应的配置（复用和非复用两种方式）。配置完成后，GPIO 引脚中的 IO4 被自动置为低，以标识本芯片已准备好从主机接收数据。随后，主机可以将代码和数据传送入 DSP 芯片的 RAM，并在传送结束后通知 DSP 芯片开始执行代码，如图 11-9 所示。

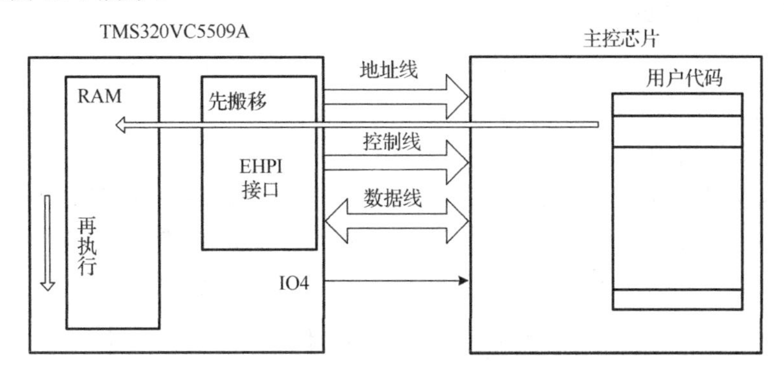

图 11-9　主控芯片通过 EHPI 搬移程序到 RAM 中运行

VC5509A 芯片中 EHPI 访问区的地址空间为 0～004000h，这个地址空间包括片内 DARAM 块 0～3。因为其中有一些 DARAM 存储区会被 Bootloader 程序使用，因此一般使用 EHPI 传送的执行代码放置在字地址 00 0100h～00 3FFFh 区间。

BOOT 的代码执行入口地址存放在 DSP 芯片 DARAM 的字地址 0060h（高位）和 0061h（低位），其中低 24 位为执行代码的入口字节地址，高 8 位为停止标识位。在 EHPI BOOT 过程中，由于 DSP 芯片将内存空间开放给了主控芯片，DSP 芯片的 CPU 只完成一件事，即一直检测停止标识位。当停止标识位为 0 时，表示主控芯片正在向 DSP 芯片传送代码；该值非 0 时，表示 BOOT 进程结束。DSP 芯片的 CPU 检测到这一变化后，程序指针 PC 跳转到执行代码的入口地址开始执行。

从这个处理过程可以看出，字地址 0060h 的内容应在 BOOT 流程的最后阶段写入。需要注意的是，EHPI 主机地址使用的是字地址，而 DSP 芯片的 CPU 采用的是字节地址。两个地址不相同，需要区分开。

4. 标准串口 BOOT 模式

标准串口 BOOT 模式采用 McBSP0 口来传送执行代码，可以是 8 位模式，也可以是 16 位模式。McBSP0 口由 Bootloader 程序配置为：

```
RPHASE = 0b;              /* 1 个相位*/
RFRLEN1 = 0000000b;       /* 长度为 1 个字*/
RJUST = 00b;              /* 右调整 */
RDATDLY = 01b;            /* 延迟 1 个比特 */
RWDLEN1= 000b;            /* 8 位模式；或 001b：16 位模式*/
CLKR0 为外部输入方式；
FSR0 为外部输入方式。
```

配置完成后，DSP 芯片的 IO4 被置为低，以标识 DSP 芯片已准备好接收数据。随后开始执行代码的接收。在此过程中，IO4 引脚作为握手信号使用：串口准备好从外部接收数据，则 IO4 为低，否则为高。

为顺利进行 BOOT，还必须满足以下两个条件：

① 由于 McBSP 配置的接口时钟由外部配置，为了保证时序正确，外部提供的串口接收时钟速率需低于 DSP 芯片的 CPU 时钟速率的 1/8；

② 传送的字之间必须有适当的延迟。

5. SPI 的 BOOT 模式

这种 BOOT 模式一般用于采用 SPI E^2PROM 芯片存储用户代码的系统。该模式同样使用串口 McBSP0，但配置成时钟-停止（clock-stop）工作模式。SPI 数据传送根据地址长度可以区分为 16 位和 24 位两种。

在这种 BOOT 模式中，DSP 芯片作为主机工作，其 CLKX0 的周期=244×DSP 输入时钟周期，IO4 用作 E^2PROM 的片选信号 $\overline{CS}$。图 11-10 为该 BOOT 模式的最精简连接方式。

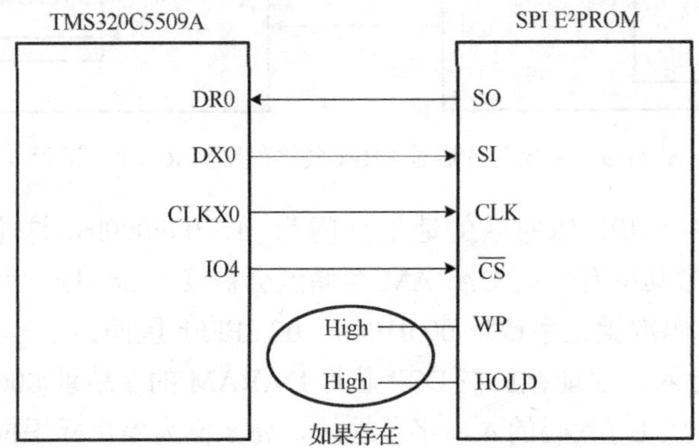

图 11-10　SPI E^2PROM BOOT 模式的连接示意图

6. I^2C 的 BOOT 模式

VC5509A 芯片支持 I^2C BOOT 模式，这种模式可以让 DSP 利用外部具有 I^2C 总线的存储器进行 BOOT（如图 11-11 所示）。但需要满足以下三个条件：

① 存储器件需符合 Philips I^2C 总线规范 V2.1，从地址为 50h；

② 内部地址采用两个字节表示，即范围为 64K 字节；

③ 存储器件需具备地址自动增加的功能。

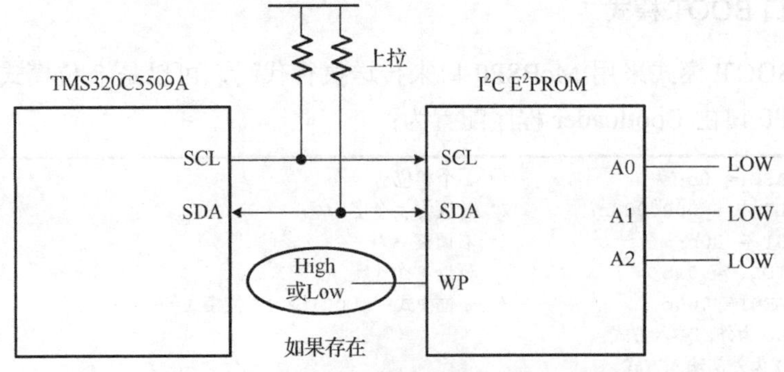

图 11-11　I^2C E^2ROM BOOT 模式的连接示意图

当 VC5509A 的 Bootloader 程序将所有需要 BOOT 的程序代码和数据搬移到目的地址后，程序指针（PC）将自动跳转到入口地址（即用户程序执行的第一个地址），开始用户程序的运行。这样 Bootloader 程序即完成了所有要做的工作。

表 11-5 总结了本节中介绍的 VC5509A 各种 BOOT 模式下的代码保存方式和用户入口地址指定方式。

表 11-5　VC5509A 各种 BOOT 模式下的代码保存方式和用户入口地址指定方式

BOOT 模式	代码保存方式	代码存放要求	用户入口地址
从外部异步存储器直接执行代码	可执行代码		起始地址 40 0000h
并口 EMIF 的 BOOT	BOOT 表	起始地址 20 0000h	BOOT 表规定
EHPI 的 BOOT 模式			字地址 0060h 存放的低 24 位
标准串口 BOOT 模式	BOOT 表		BOOT 表规定
SPI EEPROM 的 BOOT 模式	BOOT 表	起始地址为芯片首地址	BOOT 表规定
I^2C EEPROM 的 BOOT 模式	BOOT 表	起始地址为芯片首地址	BOOT 表规定

 11.2.3　BOOT 表

根据上述的描述可以知道，在 VC5509A 支持的各种 BOOT 模式中，除了外部直接执行和 EHPI BOOT 两种模式指定了用户程序入口地址之外，其他的模式均没有明确确定用户程序入口地址。那么 DSP 芯片的 PC 该如何跳转呢？为解决这个问题，TI 公司采用了一种规定的表格形式（称为 **BOOT 表**）将用户可执行代码中所有的代码和数据按块的方式组织起来。同时 BOOT 表中规定了程序入口地址、寄存器配置和编程延时等 BOOT 信息，便于 Bootloader 程序在搬移代码的同时完成程序跳转、芯片配置等工作。

每种 DSP 芯片都有特定的 BOOT 表格式。VC5509A 的 BOOT 表结构如图 11-12 所示。图中每一项的作用如下：

① **32 位入口字节地址**：当 Bootloader 程序加载完应用程序后，应用程序开始执行的地址。

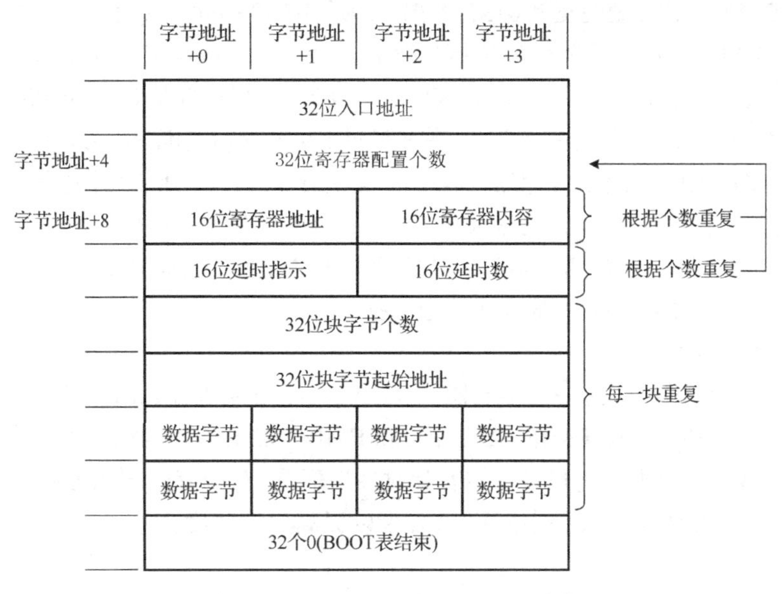

图 11-12　VC5509A 的 BOOT 表结构

② **32 位寄存器配置个数**：在 BOOT 过程中需要配置的寄存器个数，或者是要实现的延时数。如果寄存器配置个数非零，只有下面 4 个部分可以包含在 BOOT 表中：

- **16 位寄存器地址**：要配置的寄存器地址；
- **16 位寄存器内容**：上述寄存器的编程内容；
- **16 位延时标志**：若为 FFFFh 表明需要实现延时；
- **16 位延时个数**：需要延时的 CPU 周期个数。

③ **32 位块字节个数**：当前要复制的块长度，以字节单位计数。

④ **32 位块起始字节地址**：当前块要搬移到 RAM 中的目标地址。

⑤ **数据字节**：当前块内要复制的实际数据。

⑥ **32 个 0**：0000 0000h，表明 BOOT 表结束。

在并口 BOOT、SPI BOOT 等模式中，Bootloader 程序就是根据 BOOT 表中的上述信息依次完成寄存器配置、代码和数据块的搬移、入口地址设置及跳转等操作的。

11.2.4　二次 BOOT

C6000 系列 DSP 是 TI 的高性能 DSP，它的引导方式一般有三种。

① 无引导的 No BOOT 方式。CPU 直接从地址 0x00000000 开始运行，这种方式一般用于仿真验证阶段。

② 主机启动方式。这种在主从设计方案中经常采用，在这种应用场合，DSP 主要负责密集的计算工作，而主机通过 DSP 的 HPI 口搬移代码，然后启动 DSP。其大致流程跟 C5509A 的 HPI 启动原理一致。

③ EMIF 接口的并行 ROM/FLASH 启动方式。上电之后，DSP 通过 EMIF 接口装载代码，该方式通过 DMA 控制器将外部 ROM/FLASH 中的一段固定大小的代码复制到内部 RAM 中运行。其大致流程跟 C5509A 的并口启动方式非常相似。

对于 C6000 系列 DSP 而言，不同芯片在 EMIF BOOT 时复制的代码大小并不相同：对于 C620x/C670x，DMA 从 CE1 空间复制 64KB 数据到地址 0x00000000 处；而对于 C621x/C671x/C64x 等绝大数芯片，DMA 从 CE1 空间仅仅复制 1KB 数据到地址 0x00000000 处。由于 C6000 是高端 DSP 芯片，大多数应用代码量要远远超过 1KB 这个限制，所以需要从 0x00000000 地址处开始存放一个自引导程序。DSP 上电或者重启后，首先通过 EMIF 接口实现 BOOT，这时完成将自引导程序搬移到 0x00000000 地址位置，然后执行这个自引导程序，将用户程序进行“二次 BOOT”，最后跳转到主程序去运行。其“二次 BOOT”过程示意图如图 11-13 所示。

一般来说，由于初始化 C 语言运行环境需要较大的空间，因此二次 BOOT 代码都是用汇编语言来编写的。二次 BOOT 的基本流程应包括：

（1）初始化外部存储器

二次 BOOT 代码需要访问外部存储器，因此代码必须包括对 EMIF 寄存器的重配置，比如 EMIF_GCR、EMIF_CE0、EMIF_SDCTRL 和 EMIF_SDRP 等，由于 DSP 系统的应用场合不同，这些寄存器也应该根据用户设计需要针对性地配置。对于有内部 PLL 控制时钟的 C6000 芯片，TI 建议在二次 BOOT 代码中配置 PLL 用以提高启动速度。

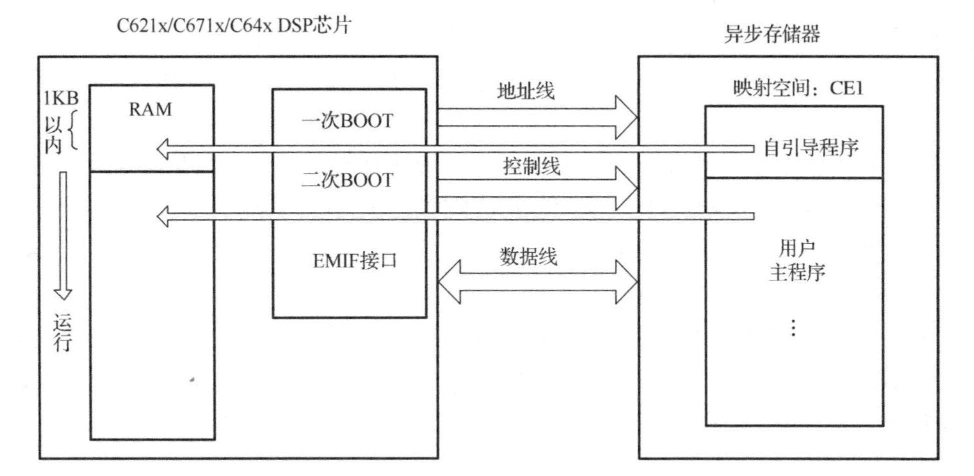

图 11-13　DSP 芯片二次 BOOT 过程示意图

（2）设置数据搬移的地址

二次 BOOT 使用一个搬移表（copy table）进行段的复制。搬移表包含每个需要复制的段的必要信息，如段的 load 地址（ld_start），段的 run 地址（rn_start），段的大小等。搬移表一般被插入在二次 BOOT 的末尾。

（3）搬移数据：运行二次 BOOT 程序，将用户程序复制到内部 RAM 运行。

（4）跳转执行：二次引导完成，程序自动跳转到_c_int00 执行用户程序。

11.3　DSP 脱机系统实现

DSP 脱机系统的实现需要经过硬件设计、软件代码准备和烧录等步骤才能完成。

 11.3.1　硬件设计

在硬件设计时，为了实现 DSP 脱机系统，最重要的工作是选择合适的 BOOT 模式和存储器件，以及设计 DSP 芯片与存储器件的连接电路。这时需要综合考虑最终实现的代码量、BOOT 时间、电路尺寸等因素。有的 DSP 芯片内部自带了 FLASH 等存储器，这部分的工作就相对简化。

首先，可以根据系统工作场合，选择与之相匹配的 BOOT 模式。通常来说，并口的 E^2PROM、FLASH 芯片存储容量较大，由于总线宽，传输速度较快，而串口的 E^2PROM 芯片则具有硬件连接简单、芯片体积小的特点。开发人员可以根据这些特点来选择合适的存储器件。多芯片（如 ARM+DSP）系统中，为了简化电路设计，统一电路加电工作次序，通常建议将 ARM 程序和 DSP 程序存放在同一个存储芯片中，由 ARM 芯片向 DSP 芯片传输 DSP 的程序代码。

其次，需要考虑最终代码量的大小来选择合适容量的 BOOT 存储器件。随着信号处理算法的不断涌现，DSP 处理系统的复杂度也越来越高，DSP 程序的代码量也逐渐增多。为了能适应系统改进、升级的需要，通常建议最终代码量不大于 BOOT 存储器件容量的 80%，即留有 20%以上的余量。目前的 FLASH 芯片存储容量通常可以达到 1MB 以上，一般来说可以满足大多数 DSP 处理任务的需要。

在确定了 BOOT 存储模式后，脱机系统的电路连接设计相对简单。通常建议按照 TI 公司推荐的电路连接关系设计该部分电路。下面就以 VC5509A 与并口 FLASH 芯片的连接为例进行介绍。

在利用并口 FLASH 芯片设计脱机系统时，一般选择地址总线、数据总线和控制信号均独立引出引脚的 NOR FLASH 芯片。这种芯片的容量较大，访问速度较快，便于 DSP 芯片访问和编程，是 DSP 脱机系统设计中的常用选择。本实例中使用 SST 公司的 SST39VF800A 存储器件来实现用户可执行代码的存储。

SST39VF800A 具有标准的异步并行接口，容量为 8M 比特（即 1MB），适合于存储代码量较大的 DSP 程序。该芯片读取时钟可以达到 55ns，字编程耗时 14μs，能够满足一般 DSP 系统程序快速启动的要求。在擦除时，支持扇区擦除（一个扇区 2K 字）、块擦除（一个块 32K 字，16 个扇区）和全芯片擦除三种模式。

SST39VF800 是 16 位存储器件，VC5509A 直接用 EMIF 接口与其相连，两者的连线关系如图 11-14 所示。从图中可以看出，A0 地址线不使用，$\overline{\text{BE0}}$ 和 $\overline{\text{BE1}}$ 字节选择使能也都接低电平，这是因为 SST39VF800A 是 16 位器件，而 VC5509A 的外部总线是按照 8 位字节地址来编址的。SST39VF800 作为 BOOT 存储器，它的 $\overline{\text{CS}}$ 引脚与 DSP 的 $\overline{\text{CE1}}$ 直接相连。

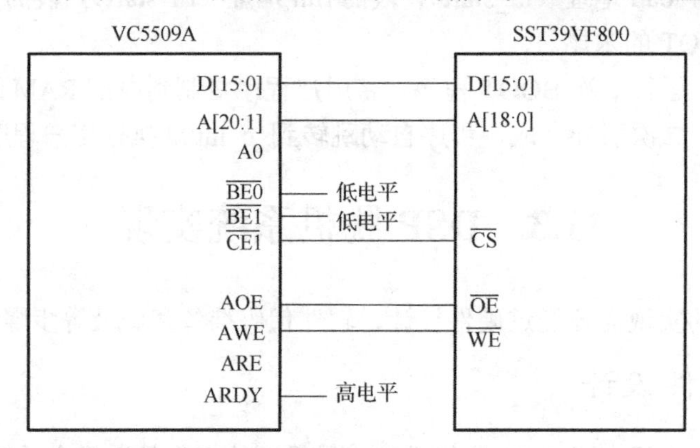

图 11-14　VC5509A 与 SST39VF800 的连接示意图

11.3.2　软件代码准备与烧录

DSP 程序经过编译和链接后的文件格式是 COFF 格式，这种格式将代码分段管理，非常方便开发人员灵活地将代码和数据分配到系统的内存中。

在开发芯片内部自带 FLASH 存储模块的 DSP 脱机系统（如 TMS320F28x）时，CCS V5.5 集成了 FLASH 烧录功能，只要开发人员编写合适的烧录命令文件（.cmd 文件）对存储空间进行管理，并使用该功能即可将调试成功的.out 文件自动烧录到片内 FLASH 模块中。具体实现过程请参考 CCS V5.5 的相关说明。

在开发芯片内部没有 FLASH 等存储模块的 DSP 脱机系统时，需要将符合 COFF 格式的代码烧录到片外存储器件中。目前，主要有两种方式实现 DSP 系统中用户代码的烧录。

（1）利用专用的编程器对相应厂家的存储器件进行烧录[通常称为**离线烧录**，如图 11-15(a)所示]，然后将存储器件焊接到 DSP 电路中。这种方式适合于大规模生产。

（2）将存储器件焊接到 DSP 电路中，编写相应的 DSP 烧录程序，通过 DSP 芯片将用户可执行代码烧录到存储器件中[通常称为**在线烧录**，如图 11-15（b）所示]。由于不需要使用专用编程器，所有的硬件焊接工作可以和软件调试分开，步骤比较简单，而且在升级用户可执行代码时，不需要重新焊接电路，适合于小规模开发和调试时采用。

由于大多数 EEPROM、FLASH 编程器并不支持 COFF 目标文件做输入，不同厂家的存储器件采用的烧录方式又不相同，因此在烧录代码前，需要将 COFF 文件转换成合适的文件格式。

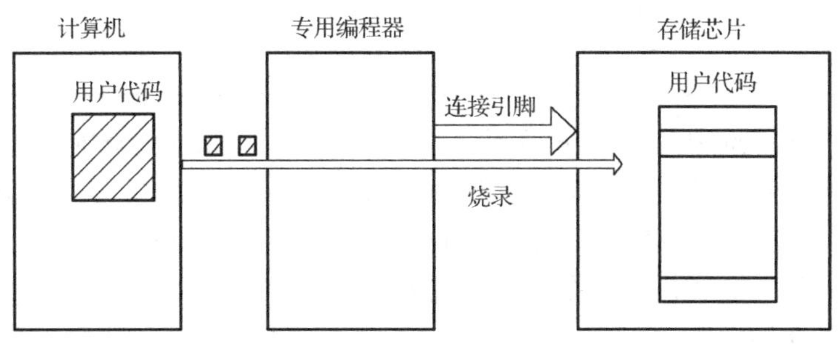

(a) 采用专用编程器烧录程序

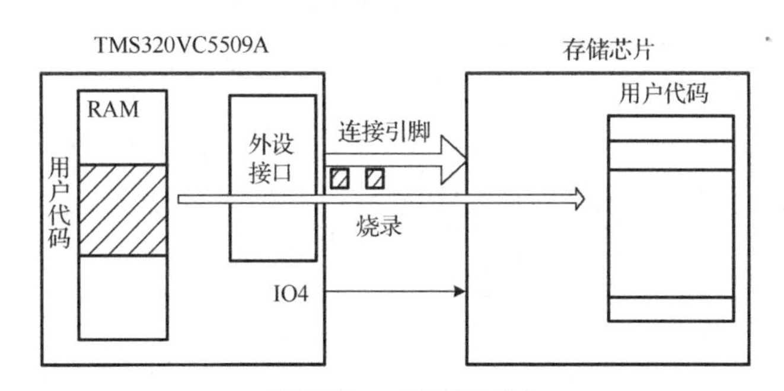

(b) 直接利用DSP芯片烧录程序

图 11-15　DSP 系统中用户代码的烧录方式

为了支持这些不同的烧录方式，TI 公司提供了 TI 代码格式转换（hex 转换）工具，可以将 COFF 目标文件转换为几种标准的数据格式文件，用于专用编程器的编程，同时也支持自动生成 BOOT 表，便于脱机系统实现。

C5500 系列芯片对应的 hex 转换工具为 hex55.exe，有两种使用该工具的方式：

（1）利用命令行指定选项和文件名，格式为：

```
hex55 [-选项] [COFF 输入文件][输出文件 1[输出文件 2]]
```

（2）在 command 文件中指定选项和文件名，利用命令行输入 command 文件，格式为：

```
hex55 command 文件
```

例如，采用第一种方式，在命令行中输入如下命令：

```
hex55 -t -firmware -o firm.lsb -o  firm.msb
```

该命令将 firmware.out 文件转换为 TI-Tagged 格式的两个文件，firm.lsb 和 firm.msb。

采用第二种方式，可以创建一个批处理文件，其中包含了命令行选项和文件名，这样在转换时就不再需要手工输入各种选项了。

例如，为了实现和上例相同的功能，创建批处理文件 hexutil.cmd 来实现转换的控制。hexutil.cmd 中包含了如下行：

```
firmware.out                /* 输入文件 */
-t                          /* TI-Tagged 格式 */
-o firm.lsb                 /* 输出文件 1，低字节 */
-o firm.msb                 /* 输出文件 2，高字节 */
```

在命令行中输入如下命令，就能够成功转换代码文件了。

```
hex55 hexutil.cmd
```

常用的转换命令行选项如表 11-6 所示。为了适应不同厂家编程器的格式，hex 工具可以将 COFF 格式文件转换为多种文件格式，例如 ASCII 十六进制格式文件（ASCII-Hex，Intel 的 MCS-86（简写为 Intel），Motorola 的 Exorciser（简写为 Motorola-S)，TI 的 SDSMAC（简写为 TI-Tagged））等。除了普通的命令行信息外，在批处理文件中还可以使用多种转换伪指令来指定存储器件和块。

表 11-6　常用 hex 转换选项

选　　项	作用描述
（1）一般选项	
-map filename	产生 map 文件，例如-map test.map，产生记录存储信息的映射文件
-o filename	指定输出文件，例如-o test.bin，产生转换输出文件 test.bin
（2）输出格式选项	
-a	选择 ASCII-hex 格式
-i	选择 Intel 格式
-m	选择 Mororola 格式
-t	选择 TI-Tagged 格式
-x	选择 Tektronix 格式
-b	选择二进制 bin 格式
（3）BOOT 控制选项	
-boot	将所有块转换为 BOOT 表形式
-bootorg value	指定 BOOT 的源地址
-bootpage value	指定 BOOT 表的目的页地址
-e value	指定 BOOT 结束后程序开始执行的起始地址
-parallel16	指定 BOOT 表格为 16 位并行接口
-parallel32	指定 BOOT 表格为 32 位并行接口
-serial8	指定 BOOT 表格为 8 位串行接口
-serial16	指定 BOOT 表格为 16 位串行接口
-v device:revision	指定设备和版本

hex 转换工具在 2.10 之后的版本中具有了自动创建 BOOT 表功能。下面就是利用 hex 转换工具创建 BOOT 表的基本步骤：

① 使用-boot o 选项，启动 hex 创建 BOOT 表的功能；

② 使用-v5510:2 选项，尽管这个选项参考的是 TMS320C5510，它对 VC5509A 也是适用的。在一些早期的 hex 转换版本中，BOOT 表的格式可能和图 11-12 并不相同，为了保证 BOOT 表创建正确，这个选项必须使用；

③ 指定 BOOT 类型，-parallel8，-parallel16，-serial16 或-serial8。表 11-7 给出了对应于每种支持的 BOOT 模式所对应的正确选项。EHPIBOOT 模式不需要 BOOT 表，因此表中没有列出；

④ 用-e entry_point_address 指定入口地址，如果不指定，hex 工具会自动将_cint00 的地址作为入口地址使用；

⑤ 指定需要的输出文件格式；

⑥ 利用-o output_filename 指定输出文件。如果不指定，hex 工具将基于输出文件格式自动生成默认的文件名。

由于创建 BOOT 表时使用的选项较多，一般都会为 hex 转换工具创建一个 command 文件，把所有选项放在文件中使用。

表 11-7　hex 转换工具对应的 BOOT 模式类型

BOOTM[3:0]	BOOT 源	选项
0001	利用 McBSP0 连接的串口 EEPROM (SPI)，支持 24 位寻址	-serial8
0010	USB	-serial8
1001	利用 McBSP0 连接的串口 EEPROM (SPI)，支持 16 位寻址	-serial8
1011	外部异步存储器 (16 位)	-parallel16
1110	利用 McBSP0 连接的标准串口 BOOT (16 位)	-serial16
1111	利用 McBSP0 连接的标准串口 BOOT (8 位)	-serial8

11.4　DSP 脱机系统软件开发实例

本节介绍两种采用不同接口的 DSP 脱机系统软件开发的实现过程。由于 FLASH 芯片的存储容量大，擦写方便，因此两个实例都使用了 FLASH 芯片。

11.4.1　并口 FLASH 脱机系统的软件开发

本实例中使用 SST 公司的 SST39VF800A 存储器件来存储用户可执行代码，电路连接关系如图 11-14 所示。

当硬件调试工作均已完成且开发的程序（my_app.out）也调试成功后，可以采用在线烧录的方式实现基于并口 FLASH 的脱机系统。操作步骤如下：

（1）启动命令行窗口，做好文件准备

在 windows 的“开始”菜单中，单击“运行”按键，在弹出的运行对话框中键入 cmd 命令并回车后，就出现一个 dos 对话窗口。在这个窗口里面，可以通过命令行方式进入程序所在目录。例如开发的程序所在的目录是 E:\TEST\my_app，已将 hex55.exe（可以在 CCS 安装路径下找到该文件）复制到该文件夹中。

（2）编辑生成 out2hex.cmd 命令文件

采用在线烧录的方式来固化自己开发的程序，为此可以将可执行代码转换为二进制文件，因为二进制文件占用内存最少，本身就是今后在 DSP 芯片内存中运行的格式，使用最为方便。

在这个实例中，利用文本编辑工具（如 ultraedit、记事本等）编辑如下的 command 文件 out2bin.cmd，并将该文件保存到当前目录 E:\TEST\my_app 中。out2bin.cmd 文件中包含如下的命令行：

```
-boot                ; 创建 BOOT 表选项
-v5510:2             ; 使用 TMS320VC5509A 适合的 C55xBOOT 表格式
-parallel16          ; 16 位外部异步存储器模式
-b                   ; 二进制 bin 格式
-o my_app.hex        ; 指定输出文件
my_app.out           ; 指定输入文件
```

（3）进行文件转换，生成二进制文件

在提示光标处键入命令行 **hex55 out2hex.cmd**，之后可以看到如下提示：

```
Translating  my_app.out to Binary format …
"my_app.out"  ==> .text     (BOOT LOAD)
"my_app.out"  ==> .cinit    (BOOT LOAD)
"my_app.out"  ==> vectors   (BOOT LOAD)
```

此时可以在该文件夹中看到已生成的 my_app.bin 文件。该文件中记录的是完整的 BOOT 表。

（4）利用烧录工程烧写二进制文件

将创建好的 my_app.bin 文件复制到 ParralBurn 目录中，在此目录中按照第 3 章介绍的方法创建一个标准的 CCS 工程 ParralBurn，这个工程可以将 bin 文件烧写到 FLASH 芯片 SST39VF800A 中。

该工程中包含两个源程序，分别为 main.c 和 parral.c。main.c 将 bin 文件作为输入，烧写到 SST39VF800A 中。parral.c 中包含了对 FLASH 进行操作所需要的底层处理函数。

编译链接 parralBurn 工程，并通过仿真器加载执行该工程代码。当并口 FLASH 烧写成功后，就可以加电测试自己编写的 my_app 功能了。

本书附录 E 中给出了本实例中 main.c 和 parral.c 的完整代码。为了便于读者理解烧录过程，下面简要说明 DSP 芯片对 SST39VF800A 烧录的处理方法。

NOR FLASH 芯片是掉电可保存的芯片，DSP 芯片对该类芯片写数据的操作就不同于对 RAM 芯片写数据。对并口 Flash 芯片写数据需要向 FLASH 芯片中写入规定的命令字后启动 Flash 的编程逻辑才能执行，过程较为复杂，需要多个总线写周期才能完成。

SST39VF800A 所支持的命令集如表 11-8 所示。DSP 芯片从 NOR FLASH 芯片读取数据就是普通的 EMIF 读操作，因此可以按普通的总线访问方式实现。

表 11-8　SST39VF800A 的命令集

命令序列	总线写周期 1	总线写周期 2	总线写周期 3	总线写周期 4	总线写周期 5	总线写周期 6
字编程	向 5555H 处写 AAH	向 2AAAH 处写 55H	向 5555H 处写 A0H	向编程地址处写数据		
扇区擦除	向 5555H 处写 AAH	向 2AAAH 处写 55H	向 5555H 处写 80H	向 5555H 处写 AAH	向 2AAAH 处写 55H	向擦除扇区对应地址处写 30H
块擦除	向 5555H 处写 AAH	向 2AAAH 处写 55H	向 5555H 处写 80H	向 5555H 处写 AAH	向 2AAAH 处写 55H	向擦除块对应地址处写 50H
芯片擦除	向 5555H 处写 AAH	向 2AAAH 处写 55H	向 5555H 处写 80H	向 5555H 处写 AAH	向 2AAAH 处写 55H	向 5555H 处写 10H
软件 ID 访问	向 5555H 处写 AAH	向 2AAAH 处写 55H	向 5555H 处写 90H			

如果 Flash 的某一地址已经被写过数据，当还需要重新对该地址写入数据，则需要预先擦除该地址所在区域。为了避免对各个地址的编程影响到其他地址，SST39VF800A 实现了三

种不同的擦除操作，这些操作都需要 6 个总线写周期来传输命令字，整个擦除过程中 FLASH 不再响应其他擦除或编程命令。

编写 DSP 程序对并口 FLASH 进行编程，就是通过向 FLASH 写入表 11-8 中的这些指令来实现的。块编程函数如下所示。

```
/**************************************************/
/** Program_One_Block                            **/
/** 块编程程序，将源数据 src 写入目的地址 dst 中      **/
/**************************************************/
extern void Program_One_Block(WORD * Src, WORD * Dst)
{
        WORD * Temp;
        WORD * SourceBuf;
        WORD * DestBuf;
        int Index;

        SourceBuf = Src;
        DestBuf = Dst;

        Erase_One_Block(Dst);         /* 先擦除本块区域 */

        for (Index = 0; Index < BLOCK_SIZE; Index++)
        {
            Temp =  Addr5555;          /* 建立地址   C000:555h   */
            *Temp = 0xAAAA;            /* 向该地址写数据 0xAAAA   */
            Temp =  Addr2AAA;          /* 建立地址   C000:2AAAh */
            *Temp = 0x5555;            /*  向该地址写数据 0x5555  */
            Temp =  Addr5555;          /* 建立地址   C000:5555h */
            *Temp = 0xA0A0;            /* 向该地址写数据 0xA0A0   */
            Temp = DestBuf;            /* 保存初始的目的地址      */
            *DestBuf++ = *SourceBuf++; /* 向目的地址搬移数据      */
            Check_Toggle_Ready(Temp);  /*等待 TOGGLE 比特以便做
                                       /*好下次烧写准备*/
        }
}
```

其中使用到的常量定义如下：

```
/* 采用字地址，考虑用于 BOOT 的数据空间地址位置 */
#define Addr5555   (WORD  *)0x205555      /* typedef unsigned int  WORD */
#define Addr2AAA   (WORD  *)0x202AAA
#define Addr0000   (WORD  *)0x200000
#define Addr0001   (WORD  *)0x200001
```

11.4.2 串口 FLASH 脱机系统的软件开发

串口 FLASH 芯片由于引脚少，芯片封装尺寸小，特别适合于作为 BOOT 代码的存储器件使用。本实例中使用 Atmel 公司的 AT25F1024N 存储器件来实现用户可执行代码的存储。

AT25F1024N具有串行外设接口（Serial Peripheral Interface，SPI），容量为1M比特（即128KB），适合于存储一般的DSP程序。该芯片内部的时钟为20MHz，支持字节模式编程和256B的页模式编程，方便用户选择合适的编程处理。在擦除时，支持块擦除（共有4块，每块32KB，128个页）和芯片擦除两种模式。

AT25F1024N与VC5509A的连线关系如图11-10所示。

当硬件调试工作均已完成且开发的程序（my_app.out）也调试成功后，可以采用在线烧录的方式实现基于串口FLASH的脱机系统。实现过程与并口FLASH操作基本相同，只是烧写FLASH的工程有所区别，步骤如下。

（1）编辑命令文件

参照在实现并口FLASH脱机系统过程中的操作生成my_app.bin文件。为了保证存储在AT25F1024N的数据符合BOOT表格式，可以使用包含如下命令行的command文件out2hex.cmd。

```
-boot                    ; 创建 BOOT 表选项
-v5510:2                 ; 使用 TMS320VC5509A 适合的 C55xBOOT 表格式
-serial8                 ; 8 位 SPI  BOOT 模式
-delay 0x100             ; 延时 256 个 CPU 时钟周期
-b                       ; 二进制 bin 输出格式
-reg_config 0x1c00,0x0293
                         ; 配置 CLKMD 寄存器（端口地址为 0x1c00）为 0x0293
-o my_app.bin            ; 指定输出文件
my_app.out               ; 指定输入文件
```

（2）生成二进制文件

在命令行窗口的提示光标处键入命令行 **hex55 out2hex.cmd**，回车后会生成my_app.bin文件。该bin文件中记录的是完整的BOOT表。

（3）利用烧录工程烧写二进制文件

将生成的my_app.bin文件拷贝到serialBurn目录中。在此目录中创建一个标准的CCS工程serialBurn，可以将二进制文件烧写到串口FLASH芯片中。

该工程包含两个源程序，分别为main.c和serial.c。其中main.c将bin文件作为输入，烧写到AT25F1024中。serial.c中包含了对AT25F1024N进行操作所需要的底层处理函数，由于DSP芯片通过McBSP0与AT25F1024相连，因此在serial.c中实现各个函数，均通过McBSP0接口与FLASH芯片通信。McBSP0此时配置成通用I/O口，方便逐比特地控制各个引脚。

编译链接serialBurn工程，并通过仿真器加载执行该功能。当串口FLASH烧写成功后，就可以加电测试自己编写的my_app功能了。

本书配套电子资源中给出了本实例中main.c和serial.c的完整代码。为了便于读者理解烧录过程，下面简要说明DSP芯片对AT25F1024N烧录的处理方法。

串口FLASH芯片除了接口和并口FLASH芯片不同外，内部的烧写实现机制基本相同，都是通过控制逻辑来执行各种操作对应的命令。

AT25F1024N所支持的命令集如表11-9所示。

表 11-9　AT25F1024N 的命令集

命令名	命令格式	操　　作	命　令　名	命令格式	操　　作
WREN	0000 X110	设置写使能	PROGRAM	0000 X010	向存储阵列中编程
WRDI	0000 X100	复位写使能	SECTOR ERASE	0101 X010	擦除存储阵列中的一块
RDSR	0000 X101	读状态寄存器	CHIP ERASE	0110 X010	擦除存储阵列中的所有块
WRSR	0000 X001	写状态寄存器	RDID	0001 X101	读厂家和产品的 ID
READ	0000 X011	从存储阵列中读数据			

编写 DSP 程序对串口 FLASH 进行编程，就是通过向 FLASH 中写入表 11-9 中的这些指令来实现的。由于采用的是串行接口，这时 FLASH 内部的存储空间不再对应于 DSP 芯片的映射空间，因此不能直接通过地址访问。需要通过串口的电平变换将地址、数据、命令字依次写入到芯片中，让芯片的控制逻辑执行相应的指令。

由于 McBSP0 端口的各引脚工作在通用 I/O 口模式，因此需要在编程之初就对该端口进行配置，配置代码如下。

```
/**** 初始化 McBSP0，将该接口配置成 GPIO 使用 ****/
hMcbsp0 = MCBSP_open(MCBSP_PORT0,MCBSP_OPEN_RESET);
MCBSP_FSET(PCR0,XIOEN,1);           // 使能发送引脚为通用 I/O
MCBSP_FSET(PCR0,RIOEN,1);           // 使能接收引脚为通用 I/O
MCBSP_FSET(PCR0,FSXM,1);            // 使能 FSX 为发送引脚
MCBSP_FSET(PCR0,FSRM,0);            // 使能 FSR 为接收引脚
MCBSP_FSET(PCR0,CLKXM,1);           // 使能 CLKX 为发送引脚
MCBSP_FSET(PCR0,CLKRM,0);           // 使能 CLKR 为接收引脚
```

利用通用 I/O 口，实现数据收发的时钟、接收、发送，控制存储芯片的片选功能，这些基本函数如下所示。

```
/****** BootClk 函数，时钟生成程序 ******/
void BootClk(Uint16 ClkPhase)
{
   if(ClkPhase==0)
        {MCBSP_FSET(PCR0,CLKXP,0);}        // CLKX 置低
   else
        {MCBSP_FSET(PCR0,CLKXP,1);}        // CLKX 置高
}
```

```
/****** BootTx 函数，数据发送程序 ******/
void BootTx(Uint16 TxPhase)
{
   if(TxPhase==0)
        {MCBSP_FSET(PCR0,DXSTAT,0);}       // DX 置低
   else
        {MCBSP_FSET(PCR0,DXSTAT,1);}       // DX 置高
}
```

```
/****** BootRx 函数，数据接收程序 ******/
Uint16 BootRx(void)
{
   Uint16 RxTmp;
   RxTmp=MCBSP_FGET(PCR0,DRSTAT);          // 读取 DR 的状态，
   return(RxTmp);                          // 该状态作为函数返回值输出
}
```

```
/****** BootSyn 函数，片选控制程序 ******/
void BootSyn(Uint16 IO4Phase)
{
    if(IO4Phase==0)
        {GPIO_FSET(IODATA,IO4D,0);}         // IO4 置低
    else
        {GPIO_FSET(IODATA,IO4D,1);}         // IO4 置高
}
```

在这些基本功能的基础上，可以传输控制指令，实现对 FLASH 芯片的编程。下面就是一个写字节函数和在此之上的连续数据编程函数。完整的程序实例在电子资源中给出。

```
/****** sWr1Byte 函数，写一个字节程序 ******/
void sWr1Byte(Uint16 WrDatP)
{
    Uint16 WrDatPTmp,i;
    WrDatPTmp=WrDatP;
    for(i=0;i<8;i++)
    {
        /* 分拆字节 */
        WrDatPTmp&=0x80;
        if(WrDatPTmp==0x80)
            BootTx(1);                      // 写一个比特
        else
            BootTx(0);                      // 写一个比特
        BootClk(0);                         // 产生时钟
        BootClk(1);
        WrDatP<<=1;
        WrDatPTmp=WrDatP;
    }
}
```

```
/****** sFlashWr 函数，向 WrAddr 处写数据程序 ******/
void sFlashWr(Uint16 WrAddr)
{
    Uint16  Tmp, i;
    Uint16 WrDatTmp;
    EepromWrEn();                   // 写使能
    BootSyn(1);
    BootSyn(0);                     // 片选有效
    sWr1Byte(0x02);                 // 写数据的命令字为 0x2
    Tmp=WrAddr;
    WrDatTmp=(Tmp>>8);
    sWr1Byte(WrDatTmp);             // 写高字节地址
    Tmp=WrAddr;
    WrDatTmp=(Tmp&0x00ff);
    sWr1Byte(WrDatTmp);             // 写低字节地址
    for(i=0;i<64;i++)               // 连续写 64 个字节，
    {
        WrDatTmp=BlockWr[i];
        sWr1Byte(WrDatTmp);         // 写数据
    }
    BootSyn(1);
    ChkWIP();                       // 检查写操作状态
}
```

本 章 小 结

本章介绍了 DSP 芯片的 BOOT 过程和 DSP 脱机系统实现方法，并通过对 TMS320VC5509A 脱机系统设计实例的介绍，和读者一起分享了 DSP 脱机系统的设计过程。

在脱机系统设计中，需要牢记如下几个最关键的问题：

（1）DSP 芯片复位后，CPU 及外设寄存器是如何初始化配置的？

（2）DSP 芯片是如何进行 BOOT 方式的选择的？在系统设计时，需要根据设计需求合理选择 BOOT 方式。

（3）若 DSP 芯片是 BOOT 的主导方（如从外部存储器中读数据），DSP 芯片需要通过何种接口搬移数据？为了顺利搬移，需要知道源地址、目的地址以及搬移数据的大小。

（4）若 DSP 芯片是 BOOT 的从属方（如通过 HPI 接口由外部主机主导），外部主机通过什么接口，将执行代码写入到哪里？

（5）在 BOOT 结束之后，DSP 芯片如何知道 BOOT 过程已结束？DSP 芯片将从什么地址开始执行代码？这个地址如何得到？

把握了以上几点，那么设计和实现 DSP 脱机系统将不会对读者造成很大的困难。读者在具体设计脱机系统电路时，还需要针对具体的芯片型号进一步了解更详细的内容。

习题与思考题

1. 在 TMS320VC5509A 脱机系统中，EHPI BOOT 方式要求最后写入 00 0060h 地址的内容，为什么？

2. 设计一个使用 16 位串口 FLASH 芯片的 VC5509A 脱机系统，请进行器件选型、FLASH 引脚连线关系设计和 hex 转换 command 文件的创建。

3. 试以一个 TMS320VC5509A 芯片为主机，对另一个 TMS320VC5509A 芯片通过 EHPI 加载代码和数据。对这个电路进行软硬件设计。

第12章　DSP多任务系统的开发

12.1　引　　言

第1章中已经介绍，DSP系统是以DSP芯片为核心器件，主要完成数字信号处理任务的电子系统。随着硬件工艺集成度越来越高，DSP芯片性能不断提高，单芯片所能完成的任务也越来越多，在单芯片上实现多任务乃至实现片上系统（System on Chip，SoC）成为可能。

本章将集中介绍DSP多任务系统的开发。在计算机操作系统的相关术语中，任务（task）通常指为实现某一个目的，由软件完成的一个活动，或者说一系列操作。例如，媒体播放类软件可以从硬盘中读取数据并将这些数据播放到屏幕上，播放视频就是一个任务。在嵌入式系统中，任务通常是进程和线程的统称。虽然在技术领域，任务是一个抽象的概念，但在日常表达中，任务却是最直观的，使用也最频繁。例如，视频播放可以是一个任务，数据读写也可以是一个任务。DSP程序中执行的中断，我们也常说是一个中断任务。从这些例子可以看出，任务这个术语对应的程序功能复杂度有很大差别，既可以是整体功能的含义，也可以是指具体的某个服务程序。

根据一个系统能同时处理任务的数量不同，可以分为单任务系统和多任务系统。顾名思义，单任务系统能执行的任务只有一个，而多任务系统能执行的任务多于一个。例如，早期的MP3播放器只能播放MP3文件，功能单一。而现在的智能手机，不仅能用来打电话、发短信，而且能听MP3、上网、打游戏。人们用手机能同时听音乐、看微信，这时手机上运行着多个任务。

本章将首先介绍用于DSP芯片多任务调度的实时操作系统概念；接着介绍TI公司实时操作系统（TI RTOS）的内核DSP/BIOS和SYS/BIOS，并介绍基于TI RTOS的软件开发方法；最后通过示例展示如何利用CCS创建RTOS工程。

12.2　多任务管理

单任务系统的功能简单，其任务的执行可以类比于一个函数的执行过程。而在多任务系统中，由于各个任务的运行、资源的使用都需要由处理器来协调，实现的难度更高。根据实现方案的不同，可以分为基于前后台的多任务系统（前后台系统）和基于操作系统的多任务系统。在DSP芯片上实现多任务系统，需要考虑采用实时操作系统。

 12.2.1　前后台系统

前后台系统又称中断驱动系统，一般是指不使用实时操作系统的嵌入式系统应用程序。其中，后台是一个无限的大循环程序，所有要完成的任务以函数的形式按顺序排列在循环过

程中，各个任务以函数调用的方式实现。

前后台系统的任务执行如图 12-1 所示。在系统运行过程中，程序（后台）循环执行，管理了整个系统的软硬件资源分配以及任务调度。前台是各个中断对应的处理操作，用于完成实时性要求特别严格的任务。当有实时任务到达时，首先产生中断，中断服务程序（前台）设置事件发生的标志，以便结束后交由后台处理。后台通过扫描这些标志位或状态字，查询每个事件是否发生，并决定是否执行每个任务，如果条件成立，则执行这个任务。

从图 12-1 中可以看出，所有的任务都是平级的，它们在无限循环的后台（一般采用 while（1）形式）中运行或者等待运行条件的到来。此时，一个任务的运行必须等待上一个任务运行结束。这些任务之间的时序关系简单，没有冲突，不需要设计某种任务调度策略或机制来进行调度。因此，虽然前后台系统能够实现多任务，但不是严格意义上的多任务系统。

前后台系统在早期的数字系统中应用较多，由于它结构简单，几乎不需要RAM/ROM的额外开销，因而目前仍广泛用于单用户交互、实时 I/O 设备控制等简单的系统应用场合。但是这种系统不能适应代码体量较大或者存在较多实时性要求很高的任务，因此在高速信号处理、多用户/多设备交互的系统中不太适用。

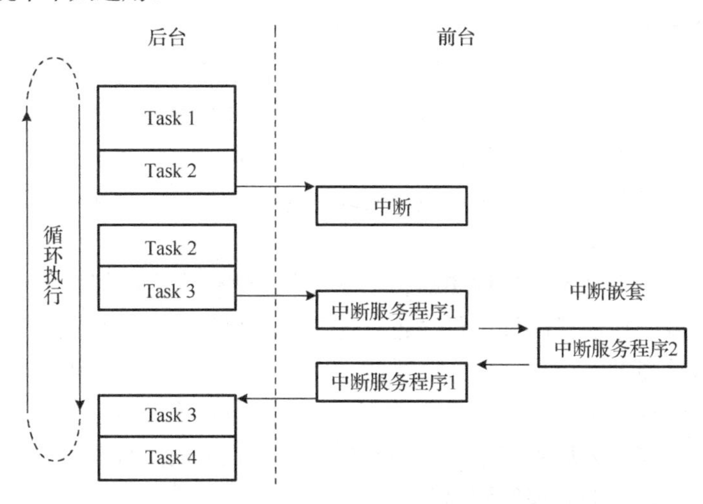

图 12-1　前后台系统的任务执行示意图

 12.2.2　操作系统

为了适应多种不同优先级任务的处理需求，需要采用适当的调度机制来管理这些任务。引入操作系统，可以高效地实现对任务的调度。

1. 线程和进程

操作系统通过时间片的分配、任务优先级的管理以及交互机制为多任务的运行提供了一个可靠的底层环境，实现复杂的任务调度和管理。其中，对程序资源、执行过程的调度需要使用**线程**和**进程**这两个重要的概念。

线程（thread）是程序中执行运算的最小单位，也就是处理器所能管理、调度的基本单位，可以由操作系统调度。一个线程对应的状态包括：

- 运行（Running）：任务正在处理器上运行；

- 就绪（Ready）：准备就绪，待更高级别的任务运行完毕后执行；
- 阻塞（Blocking）：由于某种资源或 I/O 被占用，而处理等待中；
- 挂起（Hold）：任务暂时从调度器就绪队列中移除。

每个线程都拥有自己的工作状态，这些状态可以记录于独立的堆栈中。例如，读取硬盘数据是一个线程，它可以处于运行状态，也可以处于一个排队过程中，等其他任务完成后再执行，也可能是别的任务中硬盘已被占用而处于阻塞状态。

进程（process）是一个程序运行的完整状态，是资源分配的基本单位。通常认为进程就是一个独立的程序，或者是程序的执行过程。进程在内存中有完备的数据空间和代码空间。在它的数据空间中，所有的数据只属于它自己。例如，用户运行自己的程序时，系统就创建一个进程，并为它分配包括内存、磁盘空间、I/O 设备等在内的资源。然后，把该进程放入进程的就绪队列。在进程调度程序选中它，为它分配 CPU 以及其他有关资源后，该进程才真正运行。

线程和进程之间的关系在于：

（1）一个进程可以有多个线程，但至少有一个线程。线程必须存在于进程中，它是进程中一路单独运行的程序。一个线程只能属于一个进程。

（2）程序执行时，计算资源分配给进程。同一进程的所有线程共享该进程的所有资源。进程的全局变量由所有的线程共享，所以线程可以高效地共享同一个进程中的全局数据。

（3）真正在处理器上运行的是线程。在程序执行过程中，不同的线程需要协作同步。同一个进程内的线程可以利用进程的全局数据实现内存共享供通信使用。不同进程的线程间要利用消息通信的办法实现同步。

之所以将程序的执行分解为进程和线程，是因为不论什么程序都要由 CPU 来执行，分解得越细致，进行调度的粒度就越细，程序也有望执行得更高效。例如，在播放视频任务中，可以将对视频播放功能的调用表示为一个进程，而将视频解码、音频解码、图像显示这些子任务表示为独立的线程。由于线程有各自独立的局部变量，因此这些线程可以在处理器上独立地调度执行。如果在多处理器环境下，视频解码、音频解码线程都可以分别独立地在不同处理器上执行，程序执行的效果得到提升。

2. 任务

在嵌入式系统中，由于系统复杂度较之普通计算机要低，设计的功能也限定在特定的领域，因此一般就用任务来统称进程和线程。此时，任务指的是程序段中一个具有独立功能的无限循环的运行活动。作为嵌入式系统实时内核调度的单位，任务具有动态性、并行性、异步独立性。图 12-2 给出了不同的优先级任务在不同的循环中独立运行的执行过程。这些任务相互独立、互不干扰，由于优先级不一样，高优先级的任务可以得到更快的响应。

任务和线程、进程一样，都是动态的概念。一个任务需要包含一段可执行的程序代码、程序执行时所需的数据、堆栈以及程序执行所需的上下文环境。任务的数据包括处理的变量、工作空间、数据缓冲区等；而任务的上下文环境包括处理器在执行任务时所需要的所有信息，包括任务优先级、任务的状态等实时内核所需要的信息。处理器在执行任务的过程中，各种寄存器的相关设置内容，也属于任务的上下文环境。他们都会对任务的执行结果产生影响。

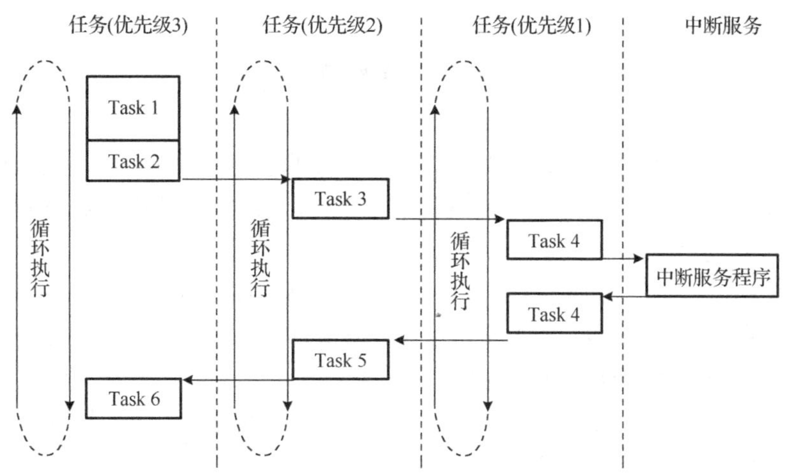

图 12-2 多任务系统中不同优先级任务执行过程示意图

12.2.3 实时操作系统

第 1 章中已经提到，DSP 芯片是一种适应实时处理的处理器，即使采用操作系统管理各种任务，也要满足实时处理的要求。因此，在 DSP 系统上运行的操作系统，应是实时操作系统（Real-Time Operation System，RTOS），也就是具有实时性、能支持实时系统工作的操作系统。

与普通操作系统相比，RTOS 的首要任务是调度一切可利用的资源完成实时控制任务，保证实时性，其次才是优化系统资源，提高系统的使用效率。然而，在复杂环境中，实时作业的调度具有很高的难度。为此，RTOS 的设计上需要采用一些简单有效的实现思路，例如 RTOS 多采用单进程、多线程的设计模型。另外，RTOS 还应该具有可确定性，即程序的执行时间可以确定，否则将很难保证在任何场合下都能实时。可确定性通常采用截止时间（deadline time）来衡量程序的执行时间。

除此之外，RTOS 还要具有一些操作系统的通用性质，包括可靠性（系统在一定时期内不发生故障的概率）、鲁棒性（具有容错处理和出错自动恢复的能力）、防危性（可以防止系统出现错误后导致灾难发生），以及并发性、安全性，同时，RTOS 还应具有嵌入式软件拥有的可裁剪、低资源占用、低功耗、可扩展等特点。

在 DSP、MPU、MCU 等处理器上，RTOS 目前已广泛应用，成为嵌入式数字系统的软件开发平台。RTOS 通过实时多任务内核，实现了包括任务管理、定时器管理、存储器管理、资源管理、事件管理、系统管理、消息管理、队列管理、旗语管理在内的各种管理功能。这些功能以内核服务函数形式出现，可作为 API 供用户调用。用户的应用程序都可以建立在 RTOS 之上，RTOS 根据各个任务的优先级，合理地在不同应用任务之间分配 CPU 时间。

RTOS 除对硬件资源进行管理外，还可以实现对硬件平台的抽象，为上层软件的执行提供一个抽象后的描述。由于 RTOS 可以屏蔽底层操作，因此基于 RTOS 开发出的程序，具有较好的可移植性。

在 DSP 芯片上开发多任务系统，特别是在具有复杂硬件结构的多核 DSP 芯片上进行多任务开发时，引入 RTOS 十分必要。可以这样说，RTOS 的引入，解决了复杂 DSP 平台上软件开发标准化的难题，使多任务的管理更加有效。

12.3 TI RTOS

TI 公司在不断推陈出新 DSP 芯片时，也推出了自己的实时操作系统 TI RTOS。TI RTOS 为 TI 公司的各种芯片提供了统一的嵌入式软件平台，利用较小的代码资源为软硬件系统集成提供了优化的开发手段。

TI RTOS 不仅提供了实时多任务内核（又称为 SYS/BIOS），还提供了其他中间件组件，包括 TCP / IP 和 USB 协议栈、FAT 文件系统和设备驱动程序。采用 TI RTOS 进行软件开发，不再需要开发人员编写和维护包括调度程序、协议栈和驱动程序等在内的系统软件，降低了开发底层驱动程序和移植应用程序的难度。开发人员能够更专注于应用程序的开发，提升系统开发效率。表 12-1 列出了 TI RTOS 中的组件。

表 12-1　TI RTOS 的组件

TI RTOS 组件	名　称	功　能
TI-RTOS 内核	SYS/BIOS	抢占式多线程管理、硬件抽象、内存管理、配置工具，实时性分析
TI-RTOS 测试仪表	UIA	采用统一的仪表架构进行系统分析与评估
TI-RTOS 网络	NDK	网络接口，仅限于 TMS320C6000 系列和 ARM 处理器
TI-RTOS 文件系统	FatFS	文件系统
TI-RTOS USB	USB stack	USB 接口
TI-RTOS 驱动和设备初始化	Drivers *Ware TI-RTOS examples	底层驱动

12.3.1 TI RTOS 的实时多任务内核

TI RTOS 的实时多任务内核又被称为 SYS/BIOS（如表 12-1 所示），适用于 TI 公司推出的 DSP、ARM 以及多核芯片。SYS/BIOS 在 6.3 版本之前被称为 DSP/BIOS，只适用于 TI DSP 芯片。目前，DSP/BIOS 适用于 C54x、C55x、C62x、C64x、C67x 以及 DaVinci 等系列的 DSP 芯片，SYS/BIOS 适用于 C674x、KeyStone 等系列的 DSP 芯片。

1. DSP/BIOS

CCS 中的 DSP/BIOS 应用环境如图 12-3 所示。其包括三大部分：

（1）DSP/BIOS API。API 函数的代码长度为 200～2000 字节不等。这些 API 均已模块化，例如 C55x 平台的 DSP/BIOS API 共有 30 个模块。用户编写 C/ C++或汇编程序时，只需调用所需的 DSP/BIOS API 函数，即可实现相应功能。

（2）DSP/BIOS 配置工具。所有 DSP/BIOS 对象都可以利用配置工具来静态创建配置。配置过程会产生用户要编译并链接入程序中的一系列文件（包括 C 文件、头文件、cmd 文件）。

（3）DSP/BIOS 分析工具。CCS 中的这些工具能够让用户通过模拟 CPU 加载、定时、线程执行等操作，来实时测试目标设备中的程序。而且，利用这些分析工具，无需额外编程就可以对 DSP/BIOS 对象在运行时进行日志和统计工作。DSP/BIOS 分析工具在闲置周期内才会与目标通信，这样可以确保 DSP/BIOS 分析工具不会干扰程序的任务。若目标 CPU 太忙，DSP/BIOS 分析工具会停止接收信息，直至 CPU 空闲。

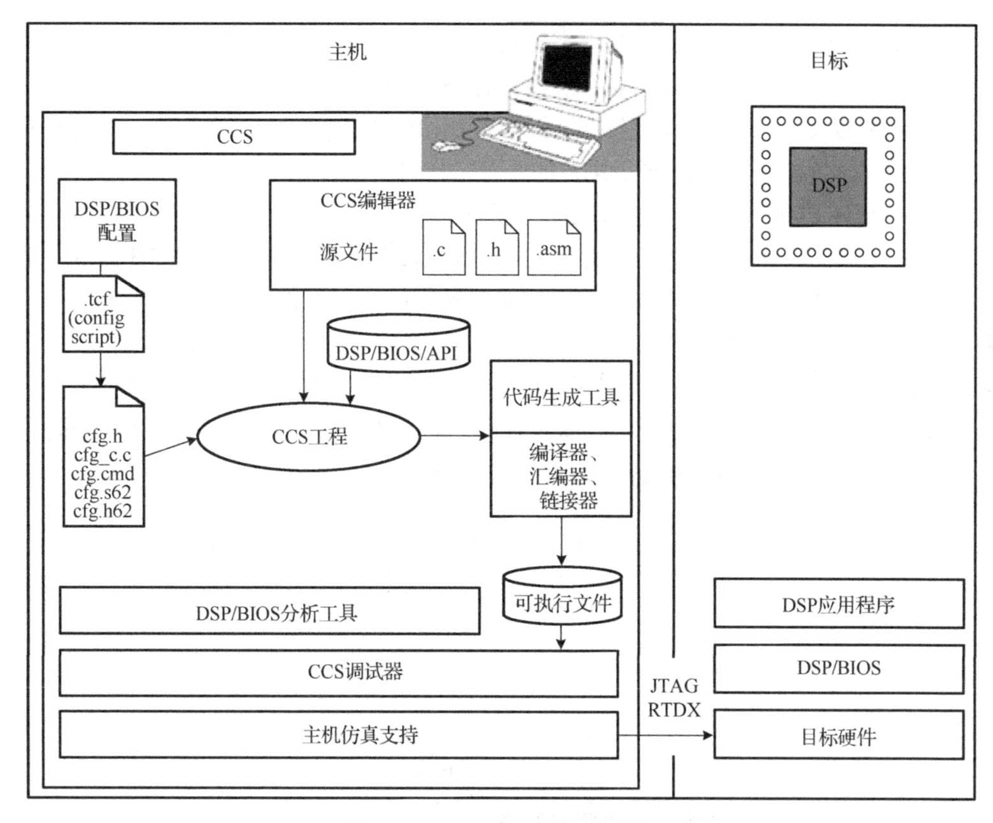

图 12-3　DSP/BIOS 的应用环境

利用 DSP/BIOS 进行软件开发，主要的优势在于：

（1）DSP/BIOS 为用户提供了丰富的应用函数接口（如图 12-3 所示），包括：

- 线程管理功能：硬件中断模块 HWI、软件中断模块 SWI、任务模块 TSK、空闲模块 IDL；
- 设备管理功能：片内定时器模块 CLK、设备驱动模块 DEV、主机输入输出模块 HST、存储器模块 MEM；
- 资源管理功能：锁定模块 LCK、信箱模块 MBX、数据管道模块 PIP、队列模块 QUE、信号量模块 SEM、流模块 SIO、系统服务模块 SYS；
- 日志统计功能：日志模块 LOG、实时数据交换模块 RTDX、统计模块 STS、跟踪模块 TRC。

这些经过优化的 API 函数，使用的指令周期很少，接口功能都用汇编语言实现，因此代码量非常小。同时，API 实现时，也明确了调用 API 函数的约束，将错误检查所增加的内存和 CPU 资源需求压到最少，保证了在使用 DSP/BIOS 时，不会过多地增加工程软件使用的代码量和计算资源。这些 API 函数共同构成了完整的底层软件系统，集成了错误处理、常用数据结构创建和存储区使用管理功能，降低了基于 DSP/BIOS 进行软件设计的难度。

（2）DSP/BIOS 提供了多种方法来编辑 Tconf 配置文件，实现对 DSP 片上资源的统一管理：

- 在 DSP/BIOS 中可以利用图形界面（见图 12-4）来编辑各种静态配置对象；
- 可通过文本编辑器来修改配置文件，以写入跳转、循环、测试等命令行；

- 配置文件通过编译后可以产生所需代码来静态声明程序中使用的对象，在程序执行之前就可以通过验证对象属性的合法性来提前检测错误；
- 统一的配置文件格式，可以减少代码量，优化内部数据结构，也便于将配置移植到其他程序的代码中，大大减轻了用户的开发工作量。

此外，DSP/BIOS 还在其 API 中为程序开发提供了多种选项：

- 程序可以在特定情况下动态创建和删除对象，这样丰富了程序对各种任务和设备的管理，同一程序可以同时使用动态创建的对象和静态创建的对象；
- 提供了支持线程间通信和同步的结构；
- 支持双 I/O 模式，可以实现在主机和目标芯片间两个线程同时读写的管道通信，对于更复杂的 I/O 模式，可以实现流通信，极大地提高了系统的灵活性和通信能力。

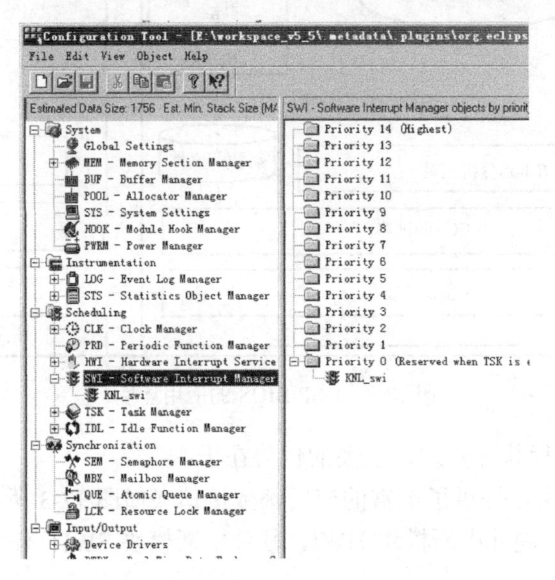

图 12-4　DSP/BIOS 的图形配置工具

2．SYS/BIOS

SYS/BIOS 在功能上进行了升级，使用界面（见图 12-5）、开发方式与 DSP/BIOS 都稍有不同。它的功能差异主要体现在：

- 所有的 SYS/BIOS 对象都可以实现静态配置（在.cfg 文件中配置）或动态配置（调用 API 函数配置）；静态配置的对象不再使用对象创建的过程，进一步减小了代码量；
- 系统服务支持中断的禁止/使能、中断矢量的插入，以及中断矢量在多个中断源上的复用，中断的 dispatcher 可以处理底层的内容保存/恢复操作，完全支持全部用 C 语言写的服务程序；
- 动态内存管理可以定位可变长度的数据块和固定长度的数据块。
- 几乎所有的系统调用都有确定的性能，可以更好地保证应用能满足实时需求；
- 错误检测和调试仪表功能可以配置，也可以从最终的代码版本中删除，以最大化应用性能、内存占用最小；而且仪表模块（logs 和 traces）形成的数据改在主机上封装，不再占用芯片的计算资源。

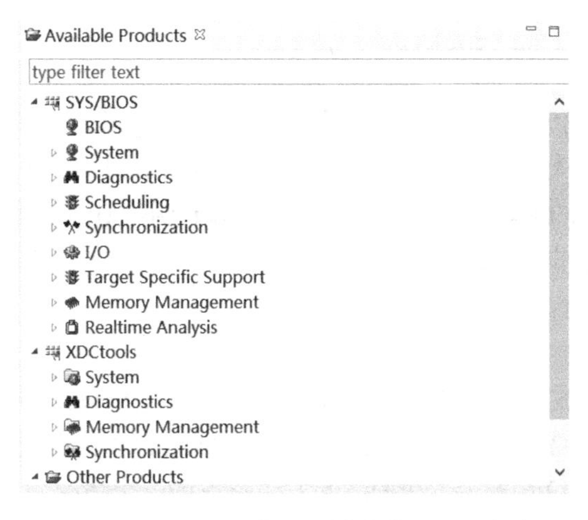

图 12-5　SYS/BIOS 中可用模块的图形观察窗口

12.3.2　SYS/BIOS 的核心功能

1．线程调度

SYS/BIOS 提供了 4 种不同的线程来实现不同优先级的任务管理，包括硬件中断、软件中断、任务和空闲。这 4 种线程的优先级从硬件中断到空闲线程逐级降低，其中硬件中断的响应时间最短，时间要求最为严格；软件中断、任务的响应时间要长一些，在 100ms 级别；空闲线程的优先级最低，是一种非实时性的线程。

（1）硬件中断（Hwi）

硬件中断的优先级是固定的，只和硬件类型有关。它使用的是 SYS/BIOS 的中断堆栈。由于调度简便，适合完成实时性要求高、要求高效完成的任务。

当硬件中断产生之后，SYS/BIOS 就会调用相应的 Hwi 函数，也就是中断服务程序。如果把 Hwi 设置为 Dispatch，则会在调用 Hwi 函数的前后自动调用 Hwi_enter 和 Hwi_exit 函数。在 Hwi 函数的执行时，若有其他的硬件中断产生，当前的 Hwi 会被新的中断抢占，DSP 会先去执行新的 Hwi。如果希望当前的 Hwi 不被其他的 Hwi 打断，可以利用 Hwi_disable 函数保护不能被打断的代码。

（2）软件中断（Swi）

软件中断同样使用 SYS/BIOS 的中断堆栈。Swi 线程分为多个优先级，高优先级的 Swi 可以抢占低优先级的 Swi。一般通过 Swi_post（或者类似的函数）来启动它。Swi 和 Hwi 都不能被阻塞，一旦它们运行，就要运行到终点为止，除非被其他的线程抢占。

（3）任务（Task）

Task 是 CPU 执行的主要线程，适合于有许多数据要提供和处理的服务。它与 Swi 最大的不同是可以被阻塞（可以等待）。SYS/BIOS 可以随意切换 Task 线程的执行顺序，因此和 Hwi、Swi 不同，每个 Task 都设计有自己的堆栈，切换时 SYS/BIOS 将自动地更新堆栈寄存器。实际上 Task 可以写成一种死循环的形式：

```
while(1){
    Do_some_task();
```

```
        Yield_to_other_task();
    }
```

Do_some_task 函数完成 Task 所要做的事情，Yield_to_other_task 函数则把控制权转给其他的 Task。如果把控制权转给同样优先级的其他 Task，则可以调用 TSK_yield 函数。如果要把控制权转给低优先级的 Task，则可以调用 TSK_sleep 函数让自己休眠一段时间，或者调用 SEM_pend 函数等待。除非 Task 中调用了 Hwi_disable 或者 Swi_disable，否则它在任何时候都可以被 Hwi 或者 Swi 抢占。

（4）空闲（Idle）

空闲线程可以被其他线程随时抢占，仅当没有任何其他线程运行时才会运行。

当 DSP 芯片同一时刻需要执行多个线程时，这些线程存在抢占关系，高优先级的线程可以抢占低优先级的线程。图 12-6 表示了线程之间发生抢占的一个情况。其中低优先级的 Swi B 被高优先级的 Hwi 2 抢占，只有比它优先级高的线程都执行完了，它才能继续执行。

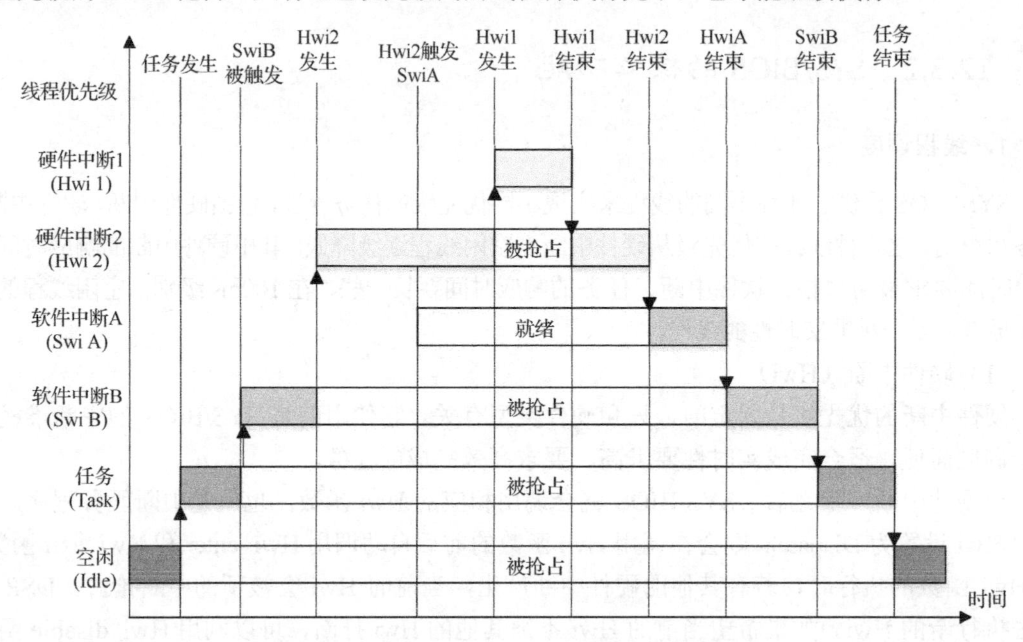

图 12-6 TI RTOS 内核中多个线程抢占的示意图

作为一种 Hwi，定时器中断（Timer）通常用于控制整个系统的定时节拍。通过设定其溢出时间，可以实现在固定的时间间隔内周期性的少量操作。当需要定时完成较复杂的操作时，可以通过触发 Swi 或者低优先级别的 Task。例如图 12-6 中 Hwi_2 就触发了 Swi_A。在程序中可以使用 Swi_post 函数来实现，如图 12-7 所示。

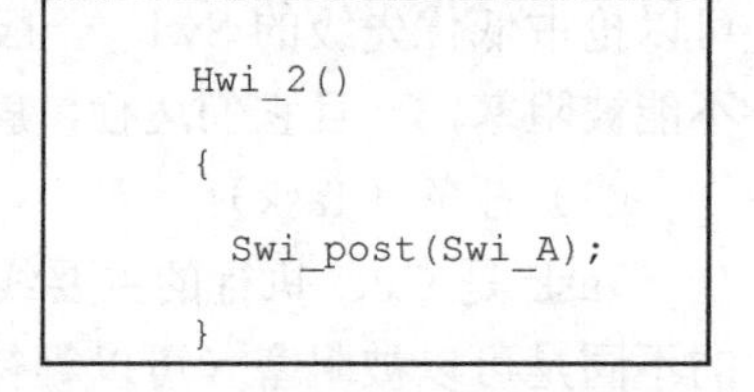

```
Hwi_2()
{
  Swi_post(Swi_A);
}
```

图 12-7 Hwi 触发 Swi 的示例代码

时钟（Clock）是一个 Swi 线程，提供了另一种定时服务。它通常由 Timer Hwi 触发，达到时钟的定时作用。TI 设计的所有 Clock 线程处于 Swi 同一优先级，不能互相抢占，所以在 Clock 线程中也不能安排大量的操作。如果需要执行大量的操作，可以通过 post 一个信号量或其他类别的消息给低优先级线程。

SYS/BIOS 中的 Task 线程有 0～31 个优先级（默认设置的优先级为 16，优先级 0 被空闲线程使用，因此任务的最低优先级为 1）。为管理这些 Task，SYS/BIOS 采用了如图 12-8 所示的状态机。每个 Task 分为运行、阻塞、准备就绪和终止四个状态。各状态间的转换由不同的 Task 函数所触发，这些 Task 函数由 Task 模块提供，通过指针 Task_Handle 来访问这个 Task 对象的内容。

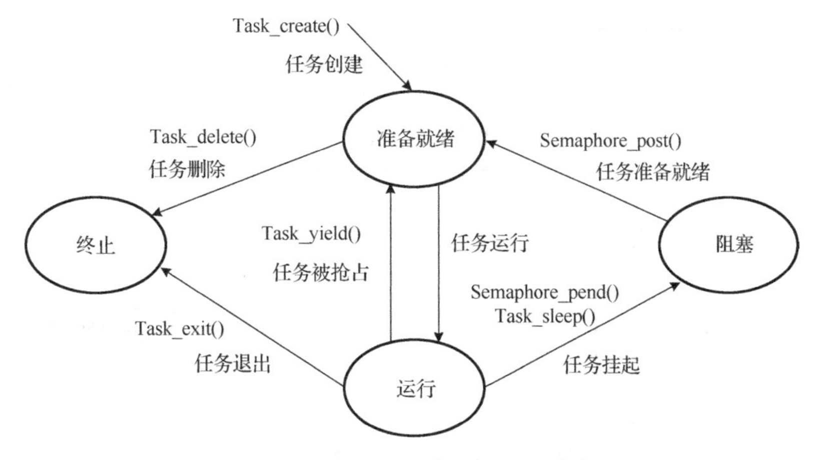

图 12-8　SYS/BIOS 中的 Task 状态机

SYS/BIOS 为每个 Task 对象设置了独立的内存堆栈，用于存放处理器寄存器的副本、局部变量和一些嵌套的函数调用（和一般的 C 运行时栈一样）。Task 的数量、状态以及优先级都可以在程序执行时动态地更改。在内存允许的情况下可以无限制地创建任务数量。

除了上述提及的 Task 相关操作函数，Hwi、Swi 和 Task 等线程在线程的生命周期中也提供了一些可供用户插入代码的位置，这些代码点称为“钩子”（Hook）。插入的用户函数称为“钩子函数”（Hook 函数），可用于观察或统计收集的目的。表 12-2 中列出了可用的 Hook 函数。例如，如果为某个 Hwi 设置了一个 BeginHook 函数，那么当该 Hwi 发生时，会在中断服务程序运行前预先运行 BeginHook 函数，这为用户观察系统的运行带来了方便。

表 12-2　SYS/BIOS 中不同线程可以使用的 Hook 函数

线程类型	Hook 函数
Hwi	Register, Create, Begin, End, Delete
Swi	Register, Create, Ready, Begin, End, Delete
Task	Register, Create, Ready, Switch, Exit, Delete

2. 启动管理

除线程调度外，SYS/BIOS 完成的核心工作还包括启动（Startup）管理。SYS/BIOS 的启动过程可以分为两个阶段：在应用程序中 main 函数被调用前的操作阶段，在应用程序中 main 函数被调用后的操作阶段。在每个阶段的不同位置上，SYS/BIOS 都提供了一些控制点用于用户插入必要的启动函数，如图 12-9 所示。从图中可以看到，在 main 函数被调用前，DSP 程序的启动主要有如下几步：

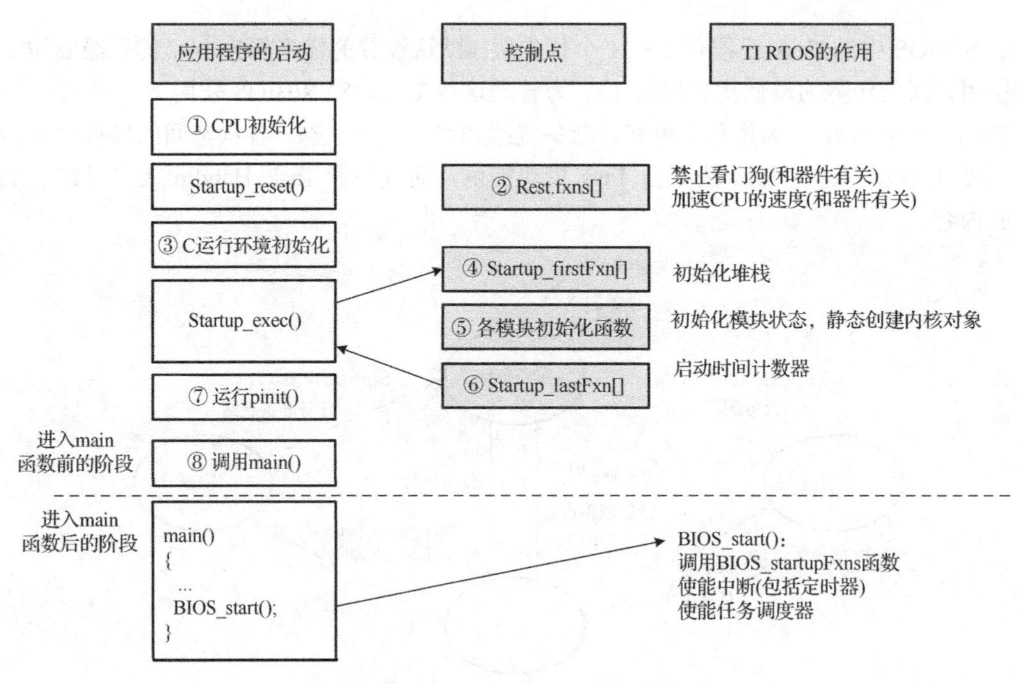

图 12-9　SYS/BIOS 的启动过程

① 进行目标芯片的 CPU 初始化（即 c_int00 的初始代码）；

② 运行复位函数表 Reset.fxns[]中的各个函数。这个表中的函数由 SYS/BIOS 的运行支持库提供，只在程序运行前的复位过程中被调用执行；

③ 运行 cinit( )函数初始化 C 语言程序运行环境；

④ 运行由用户提供的第一批函数 Startup_firstFxn[]，这些函数的入口由 SYS/BIOS 的运行支持库提供；

⑤ 运行所有的模块初始化函数；

⑥ 运行由用户提供的最后一批函数 Startup_lastFxn[]，这些函数的入口由 SYS/BIOS 的运行支持库提供；

⑦ 运行 pinit( )函数；

⑧ 调用用户编写的 main( )函数。

而进入用户 main 函数后，启动过程将由 SYS/BIOS 控制，这时需要在 main()的最后显式调用 BIOS_start()来启动 BIOS。在 BIOS_start()被调用后，SYS/BIOS 将首先运行由用户提供的启动函数 BIOS.startupFxns。之后依次使能硬件中断、软件中断。如果系统支持 Task 模块，则启动任务调度。如果系统中没有已创建的 Task，启动过程将直接进入空闲循环中。

在不同的控制点上，可以插入用户自己编写的函数。图 12-10 中就给出了通过 cfg 配置文件中为这些启动过程控制点插入用户函数的示例。在 Startup_firstFxn，Startup_lastFxn 中引入程序设计人员编写的 myReset、myFirst 等函数主要用于运行环境的初始参数设置。

DSP/BIOS 的启动过程与 SYS/BIOS 相比，有所简化，在调用 main 函数之前，首先初始化 DSP，从 c_int00 开始运行初始化片上控制寄存器和.bss 段的配置，之后调用 BIOS_init 初始化用到的各个模块，然后处理.pinit 表。在 main 函数退出后调用 BIOS_start 启动 DSP/BIOS，使能使用的各个模块，并调用 MOD_startup 启动每个模块。如果在配置中使用了 TSK 管理模块，就会执行 TSK_startup，BIOS_start 也不会结束返回；如果 TSK 模块未被使用，BIOS_start 调用将返回，并执行 IDL_loop 进入永久的 idle 循环。

```
/* 获取 xdc Reset 模块的指针 */
Reset = xdc.useModule('xdc.runtime.Reset');
/* 加载用户自定义的"复位函数"myReset */
Reset.fxns[Reset.fxns.length++] = '&myReset';
/* 获取 xdc Startup 模块的指针 */
var Startup = xdc.useModule('xdc.runtime.Startup');
/* 加载用户自定义的"第一批函数"myFirst */
Startup.firstFxns[Startup.firstFxns.length++] = '&myFirst';
/* 加载用户自定义的"最后一批函数"myLast */
Startup.lastFxns[Startup.lastFxns.length++] = '&myLast';
/* 获取 BIOS 模块的指针 */
var BIOS = xdc.useModule('ti.sysbios.BIOS');
/* 加载 BIOS 启动函数 myBiosStartup */
BIOS.addUserStartupFunction('&myBiosStartup');
```

图 12-10　在.cfg 配置文件中由用户提供各种在启动过程中使用的函数

12.3.3　TI RTOS 中的其他软件

在 TI RTOS 中，除了内核 DSP/BIOS、SYS/BIOS，还有其他一些功能组件被封装在了别的开发软件中，例如 XDCtools 等。XDCtools 实现了实时软件组件（Real-Time Software Component，RTSC），它不仅包含了 SYS/BIOS 成功运行所需的多个基础系统服务模块，还包含了表 12-1 中其他如 RTOS 网络（NDK）和 RTOS 测试仪表（UIA）模块中的标准 API 函数、静态配置文件和封装操作。XDCtools 对 SYS/BIOS 起到了支撑作用，它们的关系如图 12-11 所示。

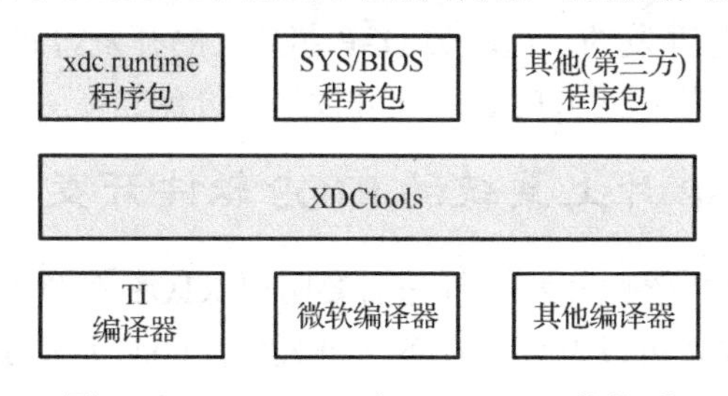

图 12-11　XDCtools 与 SYS/BIOS 的关系

XDCtools 提供的功能可以粗分为四类，如表 12-3 所列。SYS/BIOS 中的很多 API 模块都位于 XDCtools 中的 xdc.runtime 库中。例如，图 12-9 中所示的 SYS/BIOS 启动管理功能（如 BIOS_start( )函数）都集成在了 xdc.runtime 库中（图 12-10 中的示例使用了 xdc.runtime.Startup 和 xdc.runtime.Reset 模块）。除此之外，XDCtools 还包括了内存管理和诊断等功能。所有 SYS/BIOS 应用在构建时都默认自动加入到 xdc.runtime 库内。

表 12-3 XDCtools 提供的功能和对应模块

功 能	模 块	说 明
系统服务	系统	基础底层“系统”服务，例如打印类输出，退出机制等
	启动	在 main()之前运行的不同模块功能
	默认	为所有模块设置事件日志，错误检查，内存使用等功能
	主函数	为应用代码设置事件日志和内存检查
	程序	设置运行内存空间的大小、程序构建选项和内存分块等选项
内存管理	内存	静态或动态地创建/释放内存堆
诊断	日志和日志器	允许事件被记录并将这些时间传给 Log 指针
	错误	允许产生、检查、处理由各个模块定义的错误
	诊断	在单模块的基础上，可以在配置或运行时使能/禁止诊断器
	时间戳	提供时间戳 API，前向调用特定平台的时间 stamper
	文本	提供字符串管理服务，最小化目标所需的字符串数据
同步	门	保护关键数据结构的编码访问
	同步	使用 wait()和 signal()函数为线程提供基本的同步

12.4 基于 TI RTOS 的软件开发

在早期的 DSP 系统开发中，对 DSP 芯片各类片上资源的开发与管理是通过各种底层方式进行的，如通过编写*.cmd 文件对内存资源进行分配、通过写比特位来打开或关闭某项功能、通过寄存器读写来实现接口数据的出入，等等。各种信号处理功能的应用也多采用前后台系统顺序执行。这种开发方式的效率不高、出错率高，难以满足 DSP 芯片的功能不断增强、应用软件功能日益复杂的现实开发需要。采用 TI RTOS 来进行 DSP 软件开发，可以有效降低开发难度，逐渐成为 DSP 软件开发的主流方式。

目前，TI DSP 芯片可以区分为单核 DSP 芯片和多核 DSP 芯片。在单核 DSP 芯片上，多个任务共享同一个 DSP 处理器，虽然它们的执行在宏观上是并行的，但在微观上却是顺序执行的。而在多核 DSP 芯片中，多个任务可以在不同的内核上并行运行，不论在宏观上还是在微观上，多任务的执行都是并发的。这两类 DSP 芯片上的开发方式有所差异。本节将分别对单核 DSP 芯片和多核 DSP 芯片的 RTOS 软件开发进行介绍。

12.4.1 单核 DSP 片上系统的 RTOS 软件开发

要利用 RTOS 进行 DSP 软件开发，首先需要明白 RTOS 在整个软件中的作用。图 12-12 给出了 TI 推荐的软件框架。可以看到，在参考框架中，CSL 负责 DSP 芯片级外设的驱动，DSP/BIOS 负责底层的调度，它们与其他的（如 USB/PCI 等）驱动程序共同构成了参考框架的底层实现方案，用户利用此参考框架可以高效完成应用程序的开发。

无论是使用 DSP/BIOS，还是 SYS/BIOS，基于 RTOS 的软件开发依然遵循图 3-2 所示的 DSP 软件开发流程。由于 RTOS 负责完成底层的线程管理工作，因此可以在 CCS 中预先完成 RTOS 内核模块的配置，并与芯片级驱动程序的开发同步进行，而不依赖于信号处理算法的软件开发。

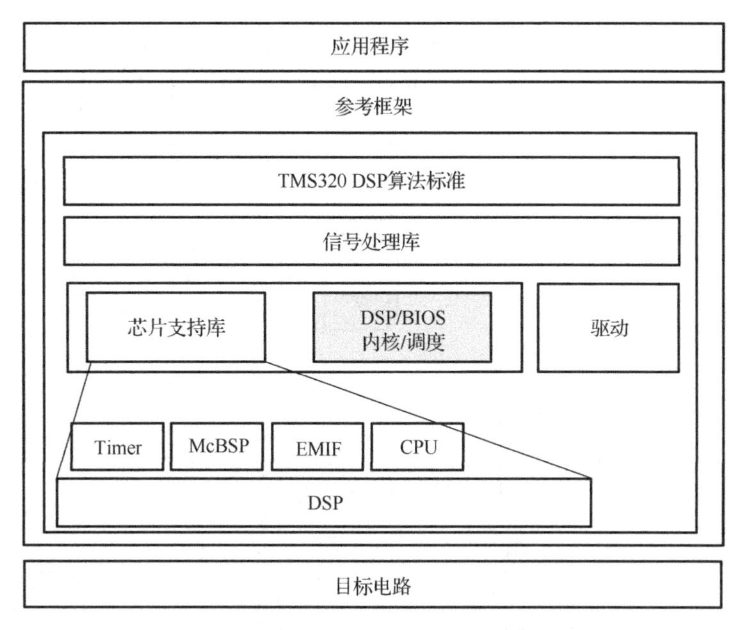

图 12-12 TI 推荐的 DSP 软件框架

由于目前 TI 公司的 DSP/BIOS 和 SYS/BIOS 支持了不同系列的 DSP 芯片，而且 DSP/BIOS 只能适用于 CCS V5.x 版本，而 SYS/BIOS 能在 CCS V5.x 及以上版本上使用，两种内核的使用方法上存在一定差别，所以本节将区别 DSP/BIOS 和 SYS/BIOS，分别介绍利用它们创建 DSP RTOS 工程的方法。

1. 基于 DSP/BIOS 的工程创建

图 12-13 给出了典型 DSP/BIOS 工程的创建流程图，其中需要用户编写的文件都用白底显示，无须用户手工编写的文件用灰底指示。从图中虚线框中可以看出，在工程创建过程中，需要用户编写的代码和操作的步骤与不使用 RTOS 的工程创建过程没有差异。由于需要使用 DSP/BIOS 进行系统管理，因此主要有如下两步不同的操作：

（1）需要添加、编辑 DSP/BIOS 配置文件（后缀名为.tcf），完成程序全局运行参数的设置、DSP/BIOS API 对象的静态创建和参数设置。

（2）在 C、ASM 源文件中将这些 DSP/BIOS 对象定义为外部函数，调用 DSP/BIOS API 函数使用它们。

在 CCS V5.5 环境下，可以利用图形化配置界面来配置 DSP/BIOS 配置文件（*.tcf）。在工程中添加和配置.tcf 文件的基本过程为：

（1）在基本 CCS 工程中加入一个 DSP/BIOS 配置文件范例。具体步骤为：

- 在当前 Project 的 CCSEdit 透视图中，选择 File→New→DSP/BIOS v5.x ConfigurationFile。
- 在弹出的对话框中，单击 Project 选项右边的 Browse，选中你要加入 DSP/BIOS 的 CCS project 后单击 OK；上方的 Filename 建议改成与工程名称相同，单击 Next。
- 在新弹出的对话框中的下方列表里，找到并选中要配置的 DSP 平台，可以通过在 Filter Platform 右边框中输入 DSP 平台的关键字来筛选下方列表，单击 Next。
- 在新弹出的对话框中有三个选项，可以根据需要选择，选完单击 Finish：

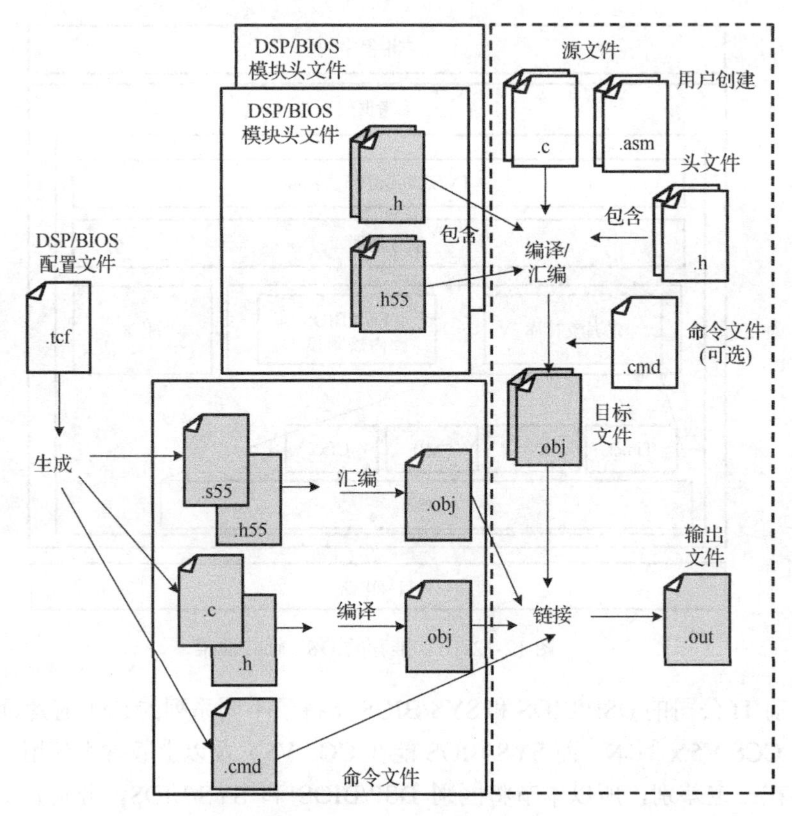

图 12-13　DSP/BIOS 工程的创建流程图

— Real-Time Analysis：不选则无法得到 LOG、STS 和其他的目标设备数据；

— RTDX：实时数据交换，不选则无法查看 RTA（Real-Time Analysis）数据；

— TSK Manager：任务管理器，实现对任务线程的管理，多线程系统应该选择。

此时在 Project Explorer 窗中看到相应的*.tcf 文件，即为该 Project 的配置文件。

（2）利用图形窗口修改.tcf 文件，实现 DSP/BIOS 配置。

双击 Project Explorer 窗口中生成的 tcf 配置文件，即可打开图 12-4 所示的 DSP/BIOS 配置工具界面。在其中进行相应配置后保存，即完成配置过程。此时，单击创建功能按钮，CCS 会自动扫描所有工程文件，加入相关的 DSP/BIOS 和 RTDX 头文件。

在以上过程中，以下几个问题需要加以注意：

（1）如果工程中已经有了用于链接的*.cmd 文件，则既可以去除旧文件，也可以同时使用两个链接命令文件。在 DSP/BIOS 应用中，programcfg.cmd 是工程的链接命令文件。其中已包含了相应库的链接，因此无须在工程中再加入这些库文件。

（2）对于大多数 DSP/BIOS 应用来说，由于可以通过配置中的 MEM 管理来控制存储区分块和位置，因此产生的 programcfg.cmd 文件中已有内存管理的详细内容。

（3）如果工程中已经包含了 vectors.asm 源文件，则这个文件必须移除。因为 DSP/BIOS 的配置会自动生成该文件来保存硬件中断的矢量。

一个工程中可以使用一个或多个 DSP/BIOS 模块。每个模块有自己独立的 C 头文件或汇编宏文件，这样在使用某个 DSP/BIOS 模块的时候不会将其他 DSP/BIOS 模块包含进来，从而减小程序代码量。

2．基于 SYS/BIOS 的工程创建

下面介绍如何利用 CCS 创建 SYS/BIOS 工程，使用的 CCS 版本为 7.4.0。

图 12-14 给出了典型 SYS/BIOS 工程的创建流程图，其中需要用户编写的文件都用白底指示，库文件和生成的文件用灰底指示。从图中虚线框中可以看出，用户创建工程的过程与 DSP/BIOS 工程创建基本相似。只是在进行系统配置时，需要使用应用系统配置文件（后缀名为.cfg）。应用系统配置文件是一个脚本文件，XDCtools 可以读取这个文件并转换为相应的 C 源代码、C 头文件以及链接命令文件。

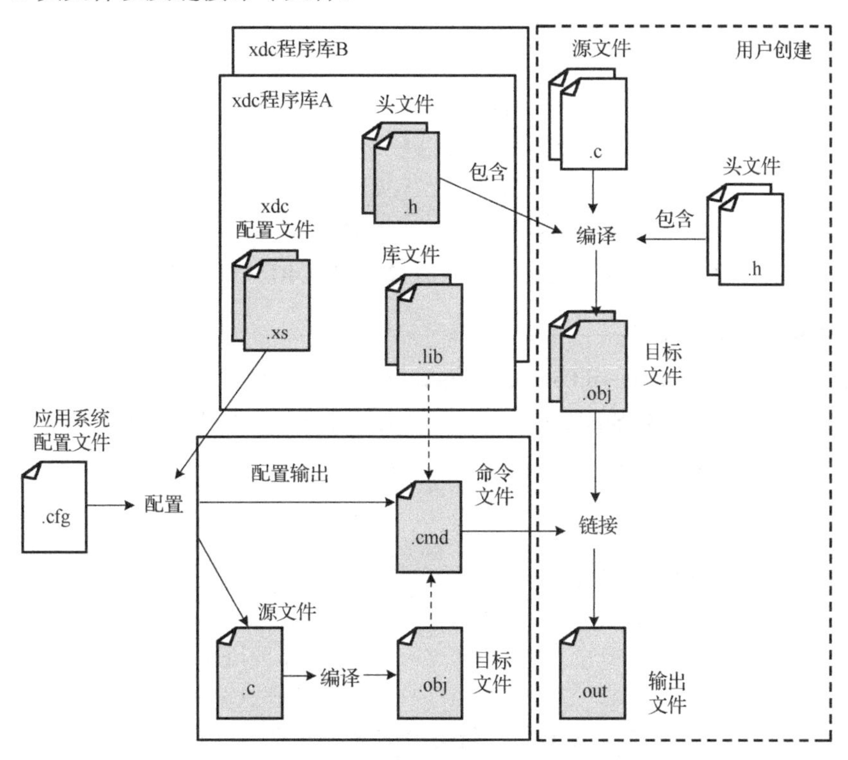

图 12-14　SYS/BIOS 工程的典型流程图

TI 公司将 TI RTOS 和 SYS/BIOS 封装成了不同的软件。在 V6.0 以上版本的 CCS 中已不再集成 TI RTOS。如果要使用 TI RTOS，需要自行通过 CCS Resource Explorer 下载安装。下载时根据使用的器件种类选择相应的版本即可。同样，CCS 的新版本也不再集成 SYS/BIOS 软件。如果只想利用 TI RTOS 进行代码开发，可以在 CCS App Center 中下载安装 SYS/BIOS 软件。从图 12-14 可以看到，SYS/BIOS 项目的开发依赖 XDCtools。XDCtools 可以在 CCS 安装时自动安装。

在 CCS 中可以采用多种方法来创建基于 SYS/BIOS 的工程。下面介绍一种方法，从新建 RTSC 工程开始，一步步完成工程的创建。

（1）新建 RTSC 工程

- 新建工程：在工程模板中选择 Empty RTSC Project，输入工程名称（本例为 C6747BIOS），选择合适的目标器件后，单击 Next;
- 选择工程配置属性：在平台（Platform）处选择合适选项，确认 XDCtools 和 SYS/BIOS

的版本，确保它们是匹配的。

单击 Finish，这时会生成一个空的 RTSC 工程。图 12-15 和图 12-16 给出了按上述步骤操作后得到的工程配置。

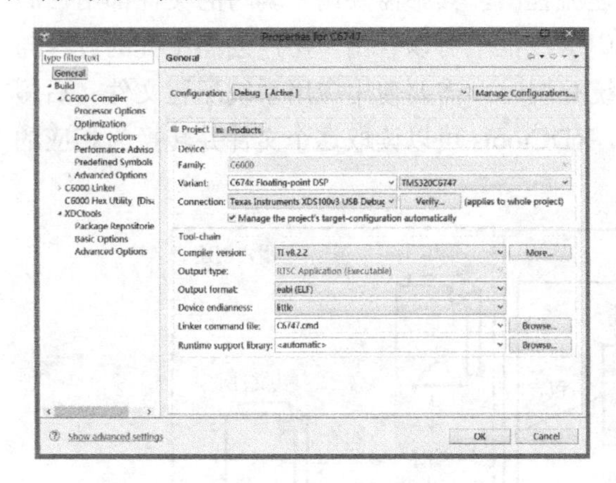

图 12-15 新建 RTSC 工程的基本配置

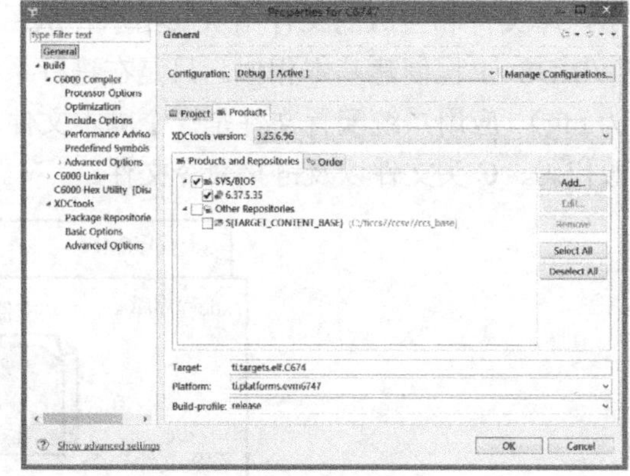

图 12-16 新建 RTSC 工程的 XDCtools 和 SYS/BIOS 设置

（2）新建 RTSC 配置文件

利用菜单选项 File→New→RTSC Configuration 可以为空工程新建 RTSC 配置文件（如图 12-17 所示），用于管理 SYS/BIOS。示例中该文件命名为 C6747BIOS.cfg。

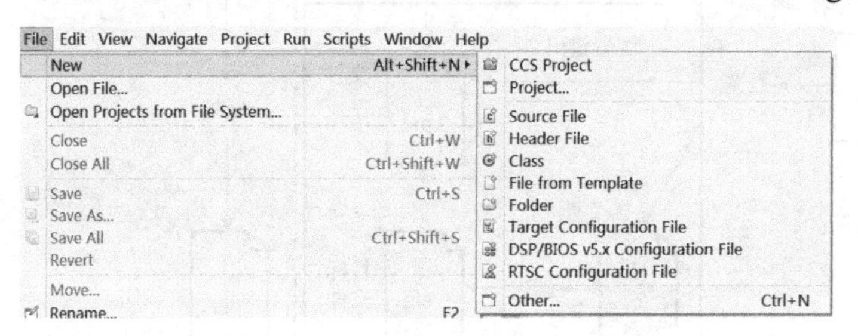

图 12-17 新建 RTSC 配置文件

若不是新建 SYS/BIOS 工程，而是在原有的 CCS 工程中添加 SYS/BIOS 支持，则可以直接利用本步骤向工程中添加 SYS/BIOS。如果工程没有使能 RTSC 支持，CCS 会询问是否需要为当前工程使能 RTSC 的支持。此时选择同意即可。之后，工程会被重新编译，工程会被自动设为 RTSC 类型。

（3）新建源文件

利用菜单选项 File→New→Source File 为工程新建源文件，在模板中选择合适的源文件模板（例如本例中选择 RTSC ‘Hello World’ main），输入源文件名。

单击 Finish 后，此时在源码编辑窗口就可以看到 main.c 中的代码了。此时整个工程中包含了源文件、RTSC 配置文件 cfg、目标配置文件 ccxml 等必要的基础文件。

（4）添加 SYS/BIOS 资源

虽然已经创建了工程所需的必要文件，但这时如果编译，会出现一个错误：

Undefined reference to '_xdc_runtime_System_printf__E' in file ./main.obj

这是因为我们还没有在 RTSC 配置文件中为使用到的_xdc_runtime_System_printf__E 函

数指明来源。因此还需要对 cfg 文件进行配置。修改 cfg 配置文件，可以选择使用可视化配置工具（XGCONF）、cfg Script 表栏编辑器或者普通的文本编辑器。由于图形方式更为直观，下面以 XGCONF 的使用为例介绍。

① 打开 cfg 文件

确认目前处于 CCS Edit 透视图中，用鼠标右键单击工程浏览器中的 C6747BIOS.cfg 文件，在弹出的菜单中选择 Open with→XGCONF，此时在主编辑窗口会出现 SYS/BIOS-Welcome 的页面（如图 12-18 所示），提供了 SYS/BIOS 文件资源的链接。

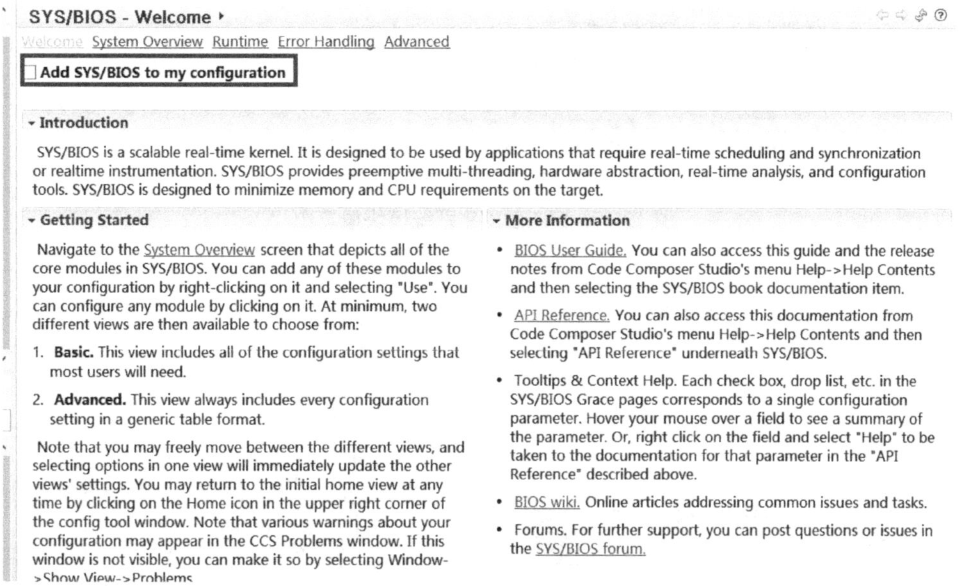

图 12-18　SYS/BIOS-Welcome 示意图

同时，在工程浏览窗口下方出现了可用的模块列表，显示了 SYS/BIOS 和 XDCtools 的各种模块（如 12.3.1 节的图 12-5 所示）。

② 向配置中确认添加 SYS/BIOS

勾选 Welcome 窗中的 Add SYS/BIOS to my configuration 的方框（如图 12-18 中的方框）。

单击保存后，整个工程就会重新编译，将 SYS/BIOS 加入进来。此时单击 System Overview，主界面会出现 SYS/BIOS 中可以提供的所有模块概览图（如图 12-19 所示），其中左下角带小箭头的方框即为当前使用的模块。

（5）创建和配置功能模块

SYS/BIOS 可以利用 XGCONF 完成静态创建和配置模块的操作。

① 选择模块

以 Task 模块为例，可以采用两种方式选择 Task 模块。一种是右键单击概览图中的 Task 模块（如图 12-20 所示），出现 Use Task 弹窗并单击。另一种是 SYS/BIOS 模块列表中选择相应图标，单击鼠标右键启用该模块（如图 12-21 所示）。不论采用哪种方式，当选中 Use Task 后，在 CCS 的主窗口会出现 Task 管理的内容，同时在右侧 Outline 窗口中也出现相应的 Task 图标（如图 12-22 所示）。

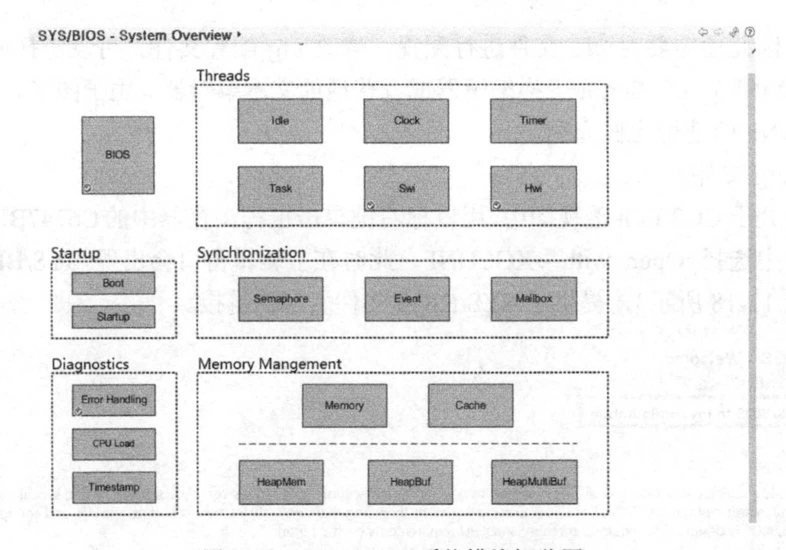

图 12-19　SYS/BIOS 系统模块概览图

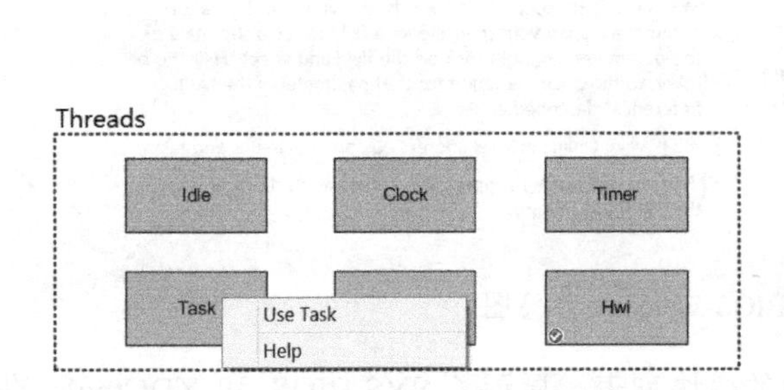

图 12-20　在模块概览图中选择添加 Task

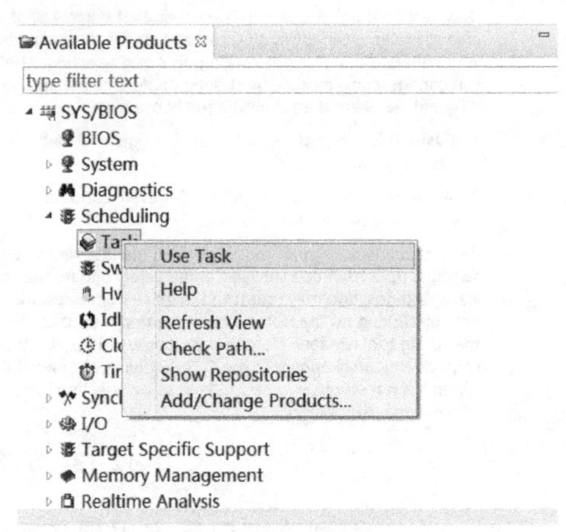

图 12-21　在模块列表中选择添加 Task

② 确认添加 API 模块

勾选"Add the Task threads module to my configuration"（如图 12-22 的椭圆框标注区域），使能 Task 的模块；同时可以看到界面下方的各种选项窗口可以编辑，包括 Global Task Options，Idle Task Options 以及 Default Task Options。

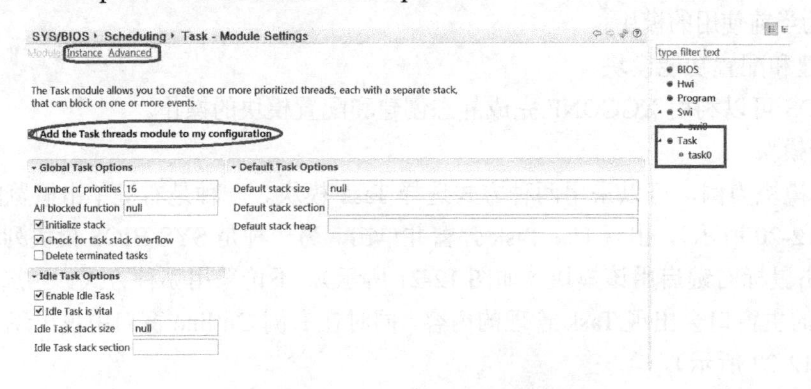

图 12-22　Task 模块设置界面

③ 修改模块属性

单击对话窗口下方的 Properties 标签（如图 12-23 方框标注区域），弹出关于 Task 的相关配置属性。可以在其中设置相应的关联函数、函数的参数、优先级、堆栈大小等参数。

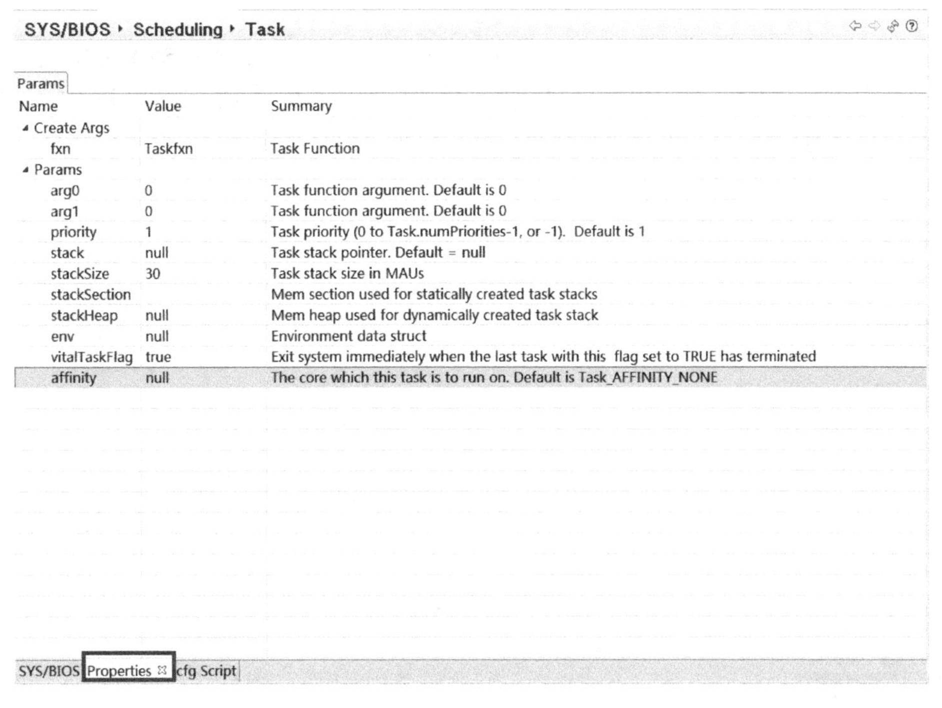

图 12-23　Task 属性配置窗口

④ 配置模块对应的实例

选择 Task 调度页面中的 Instance 按钮（如图 12-22 圆角矩形框标注区域），就会弹出实例设置（Instance Setting）界面，如图 12-24 所示。这里可以针对每个对象实例进行针对性的设置。示例中为 task0 设置了函数 func_tsk0，为 task1 设置了函数 func_tsk1。

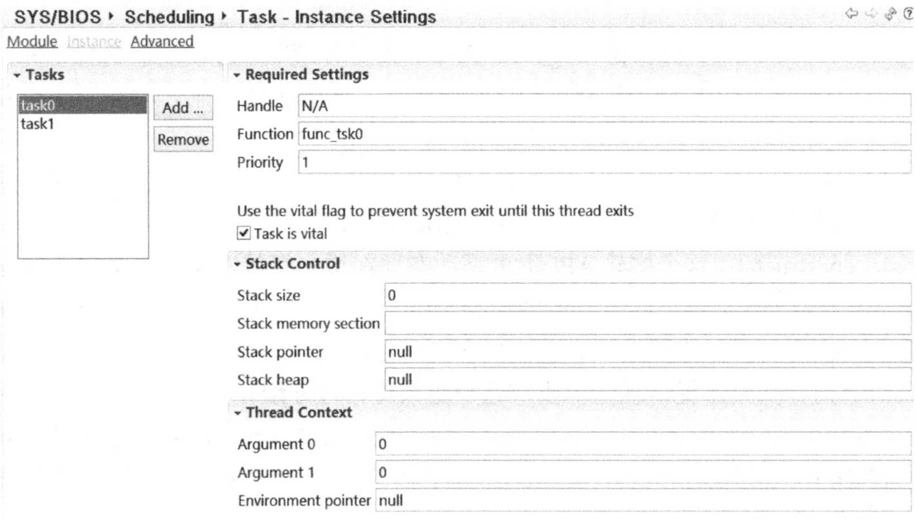

SYS/BIOS ▸ Scheduling ▸ Task - Instance Settings
Module Instance Advanced
Tasks: task0, task1 (Add ..., Remove)
Required Settings
Handle N/A
Function func_tsk0
Priority 1
Use the vital flag to prevent system exit until this thread exits
☑ Task is vital
Stack Control
Stack size 0
Stack memory section
Stack pointer null
Stack heap null
Thread Context
Argument 0 0
Argument 1 0
Environment pointer null

图 12-24　Task 实例设置界面

（6）修改源文件，实现实例

当完成上述操作后，在源文件中增加函数 func_tsk0 和 func_tsk1。这时添加的函数如图 12-25 所示。在源码中，还需要增加必要的头文件，包括 xdctools 中的头文件以及 sysbios 中的头文件。

按照 12.3.2 节的介绍，我们在主函数中使用 BIOS_start()函数启动 BIOS 服务，同时在 fun_tsk0 中调用 BIOS_exit(0)退出已执行完的任务。函数 Task_yield()是 BIOS 中调度同优先级任务的函数，当还有其他相同优先级的任务时，则调度到同优先级的其他任务先执行！

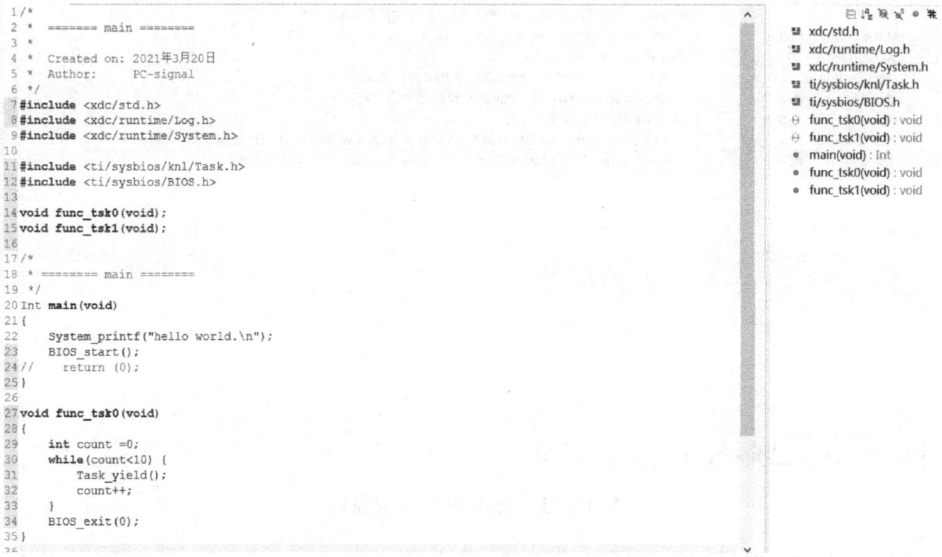

```
1 /*
2  *  ======= main ========
3  *
4  *  Created on: 2021年3月20日
5  *  Author:     PC-signal
6  */
7 #include <xdc/std.h>
8 #include <xdc/runtime/Log.h>
9 #include <xdc/runtime/System.h>
10
11 #include <ti/sysbios/knl/Task.h>
12 #include <ti/sysbios/BIOS.h>
13
14 void func_tsk0(void);
15 void func_tsk1(void);
16
17 /*
18  * ======== main ========
19  */
20 Int main(void)
21 {
22     System_printf("hello world.\n");
23     BIOS_start();
24 //    return (0);
25 }
26
27 void func_tsk0(void)
28 {
29     int count =0;
30     while(count<10) {
31         Task_yield();
32         count++;
33     }
34     BIOS_exit(0);
35 }
```

```
xdc/std.h
xdc/runtime/Log.h
xdc/runtime/System.h
ti/sysbios/knl/Task.h
ti/sysbios/BIOS.h
func_tsk0(void) : void
func_tsk1(void) : void
main(void) : Int
func_tsk0(void) : void
func_tsk1(void) : void
```

图 12-25　采用 SYS/BIOS 的 main.c 文件

至此，我们就利用 XGCONF 工具完成了 SYS/BIOS 中关于 Task 的静态配置，实现了 Task 任务的定义、优先级及一系列属性的设置。在编译后，对象结构就会被自动添加到配置源文件中。

在 SYS/BIOS 中，除了可以在*.cfg 配置文件中指定对象来静态创建模块对象外，还可以利用函数调用的方式，在程序的执行过程中动态创建和配置模块对象。动态创建主要使用到 Module_create( )和 Module_construct( ) API 函数。

Module_create()：这个创建 API 需要使用堆空间来动态存放对象，在对象被创建的同时，一个错误块也要同时被创建，以便记录模块中出现的错误。

Module_construct()：这个构建 API 不再是动态地在堆中存放对象，而是直接传送给对象结构。这样可以减少代码量。同时，大多数 Module_construct 不需要错误块 Error_Block，这样的实现方法都可以减少代码量。有些 Module_construct 会在内部分配内存，例如在使用 Task_construct 时，如果不提供任务堆栈，这个函数将自行分配。

图 12-26 和图 12-27 给出了分别利用 Task_create()和 Task_construct()动态创建任务实例的代码。图 12-26 中的代码采用 Task_create()新建了任务控制句柄 task0，并与错误块 eb，任务函数指针 hiPriTask 进行了关联。

```
Task_Params taskParams;                          // 任务参数的声明
Task_Handle task0;                               // 任务指针的声明
Error_Block eb;                                  // 错误块的声明
Error_init(&eb);                                 // 错误块的初始化
/* 调用 Task_create()创建一个优先级为 15 的任务 */
Task_Params_init(&taskParams);                   // 初始化任务参数
taskParams.stackSize = 512;                      // 设置 stack 的大小为 512
taskParams.priority = 15;                        //  设置优先级为 15
task0 = Task_create((Task_FuncPtr)hiPriTask, &taskParams, &eb);
if (task0 == NULL) {
    System_abort("Task create failed"); // 如果创建失败，系统退出
}
```

图 12-26　SYS/BIOS 中 Module_creat 函数的使用示例

```
Task_Struct taskStruct;                          // 任务结构的声明
Task_Params taskParams;                          // 任务参数的声明


Task_Params_init(&taskParams);                   // 任务参数的声明
taskParams.stackSize = TASKSTACKSIZE;            // 设置 stack 的大小
taskParams.stack = &taskStack;                   // 设置 stack 的地址
/* 调用 Task_construct()创建一个任务 */
Task_construct(&taskStruct, twoArgsFxn, &taskParams, NULL);
```

图 12-27　SYS/BIOS 中 Module_construct 函数的使用示例

以上展示了 SYS/BIOS 工程开发中静态配置 Task 线程的步骤。其他线程和工具模块的添加过程与之类似，都可以通过 XGCONF 逐步添加，并在代码中增加相应的处理函数实现。更详细的操作可以参考 TI 公司的相关文档。

12.4.2　多核 DSP 片上系统的 RTOS 软件开发

随着微电子技术的进步，将电子系统的各个处理单元集成到一个芯片上成为可能。集成了多个处理器内核的芯片称为多核芯片，又称为多核片上系统。

多核片上系统是一种单芯片化的多处理器系统，它天然具有实现多任务系统的优势。为了获得更高的效率，多核片上系统的开发，必须要充分利用每个处理器的资源，将多个任务分配在多个处理器上协同工作。由于任务管理更加复杂，因此需要在引入操作系统的基础上，对程序的并行设计、任务在各处理器内核上的分配以及各处理器核间的通信进行全面的设计。

1. 多核 DSP 片上系统的软件设计步骤

多核系统的软件设计可以按照如表 12-4 所示的四步过程进行，其中合理划分任务、为各个内核分配合适的任务是关键所在，也是一件非常困难的工作。在开发过程中，由于对各个任务的执行顺序、相互依赖关系、数据交互的认识有个逐步深入的过程，因此任务划分、任务通信、任务组合的步骤可能需要多次迭代。

表 12-4　多核应用程序开发的四步过程

步　骤	操　作	基 础 工 作	目　的
任务划分	将程序划分为基本组件，并分析各组件的资源	分析每一个软件部件的计算量（读、写、执行、乘）以及每个组件的耦合度和内聚度	对解决方案进行细粒度分解，明确大量的小任务
任务通信	设计各任务之间的数据交互	测算各模块之间控制和数据的通信需求	确定各任务之间的数据交互
任务组合	审查已划分的任务，并合理归并各个任务	根据计算量、通信量等指标对任务模块进行优化组合	优化任务划分，以便减少任务数量，提供更大规模的任务
任务映射	为各任务分配内核	结合具体的多核器件，为各任务模块确定并行方法，选用并行模型	决定每个任务在哪个内核上执行

为了更好地完成多任务的分析，可以利用控制流图和数据流图等工具来辅助分析。控制流图通过直观表述模块间的执行路径，能辅助确定决定系统并发任务的独立控制路径；而数据流图有助于确定对象和数据同步的需求，便于分析内核间通信所需的最小数据量。

图 12-28 展示了控制流程图的一个示例。其中数据 I/O 获取外部数据，并通过帧输入送给任务控制器，任务控制器与负责计算的加速器交互，完成计算配置、数据传送和帧处理的启动、结束交互，并将计算结果通过帧输出反馈到 I/O 设备上。各个内核中的任务处理通过控制流直观地呈现出来。

图 12-29 中给出了数据流图的示例。其中，内核 0 负责状态的控制，它发出命令数据，并接收别的内核传来的状态数据，内核 1 和协处理器 1 负责数值计算，内核 2 和内核 3 负责完成状态信息的更新和结果汇总。各个内核间的数据流向清晰地呈现在图中。

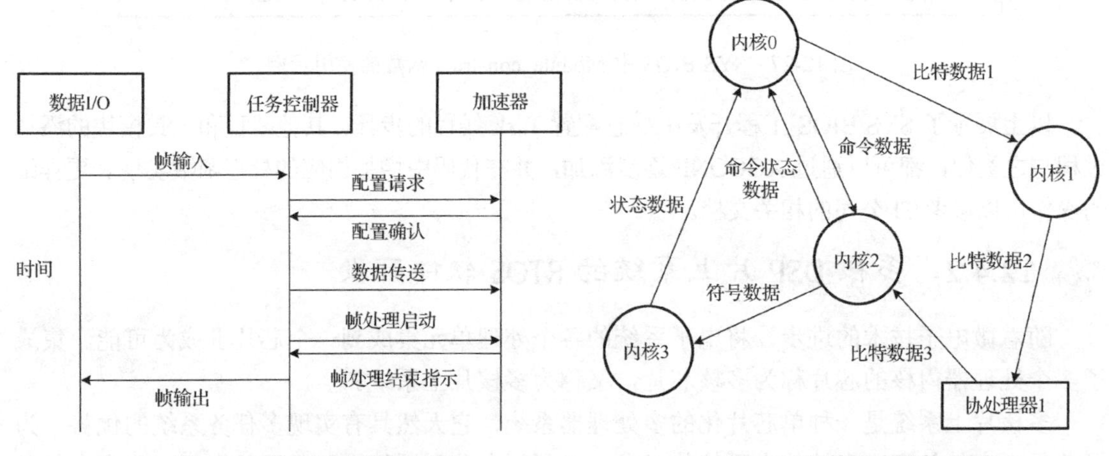

图 12-28 控制流程图的示例　　图 12-29 数据流图的示例

2. 多核 DSP 片上系统的任务划分

多核 DSP 片上系统根据内核的类型可以分为同构系统和异构系统两类。同构系统中，片上所有的内核处理器都是 DSP 核；而异构系统中，片上的内核处理器类型并不相同，一般包括 DSP 核和通用处理器核。例如 TI 公司的 C6670 芯片具有 4 个 C66 DSP 内核，就是同构片上系统；而 TI 公司的 OMAP-L1x 和 66AK2x 系列芯片具有 DSP+ARM 内核，就属于异构系统，其中 ARM 内核用于实现丰富的接口控制功能，DSP 内核用于实现高效的信号处理功能。

（1）同构系统的任务划分

同构系统中各个 DSP 核的性质相同，片上存储空间可以共享。此时，要将一个应用映射到多核处理器上，首先就要合理分割任务，使得任务具有并行特点。目前有两个主要的模型用于任务分割：主/从模型和数据流模型。

在**主从模型**中，一个内核控制着其他所有内核的工作分配，负责调度各种执行线程的内核称为主核，它可以向其他内核（称为从核）指派线程，同时还负责将线程需要的任何数据传递给从核。

一般适合这个模型的应用本身包含许多小的独立线程，这些线程可由单个内核处理完成。各个内核通过传递消息实现任务交互。因为线程的激活是随机的，而独立执行的线程数据吞吐需求可能差异很大，这些都要由主核负责调度，因此应用这个模型时，主核需要能够优化多核工作的平衡，才能达成最理想的并行性。图 12-30 给出了一个主/从任务分配模型的框图。

在**数据流模型**中，数据像在管道内流动一样被各个内核处理。最初的内核通常连接到输入接口中，提供初始的处理数据。随后的每个内核使用不同的算法处理数据块，数据依次向下一个内核传递。模型中各任务的调度由数据的可用性触发。

适合该数据流模型的应用通常包含规模宏大、计算复杂的程序模块，它们相互依赖，并且可能并不适用于单核。这种模型在 DSP 实时操作系统上较多采用。应用这个模型所面临的挑战是，要合理分离复杂的软件组成，把各软件模块分配到不同的内核上以保证数据在处理管道内有规律地流动。图 12-31 给出了一个数据流任务分配模型的框图。

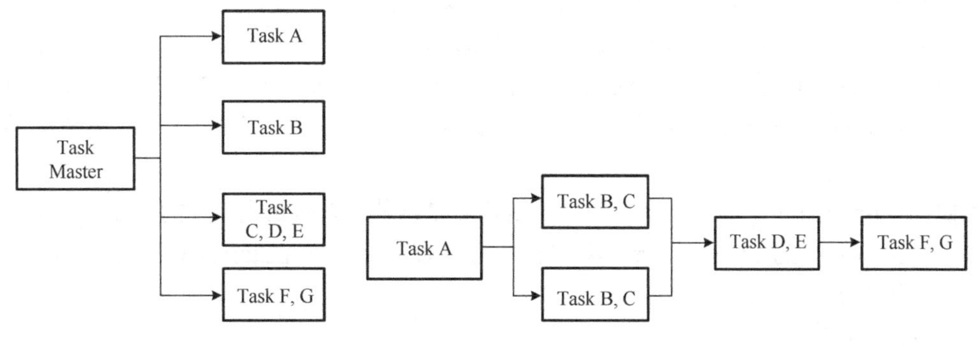

图 12-30　主/从任务分配模型

图 12-31 数据流任务分配模型

（2）异构系统的任务划分

一般来说，我们总是希望在经过任务划分后，片上系统的运行效率最高。由于异构系统中的内核性质不同，因此可以按照各种内核的特点来相应地分配任务。遵循的原则如下：

- 将主要的状态机控制代码分配到 RISC 内核上，例如可将常见的应用程序控制、时序控制、用户接口控制以及时间触发管理等程序代码安排在 ARM 内核上；
- 将信号处理代码分配到 DSP 内核上；
- 如果存在专为某种算法设计的硬件加速器，那么可以将这个算法分配到硬件加速器上，这些算法通常是计算密集型的任务，会占用较大的计算资源。

12.4.3 基于OpenMP模型的并行代码设计

多核 DSP 片上系统的程序在经过任务分解后会运行在不同的内核上，因此和单核 DSP 程序设计相比，还需要完成并行化代码的设计。根据内核是否同构，可以选择不同的适用框架来完成代码的并行化。其中 OpenCL 对异构平台的代码开发支持得比较好，可以支持 CPU、GPU、DSP 和 FPGA 等多种内核的开发，在进程管理方面实现基于任务或数据的并行处理。而 OpenMP 模型是一个用于共享内存并行（Shared Memory Parallel，SMP）体系结构的应用程序接口，可在 C/ C++或 Fortran 的基础上通过指令控制开发多线程应用程序，适用于同构平台的代码设计。

采用 OpenMP 模型，可以在原有单核顺序型代码的基础上，采用增量的方式快速实现对代码的并行化处理，而不需要重新编写全新的多核版本程序。TI 公司在针对多核 DSP 片上系统的软件开发工具上集成了 OpenMP 模型，有助于将信号处理算法快速推广到多路信号处理系统，也有助于优化原有顺序型代码，充分利用多核优势提升信号分帧（片）处理的效率。

本节将结合一个简单的示例来介绍如何利用 OpenMP 进行并行代码设计。

1. OpenMP 模型

OpenMP 模型由编译器指令集、运行库函数及环境变量等组成。

（1）编译器指令集

利用 OpenMP 编写并行程序时，指令集的语法形式为：

“#pragma omp construct [clause [clause]…].”

其中#pragma omp 是 OpenMP 提供的基本编译指令，construct 是对应指令种类，[clause] 是可选的子句。编译指令集允许程序员指定想要实现并行的指令，以及工作在内核间的分布方式。

例如，“#pragma omp section nowait”，section 是结构，nowait 是它的子句。

如果想浏览完整的 OpenMP 指令集列表，可以查阅官方网站http://www.openmp.org。

常用的指令有：

① 并行区域指令

#pragma omp parallel 指令确定了程序中的并行区域。一个 OpenMP 程序可以分为顺序区域和并行区域。程序执行过程中，由顺序区域中的初始线程（主线程）开始，当遇到“#pragma omp parallel”指令后，调度程序自动创建多个额外线程。这组线程同时执行并行区域中的代码块。当并行区域结束时，程序等待所有线程终止，然后为下一段顺序区域恢复单线程执行。

② 工作共享指令

#pragma omp for 指令允许程序员在多线程之间分配一个 for 循环。这种构造适用于迭代相互独立的情况，这时改变迭代调用的顺序并不影响结果。

#pragma omp sections 指令允许程序员跨核分配多任务，每个核运行一段唯一的代码。图 12-32 和图 12-33 分别给出了这两种方式的示例。

```
#pragma omp parallel
#pragma omp sections
{
  #pragma omp section
  X_calculation();
  #pragma omp section
  Y_calculation();
  #pragma omp section
  Z_calculation();
}
```

图 12-32 for 循环的并行处理

```
#pragma omp parallel
#pragma omp for
{
  for(i=0;i<N;i++)
     a[i] = a[i] +b[i];
}
```

图 12-33 分段代码的并行处理

③ 并行任务同步指令

#pragma omp critical <region name>指令声明指定的区域中同时只能有一个线程进入代码块。critical 结构可以定义一段代码，在代码的撰写上更加便捷。如果 critical 部分未命名，线程将不会进入任何一段关键区域。

#pragma omp atomic 指令具有和 critical 结构相同的功能，但 atomic 只适用于一行代码，一般对应于基于硬件的基本操作。

除各种指令外，OpenMP 提供了数据范围管理的子句，包括 private，shared 和 default 等。它们位于基本指令格式的[clause]子句位置。

如果变量 i，j 被 private 子句限定，#pragma omp parallel private(i,j)，那么并行化结构中每个线程都有变量私有的备份以及该变量的值，这些变量都存储在线程堆栈中。

如果变量 i，j 被 shared 子句限定，所有的线程均可以看到变量相同的备份，这种变量一般存储在如 DDR 或 MSMC 的共享内存中。

default 子句允许程序员覆盖分配给任意变量的默认范围。比如，default none 可以用来说明并行区域内部或者外部声明的变量都不是 private 或者 shared。编程时需要明确指出并行区域内所有变量的作用域。

图 12-34 给出了一个不同数据指定方式的示例，其中 i,j,sum 是私有变量，而 A,B,C 是共享变量。

```
#pragma omp parallel for default(none) private(i,j,sum) shared(A,B,C)
{
    for(i=0;i<10;i++){
        sum = 0;
        for (j=0;j<20;j++)
            sum+=B[i][j]*C[j];
        A[i] =sum;
    }
}
```

图 12-34 在 OpenMP 中指定变量的数据范围示例

OpenMP 采用默认规则来规定变量的数据范围。在并行区域外声明的变量自动设定为 shared，在并行区域内声明的变量自动设定为 private，循环计数变量会被编译器自动强行设置为 private 变量。

（2）运行库函数

程序员可以调用运行库函数来进行并行线程的管理。其中，执行环境库函数可以用来配置和监视并行环境的线程、处理器及其他方面。锁定函数负责同步的实现，计时器函数提供一个便携式计时器。

例如库函数“omp_set_num_threads (int numthreads)”就实现了告诉编译器需要为即将到来的并行区域创造 numthreads 个线程的作用。

（3）环境变量

环境变量记录了线程的默认编号等应用的执行状态，程序员可以利用环境变量查询状态或者改变应用的执行特征。例如“OMP_NUM_THREADS”就是记录 OpenMP 线程总数的环境变量。

2. Fork-join 模型实现示例

Fork-join 模型是一种典型的并发模型，在这种模型中，父线程产生并行的子线程，所有的子线程都完成后才能继续执行后续的线程。图 12-35 展示了 OpenMP 实现 Fork-join 模型的过程。

图 12-36 中的代码展示了用 OpenMP 实现的“Hello World”Fork-join 程序，其中包含的 omp.h 头文件含有 OpenMP API 的声明。调用库例程为 OpenMP 设置了并行区域中的线程数。当遇到并行编译器指令集时，调度器创建了三条额外的线程。每一个线程在并行区域内运行代码，用其唯一的线程 ID 号打印“Hello World”。区域最后的“}”作为一道屏障确保在程序继续运行前所有的线程得以终止。

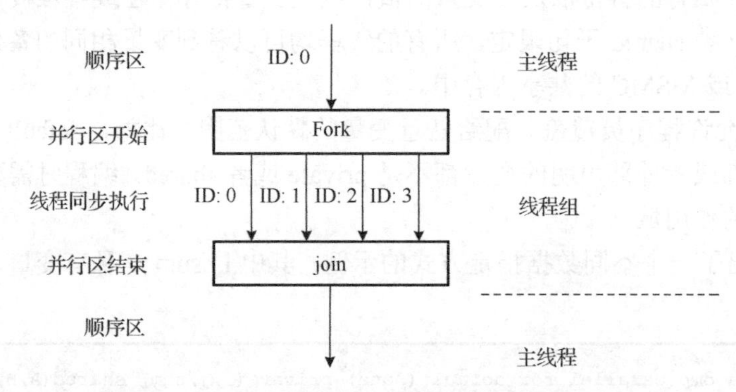

图 12-35　OpenMP 中的 Fork-join 模型实现示意图

```
#include <ti/omp/omp.h>        // 包含头文件
void main()
{
   omp_set_num_threads(4);    //使用库函数，设置线程数
   #pragma omp parallel       // 编译指令，
   {  // 并行区域开始
      int tid=omp_get_thread_num();   //使用库函数获取线程ID号
      printf("Hello world from thread=%d\n",tid);
    }                         // 并行区域结束
}
```

图 12-36　OpenMP 模型的代码示例

“omp parallel”构造本质上可以用于在多个内核间并行任意冗余函数。在具体选用何种并行构造时，要考虑应用程序适合基于数据划分还是基于任务划分。如果顺序代码包含着大量迭代的 'for' 循环，程序员可以利用 OpenMP 的'omp for'构造，在多个内核间划分 'for' 循环的迭代。例如在图像处理领域中，通常将 1 幅图像划分成多个切片处理，这种数据切分的方法可以并行处理，每个内核接收一个输入切片，所有内核在切片上运行着相同算法。这是一个基于数据划分的例子，适用于 'omp parallel'和'omp for'构造。相反，如果每个内核运行着不同的算法，可以选用 'omp sections' 构造，使得每个内核分配独一无二的任务。

在 OpenMP 中，一旦程序员识别出了并行性的区域并且插入了相关的 OpenMP 编译器指令，编译器就会自动计算出实现的细节，降低了程序的开发难度。同时，采用 OpenMP 的 API 使得源码跨处理器内核扩展很容易，在将软件从 m 个内核的系统移植到 n 个内核的系统上时，只需要修改很少的源代码就可以实现。

12.5 DSP 片上系统的 RTOS 工程示例

本节给出一个基于 DSP/BIOS 的 G.729 语音编/解码 RTOS 工程示例。G.729 语音编码算法在有随机比特误码、发生帧丢失和多次转接等情况下有很好的稳健性，在 IP 电话中广泛使用。

在不使用 DSP/BIOS 进行 DSP 软件开发时，常用的程序流程如图 12-37 所示。后台的大循环调用 G729_encod 函数和 G729_decod 函数实现语音的编码和解码，而前台的语音数据采集中断服务程序 AD_ISR，编码流数据接收中断服务程序 McBSP_ISR 负责接收数据并设置数据有效标签。

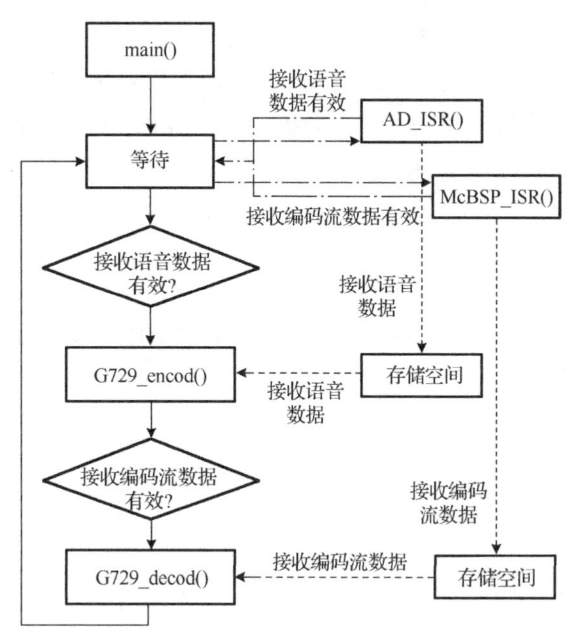

图 12-37　基于前后台系统的 G.729 语音编/解码软件框架

利用 DSP/BIOS 实现 RTOS 工程时，由于可以进行线程调度，因此不再依赖后台的循环处理。如图 12-38 所示，可以设计两个 Hwi 线程 HWI_AD_ISR 和 HWI_McBSP_ISR，分别实现 A/D 数据采集和串行通信数据接收。将语音编/解码的处理作为软中断实现，SWI_G729_encod 和 SWI_G729_decod 分别实现语音的编码和解码。

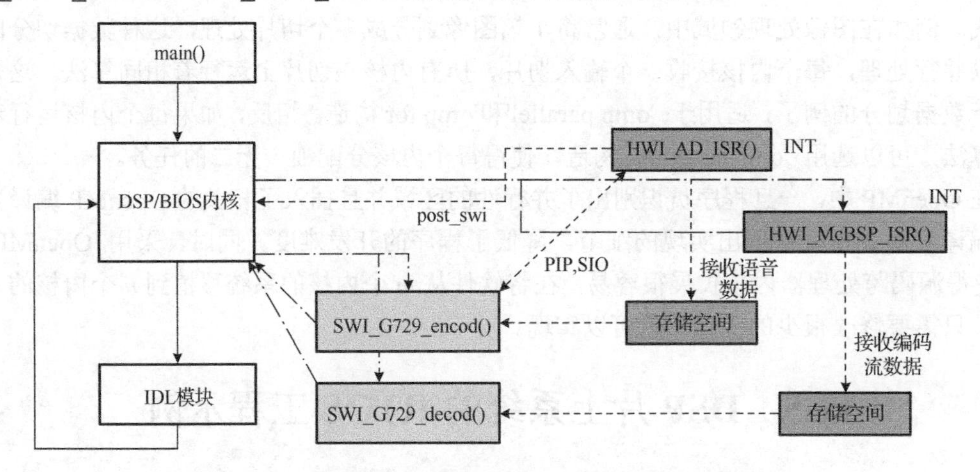

图 12-38 基于 DSP/BIOS 的 G.729 语音编/解码软件框架

Hwi 和 Swi 线程的执行均由 DSP/BIOS 内核调度。

- 当外部中断发生时，DSP/BIOS 调用 HWI_AD_ISR()函数。当 HWI_AD_ISR()运行结束后，调用 post_swi()触发 Swi 线程 SWI_G729_encod。
- 当 McBSP 接收中断发生时，DSP/BIOS 调用 HWI_McBSP_ISR()函数。当 HWI_McBSP_ISR()运行接收后，调用 post_swi()触发 Swi 线程 SWI_G729_decod。
- 在没有 Hwi 线程运行时，DSP/BIOS 根据 Swi 的优先级，先后完成编码和解码的线程。

这个工程利用 CCS V5.5 在 C5502 芯片上实现。SWI_G729_decod 和 SWI_G729_encod 与 Swi 线程对象 task0 和 task1，均在 C5502cfg.tcf 中静态创建和初始化。main()函数和各线程的代码框架在下面给出，代码中忽略了有关数据的交互过程。可以看出，代码结构非常清晰。

```
#include <std.h>                // 包含头文件
#include <swi.h>
#include <hwi.h>
#include <sys.h>

#include "C5502cfg.h"           // 该头文件由C5502cfg.tcf文件自动生成
void Hwi_AD_ISR(void);          // 各个线程处理函数的声明
void Hwi_McBSP_ISR(void);
void Swi_G729Decod(void);
void Swi_G729Encod(void);

/*==main==*/
int main(){
    // 使用CSL对芯片进行初始化
    CSL_init();
......

    BIOS_start();           // 启动BIOS
    return 0;               // 返回
```

```
}

void Hwi_AD_ISR(void) {
     SWI_post(&task0); // 触发Swi_G729Encod
}
void Hwi_McBSP_ISR(void) {
     SWI_post(&task1);       // 触发Swi_G729Decod
}
void Swi_G729Decod(void) {
     // G729的解码处理代码
     ……
}
void Swi_G729Encod(void) {
// G729的编码处理代码
      ……
}
```

本 章 小 结

利用性能不断提升的 DSP 芯片可以实现更为丰富的信号处理功能，在开发较为复杂的DSP 系统时，通常需要设计高效的多任务系统。本章介绍了基于 DSP 芯片实现多任务系统中涉及的实时操作系统理论、SYS/BIOS 相关软件以及并行程序设计中的 OpenMP 框架。与通用的操作系统不同，RTOS 在设计上更加注重任务调度的实时性。TI 公司推出的 RTOS 集成了操作系统内核和多种接口资源，可以用于高性能 DSP、ARM+DSP 平台的多任务系统开发，降低了开发人员在设计多任务系统时的难度。与普通软件代码相比，要充分利用多核芯片的优势，并行软件的开发显得至关重要。限于篇幅，本章没有介绍异构多核平台的并行软件开发。通常可以分别针对各自的内核类别进行开发，也可以采用 OpenCL 框架来优化设计，感兴趣的读者可以进一步扩展阅读。

习题与思考题

1. RTOS 的特点是什么？
2. 在 CCS V5.5 上创建基于 DSP/BIOS 的工程配置方案，主要包括几个步骤?
3. SYS/BIOS 中 Hwi、Swi、Task 和 Idle 线程有何区别？在使用 SYS/BIOS 时如何设置 Task？
4. 与一般的 DSP 软件开发相比，基于 RTOS 开发 DSP 软件有何优点？
5. 与单核 DSP 芯片相比，在多核 DSP 芯片上开发软件有何不同？

第 13 章　DSP 系统的开发实例

13.1　引　言

本书前面的各章比较系统地介绍了 DSP 芯片的开发基础、开发环境、软件开发和硬件开发，并通过若干典型示例，展示了某些方面的开发过程和开发方法。相信读者在学习这些章节后，对 DSP 系统的开发工作已经有了初步的认识。现在到了总结归纳、综合集成的时候了。

图 13-1 给出了一个 DSP 系统开发的细化流程图。

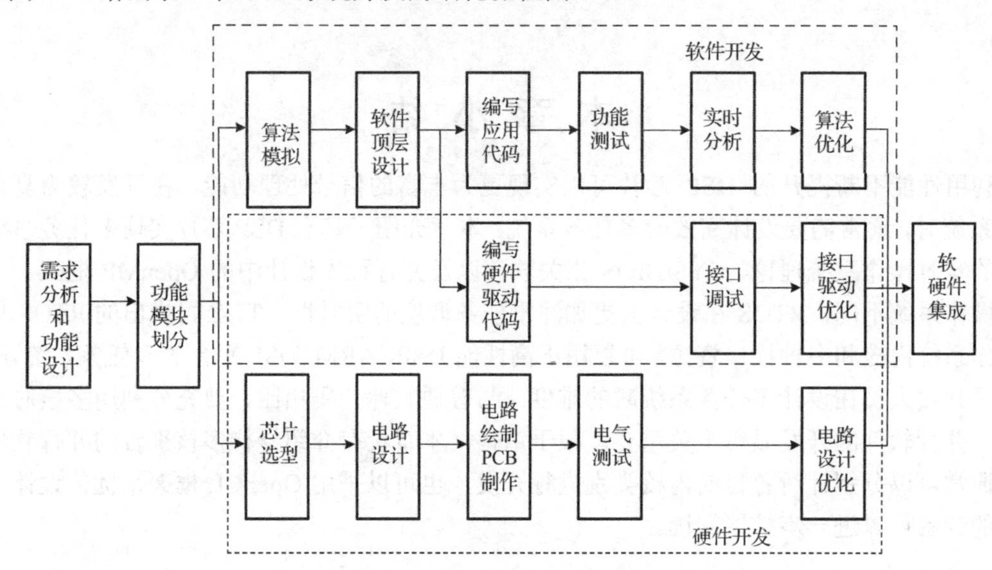

图 13-1　DSP 系统开发的细化流程图

为了给读者展现一个全面的 DSP 开发过程，本章通过一个 DSP 应用系统实例来全面说明 DSP 系统的设计、调试和开发过程。

13.2　基于 TMS320VC5509A 的 DSP 应用系统实例

 13.2.1　系统简介

本例的目标是实现一个数字语音录放系统，具有录音笔的类似功能，能够实现语音的采集、压缩、存储和回放功能。这个系统可以用于电话留言、语声应答、采访、课堂等各种场合。

面对这样的需求，如何着手进行系统开发呢？读者可能会想到以下几点：

① 这是一个典型的信号处理系统，可以采用 DSP 芯片来构建 DSP 系统。

② 需要能够采集和输出模拟语音信号，因此需要使用 A/D 和 D/A 转换器件。

③ 需要有一些外围器件实现压缩、存储或回放多种功能的切换。

④ 需要对语音进行必要的压缩处理，需要选择合适的语音压缩处理算法。

除此之外，可能读者会觉得这个需求中还有一些指标没有明确，比如这个系统需要能录制多长时间的语音？采用什么算法对语音进行压缩以增加存储时间？读者可能对 JPEG 图片比较熟悉，每个 JPEG 图片都是经过 JPEG 算法压缩后得到的数据格式，压缩率可达数十倍且保持较高的图片质量。同样地，对语音可以采用适当的压缩算法，在保证录音质量的同时，提升系统存储容量。这些都决定了系统最终的实现效果。

归纳上述要求，系统要求主要包括：

① 采用 DSP 芯片作为核心芯片来实现系统功能；

② 采用语音压缩算法延长录音时间，可以存储 1 小时以上的语音；

③ 通过按键来选择录音、播放等功能。

在进行需求分析之后，就明确了功能设计要求和基本的设计指标。

13.2.2 系统架构

系统设计的一个重要工作就是确定系统架构。根据系统设计需求，可以确定本例的系统功能为录音和播放，根据信号的流动环节可以划分如下的功能模块：语音采集、语音压缩、语音存储、语音解压、语音播放。每个处理功能对应若干的功能模块，具体的示意图如图 13-2 所示。

每个模块都有对应的指标要求，同时也会存在多种实现方式。只有对每个模块进行综合分析后，才能做出整个系统的优化设计。

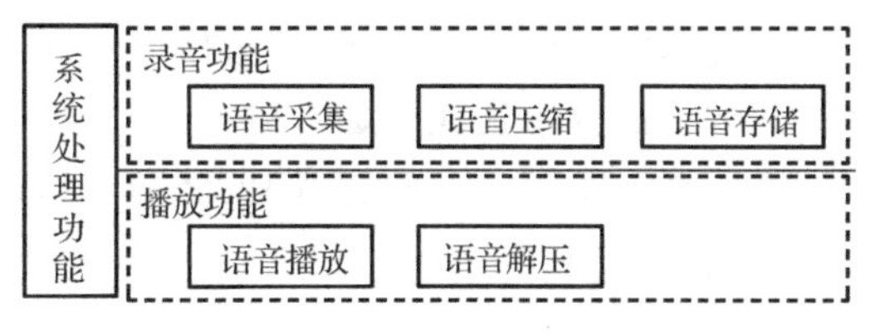

图 13-2　系统处理功能模块划分

下面考虑各个模块的要求和相应的实现方式。

（1）语音采集：本模块需要将模拟语音转换为数字语音。可以利用 A/D 转换器来完成这个功能。由于一般语音信号处理中要求语音的量化精度在 13 位以上，因此需要选择一个 13 位以上的 A/D 转换器。一些芯片厂商提供了专门用于音频采样的 Codec 芯片，集成了低通滤波电路、放大电路和 A/D 转换、D/A 转换电路，简化了采样电路设计方案。因此可以优先考虑此类 Codec 芯片。

（2）语音播放：本模块需要将数字语音转换为模拟语音。由于该模块的指标要求与语音采集一致，因此可以选择 A/D 和 D/A 集成在一起的器件实现。专用音频 Codec 芯片可以满足设计需要。

（3）语音压缩：本模块需要将采集到的原始数字语音转换成压缩语音。语音的压缩编码方法有很多，如 PCM/ADPCM/G.723/G.729A/AMR/AMBE 等。目前有一些专用芯片实现了上述的一些压缩方法，采样这样的芯片来实现压缩时，主要的设计工作集中在硬件设计上。当然，也可以在 DSP 芯片上实现这些算法，这样实现的系统灵活性更好。这些算法的复杂度各不相同，但最大一般不超过 50MIPS，可以采用 C54x/C55x 这类高效低功耗的 DSP 芯片实现。

（4）语音解压：本模块需要将压缩语音转换成标准格式的数字语音，这是语音压缩的逆过程，因此可以采用与语音压缩相同的实现方式。在 G.723/G.729A/AMR 这类参数编码方案中，语音解压的复杂度远小于语音压缩，因此可以利用 C54x/C55x 这类芯片同时实现压缩和解压。

（5）语音存储：本模块需要将压缩后的语音保存到存储设备中。电子存储设备的类别很多，在基于 DSP 芯片构建的系统中可以选用 E^2PROM/FLASH 等芯片，也可以选用 SD 卡、TF 卡等便携存储卡片。

根据上述分析，可以确定利用 DSP 芯片作为核心的硬件处理平台，利用软件实现语音压缩和解压，利用存储芯片实现大容量数据存储，采用音频 Codec 芯片实现语音的 A/D 和 D/A，利用 DSP 芯片与 Codec 芯片通信来实现语音的采集和播放。

13.3　实例系统的硬件开发

13.3.1　器件选型

根据确定的系统构成，需要进行主要器件选型，本例中要确定 DSP 芯片、A/D 和 D/A、存储器的型号。

1. DSP 芯片选型

本例要实现的系统主要用于个人日常活动，功能并不复杂。对照 TI 公司几类主要的 DSP 芯片特点，可以发现 C55x 系列的 DSP 芯片比较符合系统需求。因为 C55x 系列的 DSP 芯片具有功耗低、运算能力强的特点，适合于便携设备使用。同时，语音数据可以利用 16 位整数表示，计算的精度也能达到使用的需求，而 C55x 数据空间的基本单位正是 16 位宽的字。因此数据表示的要求也能满足。

综合以上特点，本例选用 VC5509A 作为系统的核心芯片。

2. A/D 和 D/A 选型

目前，A/D、D/A 芯片在数字端采用的接口有**并行**和**串行**两种。本例要处理的语音信号采样率可以设置为 8kHz、16kHz 这样较低的频率，因此使用普通的串行 A/D、D/A 器件就可以了。这不仅可以简化系统电路设计的难度，也减少了电路连线数量，便于设备小型化。

虽然有的 DSP 芯片（如 VC5509A）集成了 A/D 转换器，可以将模拟信号直接输入 DSP 芯片内处理，进一步简化系统设计。但在本例中，语音的精度要求 13 位以上，VC5509A 中集成的 10 位 A/D 转换器不能满足要求，且 VC5509A 没有集成 D/A 转换器，因此不采用集成的 A/D 转换器。

本例选用的是一款性能优良的音频编码解码芯片——美国 TI 公司的 TLV320AIC23B。该芯片在多媒体设备中得到了广泛的应用，其主要引脚和内部结构框图如图 13-3 所示。

该芯片的主要特点是：

① A/D 转换和 D/A 转换部件高度集成在芯片内部，采用了先进的 Sigma-Delta 过采样技术，可以在 8kHz 到 96kHz 的频率范围内提供 16bit、20bit、24bit 和 32bit 的采样。

② A/D 和 D/A 的输出信噪比分别可以达到 90dB 和 100dB，对高音质重现有极大的帮助。

③ 有四种音频接口模式（左调整模式、右调整模式、I^2S 模式和 DSP 模式）。当工作在 DSP 模式时，能够与 DSP 芯片实现无缝连接。

④ 功耗低，回放模式下功率仅为 23mW，省电模式下更是小于 15μW。

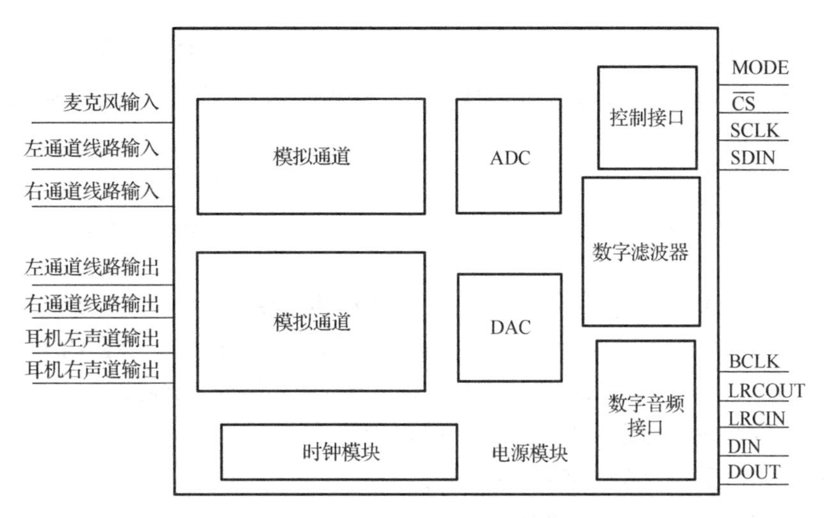

图 13-3　TLV320AIC23B 的主要引脚和内部结构框图

3. 存储器选型

存储器选型需要考虑扩展 RAM 的选择和扩展 ROM 的选择。

第 9 章已经介绍，目前 DSP 芯片的片内 RAM 容量越来越大，要设计高效的 DSP 系统，应优先选择片内 RAM 较大的 DSP 芯片，尽量避免使用扩展 RAM。

在语音处理系统中，一般都按帧进行计算。每帧的长度可以为 80～200 个样点，即 80～200 字，按字节计算最多为 400 字节。除去程序占用的空间外，信号处理过程中数据占用的空间资源较小，VC5509A 的片上 RAM 空间可以容纳，因此不需要扩展 RAM。

在选择 ROM 存储器时，需要满足两个要求：

① ROM 存储器的容量要足够大，能满足数据存储量的要求；

② ROM 存储器的数据编程速度要足够快，能满足数据更新的速度。

在本例中，1 小时的语音存储量对应存储空间是多大呢？语音存储的速度要求多快呢？

电话语音的主要频带范围在 0～3400Hz，为满足耐奎斯特采样定律的要求，多采用 8kHz 采样率。本例选择的 A/D 器件是立体声 16 位采样芯片，在系统实现时只采用单通道数据。每个采样时刻得到的样点宽度为 16 位。因此总体的编码速率为 16bit×8kHz=128kbit/s。如果不进行语音压缩，则 1 秒钟需要 16KB 的存储空间，1 小时对应的存储空间就是 57.6MB。由于每次采样的时间间隔为 125μs，因此每个语音样点的编程时间不能超过 125μs。

如果不对数字语音进行压缩，则需要存储芯片的容量要大于 57.6MB。若对数字语音进行压缩后再存储，则对存储芯片的容量要求会降低。表 13-1 是采用典型的几种压缩算法后对应的理论存储空间。

在第 11 章介绍脱机系统时，已经介绍了一种 NOR FLASH 芯片 SST39VF800A 作为并口 FLASH 的实现方案。虽然该芯片的字编程耗时为 14μs，满足编程速度要求，但大容量的 NOR FLASH 芯片可供的选择很少，本例中不采用。

现在具有存储容量的电子设备大量采用了 NAND FLASH 存储芯片。除了基本的 NAND FLASH 芯片外，根据用途和接口的不同，还出现了如多媒体卡（Multi Media Card，MMC）、安全数据卡（Secure Digital Card，SD 卡）等便携存储设备。以 SD 卡为例，现在一般的容量为 16GB、32GB、64GB，有的能达到 2TB 以上，使用起来非常方便。因此本例采用 1GB 的 SD 卡作为数据存储媒介。

在此方案下，若采用 G.729A 算法来进行语音压缩，则 1GB 的 SD 卡最大可存储 270 多小时的录音，完全能够满足系统设计需要。同时，SD 卡的写入速度一般在μs 级，满足写入速度的要求。

除了需要采用 SD 卡存储数字压缩语音外，系统还要使用一个 ROM 来保存程序代码，并能实现系统的 BOOT。为了简化 BOOT 的电路设计，本例选择串口 FLASH 作为脱机系统中的代码存储芯片。串口 FLASH AT25F1024N 的容量能够存储 128KB 的代码，对于本例的程序是够用的，因此最终选定该芯片作为代码存储的芯片。

最终确定的系统模块及器件如表 13-2 所示。

表 13-1 不同压缩算法对应的理论存储空间

压缩算法	压缩后速率	1 秒钟存储空间	1 小时存储空间
PCM	64Kbit/s	8KB	28.8MB
ADPCM	16Kbit/s	2KB	7.2MB
G.729A	8Kbit/s	1KB	3.6MB

表 13-2 系统模块设计

模　块	芯 片 型 号	实 现 功 能
DSP 芯片	TMS320VC5509A	语音压缩和解压
A/D 和 D/A 芯片	TLV320AIC23B	A/D、D/A 转换
存储器芯片	SD 卡	存储语音数据
存储器芯片	AT25F1024N	存储 DSP 程序代码

13.3.2 接口设计

在本例的系统中，DSP 芯片 VC5509A 是主控器件，其他芯片需要与其连接。AIC23B 的数据接口是同步串行接口，可以与 VC5509A 的 McBSP 接口相连，控制接口是 I^2C 接口，VC5509A 拥有专用的 I^2C 引脚，因此也可以直连。存储器件 SD 卡的控制/地址/数据总线复用，可以与 VC5509A 的 EMIF 接口相连，而选用的 AT25F1024N 是串口 FLASH 芯片，可以与 VC5509A 的 McBSP 接口相连。

确定这些连接关系后，可以确定实际系统中元器件连接框图如图 13-4 所示。系统除了保证 DSP 芯片正常工作所必须的电源、时钟、复位等电路之外，外围接口比较简单，就是用于音频 Codec 芯片、存储程序代码和录音数据的存储电路。

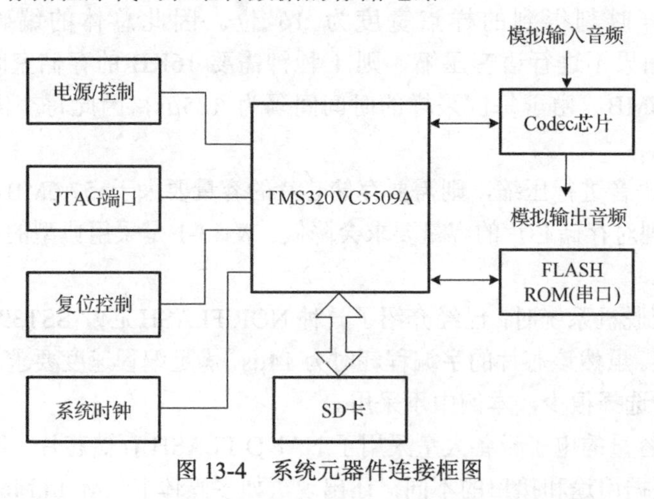

图 13-4 系统元器件连接框图

13.3.3 电路设计

在电路设计中，需要完成电路原理图的设计、按键及指示电路设计和 PCB 图的绘制。

1. 电路原理图设计

在电路原理图设计时，通常可以按从上至下的方法来逐步确定最终采用的电路。在接口初步设计中，已对元器件连接做了初步设计，绘制了连接框图，现在可以按最小 DSP 系统工作器件、外围器件的顺序依次完成电路原理图。

（1）电源模块设计

VC5509A 芯片采用双电源供电方式：内核电源（CVdd）和 I/O 电源（DVdd），其中 I/O 电源采用 3.3V 电压，内核电源可以在 1.2V、1.35V、1.6V 等电压之间选择，接 1.2V 时 DSP 芯片内部主时钟最高可到 108MHz，而接 1.6V 时内部主时钟可达 200MHz。本例选择 1.6V 作为内核电压。

（2）时钟模块设计

DSP 芯片的时钟可以利用芯片内部的晶振电路产生，也可以利用封装好的独立晶体振荡器产生。本实采用内部振荡电路实现，外接晶体为 12MHz。

（3）复位模块设计

本例采用具有看门狗电路的专用复位芯片实现 DSP 芯片的复位。

（4）A/D 和 D/A 电路的接口设计

AIC23B 与处理器的接口有两个：

① 控制口，用于设置 AIC23B 的工作参数，可以配置成 I^2C 接口，也可以配置成 SPI 接口，DSP 芯片通过它与 AIC23B 的各控制寄存器进行设置。VC5509A 芯片外设中有标准的 I^2C 模块和引脚，因此可以直接与 AIC23B 的控制口相连。

② 数据口，用于传输 AIC23B 的 A/D、D/A 数据。AIC23B 的数据口的引脚定义如表 13-3 所示，可以直接与 DSP 芯片的 McBSP 接口相连，用于交换 A/D、D/A 数据。

表 13-3 AIC23B 数字音频接口引脚配置

引 脚	说 明	方 向
BCLK	时钟信号。	AIC23B 为从模式时，该信号由 DSP 产生，输入； AIC23B 为主模式时，该信号由 AIC23B 产生，输出
LRCIN	DAC 的帧同步信号	AIC23B 为从模式时，该信号由 DSP 产生，输入； AIC23B 为主模式时，该信号由 AIC23B 产生，输出
LRCOUT	ACD 的帧同步信号	AIC23B 为从模式时，该信号由 DSP 产生，输入； AIC23B 为主模式时，该信号由 AIC23B 产生，输出
DIN	DAC 的串行数据输入信号	输出
DOUT	ADC 的串行数据输出信号	输入

根据 VC5509A 和 AIC23B 的引脚定义，设计的连接电路如图 13-5 所示。可以看到，各个引脚无缝连接。利用 McBSP 与 AIC23B 的数据口相连接，实现 A/D 数据输入和 D/A 数据输出。连接时，MODE 连接低电平，AIC23B 的控制口配置成标准的 I^2C 接口，与 VC5509A 的 I^2C 接口直连。

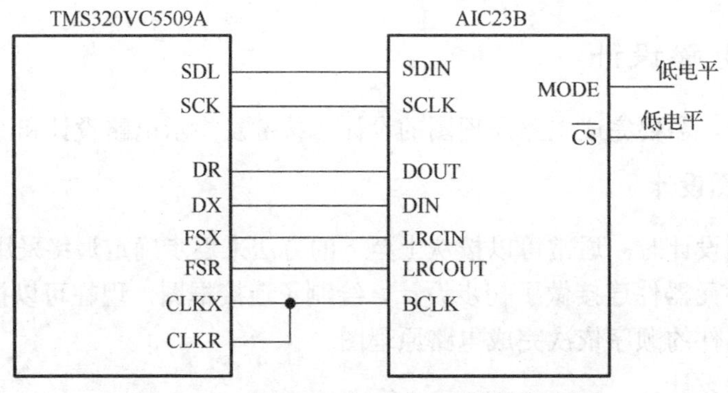

图 13-5　VC5509A 与 AIC23B 连接示意图

（5）存储电路设计

本例设计的存储电路如图 13-6 所示，其中 SD 卡是通过卡座接到电路上的，因此只设计了 SD 卡卡座电路。VC5509A 的外设模块中有 2 个 SD 卡接口模块分别与 McBSP1、McBSP2 两个模块共用接口，本例选择与 McBSP2 复用的 SD2 接口与 SD 卡座相连。

2. 按键及指示电路设计

为便于用户使用系统，设计 3 个功能按键，分别实现录音开始/结束，回放开始/结束、选择录音数据的功能。在系统中，考虑使用 3 个按键与 GPIO 相连，这几个 GPIO 作为输入使用，默认为高电平，当按键按下时为低电平。

同时，为指示系统的录音、放音以及正常工作状态，可以利用 3 个 LED 与 GPIO 引脚相连，这几个 GPIO 作为输出使用，默认为高电平，当指示时输出低电平，点亮 LED。

由于 GPIO0～3 用于 BOOT 选择方式的配置（本例选择串口 FLASH，GPIO0～3 需要配置成 0011），同时 GPIO4 用于串行 FLASH 的控制，因此在具体实现时，选择 GPIO0/1/5 这 3 个引脚与按键相连，选择 GPIO6/7 和 XF 这三个引脚与 LED 相连，如图 13-7 所示。

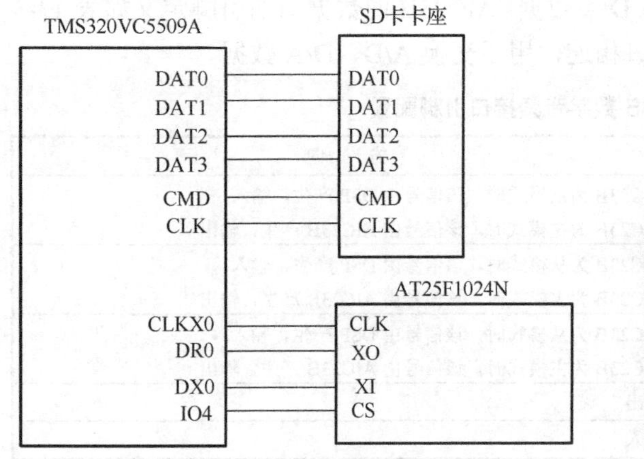

图 13-6　VC5509A 的存储电路设计示意图

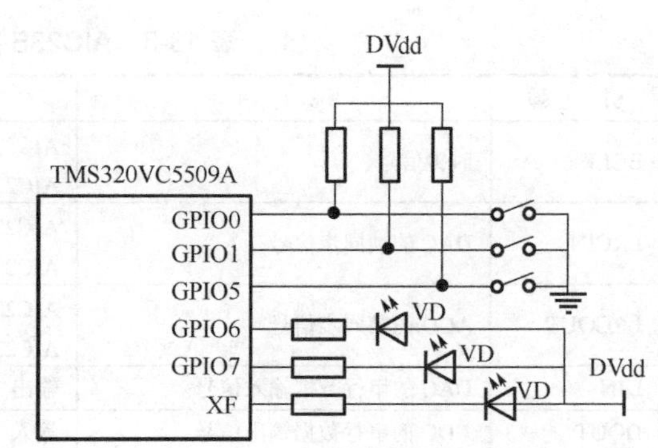

图 13-7　按键及指示电路设计示意图

3. PCB 图绘制

绘制 PCB 图时，首先要将原理图上各元器件之间的网络关系正确地反映在 PCB 图中，其次要考虑其他一些会影响实际系统运行的因素，包括信号地、电源线、高速信号线等。本节分别对这些因素进行简要介绍。

（1）信号地

在一个典型的 DSP 电路板上，通常会同时存在模拟信号地（AGND）和数字信号地（DGND）两种不同的地。这两种地的信号特性存在着显著的差异。模拟地通常呈现的是电路底噪，没有明显的规律。而数字地通常会存在一些周期性的小脉冲，这是由电路连线中传输的数字信号泄露而来的。这两个地性质不同，在 PCB 图绘制时，通常建议采用大面积覆铜的方式将它们分别连接，然后通过单点连接的方式将数字地和模拟地接在一起。

（2）电源线

必须保证电源芯片输出电压与各元器件的电源输入相匹配，且输出电流必须大于各元器件的电源电流输入要求。由于不同线宽决定了能承载电流的大小，因此 PCB 图绘制时，电源线的布线宽度要大于普通信号线的宽度。

（3）高速信号线

DSP 芯片与外部器件间经常需要高速通信，例如 DSP 芯片外接动态 RAM 时，需要定时对 RAM 进行刷新，此时在数据线、地址线上传输的都是高速信号。为保证高速信号的可靠传输，一般要求同类的高速信号线（例如数据线、地址线等）的走线长度相同，且尽量保持平行布线。

（4）辅助测试信号的设计

为了便于电路调试，在合适的情况下，可以尽量为一些重要的信号布设测试孔或焊盘，方便连接测试仪表的探针或利用信号源加载信号。同时，也可以在电路上设计一些 LED 指示灯来直观显示系统的工作状态，为高效调试电路提供一些直观的反馈。特别地，由于 DSP 芯片需要双电源供电，因此建议为每个电源设计指示灯，方便确认上电情况。

13.3.4 电路调试

可能很多读者都希望在新电路板上焊接完元器件后，直接接上电源，这个电路马上就能正常工作。但实际情况却并不是想象中的那么美好。虽然现在电路板的制作都由机器完成，大多数元器件也都由机器焊接，但是，在生产新设计的电路板过程中，可能在电路板的制作过程中出现一些错误。同时人工焊接也有可能产生一些意想不到的问题，即使机器焊接也可能存在一定的失误。这些可能存在的问题都需要通过电路调试一步步地查找并予以解决。因此，要使一个新设计制作的 DSP 电路板能够正常工作，需要进行艰苦细致的电路调试工作。

电路调试的基本步骤可以归纳为：先观察，后测量，再加电；先模拟，后数字；先输入，再输出。

（1）不加电观察

在拿到电路板之后，首先需要观察电路板的焊接情况，检查元器件的型号、位置、方向是否正确，是否存在焊锡搭接或虚焊等情况。如果存在这些问题，需要立即改正。

（2）不加电测量

观察确认没有问题后，可以利用万用表对各路电源进行测试，检查是否会和地短路。短路的原因有很多，可能是元器件（特别是电源上接有很多滤波电容）损坏，也有可能是电路设计或制作时检查不细致留下了错误。如果存在短路现象，则需要仔细地分析电路，对照原理图、PCB 图，逐个器件地确认是否损坏或短接，直到问题解决。

（3）加电测量

确认电路没有短路问题后，可以给电路加电。加电后，用万用表测量各路电源的电压是否符合设计要求。如果不符合，检查电路图和实际电路是否存在差异。为便于问题定位，建议在设计调试电路时，在电源模块的电源输出线上设置一个短接子，将电源输出和其他元器件的电源分割开，加电测试之后再将其短接。测试时如果电源电压输出不对，问题就集中在电源模块上，改正起来相对简单。在最终的正式电路中，不再需要设置这种短接子。

（4）模拟电路调试

确认电源输出正常后，建议先调试模拟电路部分（不需要软件支持）。利用信号发生器产生合适的模拟测试信号，利用示波器对输入通道上的各个位置的信号进行测试，按照设计要求调整从输入端到 A/D 转换器之前的所有元器件参数，直到符合设计要求，然后，可以将输入和输出环回，再对 D/A 转换器输出通道进行测试，调整通道元器件参数，直到符合设计要求。

（5）数字电路调试

在利用外设驱动程序调试接口功能前，对数字电路的调试主要是测试时钟、复位和逻辑信号。电路加电后，利用示波器或者逻辑分析仪测试晶振或振荡电路信号的输出是否和设计一致，然后测试复位信号的时间宽度是否满足 DSP 芯片或其他数字芯片的复位要求，如果存在问题，分析原因并进行相应的整改。之后，对一些逻辑信号的通路（有的逻辑信号存在电平转换、有的信号输入已知格式）进行测试，分析是否存在问题，并进行改正。在这些信号都测试正常后，就需要利用 DSP 芯片的外设驱动程序对接口功能进行测试，这部分内容在下一节进行介绍。

13.4　实例系统的软件开发

DSP 系统软件一般分为**接口驱动程序**和**应用程序**两个层次，其中接口驱动程序（驱动层程序）对应于 DSP 系统中和硬件紧密相关的控制程序（类似于安装计算机操作系统时需要的驱动程序），应用程序（应用层程序）对应于实际的信号处理和应用功能，主要是系统控制功能的实现和信号处理算法，这与硬件无关（类似于计算机上的操作系统和各种应用软件）。一般来说，这两个层次的程序可以并行开发，如图 13-8 所示。

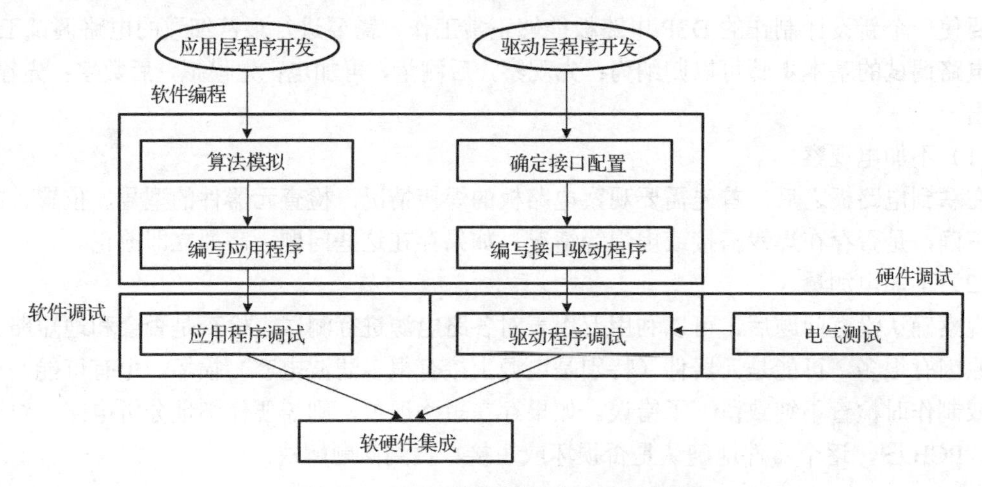

图 13-8　DSP 系统软件设计和调试过程

在系统功能模块划分之后，DSP 系统软件的开发就可以和硬件开发并行启动了。在软件开发之初，首先需要确定系统处理的关键算法，这需要通过**算法模拟**实现。通过模拟分析，确定算法的最终实现方案和性能。之后，需要按照自顶向下的方法来逐步实现最终的软件。首先要**确定软件实现的框架**，如采用何种编程语言，是否要采用操作系统支持，哪些关键计算环节或接口控制需要第三方的程序支持，等等。最后再考虑**软件代码的编写**。

13.4.1 算法仿真程序编写和测试

本例的功能模块中，与硬件无关的模块是语音压缩编码算法，对应于应用程序模块。本例选用 G.729A 来实现语音的压缩和解压缩，因此应用程序的开发任务主要就是编写 G.729A 算法的实现代码并进行调试。

1. G.729A 简介

G.729 语音编码方案是 ITU-T 于 1996 年 3 月制定的，采用了 8kbit/s 的共轭结构代数码激励线性预测（CS-ACELP）编码算法。CS-ACELP 处理的语音是 8kHz 采样的 16 位线性 PCM 信号，基于码激励线性预测编码模型，帧长为 10ms（包含 80 个语音样点）。通过语音分析提取 CELP 模型的参数，包括线性预测系数、自适应码本和固定码本的地址和增益，其中线性预测系数转换为线谱对（LSP）参数。所有的这些参数被编码传送，在解码端这些参数用于恢复激励信号和合成滤波器，通过短时合成滤波器对激励信号进行滤波来重建语音信号。

CELP 模型综合采用了合成分析（AbS）搜索、感觉加权、矢量量化、线性预测等技术。图 13-9 是 CELP 编码器的原理框图，图中虚框内是 CELP 的合成器（不计后置滤波器），实际上也就是 CELP 的解码器原理框图。

CELP 模型对语音帧进行 LPC 分析，并用 LPC 参数构造合成滤波器。CELP 共有两个码本，一个为自适应码本，其中的码字用来逼近语音的长时周期性（基音）结构，另一个为固定码本（又称为随机码本），其中的码字用来逼近语音经过短时、长时预测后的残差信号。从两个码本中搜索出最佳码字，乘以各自的最佳增益后相加，其矢量和即为 CELP 的激励信号源。将激励信号输入 p 阶 LP 合成滤波器 $1/\boldsymbol{A}(z)$，得到合成语音 $\hat{\boldsymbol{s}}(n)$。合成语音 $\hat{\boldsymbol{s}}(n)$ 与原始语音 $\boldsymbol{s}(n)$ 之间的误差经过感觉加权滤波器 $\boldsymbol{W}(z)$，得到感觉加权误差 $\boldsymbol{e}(n)$。将最小均方误差准则作为搜索最佳码字及其幅度增益的度量，使均方误差最小的码字即为搜索得到的最佳结果。

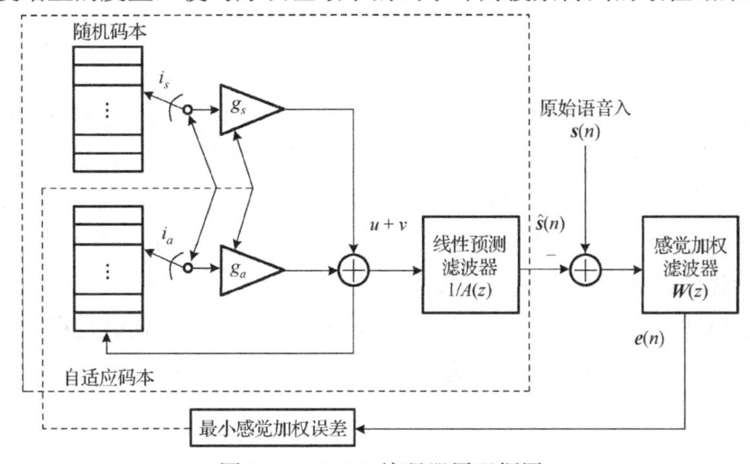

图 13-9 CELP 编码器原理框图

1996 年 11 月，ITU-T 又相继公布了 G.729 建议的附件 A 和附件 B，它们仍然以 G.729 的 CS-ACELP 算法为基础。其中附件 A 补充了为减少 G.729 的计算复杂度并可应用于多媒体的语音和数据的同步处理。附件 B 主要是为了与建议 V.70 相一致而研究的 G.729 最佳静音方案，它在附件 A 的基础上，使用了 VAD/DTX/CNG 算法，即话音激活检测/不连续传输/舒适噪声产生算法。

G.729A 可满足 ITU-T 于 1992 年所提出的基本性能要求，即在无误码条件下合成语音质量不低于 32kbit/s 的 ADPCM；编码/解码时延不超过 32ms；在 3%帧删除的情况下，与无误码 32kbit/s ADPCM 相比，MOS 分的减少量要小于 0.5。主观质量测试表明，采用该算法的合成语音质量较高（MOS 分可达 4.0），有较强的实用性，是多媒体通信系统的关键技术之一。

2. 仿真程序的编写调试

ITU-T 在公布 G.729A 标准的同时，也提供了利用定点 C 语言实现的算法代码。开发时可以直接下载该算法代码进行调试。如果使用的算法没有参考的实现代码，开发人员需要自行编写算法程序。这时可以参照前面章节介绍的方法，利用 MATLAB 等工具软件，从算法原理开始仿真，通过浮点、定点等不同阶段的调试，最终实现运行结果和理论结果相符的定点 C/C++源程序。

在从浮点到定点的转换过程中，一方面，MATLAB 等软件提供了一些方便的工具（例如定点工具箱、MATLAB Coder 等），可以直接将 MATLAB 程序转换成定点 C 语言程序，另一方面，开发人员依然可以利用手工转换代码，这样的代码更便于开发人员自己改进完善。此时，为保证定点计算的可靠，建议开发人员利用 ITU-T 提供的标准定点计算函数集合来实现（在 G.729A 的实现代码中，basic_op.c、oper_32b.c 等文件均包含了这样的函数）。

在硬件平台可以使用之前，算法仿真可以在 CCS 的 Simulator 上进行，也可以在其他的调试软件环境中仿真。

仿真调试的主要目的有两个：

（1）保证算法定点实现的正确性。在将程序定点化的过程中，有可能引入某些数值计算错误。这时需要通过仿真调试来检查结果是否与已知测试结果一致。采用第 4 章介绍的定电化方法后，一般要求所有结果完全一致，或者误差控制在很小的范围内（根据系统设计精度，通常可选 1%等）。

（2）保证算法的执行时间满足实时性的要求。很多时候算法的初始实现代码会有很多的冗余语句，各函数采用的实现方式也不是 DSP 芯片上的优化实现，这样的代码在 DSP 芯片上运行会很慢，经常无法满足系统实时工作的需要。仿真调试要重点解决这个问题。第 6 章中介绍了一些常用的方法，包括精简代码、利用 DSP 库函数实现典型的代数和信号处理运算（DSP 芯片的编译器支持很多代数运算内联函数，dsplib、imagelib 等库中也有大量的已经针对 DSP 芯片进行优化过的信号处理、图像处理函数）、汇编优化等。

原始的 G.729A 程序代码直接在 CCS simulator 运行较慢，无法满足在 VC5509A 上的实时运行。经过调试优化后，在计算结果无误的情况下，能实现单片 VC5509A 可以执行 8 路 G.729A 语音的编解码。

13.4.2　接口控制程序编写和调试

在开发 DSP 芯片的外设驱动程序时，首先需要确定各个接口的工作模式，并进行合理的配置，然后完成接口处理程序的设计工作。由于接口操作涉及具体的硬件资源，因此驱动程序的软件调试需要与硬件调试协调进行。本例中需要对使用到的几个外围电路进行配置，并利用接口控制程序实现电路功能，下面分别按模块的初始化、模块的驱动程序实现、驱动程序调试三个部分介绍。程序都采用第 10 章介绍的 CSL 实现。

1．硬件模块的初始化

（1）A/D 与 D/A 的接口控制程序

在 I^2S 模式和 DSP 模式下，AIC23B 的数字音频口可以很方便地与 DSP 芯片的 McBSP 串口相连接。下面以 DSP 模式说明数字音频口的连接方式。这种模式下各引脚的数据传输时序如图 13-10 所示。在连续的同步时钟 BCLK 的触发下，每当 LRCIN 或 LRCOUT 出现后，就启动数据的传输。由于 AIC23B 是立体声双通道传输，因此两个通道的数据依次按照时钟节拍传输到 DIN/DOUT 上。

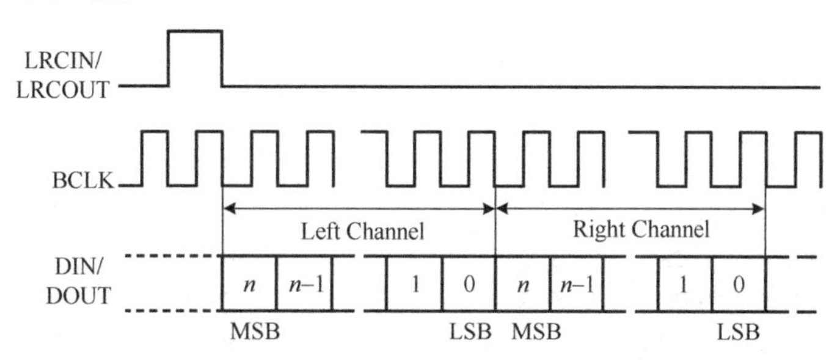

图 13-10　TLV320AIC23B 的数字音频口 DSP 模式时序

在图 13-10 中，需要注意以下几个方面：

① 数据和帧同步信号的有效位置：帧同步信号 LRCIN/LRCOUT 和数据 DIN/DOUT 都在时钟的下降沿开始传输，芯片对输入数据在上升沿采样。

② 帧同步信号的有效电平和宽度：帧同步信号 LRCIN/OUT 在高电平有效，宽度为一个时钟周期，在其之后开始数据的传输。

由于脱机系统设计中使用 DSP 芯片的 McBSP0 端口与串口 Flash 相连，此处使用 McBSP1 与 AIC23B 的数据口相连。为了便于 AIC23B 配置时钟，本例将 AIC23B 置为主时钟模式，将 McBSP 设为从模式。为了在时序上与 AIC23B 适配，可以确定的 McBSP 参数包括：

① 帧同步信号 FSX（FSR）的宽度为 1 个时钟周期；

② 帧同步信号高电平有效，在时钟上升沿拉高；

③ 在时钟的下降沿发送数据 DX，在时钟的上升沿接收数据 DR；

④ 发送/接收比特延时是 1 比特；

⑤ 虽然传输的是双通道 16 位线性 PCM 码字，但本系统只采集单通道数据录音，因此可以设每帧为 1 个相位，相位的长度为 1 个字，字的长度为 16 位。

此时 DSP 芯片的 McBSP 接口的寄存器配置如表 13-4 所示。

表 13-4 与 AIC23B 相连时的 McBSP 的寄存器配置

寄 存 器	设 置 值	说 明
SPCR1	0x4080	使能发送，确定数据格式
RCR1	0x0140	单数据相，接收数据长度为 16 位，每相 1 个数据
RCR2	0x0001	单数据相
XCR1	0x0140	单数据相，发送数据长度为 16 位，每相 1 个数据
XCR2	0x0001	单数据相
PCR	0x0007	从模式，FSX 为输入，极性为高有效，CLKXP 为高

利用 CSL 中的结构 MCBSP_Config 来对 McBSP 接口进行配置，预定义结构如下：

```
/*----------------------------------------------------------------------*/
/*Config McBSP: 使用 McBSP 在 DSP 和 AIC23B 之间收发数据，对 McBSP 的配置*/
/*----------------------------------------------------------------------*/
MCBSP_Config Mcbsp1Config = {
    MCBSP_SPCR1_RMK(
        MCBSP_SPCR1_DLB_OFF,            // DLB    = 0，不自环
        MCBSP_SPCR1_RJUST_LZF,          // RJUST  = 2，左移数据，MSB 填 0
        MCBSP_SPCR1_CLKSTP_DISABLE,     // CLKSTP = 0，STOP 模式禁止
        MCBSP_SPCR1_DXENA_ON,           // DXENA = 1，DX 发送使能
        0,                              // Reserved = 0
        MCBSP_SPCR1_RINTM_RRDY,         // RINTM = 0
        MCBSP_SPCR1_RSYNCERR_NO,        // RSYNCER = 0
        MCBSP_SPCR1_RFULL_NO,           // RFULL = 0
        MCBSP_SPCR1_RRDY_NO,            // RRDY = 0
        MCBSP_SPCR1_RRST_DISABLE        // RRST = 0，接收器禁止
        ),
    MCBSP_SPCR2_RMK(
        MCBSP_SPCR2_FREE_NO,            // FREE   = 0
        MCBSP_SPCR2_SOFT_NO,            // SOFT   = 0
        MCBSP_SPCR2_FRST_FSG,           // FRST   = 0，使能帧同步逻辑
        MCBSP_SPCR2_GRST_CLKG,          // GRST   = 0，SRG 复位
        MCBSP_SPCR2_XINTM_XRDY,         // XINTM  = 0
        MCBSP_SPCR2_XSYNCERR_NO,        // XSYNCER =0
        MCBSP_SPCR2_XEMPTY_NO,          // XEMPTY = 0
        MCBSP_SPCR2_XRDY_NO,            // XRDY   = 0
        MCBSP_SPCR2_XRST_DISABLE        // XRST   = 0，发送器禁止
        ),
    // 单数据相，接收数据长度为 16 位,每相 2 个数据
    MCBSP_RCR1_RMK(
        MCBSP_RCR1_RFRLEN1_OF(0),       // RFRLEN1 = 0,
        MCBSP_RCR1_RWDLEN1_16BIT        // RWDLEN1 = 2,
        ),
    MCBSP_RCR2_RMK(
        MCBSP_RCR2_RPHASE_SINGLE,       // RPHASE = 0
        MCBSP_RCR2_RFRLEN2_OF(0),       // RFRLEN2 = 0
        MCBSP_RCR2_RWDLEN2_8BIT,        // RWDLEN2 = 0
```

```
        MCBSP_RCR2_RCOMPAND_MSB,          // RCOMPAND = 0，不扩展，MSB 先接收
        MCBSP_RCR2_RFIG_YES,              // RFIG = 0 ，忽略非正常的帧同步
        MCBSP_RCR2_RDATDLY_1BIT           // RDATDLY = 1，1 比特延时
        ),
    MCBSP_XCR1_RMK(
        MCBSP_XCR1_XFRLEN1_OF(0),         // XFRLEN1 = 0
        MCBSP_XCR1_XWDLEN1_16BIT          // XWDLEN1 = 2
        ),
    MCBSP_XCR2_RMK(
        MCBSP_XCR2_XPHASE_SINGLE,         // XPHASE  = 0
        MCBSP_XCR2_XFRLEN2_OF(1),         // XFRLEN2 = 0
        MCBSP_XCR2_XWDLEN2_8BIT,          // XWDLEN2 = 0
        MCBSP_XCR2_XCOMPAND_MSB,          // XCOMPAND = 0
        MCBSP_XCR2_XFIG_YES,              // XFIG = 0，忽略非正常的帧同步
        MCBSP_XCR2_XDATDLY_1BIT           // XDATDLY = 1，1 比特延迟
        ),
    MCBSP_SRGR1_DEFAULT,
    MCBSP_SRGR2_DEFAULT,
    MCBSP_MCR1_DEFAULT,
    MCBSP_MCR2_DEFAULT,
    MCBSP_PCR_RMK(
    MCBSP_PCR_IDLEEN_RESET,           // IDLEEN   = 0
    MCBSP_PCR_XIOEN_SP,               // XIOEN    = 0，不作为 I/O 口使用
    MCBSP_PCR_RIOEN_SP,               // RIOEN    = 0，不作为 I/O 口使用
    MCBSP_PCR_FSXM_EXTERNAL,          // FSXM  = 0，发送帧同步由 AIC23B 提供
    MCBSP_PCR_FSRM_EXTERNAL,          // FSRM = 0，接收帧同步由 AIC23B 提供
    MCBSP_PCR_CLKXM_INPUT,            // CLKR 是输入引脚
    MCBSP_PCR_CLKRM_INPUT,            // CLKX 是输入引脚
    MCBSP_PCR_SCLKME_NO,              // SCLKME=0，CLKG 从 McBSP 的内部时钟中提取
    MCBSP_PCR_CLKSSTAT_0,             // CLKS 引脚上的信号为低电平
    MCBSP_PCR_DXSTAT_0,               // DX 引脚上的信号输出为低电平
    MCBSP_PCR_DRSTAT_0,               // DR 引脚上的信号为低电平
    MCBSP_PCR_FSXP_ACTIVEHIGH,        // FSXP = 0，LRCIN 和 LRCOUT
                                      // 的上升沿触发数据传输
    MCBSP_PCR_FSRP_ACTIVEHIGH,        // FSRP = 1
    MCBSP_PCR_CLKXP_FALLING,          // CLKXP = 1，BCLK 的下降沿触发数据传输
    MCBSP_PCR_CLKRP_RISING            // CLKRP = 1，BCLK 的上升沿触发数据接收
    ),
    MCBSP_RCERA_DEFAULT,
    ……
    MCBSP_XCERH_DEFAULT
};
```

这个结构虽然很长，但其中每个参数都是预定义的宏常量，可以在 csl_mcbsp.h 中查找到相应的定义。在编程时，可以从一些常见的例程中复制出来，进行必要的修改后使用。

（2）I^2C 接口的配置

AIC23B 的控制口可以配置成 I^2C 接口，其总线时序如图 13-11 所示。AIC23B 的控制寄存器如表 13-5 所示，分别对应着不同的地址。

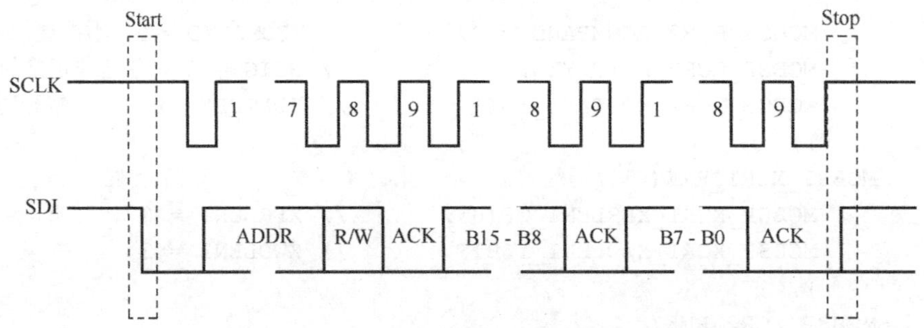

图 13-11　TLV320AIC23B 的 I²C 时序

为便于 I²C 接口传输将寄存器地址和寄存器配置参数统一处理，定义如下的配置数据数组，数组的第一个数据为寄存器地址，数据的第二个数据为寄存器配置值。这些配置参数中的 Codec_DAIF_REV，Codec_SRC_REV 等数值均为预定义的宏常量，而 DAIF_MS()、SRC_CLKIN()等均为带参数的宏，括号内表示需要配置的具体参数。

表 13-5 TLV320AIC23B 的控制寄存器

地　址	寄 存 器	地　址	寄 存 器
0000000b	输入左声道的音量控制寄存器	0000110b	power-down 控制寄存器
0000001b	输入右声道的音量控制寄存器	0000111b	数字音频的接口格式寄存器
0000010b	耳机左声道的音量控制寄存器	0001000b	采样率控制寄存器
0000011b	耳机右声道的音量控制寄存器	0001001b	数字接口激活寄存器
0000100b	模拟音频的通道控制寄存器	0001111b	复位寄存器
0000101b	数字音频的通道控制寄存器		

```
// 数字音频接口格式设置
// AIC23 为主模式,数据为 DSP 模式,数据长度 16 位
Uint16 Digital_Audio_Inteface_Format[2]={Codec_DAIF_REV,
    DAIF_MS(1)+DAIF_LRSWAP(0)+DAIF_LRP(1)+DAIF_IWL(0)+DAIF_FOR(3)};

// AIC23 的波特率设置,采样率为 8kHz,CLKIN=CLKOUT=MCLK
// 时钟模式设为 USB 模式，过采样率为 250Fs
Uint16 Sample_Rate_Control[2] = { Codec_SRC_REV,
    SRC_CLKIN(0)+SRC_CLKOUT(0)+SRC_SR(3)+SRC_BOSR(0)+SRC_USB(1)};
......

// AIC23 数字接口的使能
Uint16 Digital_Interface_Activation[2] ={Codec_DIA_REV,
            DIA_ACT(1)};
// AIC23 左通路音频调节
Uint16 Left_Line_Input_Volume_Control[2] ={Codec_LLIVC_LPS(1),
            LLIVC_LIM(0)+LLIVC_LIV(23)};
// AIC23 右通路音频调节
Uint16 Right_Line_Input_Volume_Control[2] = {Codec_RLIVC_RLS(1),
            RLIVC_RIM(0)+RLIVC_RIV(23)};
// AIC23 耳机左通路音频调节
Uint16 Left_Headphone_Volume_Control[2] = {Codec_LHPVC_LRS(1),
            LHPVC_LZC(1)+LHPVC_LHV(127)};
// AIC23 耳机右通路音频调节
Uint16 Right_Headphone_Volume_Control[2] = {Codec_RHPVC_RLS(1),
            LHPVC_RZC(1)+LHPVC_RHV(127)};
```

（3）SD 卡接口的配置

本例中将 McBSP2/SD 复用引脚作为 SD 功能使用，因此需要对这些引脚的复用控制功能进行配置。VC5509A 中用于选择复用功能的寄存器是外部总线选择寄存器（External Bus Selection Register，EBSR），具体的位定义如图 13-12 所示。其中，当位 5～4（串口 2 模式，Serial Port2 Mode）为 01 时，McBSP2/MMC 复用引脚工作在 MMC/SD 模式下。

因此，可以如下方式向 EBSR 写入配置参数：

```
CHIP_RSET(EBSR,0x0010);        // Serial port2 配置为 MMC/SD 模式，其他为默认模式
```

15	14	13	12	11	10	9	8
CLKOUT Disable	OSC Disable	HIDL	BKE	SR STAT	HOLD	HOLDA	CKE SEL
R/W, 0	R/W, 0	R/W, 0	R/W, 0	R/W, 0	R/W, 0	R/W, 0	R/W, 0

7	6	5	4	3	2	1	0
CKE EN	SR CMD	Serial Port2 Mode		Serial Port1 Mode		Paraillel Port Mode	
R/W, 0	R/W, 0	R/W, 00		R/W, 00		R/W, 01 if GPIO0=1 11 if GPIO0 = 0	

图 13-12　EBSR 的位定义

（4）GPIO 接口的配置

由于 GPIO 中使用了 GPIO0/1/5 作为按键输入引脚，GPIO6/7 作为 LED 输出引脚，因此需要将这些引脚的输入方向进行配置。可以通过配置方向控制寄存器实现 GPIO 引脚方向的修改。方向控制寄存器 IODIR 中第 n 位为 1，则对应的 GPIOn 即为输出，否则为输入。因此可以通过如下方式向 IODIR 写入配置参数：

```
GPIO_RSET(IODIR,0xD0);      // 配置 GPIO4、6、7 为输出，其他引脚配置为输入
```

2. 硬件模块的驱动程序

系统中的各接口模块，需要使用 McBSP 接口驱动、I²C 接口驱动、SD 卡接口驱动等程序。SD 卡的接口驱动较为复杂，限于篇幅，本书不做介绍。下面仅介绍前面两个模块的驱动程序设计。

（1）McBSP 接口驱动程序

本例中利用 CSL 库来编写实现各接口的驱动。定义一个 MCBSP_Handle 句柄变量 hMcbsp，利用该句柄，可以按照初始化程序、正常工作程序两个部分来撰写接口驱动程序。

初始化程序的实例代码如图 13-13 所示。

```
// 打开 McBSP 端口 1，并获取 McBSP 的处理句柄
   hMcbsp = MCBSP_open(MCBSP_PORT1,MCBSP_OPEN_RESET);

// 通过句柄来配置 McBSP 端口 1，使用了之前定义好的结构
   MCBSP_config(hMcbsp,&Mcbsp1Config);

// 使能接收器和发送器，启动 McBSP 端口 1 工作
   MCBSP_start(hMcbsp,
             MCBSP_RCV_START | MCBSP_XMIT_START, 0);
```

图 13-13　McBSP 接口初始化实例代码

工作程序中，主要应完成的处理是 McBSP 数据的收发，核心的语句如图 13-14 所示。

为调试接口功能，可以在基本驱动程序基础上，设计一些简单的验证功能。例如在 McBSP

接口驱动程序写完后，为了验证功能，可以设计一个语音环回的程序，将输入语音直接输出，通过输入输出信号来分析驱动中是否存在一定的问题。

```
// 利用 hMcBSP 从 McBSP 端口 1 中读取数据，存入 DataTemp 中
   DataTemp = MCBSP_read16(hMcbsp);        // 数据读入

// 利用 hMcBSP 向 McBSP 端口 1 中发送数据 DataTemp
   MCBSP_write16(hMcbsp,DataTemp);          // 数据输出
```

图 13-14　McBSP 收发驱动实例

（2）I^2C 接口驱动程序

VC5509A 片上只有一个 I^2C 接口，因此也可以不通过句柄的方式操作接口，直接利用对应的硬件资源进行处理。由于 I^2C 接口只用于对 AIC23B 的寄存器进行配置，在整个系统的初始化之后就不需要使用，因此本例中简化了 I^2C 的接口驱动程序，只完成了接口初始化和接口写操作的程序设计，接口读没有设计。

接口初始化的程序语句如下所示，通过预定义的 I2C_Setup 配置结构常量 Setup 来配置接口的工作模式。这里使用了 CSL 预定义的库函数 I2C _Setup。

```
I2C_Setup Setup = {
                 0,              // 7 比特地址模式
                 0x0000,         // 自身地址
                 60,             // clkout 频率(MHz)
                 400,            // 延时设置，10 到 400 之间
                 0,              // 接收/发送的 8 比特/字节模式
                 0,              // DLB 模式关闭
                 0               // FREE 模式关闭
               };
```

在初始化之后，通过写语句实现向 AIC23B 的各寄存器配置参数，具体如下所示。

```
/*设置 AIC23 各部分均工作*/
  I2C_Write( Power_Down_Control,  // 传输数据的指针 Power_Down_Control
        2,                        // 传输数据的长度
        1,                        // 传输主动模式
        CODEC_ADDR,               // 传输的从地址 CODEC_ADDR
        1,                        // 传输模式 1
        30000                     // 总线忙超时时长
        );

/*设置 AIC23 的数字接口*/
I2C_Write( Digital_Audio_Inteface_Format,  // 传输数据的指针
        2,                        // 传输数据的长度
        1,                        // 传输主动模式
        CODEC_ADDR,               // 传输的从地址 CODEC_ADDR
        1,                        // 传输模式 1
        30000                     // 总线忙超时时长
        );
……

/*启动 AIC23*/
I2C_Write( Digital_Interface_Activation,   // 传输数据的指针
```

```
        2,                          // 传输数据的长度
        1,                          // 传输主动模式
        CODEC_ADDR,                 // 传输的从地址 CODEC_ADDR
        1,                          // 传输模式 1
        30000                       // 总线忙超时时长
        );
```

I^2C 操作函数的具体说明如图 13-15 所示。

函数形式：I2C_Write(Uint16 DataArray, Uint16 length, Uint16 master, Uint16 Addr, Uint16 mode, Uint16 timeout);
参数说明：DataArray，待传输数据的指针 length，数据传输长度 master，主从模式 Addr，传送的从地址 mode，传输模式 timeout，超时长度
功能说明：采用传输模式 mode，与 Addr 地址间启动主/从 master 数据传输，共传输 length 个数据，数据缓存的指针为 DataArray，判断超时的时间长度为 timeout

图 13-15　I^2C 操作函数说明

3. 接口控制程序的调试

由于接口控制程序涉及接口工作方式、DSP 芯片外设的工作机制以及软件控制交互方式等多个方面，因此在几个测试工作中调试难度最大。

在接口控制程序编写好后，开发人员可以针对每个模块编写一个测试工程，分别对各个模块在电路板上进行调试。与电路板调试不同，这里建议的调试步骤是**先输出、再输入，先采用中断（轮询）方式、再采用 DMA 方式**。在正常功能调试实现后，还要在软件中考虑**可靠性的设计**。

（1）**调试输出**

由于输出由用户程序控制，因此可以利用单步调试的方式跟踪程序，确定在输出控制中每一步设置是否正确，同时可以利用示波器或逻辑分析仪观察输出信号，并与设计要求相对比，判断是否正确。如果有问题，需要参考芯片手册，对初始化设置、工作驱动进行逐语句分析，判断何处设置不符合设计要求。由于每行代码都能跟踪、片内寄存器也可以观察到，因此调试相对容易。例如，在调试 McBSP 串口时，可以发送最简单的 0x5555 序列，这样在示波器上就可以非常方便地观察到周期变化的信号波形，从该波形上可以读出比特宽度（时钟周期）和比特序列，从而判断是否正确。

（2）**调试输入**

由于很多输入信号的格式比较复杂，数据也可能是按包发送的，因此实时跟踪 DSP 芯片内部各寄存器的响应会困难一些。此时，可以利用标准测试信号序列，或者利用已调试的输出功能产生一个固定的数字信号，环回到输入端。这时，由于输入信号已知，且重复出现，因此分析接收过程相对方便。

如果最终的集成方案中需要使用 DMA 传输，那么可以先采用中断/轮询方式测试接口功能。待实现了接口功能，可以与外部器件正常通信后，再设计 DMA 模块的驱动程序并进行调试，这样分步骤调试，将降低调试难度，提高调试效率。

正常功能调试成功后，为保证系统更加可靠的工作，通常需要考虑在异常情况下接口的

响应情况，此时可以通过软件的可靠性处理来实现（有的时候也可以利用一些硬件设计方法在电路设计时改进）。

例如，本例中通过按键来切换工作模式，如果在按下按键的时候按键电路的接头出现多次通断情况，将会造成工作模式切换的紊乱。为避免这种情况出现，可以在驱动程序中设计消抖动的功能，即通过多次判断接口电平，待电平稳定后再确定最终接口状态（通常判断时间长度可设为 50ms 以上）。这种消抖动也可以通过电路设计的方法来实现。

再如，有的 FLASH 芯片在使用过程中可能会出现 Sector 无法再次擦除的故障，如果不对这个故障进行判断，而是按正常的方式写入数据，可能会造成程序的死锁，系统无法正常工作。因此需要设计一个函数对 Sector 的状态进行判断，并记录每个 Sector 的状态，在擦写 Sector 之前查询状态列表，发现待操作的 Sector 有故障，就跳过该 Sector。这样可以保证系统仍然能正常工作。

13.5 实例系统的软硬件集成

接口驱动程序和应用程序都调试完成后，就可以进行系统的软硬件集成。

在集成过程中，需要解决各个任务的调度以及接口驱动与应用程序的接口问题。从软件的不同层次来分析，接口驱动是底层，为应用程序提供数据传输服务；应用程序是高层，在不同的工作场合调用不同的接口驱动实现系统功能。

本例中，根据使用功能可以将软件划分为两种不同的工作模式：录音模式和放音模式，如图 13-16 所示。每个模式下都要完成多个软件任务：录音模式下的应用程序为语音压缩以及语音文件格式准备等，它需要下层板级驱动的 A/D 采集软件模块提供 8kHz 采样率的音频数据，同时它会向 FLASH 烧写模块提供所需的压缩数据。放音模式下的应用程序为语音解压缩以及语音文件格式解析等，它需要下层板级驱动的 FLASH 读取模块提供待播放的音频数据，同时它会向 D/A 采集模块提供音频数据。两个模式的切换由按键触发。

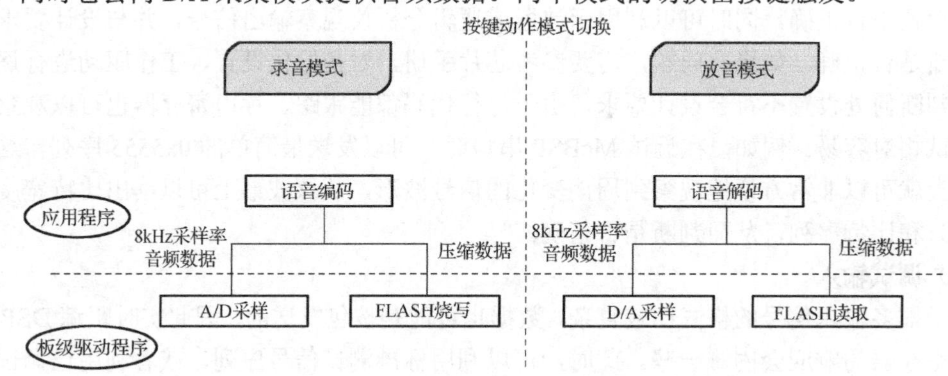

图 13-16　软件工作模式及功能分层示意图

在系统集成时，主要考虑以下几点：

① 系统软件采用何种方式实现？任务采用何种调度方式？

② 应用程序和接口驱动是否存在调用关系？交互的实现方式是怎样的？

③ 接口驱动和应用程序如何交互数据？

④ 接口驱动和应用程序需要交互哪些数据，数据格式是怎样的？

下面根据图 13-16 的任务及功能分层，依次来确定软件集成中需要解决的问题。

1. 系统软件的实现方式

如第 12 章所述，常用系统软件的实现方式有两种，一种是前后台程序系统，另一种是操作系统。本例中的任务相对单一，交互的任务类型也很少，因此采用前后台系统实现系统软件更为方便。这时，各任务主要在后台的循环中通过函数调用的方式实现。

2. 交互的函数实现形式

图 13-16 上的每个任务模块的实现形式都需要开发人员合理设置。如果系统中没有采用操作系统，那么在代码实现中，可以直接使用的两种函数实现形式就是普通的函数和中断服务函数。中断服务函数优先级高，适合于实现需要立即响应的任务。而普通函数优先级低，可以完成时间要求不太高、执行时间较长的任务。在本例中，A/D 和 D/A 转换数据的收发需要及时响应，否则数据就会被新的数据覆盖，因此 A/D 和 D/A 数据的交互采用中断服务函数实现，在前台处理；而 G729A 的编解码、文件烧录、读取的任务执行时间较长，可以由普通函数实现，在后台实现。在前台任务中，设置数据接收 FlagADValid 和发送标志 FlagDAReady，在后台程序中检测这些标志，有效时，启动相应的处理服务，并清除这些标志。

图 13-17 和图 13-18 是前后台函数的实现片段。

```
short FlagADValid;                   // AD 采样数据有效标志，
                                     // 由于被多个函数访问，定义为全局变量
short FlagDAReady;                   // DA 采样准备好标志，
                                     // 由于被多个函数访问，定义为全局变量
interrupt void ADIsr(void);          // AD 采样的中断服务
{
   FlagADValid = 1;                  // 设置标志
}
interrupt void DAIsr(void);          // DA 采样的中断服务
{
   FlagDAReady = 1;                  // 设置标志
}
```

图 13-17　前台中断实例函数的片断

```
void Encoder(void);                  // G.729A 语音编码
void Decoder(void);                  // G.729A 语音解码
void WavRecord(void);                // 语音录音
void WavPlay(void);                  // 语音播放

void main(void)
{
   ......
   while (1)
   {
        if (FlagADValid == 1)
        {
            Encoder();               // 调用编码函数，实现语音编码
            WavRecord();             // 调用录音函数，实现 FLASH 烧写
            FlagADValid = 0;         // 清除标志
        }
        if (FlagDAReady == 1)
        {
            WavPlay();               // 调用录音函数，实现 FLASH 读取
            Decoder();               // 调用解码函数，实现语音解码
            FlagADValid = 0;         // 清除标志
        }
   }
   ......
}
```

图 13-18　后台实例函数的片断

3. 数据的交互方式

在多个任务交互数据时，由于同一个存储区由多个代码模块来访问，各个模块对存储区读/写操作的顺序对程序正常运行就显得至关重要，特别是前台程序和后台程序交互的情况，或者优先级不同的任务交互的情况。

本例中，语音的编解码和 FLASH 操作都在后台程序中顺序执行，因此两者共用一个存储区存储交互数据：录音模式下，Encoder 函数将输入语音编码成 code_out 后，WavRecord 函数直接读取它并向 FLASH 中写入；放音模式下，WavPlay 函数从 FLASH 中读取编码数据 code_in 后，Decoder 函数利用这些数据解码成数字语音。

语音编解码和 A/D、D/A 转换的交互属于前后台程序的交互。由于任务的启动不是同一个事件，因此两者的交互相对复杂一些，需要采用信号量、乒乓区、滑动窗等方法保证数据交互正确。之前提到的标志 FlagADValid 和 FlagDAReady 就属于信号量。

通常，如果交互任务执行能够保持一种同步的节拍，即任务 A 执行一次后，任务 B 也一定会执行一次，这样可以利用乒乓存储区来保护交互数据（如图 13-19 所示）。此时，当 A 向 ping 区写入数据时，B 从 pang 区读取数据，当 A 向 pang 区写入数据时，B 从 ping 区读取数据。两个任务不会同时访问一个相同的存储区域。

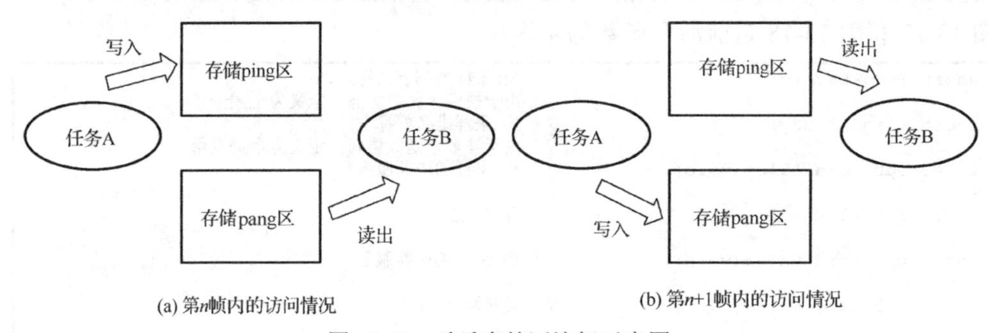

图 13-19　乒乓存储区访问示意图

如果 A 和 B 无法保持这种同步关系，那么可以采用滑动窗来保护交互数据。例如图 13-20 实现了一个长度为 8 的滑动窗，在第 *n* 帧时，任务 A 已写到第 3 块区域中，任务 B 正从第 1 块区域中读数，在第 *n*+1 帧时，任务 A 向第 4 块存储区域写入数据，而任务 B 从第 2 块区域中读数。在交互启动的初始化时，写入指针要大于读出指针，在执行过程中，需要判断两个指针的关系，不能出现读出指针超过写入指针的情况。

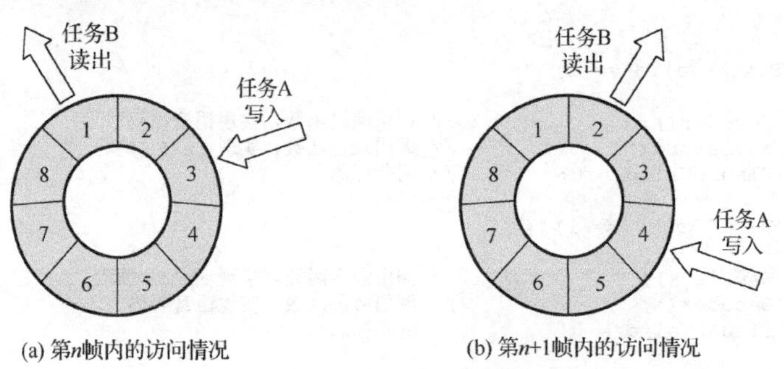

图 13-20　滑动窗存储区访问示意图

前台程序 ADIsr 采集满一帧数据，即 addata_out 数组填满，它的接收指针为 FRAME-1（这个过程可以利用 DMA 自动实现，也可以利用 McBSP 多次中断接收数据实现），设置标志

FlagADValid，并更新 addata_out 的接收指针为 0。后台程序判断 FlagADValid，并启动编码。由于两个任务有同步关系，因此利用乒乓区来保护交互数据。同理，在 DAIsr 和后台交互的过程中，也利用乒乓区保护交互数据。

4．交互数据及格式

不论是语音编码还是解码，它们都需要和 A/D、D/A 采样模块进行交互。本例选用的 A/D、D/A 转换器件是集成在一起的，因此两者的接口格式相同。我们分别构造整型数组 speech_in 和 speech_out 来作为语音编码的输入和语音解码的输出，构造整型数组 addata_out 和 dadata_in 来作为 A/D 转换器的输出和 D/A 转换器的输入。如前所述，G.729A 中按帧处理语音，每帧共 80 个样点，每个语音样点利用 16 位整型数据表示，而 A/D 和 D/A 转换器的数字信号也是 16 位宽度，因此这些数据都定义为长度为 80 的 16 位整型数组。为固定数据的存储位置，还可以在系统集成中，专门指定这些数据的地址。

G.729A 每帧编码比特数为 80 个比特，可以利用 5 个 16 位无符号整型数表示，因此在编解码和 Flash 操作的交互中，可以定义长度为 5 的 16 位无符号整型数组 code_out 和 code_in。

最终实现的交互数据定义如图 13-21 所示。

```
#define FRAME 80
#define CODELENGTH 5
#pragma DATA_SECTION(speech_in,".SPEECHDATA");
short speech_in[FRAME];
#pragma DATA_SECTION(speech_out,".SPEECHDATA");
short speech_out[FRAME];
#pragma DATA_SECTION(addata_outA,".SPEECHDATA");
short addata_outA[FRAME];
#pragma DATA_SECTION(addata_outB,".SPEECHDATA");
short addata_outB[FRAME];
#pragma DATA_SECTION(dadata_inA,".SPEECHDATA");
short dadata_inA[FRAME];
#pragma DATA_SECTION(dadata_inB,".SPEECHDATA");
short dadata_inB[FRAME];
#pragma DATA_SECTION(code_in,"CODEDATA");
unsigned short code_in[CODELENGTH];
#pragma DATA_SECTION(code_out,"CODEDATA");
unsigned short code_out[CODELENGTH];
```

图 13-21　交互数据定义示例

在回答了以上几个问题后，系统集成要完成的任务就是在工程中将已调试成功的各个算法、驱动模块添加进来。下面给出集成后的基本代码实例。其中，后台程序还实现了按键状态查询和 LED 指示设置的功能模块。

```
// isr.c
#include <csl.h>
#include <csl_irq.h>
#include <csl_dma.h>
#define FRAME 80
#define CODELENGTH 5
#pragma DATA_SECTION(addata_outA,".SPEECHDATA");
short addata_outA[FRAME];
#pragma DATA_SECTION(addata_outB,".SPEECHDATA");
short addata_outB[FRAME];
```

```
#pragma DATA_SECTION(dadata_inA,".SPEECHDATA");
short dadata_inA[FRAME];
#pragma DATA_SECTION(dadata_inB,".SPEECHDATA");
short dadata_inB[FRAME];

short FlagADValid;        // A/D数据有效标志，由于被多个函数访问，定义为全局变量
short FlagDAReady;        // D/A数据准备好标志，由于被多个函数访问，定义为全局变量
#define PING   (0)
#define PANG   (1)
short FlagADRcvLoc = PING;        // 接收乒乓指示标志，初始化为PING
short FlagDAXmtLoc = PING;        // 发送乒乓指示标志，初始化为PING
short ad_point = 0;               // A/D缓存区指针
short da_point = 0;               // D/A缓存区指针

interrupt void ADIsr(void);       // A/D采样的中断服务，与McBSP接收中断相关联
{
    short DataTemp;
    // 利用hMcBSP从McBSP端口1中读取数据，存入DataTemp中
    DataTemp = MCBSP_read16(hMcbsp);          // 数据读入

    if  (FlagADRcvLoc == PING)
    {
        addata_outA[ad_point] = DataTemp;   // addata_outA对应于PING区
    }
    else
    {
        addata_outB[ad_point] = DataTemp;   // addata_outB对应于PANG区
    }
    ad_point++;
    if (ad_point == FRAME)
    {
        ad_point = 0;                       // 指针更新为0
        FlagADValid = 1;                    // 设置标志
        if (FlagADRcvLoc == PING)
        {
            FlagADRcvLoc = PANG;            // 更新乒乓区指示
        }
        else
        {
            FlagADRcvLoc = PING;            // 更新乒乓区指示
        }
    }
}
interrupt void DAIsr(void);                 // D/A的中断服务
{
    short DataTemp;
    if  (FlagDAXmtLoc == PING)
```

```
    {
        DataTemp = dadata_inA[da_point];    // dadata_inA 对应于 PING 区
    }
    else
    {
        DataTemp = dadata_inB[da_point];    // dadata_inB 对应于 PANG 区
    }
    da_point++;

    // 利用 hMcBSP 向 McBSP 端口 1 中发送数据 DataTemp
    MCBSP_write16(hMcbsp,DataTemp);             // 数据输出

    if (da_point == FRAME)
    {
        da_point = 0;                           // 指针更新为 0
        FlagDAReady = 1;                        // 设置标志
        if  (FlagDAXmtLoc == PING)
        {
            FlagDAXmtLoc = PANG;                // 更新乒乓区指示
        }
        else
        {
            FlagDAXmtLoc = PING;                // 更新乒乓区指示
        }
        FlagDAReady = 1;                        // 设置标志
    }
}


// aic23.c
#include <csl.h>
#include <csl_mcbsp.h>
#include <csl_i2c.h>
#include <csl_irq.h>

/*-----------------------------------------------------------------------*/
/*Config McBSP:  使用 McBSP 在 DSP 和 AIC23B 之间收发数据，对 McBSP 的配置*/
/*-----------------------------------------------------------------------*/
MCBSP_Config Mcbsp1Config = {………………};        // 参见 13.4.2 节
MCBSP_handle hMcbsp;                              // MCBSP 句柄
I2C_Setup Setup = {…};
// 数字音频接口格式设置
// AIC23 为主模式,数据为 DSP 模式,数据长度 16 位
Uint16 Digital_Audio_Inteface_Format[2]={  Codec_DAIF_REV,
    DAIF_MS(1)+DAIF_LRSWAP(0)+DAIF_LRP(1)+DAIF_IWL(0)+DAIF_FOR(3)};

// AIC23 的波特率设置,采样率为 8k,CLKIN=CLKOUT=MCLK
```

```
// 时钟模式设为USB模式,过采样率为250Fs
Uint16 Sample_Rate_Control[2] = { Codec_SRC_REV,
        SRC_CLKIN(0)+SRC_CLKOUT(0)+SRC_SR(3)+SRC_BOSR(0)+SRC_USB(1)};
    ......

// AIC23数字接口的使能
Uint16 Digital_Interface_Activation[2] ={ Codec_DIA_REV,
        DIA_ACT(1)};

// AIC23左通路音频调节
Uint16 Left_Line_Input_Volume_Control[2] ={ Codec_LLIVC_LPS(1),
        LLIVC_LIM(0)+LLIVC_LIV(23)};

// AIC23右通路音频调节
Uint16 Right_Line_Input_Volume_Control[2] = { Codec_RLIVC_RLS(1),
        RLIVC_RIM(0)+RLIVC_RIV(23)};

// AIC23耳机左通路音频调节
Uint16 Left_Headphone_Volume_Control[2] = { Codec_LHPVC_LRS(1),
        LHPVC_LZC(1)+LHPVC_LHV(127)};

// AIC23耳机右通路音频调节
Uint16 Right_Headphone_Volume_Control[2] = { Codec_RHPVC_RLS(1),
        LHPVC_RZC(1)+LHPVC_RHV(127)};

void AIC23B_config(void)
{
I2C_setup(Setup);                        // 初始化I2C接口比特设置
/*设置AIC23各部分均工作*/
    I2C_Write( Power_Down_Control,  // 传输数据的指针Power_Down_Control
         2,                          // 传输数据的长度
         1,                          // 传输主动模式
         CODEC_ADDR,                 // 传输的从地址CODEC_ADDR
         1,                          // 传输模式1
         30000                        // 总线忙超时时长
         );

    /*设置AIC23的数字接口*/
    I2C_Write( Digital_Audio_Inteface_Format,  // 传输数据的指针
         2,                          // 传输数据的长度
         1,                          // 传输主动模式
         CODEC_ADDR,                 // 传输的从地址CODEC_ADDR
         1,                          // 传输模式1
         30000                       // 总线忙超时时长
         );
        ......

    /*启动AIC23*/
```

```
    I2C_Write( Digital_Interface_Activation,   // 传输数据的指针
            2,                             // 传输数据的长度
            1,                             // 传输主动模式
            CODEC_ADDR,                    // 传输的从地址 CODEC_ADDR
            1,                             // 传输模式 1
            30000                          // 总线忙超时时长
            );
    }

void SerialPortConfig(void)
{
    Uint16 eventXId,eventRId;                 // 中断事件序号
    // 打开 McBSP 端口 1，并获取 McBSP 的处理句柄
    hMcbsp = MCBSP_open(MCBSP_PORT1,MCBSP_OPEN_RESET);

    // 通过句柄来配置 McBSP 端口 1，使用了之前定义好的结构
    MCBSP_config(hMcbsp,&Mcbsp1Config);

    // 关联 McBSP 对应的中断服务程序
    eventXId = MCBSP_getXmtEventId(hMcbsp);
    IRQ_clear(eventXId);
    IRQ_enable(eventXId);
    IRQ_plug(eventXId,&DAIsr);

    eventRId = MCBSP_getRcvEventId(hMcbsp);
    IRQ_clear(eventRId);
    IRQ_enable(eventRId);
    IRQ_plug(eventRId,&ADIsr);

    // 使能接收器和发送器，启动 McBSP 端口 1 工作
    MCBSP_start(hMcbsp,
            MCBSP_RCV_START | MCBSP_XMIT_START, 0);
}

// main.c
#include <csl.h>
#include <csl_irq.h>
#include <csl_pll.h>

// 工作模式定义
#define RECORD      (0)
#define PLAY        (1)
#define PAUSE       (2)

#pragma DATA_SECTION(speech_in,".SPEECHDATA");
short speech_in[FRAME];
#pragma DATA_SECTION(speech_out,".SPEECHDATA");
```

```
short speech_out[FRAME];


void Encoder(void);            // G.729A 语音编码
void Decoder(void);            // G.729A 语音解码
void WavRecord(void);          // 语音录音
void WavPlay(void);            // 语音播放

extern void VECSTART(void); // 中断矢量表起始位置，在 vectors.s55 中定义

/* 锁相环的设置结构 */
PLL_config myConfig ={       // PLL 的配置结构
  0,     // IAI: PLL 锁定
  1,     // IOB: 如果 PLL 在相位锁定中出现了中断，将变回 bypass 模式并重新开始相/位锁定过程
  10,    // PLL MULT:倍频值，乘以 10
  0      // PLL DIV:分频比，0 表示除以 1，不分频
};


void main(void)
{
    int old_intm;
    int i;
    CSL_init();

    PLL_config(&myConfig);
    IRQ_globaldisable();

    old_intm = IRQ_globalDisable();   // 屏蔽全局中断，禁止所有可屏蔽的中断源
    IRQ_setVecs((Uint32)(&VECSTART)); // 修改寄存器 IVPH，IVPD，重新定义中断矢量表

    SerialPortConfig();
    AIC23B_config();

    IRQ_globalenable();

    while (1)
    {
        WorkState = Detect_WorkMode();       // 检测按键状态，判断工作模式
        LEDDisplay(WorkState);               // 显示状态
        switch (WorkState):
            case RECORD:
                if (FlagADValid == 1)
                {
                    FlagADValid = 0;         // 清除标志
                    if (FlagADRcvLoc==PING) // 标志为 PING 时，从 B 区读数据
                    {
```

```
            for(i=0;i<FRAME;i++)
                speech_in[i] = addata_outB[i];
        }
        else                        // 标志为 PANG 时，从 A 区读数据
        {
            for(i=0;i<FRAME;i++)
                speech_in[i] = addata_outA[i];
        }

        Encoder();                  // 调用编码函数，实现语音编码
        WavRecord();                // 调用录音函数，实现 FLASH 烧写
    }

    if (FlagDAReady == 1)
    {
        FlagDAReady = 0;    // 清除标志
        for(i=0;i<FRAME;i++) // 录音状态，不输出声音，此时输出数据均为 0
        {
            dadata_inA[i] = 0;
            dadata_inB[i] = 0;
        }
    }
    break;
case PLAY:
    if (FlagADValid == 1)
    {
        FlagADValid = 0;            // 清除标志
        for(i=0;i<FRAME;i++)
            speech_in[i] = 0;
    }

    if (FlagDAReady == 1)
    {
        FlagDAReady = 0;            // 清除标志
        WavPlay();                  // 调用录音函数，实现 FLASH 读取
        Decoder();                  // 调用解码函数，实现语音解码

        if (FlagDAXmtLoc==PING) // 标志为 PING 时，向 B 区写数据
        {
            for(i=0;i<FRAME;i++)
                dadata_inB[i] = speech_out[i];
        }
        else                        // 标志为 PANG 时，向 A 区写数据
        {
            for(i=0;i<FRAME;i++)
                dadata_inA[i] = speech_out[i];
        }
```

```
                }
                break;
            case PAUSE:
                ……
                break;
            default:
                break;
            }
    ……
}
```

将已调试好的各个模块代码集成到一个最终的工程，在CCS环境中，主要针对系统功能的实现情况进行调试，包括工作模式是否正常切换，在不同的工作模式下各个功能（如录音、编码、烧写数据）是否正常等。如果存在问题，由于各个模块调试都已通过，此时需要在如下的地方查找问题：

（1）集成中各个模块修改的部分：为了集成到一个工程中，可能会修改一些变量和函数的命名或者实现方式，这种修改可能会带来一些容易忽略的问题。

（2）存储空间的分配：代码集成使得新工程代码量增大，使用的数据增多，因此原来各个模块自己使用的存储空间分配方案已不再合适。可以根据编译链接后生成的工程map文件分析各个section所需的空间大小，重新调整分配方案。由于C语言代码中大量的数据利用堆栈管理，因此在设置链接选项时要对-stack进行合理设置。

一旦工程调试成功，就可以利用第11章介绍的脱机系统设计方法，制作可烧写的脱机二进制代码文件。调用FLASH代码烧写工程，将脱机二进制代码文件烧写到BOOT FLASH中。整个系统的开发过程就告一段落了。

至此，可以将电路板断电，断开电路板和仿真器的连接。再次上电后，就可以看到系统正常工作了。

本 章 小 结

本章以一个典型的DSP系统设计任务为例，介绍了DSP应用系统开发的基本步骤，通过任务分解、逐步深入的方法，说明了功能模块划分、器件选型、最小DSP系统设计、典型外围电路设计、典型接口设计和配置、算法仿真调试、驱动程序设计调试等具体开发过程。

当然，人们乐于使用性能优良的电子应用系统，对系统的性能需求永无止境，这就决定了DSP应用系统的开发必须精益求精。设计开发一个DSP系统需要考虑到很多的因素，例如芯片选型、电路设计、软件编程等。任何一个方面出现问题，都可能会造成系统设计的重大缺陷。要避免出现这种情况，就需要开发人员在理论和实践上逐步积累，不断完善系统设计和实现方法。“纸上得来终觉浅，绝知此事要躬行”。要使开发的系统真正达到实用化，赢得市场，还有非常多的工作要做，需要更加全面细致地进行优化设计、精心调试。希望有志于从事DSP设计和开发的读者们能刻苦钻研，假以时日，必定能够创新设计出属于自己的优秀DSP系统。

习题与思考题

1．简述 DSP 芯片应用系统开发的流程。

2．选择存储器件时有哪些设计因素需要考虑？

3．典型的 A/D、D/A 转换功能有几种实现方式？各有什么特点？

4．最小 DSP 系统设计需要考虑哪些模块？

5．采用 TMS320VC5509A 芯片设计一个信号分析器，能对基本的单音、双音、方波、三角波进行分析，并将信号频率，平均度等参数保存到存储设备中以备查询。请进行系统设计和相应的电路设计。

附录 A　缩略词的中英文对照

AbS	Analysis by Synthesis	合成分析法
ACC	ACCumulator	累加器
A/D	Analog to Digital conversion	模拟/数字转换
ADI	Analog Devices Incorporation	模拟器件公司（美国）
ADPCM	Adaptive Differential Pulse Coded Modulation	自适应差分脉冲编码调制
AEC	Automotive Electronics Council	汽车电子委员会
ALU	Arithmetic and Logic Unit	算术和逻辑单元
AMBE	Advanced Multi-Band Excitation	先进的多带激励（编码）
AMR	Adaptive Multi-Rate	自适应多速率（编码）
API	Application Program Interface	应用程序接口
ARAU	Auxiliary Register Arithmetic Unit	辅助寄存器算术单元
ARP	Auxiliary Register Pointer	辅助寄存器指针
ARB	Auxiliary Register pointer Buffer	辅助寄存器指针缓冲区
ARM	Advanced RISC Machine	先进 RISC 机器公司（英国）
ASIC	Application-Specific Integrated Circuit	专用集成电路
AT&T	American Telephone and Telegraph company	美国电话电报公司
BGA	Ball Grid Array	BGA 封装
BIOS	Basic Input Output System	基本输入/输出系统
BOPS	Billion Operations Per Second	每秒十亿次操作
BSP	Buffered Serial Port	缓冲串行接口
CALU	Central Arithmetic Logic Unit	中央算术逻辑单元
CAN	Controller Area Network	控制器局域网络
CCS	Code Composer Studio	CCS 集成开发环境
CDP	Coefficients Data Pointer	系数数据指针
CELP	Code Excited Linear Prediction	码本激励线性预测
CLA	Control Law Accelerator	控制律加速器
CMOS	Complementary Metal-Oxide Semiconductor	互补金属氧化物半导体
CNG	Comfort Noise Generation	舒适噪声产生
Codec	Coder & Decoder	编码器和解码器
CPLD	Complex Programmable Logic Device	复杂可编程逻辑器件
CPU	Central Processing Unit	中央处理单元
CS-ACELP	Conjugate Structure Algebraic Code Excited Linear Prediction	共轭结构代数码本激励线性预测
CQFP	Ceramic Quad Flat Package	CQFP 封装
CSL	Chip Support Library	芯片支持库
D/A	Digital to Analog conversion	数字/模拟转换

DAGEN	Data-Address GENeration logic	数据地址产生逻辑
DARAM	Dual-Access Random Access Memory	双访问随机存取存储器
DDR	Double Data Rate SDRAM	双倍数据速率同步动态随机存储器
DFT	Discrete Fourier Transform	离散傅里叶变换
DIP	Dual In-line Package	DIP 封装
DMA	Direct Memory Access	直接存储器存取
DMC	Data Memory Controller	数据存储空间控制器
DOS	Disk Operation System	磁盘操作系统
DPLL	Digital Phase-Locked Loop	数字锁相环
DRAM	Dynamic Random Access Memory	动态随机存取存储器
DSP	Digital Signal Processing	数字信号处理
DSP	Digital Signal Processor	数字信号处理器
DSK	Designer's Start Kit	设计者初始开发套件
DTX	Discontinuous Transmission	不连续传输
DWARF	Debuging With Attributed Record Formats	属性化记录格式的调试方法
EDA	Electronic Design Automation	电子设计自动化
EDMA	Enhanced Direct Memory Access	增强型直接存储器存取
E^2PROM	Electrically Erasable Programmable Read-Only Memory	电可擦可编程只读存储器
EHPI	Enhanced Host Port Interface	增强型主机接口
EMAC	Ethernet Media Access Controller	以太网媒体存取控制器
EMC	ElectroMagnetic Compatibility	电磁兼容性
EMIF	External Memory Interface	外部存储器接口
EPLD	Erasable Programmable Logic Device	可擦除可编程逻辑器件
EPROM	Erasable Programmable Read-Only Memory	可擦除可编程只读存储器
ETSI	European Telecommunications Standards Institute	欧洲电信标准化协会
FFT	Fast Fourier Transform	快速傅里叶变换
FIFO	First In First Out	先进先出
FIR	Finite Impulse Response	有限脉冲响应
FPGA	Field Programmable Gate Array	现场可编程门阵列
FPU	Floating-Point Unit	浮点运算单元
GEL	General Extension Language	通用扩展语言
GMACS	Giga MACs Per Second	每秒千兆次 MAC 操作
GPIO	General-Purpose Input/Output	通用输入/输出
HLL	High Level programming Language	高级编程语言
HPI	Host Port Interface	主机接口
IBQ	Instruction Buffer Queue	指令缓冲队列
IC	Integrated Circuit	集成电路
I^2C	Inter- Integrated Circuit	I^2C 串行通信标准
I^2S	Inter- Integrated circuit Sound	I^2S 音频串行通信标准
ITU	International Telecommunication Union	国际电信联盟
IDE	Integrated Development Environment	集成开发环境

IIR	Infinite Impulse Response	无限脉冲响应
IPTR	Interrupt vector Pointer	中断矢量指针
ISR	Interrupt Service Routine	中断服务程序
JPEG	Joint Picture Expert Group	联合图像专家组
JTAG	Joint Test Action Group	联合测试行动小组
LCD	Liquid Crystal Display	液晶显示
LED	Light Emitting Diode	发光二极管
LMS	Least Mean Square	最小均方误差
LPC	Linear Predictive Coding	线性预测编码
LQFP	Low-profile Quad Flat Pack	LQFP 封装
LSB	Least Significant Bit	最低有效位
LSW	Least Significant Word	最低有效字
MAC	Multiply and Accumulate	乘累加
MATLAB	Matrix Laboratory	矩阵实验室（美国）
McASP	Multi-channel Audio Serial Port	多通道音频串行接口
McBSP	Multi-channel Buffered Serial Port	多通道缓冲串行接口
MCU	Micro-Controller Unit	微控制器单元
MFLOPS	Million Floating-point Operations Per Second	每秒百万次浮点操作
MIPS	Million Instructions Per Second	每秒百万条指令操作
MMACS	Million MACs Per Second	每秒百万次 MAC 操作
MMC/SD	Multi-Media Card/Secure Digital	多媒体 / 安全数字卡
MMR	Memory Mapped Register	存储器映射寄存器
MOPS	Million Operations Per Second	每秒百万次操作
MOS	Mean Opinion Score	平均意见得分
MPSD	Modular Port Scan Device	模块端口扫描装置
MPU	Micro-Processor Unit	微处理器单元
MPU	Memory Protection Unit	存储器保护单元
MSMC	Multicore Shared Memory Controller	多核共享存储器控制器
MSB	Most Significant Bit	最高有效位
MSW	Most Significant Word	最高有效字
NAND	Flash Not AND gate Flash	与非门闪存
NMOS	N-channel Metal Oxide Semiconductor	N 沟道金属氧化物半导体
Nor Flash	Not OR gate Flash	或非门闪存
OLE	Object Link Embedded	对象链接与嵌入
OMAP	Open Multimedia Application Platform	开放多媒体应用平台
OSPA	Open-Signal Processing Architecture	开放信号处理结构
PAGEN	Program-Address GENeration logic	程序地址产生逻辑
PC	Personal Computer	个人计算机
PCB	Printed Circuit Board	印制电路板
PCI	Peripheral Component Interconnect	PCI 总线标准
PCIe	PCI Express	PCIe 总线标准

PCM	Pulse Coded Modulation	脉冲编码调制
PIE	Peripheral Interrupt Expansion	外设中断扩展
PGA	Pin Grid Array	PGA 封装
PLD	Programmable Logic Device	可编程逻辑器件
PLL	Phase-Locked Loop	锁相环
PLCC	Plastic Leaded Chip Carrier	PLCC 封装
PLU	Parallel Logic Unit	并行逻辑单元
PMC	Program Memory Controller	程序存储空间控制器
PMST	Processor Mode Status	处理器模式状态
PQFP	Plastic Quad Flat Pack	PQFP 封装
PROM	Programmable Read Only Memory	可编程只读存储器
PWM	Pulse Width Modulation	脉冲宽度调制
QEP	Quadrature Encoder Pulse	正交编码脉冲
QFP	Quad Flat Package	QFP 封装
RAM	Random Access Memory	随机存取存储器
RISC	Reduced Instruction Set Computer	精简指令集计算机
ROM	Read-Only Memory	只读存储器
RTC	Real Time Clock	实时时钟
RTDX	Real Time Data exchange	实时数据交换
SARAM	Single-Access Random Access Memory	单访问随机存取存储器
SCI	Serial Communications Interface	串行通信接口
SDRAM	Synchronous Dynamic Random Access Memory	同步动态随机存取存储器
SoC	System on Chip	片上系统
SOP	Small Outline Pack	SOP 封装
SPI	Serial Peripheral Interface	串行外设接口
SRAM	Static Random Access Memory	静态随机存取存储器
SWWSR	Software Wait-State Register	软件等待状态寄存器
SWCR	Software Wait-State Control Register	软件等待状态控制寄存器
TI	Texas Instruments Incorporation	德州仪器公司（美国）
TQFP	Thin Quad Flat Pack	TQFP 封装
TSIP	Telecom Serial Interface Port	电信串行接口
TTL	Transistor-Transistor Logic	晶体管-晶体管逻辑
UART	Universal Asynchronous Receiver and Transmitter	通用异步接收/发送器
USB	Universal Serial Bus	通用串行总线
VAD	Voice Activity Detection	话音激活检测
VHDL	VHSIC Hardware Description Language	超高速集成电路硬件描述语言
VHSIC	Very High Speed Integrated Circuit	超高速集成电路
VLIW	Very Long Instruction Word	超长指令字

附录 B　TMS320VC5509A PGE LQFP 引脚图及定义

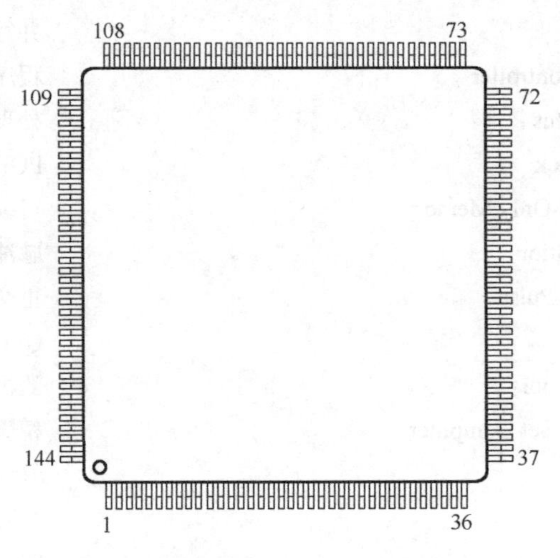

144 引脚 LQFP 封装（顶视图）

PIN NO.	SIGNAL NAME	PIN NO.	SIGNAL NAME	PIN NO.	SIGNAL NAME	PIN NO.	SIGNAL NAME
1	V_{SS}	37	V_{SS}	73	V_{SS}	109	RDV_{DD}
2	PU	38	A13	74	D12	110	RCV_{DD}
3	DP	39	A12	75	D13	111	RTCINX2
4	DN	40	A11	76	D14	112	RTCINX1
5	USB V_{DD}	41	CV_{DD}	77	D15	113	V_{SS}
6	GPIO7	42	A10	78	CV_{DD}	114	V_{SS}
7	V_{SS}	43	A9	79	EMU0	115	V_{SS}
8	DV_{DD}	44	A8	80	EMU1/ $\overline{OFF}$	116	S23
9	GPIO2	45	V_{SS}	81	TDO	117	S25
10	GPIO1	46	A7	82	TDI	118	CV_{DD}
11	V_{SS}	47	A6	83	CV_{DD}	119	S24
12	GPIO0	48	A5	84	$\overline{TRST}$	120	S21
13	X2/CLKIN	49	DV_{DD}	85	TCK	121	S22
14	X1	50	A4	86	TMS	122	V_{SS}
15	CLKOUT	51	A3	87	CV_{DD}	123	S20
16	C0	52	A2	88	DV_{DD}	124	S13
17	C1	53	CV_{DD}	89	SDA	125	S15
18	CV_{DD}	54	A1	90	SCL	126	DV_{DD}
19	C2	55	A0	91	$\overline{RESET}$	127	S14
20	C3	56	DV_{DD}	92	$USBPLLV_{SS}$	128	S11
21	C4	57	D0	93	$\overline{INT0}$	129	S12
22	C5	58	D1	94	$\overline{INT1}$	130	S10
23	C6	59	D2	95	$USBPLLV_{DD}$	131	DX0

续表

PIN NO.	SIGNAL NAME	PIN NO.	SIGNAL NAME	PIN NO.	SIGNAL NAME	PIN NO.	SIGNAL NAME
24	DV_{DD}	60	V_{SS}	96	$\overline{INT2}$	132	CV_{DD}
25	C7	61	D3	97	$\overline{INT3}$	133	FSX0
26	C8	62	D4	98	DV_{DD}	134	CLKX0
27	C9	63	D5	99	$\overline{INT4}$	135	DR0
28	C11	64	V_{SS}	100	V_{SS}	136	FSR0
29	CV_{DD}	65	D6	101	XF	137	CLKR0
30	CV_{DD}	66	D7	102	V_{SS}	138	V_{SS}
31	C14	67	D8	103	ADV_{SS}	139	DV_{DD}
32	C12	68	CV_{DD}	104	ADV_{DD}	140	TIN/TOUT0
33	V_{SS}	69	D9	105	AIN0	141	GPIO6
34	C10	70	D10	106	AIN1	142	GPIO4
35	C13	71	D11	107	AV_{DD}	143	GPIO3
36	V_{SS}	72	DV_{DD}	108	AV_{SS}	144	V_{SS}

附录 C　TMS320C55x 指令集

本附录按照指令的 4 种不同功能（运算、逻辑、程序控制、装载和存储），将助记符指令与代数指令分类对照进行总结说明。详见本书配套电子资源或扫下方二维码。

附录 D　CSL 库函数

芯片支持库（Chip Support Library）中提供了一系列的函数、宏和符号，可以用于 DSP 开发人员编程配置和控制片上集成外设。

为了用户更好的使用 CSL 库，CSL 对其中定义的函数、变量、宏等资源制定了统一的命名规则（或者称为惯例），也对常用的数据类型做了专门的规定。对各个外设模块中常用功能对应的函数、宏的命名，CSL 也作了统一。表 D-1～表 D-5 就列出了这些命名规则，详见本书配套电子资源或扫下方二维码。

附录E 代 码 实 例

本附录给出了第 10 章和第 11 章部分实例代码，包括 E-1 第 10 章实例代码；E-2 第 11 章程序实例(1)：并口 Flash 编程实例代码和 E-3 第 11 章程序实例(2)：串口 Flash 编程实例代码。详见本书配套电子资源或扫下方二维码。

附录F　CCS V5.5的安装

CCS V5.5 支持 32 位或 64 位的 Windows 系统。对安装计算机的要求为：空闲 RAM 空间≥1GB，空闲硬盘区域≥1.5GB（选择安装的支持芯片类型及开发工具种类越多，软件安装所需硬盘空间越大）。

安装文件可以从 TI 公司产品经销商处获得，也可以从 TI 公司网站上注册后下载，网址为http://processors.wiki.ti.com/index.php/Download_CCS。

CCS V5.5 的安装方式有**在线**和**本地**两种：**在线安装**只需下载一个较小的文件用于引导安装，后续安装过程中所需要的相关文件自动下载，这种安装方式需要确保你的网络畅通；**本地安装**只需下载对应操作系统的安装压缩包后，在本地解压并安装。详见本书配套电子资源或扫下方二维码。

附录G　8位μ律PCM/16位线性转换的C语言程序

```
/* This routine converts speech data from linear to ulaw
   线性到u律转换子程序
   输入：16位线性样值
   输出：8 位 u 律样值  */
#define ZEROTRAP    /* turn on the trap as per the MIL-STD */
#define BIAS 0x84     /* define the add-in bias for 16 bit samples */
#define CLIP 32635
unsigned char  linear2ulaw (int sample)
{
   static short exp_lut[256] = {0,0,1,1,2,2,2,2,3,3,3,3,3,3,3,3,
                        4,4,4,4,4,4,4,4,4,4,4,4,4,4,4,4,
                        5,5,5,5,5,5,5,5,5,5,5,5,5,5,5,5,
                        5,5,5,5,5,5,5,5,5,5,5,5,5,5,5,5,
                        6,6,6,6,6,6,6,6,6,6,6,6,6,6,6,6,
                        6,6,6,6,6,6,6,6,6,6,6,6,6,6,6,6,
                        6,6,6,6,6,6,6,6,6,6,6,6,6,6,6,6,
                        6,6,6,6,6,6,6,6,6,6,6,6,6,6,6,6,
                        7,7,7,7,7,7,7,7,7,7,7,7,7,7,7,7,
                        7,7,7,7,7,7,7,7,7,7,7,7,7,7,7,7,
                        7,7,7,7,7,7,7,7,7,7,7,7,7,7,7,7,
                        7,7,7,7,7,7,7,7,7,7,7,7,7,7,7,7,
                        7,7,7,7,7,7,7,7,7,7,7,7,7,7,7,7,
                        7,7,7,7,7,7,7,7,7,7,7,7,7,7,7,7,
                        7,7,7,7,7,7,7,7,7,7,7,7,7,7,7,7,
                        7,7,7,7,7,7,7,7,7,7,7,7,7,7,7,7};
   int sign, exponent, mantissa;
   unsigned char ulawbyte;
    /** get the sample into sign-magnitude ** /
   sign = (sample >> 8)  & 0x80;      /* set aside the sign */
   if (sign != 0) sample = -sample;     /* get magnitude */
   if (sample > CLIP) sample = CLIP;  /* clip the magnitude */
   /** convert from 16 bit linear to ulaw **/
   sample = sample + BIAS;
   exponent = exp_lut[ (sample>>7)  & 0xFF];
   mantissa = (sample >> (exponent+3) ) & 0x0F;
   ulawbyte = ~ (sign | (exponent << 4) | mantissa) ;
#ifdef ZEROTRAP
   if (ulawbyte == 0 ) ulawbyte = 0x02;  /* optional CCITT trap */
#endif
   /** return the result **/
   return (ulawbyte) ;
```

```
}

/* This routine converts from ulaw to 16 bit linear
    u律到线性转换子程序
    * 输入: 8 位u 律样值
    * 输出: 16 位线性样值 */
int ulaw2linear (ulawbyte)
unsigned char ulawbyte;
{
   static int exp_lut[8]={0,132,396,924,1980,4092,8316,16764};
   int sign, exponent, mantissa, sample;
   ulawbyte = ~ulawbyte;
   sign = (ulawbyte & 0x80) ;
   exponent = (ulawbyte >> 4) & 0x07;
   mantissa = ulawbyte & 0x0F;
   sample = exp_lut[exponent] + (mantissa << (exponent+3) ) ;
   if (sign != 0) sample = -sample;
   return (sample) ;
}
```

附录H μ律PCM到线性变换表

```
float  ulaw_tab[256]=
   {-7774.0,-7518.0,-7262.0,-7006.0,-6750.0,-6494.0,-6238.0,-5982.0,
    -5726.0,-5470.0,-5214.0,-4958.0,-4702.0,-4446.0,-4190.0,-3998.0,
    -3870.0,-3742.0,-3614.0,-3486.0,-3358.0,-3230.0,-3102.0,-2974.0,
    -2846.0,-2718.0,-2590.0,-2462.0,-2334.0,-2206.0,-2078.0,-1982.0,
    -1918.0,-1854.0,-1790.0,-1726.0,-1662.0,-1598.0,-1534.0,-1470.0,
    -1406.0,-1342.0,-1278.0,-1214.0,-1150.0,-1086.0,-1022.0, -974.0,
     -942.0, -910.0,  -878.0, -846.0, -814.0,  -782.0, -750.0, -718.0,
     -686.0, -654.0,  -622.0, -590.0, -558.0,  -526.0, -494.0, -470.0,
     -454.0, -438.0,  -422.0, -406.0, -390.0,  -374.0, -358.0, -342.0,
     -326.0, -310.0,  -294.0, -278.0, -262.0,  -246.0, -230.0, -218.0,
     -210.0, -202.0,  -194.0, -186.0, -178.0,  -170.0, -162.0, -154.0,
     -146.0, -138.0,  -130.0, -122.0, -114.0,  -106.0,  -98.0,  -92.0,
      -88.0,  -84.0,  -80.0,  -76.0,  -72.0,  -68.0,  -64.0,  -60.0,
      -56.0,  -52.0,  -48.0,  -44.0,  -40.0,  -36.0,  -32.0,  -31.0,
      -29.0,  -27.0,  -25.0,  -23.0,  -21.0,  -19.0,  -17.0,  -15.0,
      -13.0,  -11.0,   -9.0,   -7.0,   -5.0,   -3.0,   -1.0,   0.0,
     7776.0, 7520.0, 7264.0, 7008.0, 6752.0, 6496.0, 6240.0,  5984.0,
     5728.0, 5472.0, 5216.0, 4960.0, 4704.0, 4448.0, 4192.0,  4000.0,
     3872.0, 3744.0, 3616.0, 3488.0, 3360.0, 3232.0, 3104.0,  2976.0,
     2848.0, 2720.0, 2592.0, 2464.0, 2336.0, 2208.0, 2080.0,  1984.0,
     1920.0, 1856.0, 1792.0, 1728.0, 1664.0, 1600.0, 1536.0,  1472.0,
     1408.0, 1344.0, 1280.0, 1216.0, 1152.0, 1088.0, 1024.0,   976.0,
      944.0,  912.0,  880.0,  848.0,  816.0,  784.0,  752.0, 720.0,
      688.0,  656.0,  624.0,  592.0,  560.0,  528.0,  496.0, 472.0,
      456.0,  440.0,  424.0,  408.0,  392.0,  376.0,  360.0, 344.0,
      328.0,  312.0,  296.0,  280.0,  264.0,  248.0,  232.0, 220.0,
      212.0,  204.0,  196.0,  188.0,  180.0,  172.0,  164.0, 156.0,
      148.0,  140.0,  132.0,  124.0,  116.0,  108.0,  100.0,  94.0,
       90.0,   86.0,   82.0,   78.0,   74.0,   70.0,   66.0,  62.0,
       58.0,   54.0,   50.0,   46.0,   42.0,   38.0,   34.0,  33.0,
       31.0,   29.0,   27.0,   25.0,   23.0,   21.0,   19.0,  17.0,
       15.0,   13.0,   11.0,    9.0,    7.0,    5.0,    3.0,   0.0};
```

参 考 文 献

[1] 张雄伟．DSP 芯片的原理与开发应用．北京：电子工业出版社，1997

[2] 张雄伟，曹铁勇．DSP 芯片的原理与开发应用（第 2 版）．北京：电子工业出版社，2000

[3] 张雄伟，陈亮，徐光辉．DSP 芯片的原理与开发应用（第 3 版）．北京：电子工业出版社，2003

[4] 张雄伟，曹铁勇，陈亮，杨吉斌，吴其前. DSP 芯片的原理与开发应用（第 4 版）．北京：电子工业出版社，2009

[5] 张雄伟，杨吉斌，吴其前，曹铁勇，贾冲，邹霞，李莉. DSP 芯片的原理与开发应用（第 5 版）．北京：电子工业出版社，2016

[6] 张雄伟，杨吉斌，曹铁勇，贾冲，吴其前. DSP 芯片原理与应用基础教程. 北京：电子工业出版社，2015

[7] Andrew Bateman，Iain Paterson-Stephens 著，陈健，陈伟，汪书宁等译. DSP 算法、应用与设计. 北京：机械工业出版社，中信出版社，2003

[8] http://www.ti.com

[9] http://www.study-kit.com

[10] Embedded Processing & DSP Resource Guide, Texas Instruments, SPRT285f

[11] TMS320VC5416 Fixed-Point Digital Signal Processor- Data Manual, Texas Instruments, SPRS095O

[12] TMS320VC5509A Fixed-Point Digital Signal Processor-Data Manual, Texas Instruments, SPRS205K

[13] TMS320C55x DSP CPU Reference Guide, Texas Instruments, SPRU371F

[14] TMS320C55x DSP Peripherals Overview User's Guide, Texas Instruments, SPRU317K

[15] TMS320C55x Assembly Language Tools User’s Guide, Texas Instruments, SPRU280D

[16] TMS320VC5509A Hardware Designer’s Resource Guide, Texas Instruments, SPRAA30

[17] TMS320C5509/C5509A Bootloader, Texas Instruments, SPRA375C

[18] High-Speed DSP Systems Design Reference Guide, Texas Instruments, SPRU889

[19] TLV320AIC23B stereo audio codec with integrated headphone amplifier, Texas Instruments, SGLS240A

[20] TMS320VC5501/5502/5503/5507/5509/5510 DSP (McBSP) Reference Guide , Texas Instruments, SPRU592

[21] TMS320VC5507/5509 DSP Universal Serial Bus (USB) Module Reference Guide, Texas Instruments, SPRU596

[22] TMS320VC5501/5502/5503/5507/5509 DSP Inter-Integrated Circuit (I2C) Module Reference Guide, Texas Instruments, SPRU146

[23] TMS320VC5507/5509 DSP Analog-to-Digital Converter (ADC) Reference Guide, Texas Instruments, SPRU586

[24] TMS320VC5503/5507/5509 DSP External Memory Interface (EMIF) Reference Guide, Texas Instruments, SPRU670

[25] TMS320VC5509 DSP MultiMediaCard/SD Card Controller Reference Guide, Texas Instruments, SPRU593

[26] TMS320VC5503/5507/5509 DSP Host Port Interfae (HPI) Reference Guide, Texas Instruments, SPRU619

[27] TMS320VC5503/5507/5509/5510 DSP Timers Reference Guide, Texas Instruments, SPRU595

[28] TMS320VC5503/5507/5509 DSP Real-Time Clock (RTC) Reference Guide, Texas Instruments, SPRU594

[29] TMS320VC5503/5507/5509/5510 Direct Memory Access(DMA) Controller Reference Guide, Texas Instruments, SPRU587

[30] Multicore Programming Guide,Texas Instruments, SPRAB27B

[31] TI-RTOS Kernel (SYS/BIOS) User's Guide,Texas Instruments, SPRUEX3U

[32] SPI Serial Memory AT25F1024 Datasheet, ATMEL